纺织服装高等教育"十三五"部委级规划教材

机织技术

JIZHI JISHU

梁 平 主编

罗建红 原海波 副主编

东华大学出版社

·上海·

内 容 提 要

本书以现代机织设备为基础,系统阐述机织的基本理论,现代机织生产的工艺过程,机织设备的工作原理、结构和性能,机织工艺参数设计与调整,以及产品质量检测与调控方法。本书主要内容以机织加工流程为主线,按照项目驱动、任务引领方式编排,共分六个学习情境,包括络筒生产与工艺设计、整经生产与工艺设计、浆纱生产与工艺设计、其他织造准备生产与工艺设计、有梭织机生产与工艺设计、无梭织机生产与工艺设计。针对每个学习情境,提炼出主要教学内容和明确的教学目标。每个学习情境又包含若干个学习情境单元,明确了每个学习情境单元的主要学习内容与工作任务。

本书主要作为高等职业教育纺织类专业教材,亦可作为行业、企业的职业技术培训教材,还可供纺织工程技术人员学习参考。

图书在版编目(CIP)数据

机织技术/梁平主编.—上海:东华大学出版社,2017.2
ISBN 978-7-5669-0961-9

Ⅰ.①机⋯ Ⅱ.①梁⋯ Ⅲ.①机织-织造工艺 Ⅳ.
①TS105

中国版本图书馆 CIP 数据核字(2015)第 285261 号

责任编辑:张　静
封面设计:魏依东

出　　　　版:东华大学出版社(上海市延安西路 1882 号,200051)
出版社网址:http://www.dhupress.net
天猫旗舰店:http://dhdx.tmall.com
营销中心:021-62193056　62373056　62379558
印　　　刷:句容市排印厂
开　　　本:787 mm×1 092 mm　1/16
印　　　张:21.75
字　　　数:543 千字
版　　　次:2017 年 2 月第 1 版
印　　　次:2025 年 1 月第 3 次印刷
书　　　号:ISBN 978-7-5669-0961-9
定　　　价:69.00 元

前　言

本书是根据现代高等职业教育的培养目标及特点，按照"以为企业服务为宗旨，紧扣职业特点、强化职业能力、实施工学结合"的理念，以及"实践—认识—再实践—再认识"的认知规律，在校企深度合作的基础上编写完成的。

"机织技术"课程设计的总体思路是：依据现代纺织技术专业人才培养方案确立的学生就业岗位（群）能力要求，提出相应的职业素质要求、知识要求、技能要求，通过校企合作，对"机织技术"课程做深度分析，组织教学内容，设计教学情境，以培养高级技术技能人才为目标，以学生就业为导向，以学习情境中的单元任务、项目设计为载体，以机织实际生产过程为主线，以培养学生专业能力、方法能力、社会能力为教学目标，以行动导向为基本教学模式，形成集机织原理、机织设备、机织工艺、机织操作、质量检测为一体的"项目化五结合"课程内容体系。

本课程的教学目的是使学生能够通过教师指导、自主学习、项目设计、小组合作、实际操作等多种学习方式，系统地掌握机织物生产的基本原理和现代机织生产的工艺过程，掌握机织设备的工作原理与使用方法，学会机织工艺设计、参数调整、产品质量控制的方法，掌握机织生产操作技能和产品质量检测技能，学会组织机织生产流水线协调生产的方法，使学生初步具备常规工艺设计与工艺调整、设备管理和生产管理的能力，并能解决生产中出现的一般技术问题。同时培养学生的方法能力、社会能力和职业素质。

本书的前言、绪论、学习情境三（浆纱生产与工艺设计）、学习情境五（有梭织机生产与工艺设计）、学习情境六（无梭织机生产与工艺设计），由成都纺织高等专科学校梁平编写；学习情境一（络筒生产与工艺设计）、学习情境二（整经生产与工艺设计），由成都纺织高等专科学校罗建红编写；学习情境四（其他织造准备生产与工艺设计），由成都纺织高等专科学校原海波编写。全书由梁平负责整理、统稿。

本书在编写过程中得到了四川遂宁锦华纺织有限公司、重庆三峡技术纺织有限公司、四川江油御华纺织有限公司和四川宏大纺织机械有限公司等企业给予的大力支持,在此一并表示诚挚的谢意!

　　在编写过程中,我们尽力做到内容选取和编排符合高职高专学生的学习方式和特点,让学生通过专业知识的学习就可以掌握机织技术相关的实际生产和操作技能。但由于作者水平有限、时间仓促,书中可能存在不足或不妥之处,恳请读者提出宝贵意见,以便不断修订和完善。

编　者

序

  为更好地适应我国走新型工业化道路,实现经济发展方式转变、产业结构优化升级,中国职业教育加快了发展步伐。2010 年教育部、财政部启动 100 所高职骨干院校建设,主要目的在于推进地方政府完善政策、加大投入,创新办学体制机制,推进合作办学、合作育人、合作就业、合作发展,增强办学活力;以提高质量为核心,深化教育教学改革,优化专业结构,加强师资队伍建设,完善质量保障体系,提高人才培养质量和办学水平;深化内部管理运行机制改革,增强高职院校服务区域经济社会发展的能力,实现行业企业与高职院校相互促进,区域经济社会与高等职业教育和谐发展。

  成都纺织高等专科学校是一所成立于 1939 年的历史悠久的纺织类院校,在2010 年被遴选为第一批国家骨干院校建设单位,2013 年以"优秀"通过教育部、财政部验收。我校现代纺织技术专业是四川省精品专业、现代纺织技术教学团队是四川省高等学校省级教学团队,2010 年成为首批立项的国家骨干高职院校中央财政支持重点专业以来,现代纺织技术专业《国家中长期教育改革与发展规划纲要(2010—2020)》《国家高等职业教育发展规划(2010—2015)》《教育部财政部关于进一步推进"国家示范性高等职业院校建设计划"实施工作的通知》(教高[2010]8号)等文件精神为专业建设的指导思想,坚持"校企深度合作和服务区域经济建设"两个基本点,以校企合作体制机制创新为建设核心,以人才培养模式和课程体系改革为基础,以社会服务能力建设为突破口,为区域纺织服装业培养了大批优秀人才并提供智力支持。

  我校现代纺织技术专业积极对接纺织产业链,推进校企"四合作",在人才培养模式创新与改革、课程体系与课程建设、师资队伍建设、社会服务能力建设等方面探索出一条新路子,特别在课程建设方面取得丰硕成果。本次编写的《机织技术》教材,体现了专业建设主动适应区域产业结构升级需要,在教材中展示了课程开发与实施过程。课程建设中引入国家职业技术标准开发专业课程,将企业工作过程和项目引入课堂,实施项目引领、任务驱动的课程开发,完成了基于岗位能力或任务导向的课程标准的制定;围绕课程标准进行了校本教材编写、实训指导书、课业文件的编写。对教学过程进行了科学设计,教学实施中校企合作教师团队共同教学,大力推进教学做一体化,借鉴国外职业教育较成功的项目教学法、引导文教学法、行动导向教学法等先进教学方法,改善教学环境,构建多元化教学课堂,不仅有传统的教室、教学工厂、企业现场,还有一体化教室,采用先进信息技术如多媒体录播系统等设备,实现"做中学、学中做",促使学生在完成学习项目的过程中掌握相关理论知识和专业技能,养成良好的职业素质;学生课后可以通过网络进入专业课程资源库进行复习或者自学,在课程交流论坛上进行师生互动。考核评价方法根据课程标准制定,由原来的标准答案型变化为开放式答案,有效鼓励了学生思维的创新,提升学生的职业素质和专业能力。考核主体多元化,由原来单一的教师为主转变为教师、企业专家、学生小组、学生自我评定等,进一步促进了学生的参与性。体现了高等职业教育改革的方向。

"春华秋实结硕果,励志图新拓新篇"。课程改革是高等职业教育改革的核心和基础,也是教育教学质量具体体现的一个重要环节。职业教育教材的开发也遵循着职业教育改革的思路,需要同仁们开拓创新、不断进取!

成都纺织高等专科学校 教授

2016 年 9 月

目　　录

绪　论

一、织物的基本概念与分类

织物是由纤维或纱线,或纤维与纱线,按照一定规律构成的片状集合体。织物类型根据分类方式不同可分为以下几种:

(1) 按加工原理分类,有机织物、针织物、非织造布、其他结构(编织物、针机织联合物等)。图 0-1 所示为几种织物片段。

(2) 按用途分类,有服装用、装饰用、产业用。

(3) 按原料组成分类,有棉织物、毛织物、麻织物、丝绸织物、纯化纤织物、混纺织物。

机织物是由经、纬两个系统纱线,按一定规律相互垂直交织而成的织物。

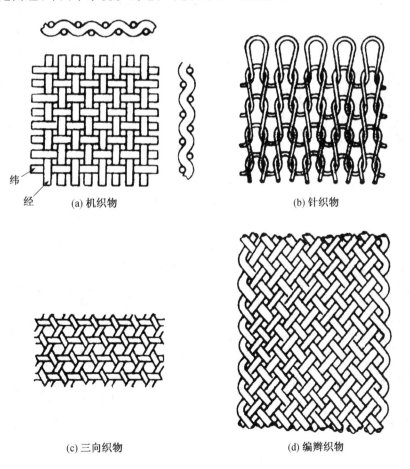

(a) 机织物

纬
经

(b) 针织物

(c) 三向织物

(d) 编辫织物

图 0-1　几种织物片段

二、机织物的发展

（一）机织物的发展历程

机织技术和机织物的发展经历了一个漫长的演变过程：机织物的作用从御寒→避体→舒适→美观→功能型的发展历程；织造技术从原始织机→斜织机→脚踏织机→现代织机的发展历程；织机的发展带来织造准备技术的飞速发展，从整经→过糊→现代准备的发展历程。

在纺织工业的发展历史上，中华民族曾作出过杰出的贡献。早在五六千年以前，我国就有了用葛、麻等植物韧皮制织的织物（图0-1，图0-2）。四千多年以前，我们的祖先已织造出相当高水平的丝织品。在战国时期的楚墓出土的丝织品中，发现了比较复杂的图案纹锦，如图0-3所示，说明当时的织机开口装置已是相当复杂。汉唐时期，织造技术发展，形成了素机和花机两大类织机。花机织出的织物已非常复杂，如图0-5和图0-6所示；素机织出的织物也相当精细，图0-6所示的西汉马王堆墓出土的素禅衣仅重49 g。

图0-2　四千年前的葛纤维织物

图0-3　战国六边形纹织成锦

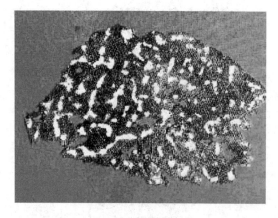

图0-4　战国印花布

图0-5　东汉万事如意锦

图 0-6　汉素襌衣

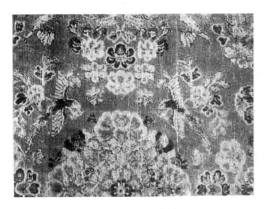

图 0-7　唐红地花鸟纹锦

(二) 机织物的发展

1. 品种的发展

随着科学技术的不断发展,对产品的应用及附加功能提出了更高的要求。功能性和环保型织物是 21 世纪的纺织品主流,要求纺织品柔软、有弹性,能够透湿、透气、防雨、防风、防潮、防霉、防蛀、防臭、抗紫外线、抗静电、阻燃、保健且无毒,具有环保及穿着舒适等功能。

2. 原料的发展

超细纤维为改善化纤的吸湿、透气、柔软、悬垂性能提供了条件,弹性纤维(如美国杜邦的莱卡)提高了面料的弹性和穿着舒适性,Tencel(天丝)、莫代尔、大豆纤维、竹纤维的出现改善了纤维的品质,防止纤维在织造过程中对环境产生污染,有利于环保。

从服装面料的现状看,织物的原料、组织结构及后整理等要素的复合化成为世界纺织技术的流行趋势之一。织物采用单一原料或两种原料已越来越少,而是越来越多地采用多种原料按一定比例加以组合。天然纤维、人造纤维、合成纤维的性质不同,各具优缺点,混纺、交织可起到优势互补的作用,从而改善纱线的可纺性,提高产品的服用性能。一些流行的混纺产品少则采用 2～3 种纤维,多则 4～6 种纤维,主要根据产品用途与档次进行配比,以达到改善产品性能的目的。

3. 后整理的发展

天然纤维在保持原有性能的基础上,通过各种印染后整理,产生了质的变化,提高了附加值,如:磨毛整理,使织物细腻;涂层整理,使织物防水、透气、防油污;形态记忆整理,使织物防皱、防缩,达到穿着舒适、机可洗、洗可穿的程度。此外,多种后整理与功能性相结合也是天然纤维的发展趋势。

4. 纱线和组织结构的发展

在所用纱线上,纱线细度、密度呈现多样化,纱线结构也多种多样,当前流行的纱线有混色纱、花式纱、粗细纱、雪尼尔纱等。进行产品开发时,可采用花式纱线与传统纱线相结合、金属纱与天然纤维相结合、粗细纱间隔、单纱和股线相配合的方式,或应用强捻纱、包芯纱、包覆纱等,赋予织物特殊风格。在组织结构上,进行高支高密、双层或三层结构、各种表面效果等设计,使产品的品种、风格、性能更加丰富,应用领域更加广泛。

三、机织技术的演进

人类最初的织造技术是手工编结,随着生产的发展,出现了如图0-8和图0-9所示的手工提经和手工引纬的织机雏形。

我国大约在春秋时期,木结构的手工引纬和脚踏提综的古老织机已经出现。图0-10和图0-11所示是汉代画像石上描绘的春秋时期的带有机架的斜织机及其复原图。这种织机应用杠杆原理,用两块脚踏板带动一页线综。踏长脚踏板时,通过杠杆和吊绳使"马头"摆动,线综提起而分纱辊下降,形成一次引纬通道;踏短脚踏板时,线综下沉而分纱辊上升,形成另一次引纬通道。这种织机所形成的引纬通道较小,操作不方便。

图0-8　手工提经的织机雏形

图0-9　手工引纬的织机雏形

图0-10　江苏铜山出土汉画像石上的斜织机

图0-11　斜织机复原图

后来,水平式织机代替了斜织机,并发明了提花技术,发展了大花纹织造技术。图0-12所示为宋代楼寿的《耕织图》所绘制的一台大型提花机。从图中可以看到,地经和花经分别由两人操纵,互相配合,可以织出复杂的大花纹织物。这是世界上最早的提花机图。由此可见,我国的提花织造技术是很早发明的。

图 0-12　宋《耕织图》

在 1368—1644 年的明代,我国手工纺织业技术水平在世界上处于领先地位。到了近代,由于封建制度的腐败、外来势力的入侵,我国纺织技术几乎长期处于停滞状态。

当手工纺织技术传到西方,与机械化结合后,纺织技术获得了新的发展。1733 年 5 月 26 日,英国人 J. 凯(John Kay)的投梭机构获得专利。此机构应用在当时被称为飞梭织机的织造设备上,产量提高,织物质量改善;同时,金属筘的应用增加了织物品种范围。18 世纪,蒸汽机出现后,人们开始以蒸汽为动力(以后使用电力)来拖动机器,开创了动力织机代替手工织机的新时代,大大提高了织机的生产率。

图 0-13 所示为第一台动力织机,它是英国人 E. 卡特赖特(E. Cartwright)发明的,他的这项发明在 1785 年 4 月 4 日获得专利,这台动力驱动织机还附有断头自停装置,在当时是令人难以置信的创举。

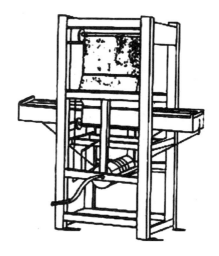

图 0-13　E. 卡特赖特发明的动力织机

法国人 J. M. 杰卡德(L. M. Jacquard)在 1804 年研制出提花织机。这台织机可以织出各种复杂的花纹和美丽的图案。提花织机的英文名称,就是以他的名字命名的。

在总结前人经验的基础上,英国人 J. H. 诺斯洛普(J. H. Northrop)于 1889 年 10 月 24 日在美国正式开动他的自动换纤织机。这是一项重大的发明,他的设计思想一直被沿用至今。

1926 年日本丰田公司的创始人丰田佐吉研制成功自动换梭织机。丰田自动织机的张力装置、自动换梭装置、投梭机构等重要部分基本上已具备现代织机的形制,并在世界各国得到广泛应用。

从 19 世纪末期开始,人们逐渐发现有梭织机上存在着许多难以解决的问题,如梭子的质量大、机器的振动和噪声大、产量低、维护费用高等,使梭子引纬的原有特点逐渐失去了积极意义。因此,人们一方面对有梭织机进行改造,另一方面积极探索新的引纬方法,在 20 世纪初出现了许多新型引纬的专利与尝试。进入 20 世纪 50 年代,瑞士苏尔寿(SULZER)的片梭织机、捷克斯洛伐克沃(KOVO)的喷气和喷水织机、意大利索米特(SOMET)的剑杆织机相继问世,开创了织造行业的新纪元。

由于机械工业、电子工业、化学工业及各项高新技术的发展,现代制造技术不断提高,无梭织机技术水平发展到一定的高度,新型织机因其显著优势已逐步取代有梭织机在织造行业广泛应用。

织造品种的多样化需求,势必引导无梭织机技术在高速、高产、优质和节能减耗等方面不断创新和发展。未来主流产品的发展趋势,就是高效和低成本,同时一部分会向个性化的特种织机方向发展,以满足工业用纺织品的生产需求。

四、机织物的形成

(一) 机织物在织机上的形成过程

经、纬纱线在织机上进行交织的过程,是通过以下几个运动来实现的:

(1)开口运动:将经纱按织物组织要求分成两层,两层纱之间的空间称为梭口。

(2)引纬运动:将纬纱引入梭口。

(3)打纬运动:将引入梭口的纬纱推至织口。织口是经纱和织物的分界。

经过一次开口、引纬和打纬,这根纬纱就和经纱进行一次交织。此后,经纱再次分成两层,形成另一次梭口,并进行引纬和打纬。如此反复进行,逐渐形成织物。

要使交织连续地进行,还需要以下两个运动:

(4)卷取运动:随着交织的进行,将织物牵引而离开织口,卷成圆柱状布卷。每次交织所牵引的长度,将确定织物的纬密。

(5)送经运动:随着织物向前牵引,送出所需长度的经纱,并使经纱具有一定张力。

开口、引纬和打纬三个运动是任何一次交织都不可缺少的,称为三个主运动。而送经和卷取两个运动是交织连续进行所必要的,称为副运动。它们合称为五大运动。图 0-14 所示为机织物形成过程。

(二) 机织生产流程

机织生产流程分三个阶段,即织前准备、织造和原布整理。

1. 织前准备

织前准备简称准备,其任务是:

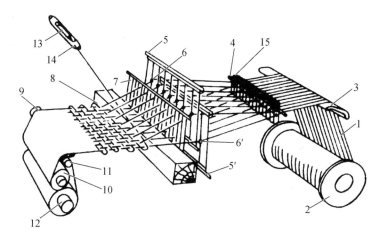

图 0-14　机织物形成过程示意

1—经纱；2—织轴；3—后梁；4—绞杆；5,5′—综框；6,6′—综眼；7—筘；8—织口；
9—胸梁；10—刺毛辊；11—导辊；12—布辊；13—纡子；14—梭子；15—停经片

（1）使经纬纱形成织造所需要的卷装形式，如织轴、纡子和筒子。

（2）将经纱穿入综眼、筘齿和停经片，以满足织造时开口、打纬和经纱断头自停的需要。

（3）提高纱线的织造性能，如清除纱线上的疵点和薄弱环节、增加经纱的强度和耐磨性、改善纡子的退绕性能和纬纱的捻度稳定性等。

（4）使纱线具有织物设计所要求的排列顺序，如色织物的色经纱排列。

（5）加工所织品种所需的特种效应的纱线，如花式线、并色线。

2. 织造

经纬纱线在织机上交织而形成织物。

3. 原布整理

将织造所得的织物进行检验、折叠、分等和成包。

由于机织物的种类很多，原料也不同，所以生产流程有较大差别。图 0-15 所示为一般棉型本色织物的机织生产流程。

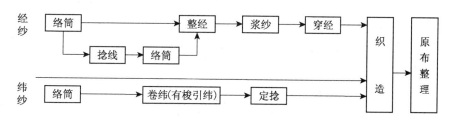

图 0-15　机织生产流程

五、课程性质与作用

"机织技术"课程是"现代纺织技术"专业的一门专业核心课程，按纺织企业岗位群的需要而设置，是纺织专业学生就业的主要支撑课程。它是包括由纱线形成机织物的生产过程的基本原理、设备使用、工艺设计、操作技术和产品质量检测技术的一门课程。

学习情境一

络筒生产与工艺设计

☞ **主要教学内容** --

络筒生产原理、自动络筒机工作原理及发展、络筒质量控制与工艺设计。

☞ **教学目标** --

1. 掌握络筒生产原理及其发展趋势;
2. 掌握络筒质量分析与工艺设计的方法和原则;
3. 能够针对典型品种进行工艺设计,并上机调整到位;
4. 提高学生的团队合作意识、分析归纳能力与总结表达能力。

本学习情境单元与工作任务如下:

学习情境单元	主要学习内容与任务
单元一 络筒生产原理	络筒成形原理、卷绕机构工作原理 工作任务一:总结比较圆柱形筒子与圆锥形筒子的卷绕成形特性(小组完成) 工作任务二:根据络筒卷绕原理,总结归纳影响筒子成形的因素(小组完成)
单元二 络筒质量控制	络筒张力分析、防叠、清纱、捻接及疵点分析 工作任务一:总结影响络筒生产质量的因素及相关解决措施(小组完成) 工作任务二:根据案例分析疵点筒子成因,并提出解决方案(小组完成) 工作任务三:根据实际样品,测定筒子传动半径、卷绕密度、毛羽指数(小组完成)
单元三 自动络筒设备	三种典型自动络筒机工作原理 工作任务一:三种典型自动络筒机的特性比较(小组完成) 工作任务二:总结自动络筒机的发展历程与趋势(个人完成)
单元四 络筒工艺设计	络筒工艺设计方法与原则 工作任务:完成两个典型品种的络筒工艺设计,并在络筒机上实施工艺调整(小组完成)

单元一　络筒生产原理

一、络筒工序的任务与要求

络筒是把纱线卷绕成筒子的工艺过程。

筒子是纱线的一种卷装形式,其特征是容量大、层次分明、退绕方便,有利于贮存、运输和后工序使用。筒子不仅可供整经使用,还可供卷纬、摇纱、捻线、染色、针织和缝纫使用,无梭织机使用的纬纱也是以筒子的卷装形式上机的。

络筒的第一项任务就是将管纱或绞纱连接起来卷绕成筒子。一般细纱机纺得的管纱,其净重约 70 g,长约 2 400 m(相当于 29 tex 纱)。而一个筒子纱的净重约 1.6 kg 或更大,长度为一个管纱长度的 20 余倍。

络筒的第二项任务是检查纱线的直径,清除纱上的粗节、细节、棉结、杂质等疵点,提高纱线的质量。

经过络筒后,有利于提高后工序的产质量和成品的质量。

对络筒的要求如下:

(1)筒子成形良好而坚固。

(2)筒子能顺利退绕,并利于在高速下退绕。

(3)卷绕长度符合后工序加工的需要,容量尽可能大。

(4)卷绕张力符合工艺需要,张力均匀。

(5)卷绕密度符合工艺需要。

(6)纱线连接良好,结头小而牢,最好没有痕迹。

(7)适当清除疵点,尽量不损伤纱线。

此外,还应考虑高产、低耗(动力、原材料、机物料等)、工人劳动强度低等要求。

二、络筒生产工艺流程

(一)普通络筒机生产工艺流程

普通络筒机 GA013 型的工艺过程如图 1-1 所示。纱线从管纱 1 上退绕,经过导纱钩 2、张力器 3、清纱器 4、导纱杆 5、探纱杆 6,再经过槽筒 7,卷绕于筒子 8 上。

张力器和清纱器分别用来增加纱线张力和清除纱线上的疵点。具有往复沟槽的滚筒——槽筒转动时,一方面摩擦传动筒子,使筒子做旋转运动;另一方面,使嵌入沟槽的纱线做横向往复运动,将纱线分布于筒子的各个位置。当管纱络完或断头时,探纱杆探测不到纱线,就诱发筒子离开槽筒而自动停止卷绕,防止筒子表面与槽筒继续摩擦而损伤纱线,同时也便于工人操作处理。

图 1-1 所示只是络筒机的一个卷绕单元,通称为一锭。一台络筒机是由多锭组成,一般为几十锭或一百锭。这种络筒机的换管和接断头等工作都需人工操作,纱线进入络筒机可能是管状,也可能是绞状;若为后者,则络筒机上应设置装绞纱的纱框。

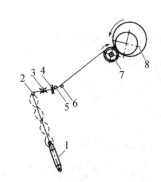

图 1-1　普通络筒机 GA013 型
的工艺过程

1—管纱；2—导纱钩；3—张力器；
4—清纱器；5—导纱杆；6—探纱杆；
7—槽筒；8—筒子

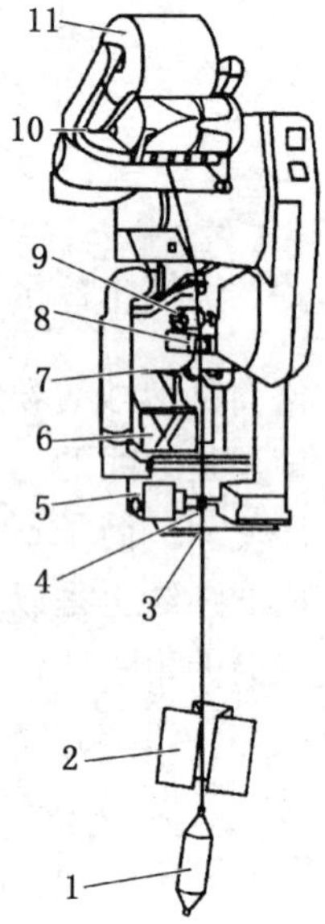

（二）自动络筒机生产工艺流程

图 1-2 所示为一种自动络筒机的工艺流程。纱线从插在管纱插座上的管纱 1 上退绕下来，经过气圈破裂器（或气圈控制器）2 后，再经预清纱器 4，使纱线上的杂质和较大纱疵得到清除。然后，纱线通过张力装置 5 和电子清纱器 7。根据需要，可由上蜡装置 9 对纱线进行上蜡。最后，当槽筒 10 转动时，一方面使紧压在它上面的筒子 11 做回转运动，将纱线卷入；另一方面，槽筒上的沟槽带动纱线做往复导纱运动，使纱线均匀地络卷在筒子表面。

图 1-3 和图 1-4 所示为常见自动络筒机的工艺流程。

图 1-2　自动络筒机
工艺流程

1—管纱；2—气圈破裂器；
3—余纱剪切器；4—预清纱器；
5—张力装置；6—捻接器；
7—电子清纱器；8—张力传感器；
9—上蜡装置；10—槽筒；
11—筒子

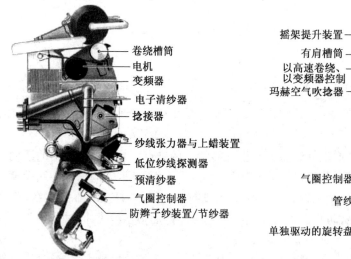

图 1-3　SAVIO-ORION 型自动络筒机工艺流程

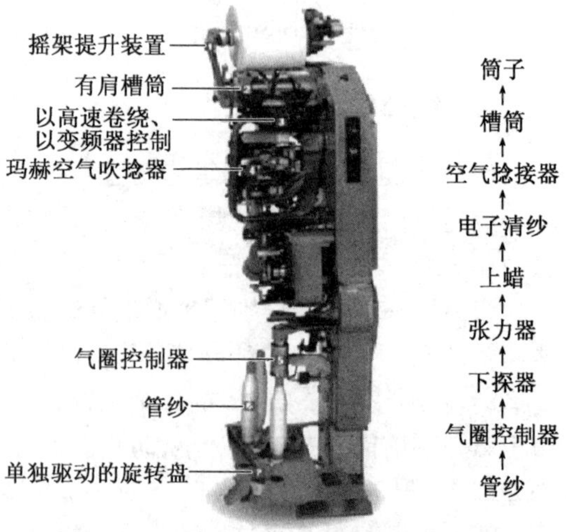

图 1-4　村田 21C 型自动络筒机工艺流程

工作任务一：总结、比较圆柱形筒子与圆锥形筒子的卷绕成形特性（小组完成）。

三、络筒卷绕的基本原理

(一) 两个基本运动

筒子的卷绕成形是由两个基本运动来实现的。其一是筒子做旋转运动；其二是使纱线沿筒子母线(或轴线)做往复运动——导纱运动，以分布纱线。筒子旋转运动的圆周速度为 v_1，导纱运动的速度为 v_2。这两个速度的方向相互垂直，如图 1-5 所示。

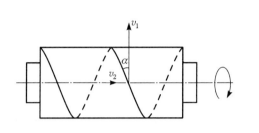
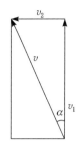

图 1-5　筒子的卷绕成形运动

纱线的卷绕速度即络纱速度 v 为：

$$v = \sqrt{v_1^2 + v_2^2}$$

这两个基本运动使纱线在筒子表面呈螺旋线状，其螺旋升角 α 称为卷绕角，它由 v_2 与 v_1 之比值确定：

$$\tan \alpha = \frac{v_2}{v_1}$$

当 v_2 比 v_1 小得多时，α 很小，称为平行卷绕；这时，纱圈在筒子两端很不稳定，容易坍塌，需用边盘支持，因此用来络制有边筒子。当 v_2 与 v_1 的比值较大时，称为交叉卷绕；这时，纱圈在筒子两端较稳定，不需要边盘支持，可形成无边筒子。

卷绕角 α 的值还直接影响筒子的卷绕密度。当 α 较小时，卷绕密度大，反之则小。但即使是交叉卷绕，α 一般也只有几度。

形成两个基本运动的方法分别如下：

1. 使筒子旋转运动的方法

(1) 滚筒摩擦传动筒子。其特征是圆周速度 v_1 基本稳定，不随卷绕直径增加而增大，由于导纱速度 v_2 不随卷绕直径而变化，所以络纱速度 v 稳定，这有利于稳定纱线张力、加大筒子容量、提高络纱速度，并使筒子成形良好。但是摩擦传动对纱线有磨损，故不适宜于络长丝纱，一般用来络短纤纱和中长纤维纱线。

(2) 锭子传动筒子，转速固定。在这种传动方式下，圆周速度 v_1 随筒子卷绕直径增加而增大，因而络筒速度 v 逐渐增大，卷绕角 α 逐渐减小，纱线张力愈来愈大，从而限制了筒子容量，不利于筒子成形和高速络纱，所以采用已较少，主要用于络不耐磨的长丝纱和对卷绕结构有特殊要求的缝纫线。

(3) 锭子传动筒子，圆周速度 v_1 固定。这种传动方式下，筒子的转速通过变速装置随卷绕直径增加而减小，其卷绕速度 v 和纱线张力都很稳定，筒子成形良好，有利于加大卷装，而且对纱线无磨损。但是其机构较为复杂，目前主要用于络化纤长丝纱，以及对退绕有特殊要求的筒子纱。

2. 导纱运动的方法

络筒机的导纱运动一般用凸轮控制,具体可分为两类:一类是用转动的凸轮使导纱器做往复运动而使纱线做往复运动;另一类是用转动的凸轮直接使纱线做往复运动。由于第二类中没有质量比一段纱线大得多而做往复运动的导纱器,因而交叉卷绕时络筒的噪音和振动冲击都很小,络纱速度也比第一类高得多。

筒子卷绕的相关参数(图1-6)如下:

络纱速度 v;

圆周速度(卷绕线速度)v_1;

导纱速度 v_2;

卷绕角 α;

交叉角 γ;

筒子高度(导纱运动距离)H;

筒子卷绕直径 D;

轴向螺距 h;

筒子上每层纱线的卷绕圈数 m';

单位时间内导纱器单向导纱次数 m;

筒子转速 n_k;

传动转速 n(摩擦传动中的滚/槽筒的转速)。

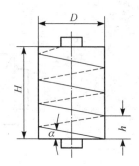

图1-6 筒子卷绕的
相关参数

问题引入 1:

考查筒子卷绕成形从哪些指标或特征入手?

(二) 筒子的卷绕形式

1. 按纱线之间的交叉角分

(1) 平行卷绕。先后两层纱圈之间的交叉角很小,$\gamma \leqslant 10°$。其特征为:每一层的绕纱圈数多,卷绕密度大;纱圈不易稳固在筒子两端,易脱落;纱线只能从切线方向退绕。

(2) 交叉卷绕。相邻两层纱圈之间有较大距离,上下层纱圈构成较大交叉角,$\gamma > 10°$($11°\sim14°$)。其特征为:绕在筒子上的各层纱圈相互交叉,并有一定间隙;外层纱圈紧压内层纱圈,抱合力大,交叉角也大;筒子容纱量大,可轴向退绕,能适应高速。

2. 按筒管边盘形式分

筒子卷绕按筒管有无边盘可分为:有边筒子卷绕,如图1-7(a)所示;无边筒子卷绕,如图1-7(b)~(f)所示。

3. 按卷装形状分

(1) 圆柱形。

① 平行卷绕的有边筒子:卷绕密度大,纱圈稳定性好,但不适宜于高速退绕。

② 交叉卷绕的圆柱筒子:锭轴传动(精密卷绕),滚筒摩擦传动(松式筒子)。

③ 交叉卷绕的扁平筒子:筒子直径比高度大。

(2) 圆锥形。

① 普通圆锥:筒子大小端的卷绕密度比较均匀,等厚度增长。

② 变锥形:筒子大小端为非等厚度增长,退解方便,适于高速整经。

③ 其他形状:三圆锥形、瓶形、单端有边等。

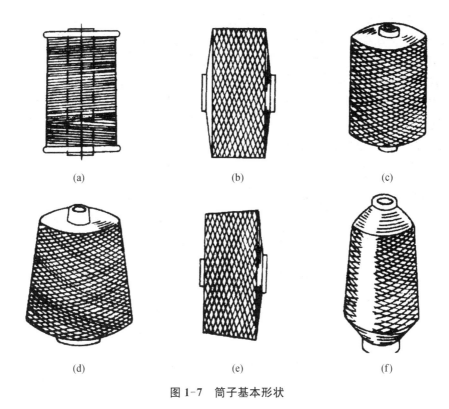

图 1-7　筒子基本形状

问题引入 2：

圆锥形筒子采用定转速 n 摩擦传动，其中导纱速度为恒速 v_2，试分析当筒子卷绕直径 D 不断增加时筒子成形相关参数的变化特征（导纱高度为 H，摩擦滚筒的直径为 D_c）。（可用公式表达）

（三）圆柱形筒子的卷绕原理

摩擦传动：等速导纱的运动规律，即 $v^2 = C$（除折回区域外），接触点的线速度总是等于槽筒表面的线速度。

因为 v_1、v_2 均为常数，所以：

(1) 卷绕角 $\alpha = \arctan v_2/v_1$ 为常数；

(2) $n_k = v_1/\pi D$，随 D 的增加，n_k 减小；

(3) $m' = H/h = H/\pi D \tan \alpha$，随 D 的增加，m' 也减小；

(4) $h = \pi D \tan \alpha$，随 D 的增加，h 增加。

（四）圆锥形筒子的卷绕原理

圆锥形筒子的摩擦传动特点：筒子与槽筒表面只有一点的线速度相等，其余各点在卷绕过程中均与槽筒表面产生滑移。

传动点 C：筒子与槽筒表面的线速度相等的点，或筒子与槽筒实现纯滚动的点（摩擦分为滑动和滚动两种）。

传动半径 R_k：从传动点到筒子轴心线的垂直距离。

传动比：槽筒半径与传动半径的比值。

传动半径及其变化特征包括：

13

① 槽筒摩擦传动时,筒子只能有一个转速 n。

② 锥形筒子大小端的半径均不相同,于是筒子的大小端产生不同的卷绕速度($v=\pi Dn$)。

③ 只有传动点的线速度与槽筒的圆周速度是相同的。

④ 如图 1-8 所示,在传动点的左侧,接触线上各点的圆周速度都不同程度地小于滚筒(即槽筒)的圆周速度;而在传动点的右侧,接触线上各点的圆周速度都不同程度地大于滚筒(即槽筒)的圆周速度。

⑤ 在传动点的左侧和右侧存在不同程度的摩擦滑移,产生方向不同的摩擦力和摩擦力矩。

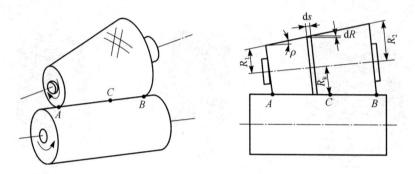

图 1-8 圆锥形筒子的卷绕成形

传动半径
$$R_k=\sqrt{\frac{R_1^2+R_2^2}{2}}$$

筒子小端到传动点的距离
$$AC=x=\frac{R_k-R_1}{\sin\rho}$$

式中:R_1——筒子小端半径;

$\quad\quad R_2$——筒子大端半径;

$\quad\quad R_k$——传动半径;

$\quad\quad \rho$——圆锥形筒子锥顶角之半。

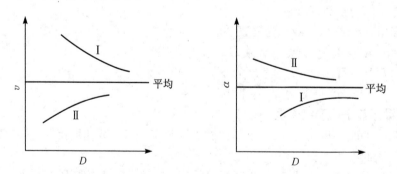

图 1-9 圆锥形筒子大小端的线速度和卷绕角随卷绕直径增加的变化特征

关于圆锥形筒子摩擦传动的几点结论如下:

(1) 传动半径总是大于筒子的平均半径,且随着筒子直径的增大,传动点逐渐向筒子的平均半径方向移动。

（2）筒子大小端的卷绕角不同，大端的卷绕角小于小端的卷绕角。

（3）每层绕纱圈数 $m'=n_k/m$，m 为导纱器单向导纱次数（次/min）。随着 D 增大，N_k 减小，由此每层绕纱圈数减少。

（4）纱圈的平均节距 $h_p=H/m'$，H 为筒子高度。随着 D 增大，m' 减小，由此纱圈的平均节距增加。

（五）筒子卷绕的其他形式

1. 精密卷绕

导纱器一个往复内，筒子卷绕的纱圈数恒定的卷绕（如染色松式筒子）。

2. 紧密卷绕

在导纱器相邻两次往复导纱中，纱线紧挨纱线，排列紧密，卷绕密度大，且筒子容纱量较大（如缝纫线）。

工作任务二：根据络筒卷绕基本原理，总结归纳影响筒子成形的因素。

四、络筒卷绕机构

（一）普通络筒机的筒锭与筒管、筒子托架与槽筒

1. 筒锭与筒管

如图 1-10 所示，锭杆 1 装在筒锭握臂 7 上，锭杆外活套轴衬 2 和锭壳 3。锭壳四周有弓形弹簧片 4 凸出其表面，可使筒管 6 稳定地套在锭壳上。拧下紧定螺钉 5，可取下锭壳和轴衬，以便于维护。普通络筒机使用木质和纸质两种筒管。纸管倾斜角为 5°57″ 或 9°15″，木管倾斜角为 6°。纸管表面有微粒凸起而形成糙面，木管表面则刻有许多细槽，起增加筒管对纱线握持的作用。木管大端的侧面斜向还刻有细槽，在络筒生头时用来绕上预备纱尾，供复式整经换筒用。

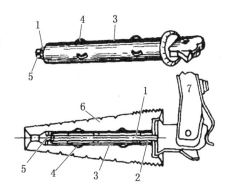

图 1-10 筒锭

1—锭杆；2—轴衬；3—锭壳；4—弓形弹簧片；
5—紧定螺钉；6—筒管；7—筒锭握臂

2. 筒子托架

如图 1-11 所示，筒锭握臂 1 插在握臂座 2 的圆孔中，由调节螺钉 4 固紧。筒锭握臂前端活装着锭子 3。弹簧片 5 的后端固装在握臂上，前端卡在锭子右端的缺口中。缺口有两个，以确定锭子及筒子的络筒运行和上落筒操作的两个不同位置。握臂座 2 活套在中心轴套管上，该轴是整个筒子托架的摆动中心。加压重锤 6 和握臂等物件的质量使筒子产生对槽筒所必需的正压力，以获得正确的摩擦传动。调节筒锭握臂座孔中的位置和弹簧片 5 的位置，可使锭子及筒管位置达到安装要求。一般普通络筒机采用上述结构的筒子托架，在络筒过程中随筒子卷绕直径增大，筒子中心线对槽筒接触线的倾斜角保持不变，以制成等厚度的圆锥形筒子。

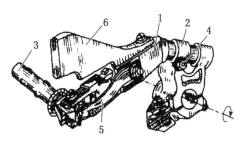

图 1-11 筒子托架

1—筒锭握臂；2—握臂座；3—锭子；
4—调节螺钉；5—弹簧片；6—加压重锤

3. 槽筒

近代络筒机大多采用槽筒,以同时完成传动筒子和导纱的任务。槽筒是带有封闭式左右螺旋沟槽的滚筒(图1-12)。络筒时,槽筒随槽筒轴高速回转,依靠其表面摩擦传动筒子回转,凭借其螺旋沟槽引导纱线往复。

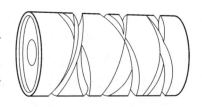

为了使纱线在槽筒沟槽的引导下正确地做往复运动,槽筒沟槽的形状(如宽度、深度和角度等)做了特殊设计。在槽筒上,将纱线自槽筒中部导向边端的沟槽,称为离槽;将纱线从槽筒边端导回中部的沟槽,称为回槽。一个槽筒上有左旋和右旋两条沟槽,两沟槽在槽筒边端处交汇,每条沟槽上的离槽、回槽各占一段,离、回槽在中部的连接点即为导纱中点。不同性质的沟槽曲线,其导纱中点的位置略有不同。

当纱线被离槽引导时,纱线张力使纱线本身容易滑出沟槽,因此,离槽的截面形状要窄而深,有的区段截面如口袋状,槽壁向内凹进,如图1-13(a)所示。当纱线被回槽引

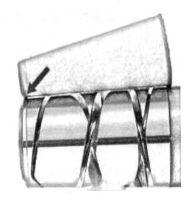

图 1-12　槽筒

导时,纱线张力促进其本身返回,因此,回槽的截面形状应宽而浅,宽度约为最窄槽的 2～3.5 倍。

为使沟槽具有足够的控制纱线的作用,沟槽还应当有适当的深度。通常,胶木槽筒的离槽深度可达 17～18 mm 左右,金属槽筒的沟槽可更深些。沟槽槽底多采用圆弧形而不采用尖角,以防止纱线嵌入而不易脱出,圆弧直径一般采用最大纱线直径的 2～3 倍。

在离槽与回槽的相交处,采用离槽贯通、回槽断开的方式,如图1-13(d)所示。回槽的上段逐渐收口,槽底逐渐升高,下段有宽阔的接纱口。尤其在近导纱中点处的回槽接纱口,宽度更大,以保证纱线通过时得到正确的引导。另外,槽筒长期运行,其沟槽交叉部分易受纱线磨损,为此一些高速络筒机在上述部位镶嵌了耐磨陶瓷,以延长槽筒的使用寿命,保证正常生产。

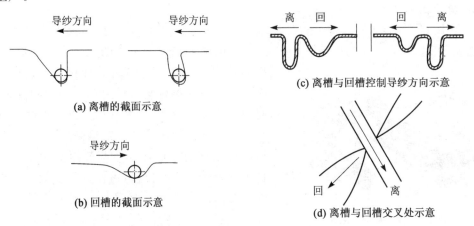

图 1-13　槽筒沟槽结构与交叉

（二）水平右移卷绕机构

早期的自动络筒机常采用水平右移卷绕机构。该机构的第一个作用是在络筒过程中，使筒锭握臂随筒子卷绕直径逐渐增大而做水平方向的右移，从而增加筒子大端端面的斜度，结合筒子轴线倾斜角渐增机构，可制成与球面成形相似的不等厚度卷绕的筒子。

该机构的作用原理如图1-14所示。锭子1装在握臂2上。握臂后部的长轴穿在握臂座3的轴孔内，长轴后部经连杆与防叠轴5连接。防叠轴穿在套管4中，套管与握臂座3为一体。套管上用紧定螺钉7固装扇形支架6，支架的下方用两只螺钉将曲弧凹槽板8连为一体。因此，当筒子卷绕直径逐渐增大时，筒锭握臂逐渐上升，经握臂座、套管和扇形支架，使曲弧凹槽板以防叠轴为中心逐渐向前摆动。

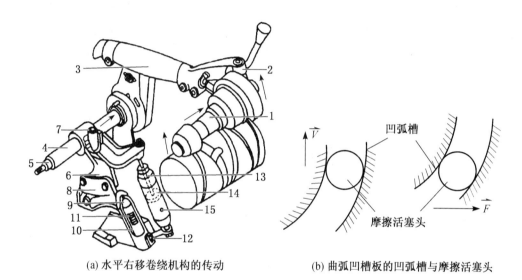

(a) 水平右移卷绕机构的传动　　　　　(b) 曲弧凹槽板的凹弧槽与摩擦活塞头

图1-14　水平右移卷绕机构

1—锭子；2—筒锭握臂；3—握臂座；4—套管；5—防叠轴；6—扇形支架；
7—紧定螺钉；8—曲弧凹槽板；9—摩擦活塞头；10—摩擦制动气缸；
11—活塞头弹簧；12，15—压缩空气入口；13—活塞杆；14—平衡气缸

另外，摩擦制动气缸10固装在机架上，气缸活塞与摩擦活塞头9相连。当气缸下部通入压缩空气后，经活塞头弹簧11，使活塞头顶向曲弧凹槽板的凹弧槽，起到固定销钉的作用。因此，随筒子卷绕直径增加，当曲弧凹槽板向前摆出、在活塞头上移动时，受到摩擦活塞头的反作用力F，其方向向右，如图1-14（b）所示。由于曲弧凹槽板与筒锭握臂等套件连接，使筒子随自身卷绕直径增加而逐渐向右移动。

水平右移卷绕机构的第二个作用是调整对筒子的压力。如图1-14（a）所示，当压缩空气通入气缸10后，摩擦活塞头9便紧顶在曲弧凹槽板8的凹槽内，给筒锭握臂套件以制动力。当筒子卷绕直径增加、握臂上升时，摩擦活塞头的摩擦制动力对筒子产生压力。气压愈大，压力愈大，筒子的卷绕密度也愈大。与此同时，摩擦制动力还可防止筒子跳动，适宜高速络筒。

图1-14（a）中，平衡气缸14上的活塞杆13，经球形接头，与扇形支架6上的支臂连接。

当平衡气缸的下部通入压缩空气后，扇形支架得到一个向上的作用力，其作用方向与对筒子加压的力的方向相反。因此，当平衡气缸内气压增大时，筒子加压减小，筒子卷绕密度减小。所以，综合调节摩擦制动气缸10和平衡气缸14内的气压大小，可获得所需要的筒子压力和卷绕密度。图1-15所示为筒锭握臂套件在络筒过程中的两个状态，状态a（实线）为筒子小直径卷绕时的机构位置，状态b（虚线）为筒子卷绕直径增大后的机构位置。由于平衡气缸的活塞杆与扇形支架支臂的连接点（球形接头）的位置改变，使筒锭握臂等件在状态b时所受到的逆时针方向的平衡力矩大于状态a时。即在络筒过程中，随筒子卷绕直径增加，平衡气缸内的气压虽不变，但可逐渐加大抵消筒子因卷绕增加的自重而增加的对槽筒表面的压力，从而避免出现筒子卷绕密度内松外紧的现象。

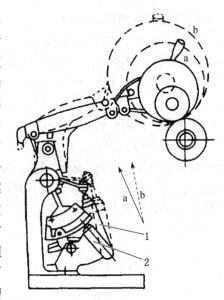

图1-15　筒子自重增加时的抵消作用

1—平衡气缸；2—摩擦制动气缸

单元二　络筒质量控制

工作任务一： 总结影响络筒生产质量的因素及相关解决措施。

一、筒子卷绕密度控制

筒子卷绕密度是指筒子上单位体积内的纱线质量，其计量单位是"g/cm³"。生产中一般采用称重法来计算卷绕密度。根据卷绕密度的大小，交叉卷绕可分为紧密卷绕与非紧密卷绕两种。

不同纤维、不同线密度、不同用途的筒子，有不同的卷绕密度，如整经用棉纱筒子的卷绕密度要求为0.38～0.45 g/cm³，染色用筒子纱的卷绕密度一般为0.32～0.37 g/cm³。以这样的卷绕密度制成的筒子结构松软，染料可以顺利浸透纱层内部，以达到均匀染色的效果。

影响筒子卷绕密度的主要因素有纤维种类、纱线线密度、络筒张力、筒子卷绕方式（即卷绕角的大小）、筒子对摩擦滚筒（槽筒）的压力等。

（一）络筒张力

络筒张力对筒子卷绕密度有直接影响，张力越大，筒子卷绕密度也越大，因此实际生产中可通过调整络筒张力来改变卷绕密度。络筒张力还对筒子内部卷绕密度的分布有极大的影响。纱线绕上筒子后，纱线张力产生的压力压向内层，由于纱线具有一定的弹性，使得纱层较软，各纱层所产生的压力会向内传递，最终使内层的纱圈产生变形，卷绕密度增加。但在靠近筒管处的纱层，由于筒管的支持仍保持原有的形状，卷绕密度也较大；而在靠近筒子表面的纱层，所受压力较小，卷绕密度也较小。这种变化如图1-16所示，曲线I为张

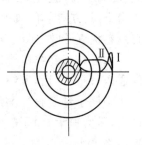

图1-16　筒子内张力与卷绕密度的变化

力的变化,曲线Ⅱ为卷绕密度的变化。

(二)卷绕角

如图 1-17 所示,在两个相互平行、距离为 Δ、且远离筒子轴心线的平面之间,截取一段长度为 l 的纱段,$l=\Delta/\sin\alpha$。当 Δ 一定时,卷绕角越小,l 越长。显然,纱线越重,即筒子的卷绕密度越大。棉纺织生产中所用的整经筒子,其卷绕角为 30°左右;而用于染色的松式筒子,其卷绕角为 55°左右。

对于圆锥形筒子而言,只有传动点的卷取速度与槽筒相同,而筒子大端的卷取速度比小端大,故筒子大端的卷绕角比小端小,因此,筒子大端的卷绕密度大于小端的卷绕密度。

随着筒子直径的增加,筒子上传动点的位置逐渐向小端移动。于是,筒子大端的半径与传动半径的比值不断减小,筒子小端的半径与传动半径的比值不断增大,即筒子大端的卷绕线速度在逐渐减小,而筒子小端的卷绕

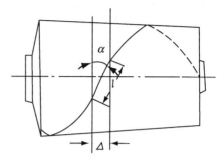

图 1-17 卷绕角对卷绕密度的影响

线速度在逐渐增大,从而使得筒子大端外层的卷绕角比内层的大一些,筒子小端外层的卷绕角比内层的小一些。所以,在筒子大端处,外层卷绕密度比内层小,即外松内紧;在筒子小端处,外层卷绕密度比内层大,即内松外紧。筒子小端这种内松外紧的结构是易于出现菊花芯疵点的原因之一。

(三)筒子加压

筒子与槽筒之间的压力对筒子的卷绕密度有很大的影响,压力越大,卷绕密度也越大。随着筒子的卷绕直径不断增大,筒子的自重增加,筒子与槽筒之间的压力增大,从而造成筒子卷绕密度在筒子径向分布不匀。在现代自动络筒机上,均有较完善的压力调节机构,且能吸收筒子高速回转而产生的跳动,故筒子卷绕密度均匀、成形良好。图 1-18 所示为新型自动络筒机上装有的压力调节装量。当筒子卷绕直径增大时,平衡气缸内的气压是恒定的,但气缸随筒子直径增大而上抬,其作用力的力臂增大,从而平衡筒子在络筒过程中逐渐增大的筒子质量,保持筒子作用在槽筒上的压力恒定,使卷绕密度内外一致。

图 1-18 压力调节装置

小组讨论:采用思维导图法,提出均匀控制络筒卷绕密度的方法与措施。

二、纱圈重叠的产生与控制

(一)纱圈重叠的产生与消失

筒子在卷绕时,每一个后来绕上筒子表面的纱圈应对它前面的纱圈有一定的位移量。这样,纱圈就会均匀地分布在筒子的表面。但如果纱圈的位移量恰好等于零,即纱圈的位移角等于 0°时(图 1-19),那么,后一次导纱周期内绕上筒子表面的纱圈仍在前一次导纱周期内绕在筒子表面的纱圈位置上,最终形成凸起的条带。这种现象就称为纱圈的重叠(图 1-20)。当重叠纱条的厚度较明显地增加了筒子的卷绕半径时,筒子的绕纱圈数随即减少,并出现不足 1 圈的小数位,重叠就会消失。

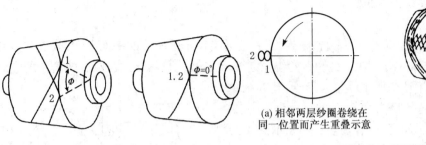

图 1-19　纱圈位移角

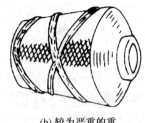

(a) 相邻两层纱圈卷绕在
同一位置而产生重叠示意

(b) 较为严重的重
叠筒子外观示意

图 1-20　重叠的形成

（二）重叠筒子引起的问题

（1）筒子上凹凸不平的重叠条带使筒子与滚筒接触不良，凸起部分的纱线受到过度摩擦而损伤，造成后加工工序中纱线断头、纱身起毛。重叠的纱条还会引起筒子卷绕密度不匀，筒子卷绕容量减少。

（2）重叠筒子的纱线退绕时，由于纱线相互嵌入或紧密堆叠，以致退绕阻力增加，还会产生脱圈和乱纱。

（3）用于染色的筒子，重叠过于严重，将会妨碍染液渗透，以致染色不匀。

（三）纱圈重叠原因分析

在络筒过程中，筒子受槽筒的摩擦而传动，纱线被卷绕到筒子上。与此同时，纱线在槽筒沟槽的作用下沿筒子轴向往复运动，当运动到筒子端部时折回（图1-20），点1为前一个导纱周期在筒子端部的折回点，点2为后一个导纱周期在筒子端部的折回点，弧1—2所对应的筒子端面的圆心角称为纱圈位移角 Φ。纱圈位移角 Φ 与一个导纱周期内的绕纱圈数 n 之间有如下关系：

$$\Phi = 2\pi(n - n_0)$$

式中：n——一个导纱周期内的绕纱圈数；

n_0——n 的小数部分。

在一个筒子的整个络纱过程中，因槽筒转速和导纱速度恒定，故络筒速度是恒定的，在一个导纱周期内卷绕到筒子上的纱线长度不变。随着筒子卷绕直径逐渐增加，在一个导纱周期内筒子转过的转数逐渐减小，一般由空筒管时的 10 转左右减小到满筒时的 2 转多，期间 n 达到一系列的整数转数（9、8、7、6、5、4、3）。根据上述纱圈位移角计算公式，当一个导纱周期内绕纱圈数为整数时，纱圈位移角 Φ 为 0°，即相邻两个导纱周期的折回点 1 和 2 重合，这种情况称为一次完全重叠，如图 1-21 所示。若一个导纱周期内的绕纱圈数 n 的尾数为 0.5 时，则纱圈位移角 Φ 为 $\pi°$，即相隔的两个导纱周期的折回点将发生重合，这种情况称为二次完全重叠。所以，发生完全重叠的条件可归纳为：纱圈位移角 $\Phi = 2\pi/i(i=1，2，\cdots)$。根据 i 的不同，分别称为 i 次完全重叠。显然，i 越小，纱圈折回点越集中，重叠所造成的后果也越严重，即一次完全重叠是最严重的重叠。

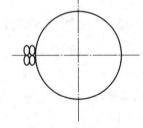

图 1-21　纱圈的完全重叠

（四）防叠措施

通过以上分析可知：在一个往复导纱过程中，筒子转过的转数在较大范围内（筒子从满到空）缓慢减小。在此过程中，纱圈位移角也是连续减小的，因此会不可避免地出现满足发生重叠条件的时刻。但如果在出现重叠时,破坏重叠发生的条件,使重叠立即中止,就可达到防叠的目的。这也是槽筒式络筒机防叠的基本依据。目前,络筒机的防叠措施主要有以下几种:

1. 间歇性通断槽筒电动机

通过间歇性地通断槽筒电动机,可使槽筒转速在一个导纱周期内经历"等速→减速→加速→等速"的变化过程。在槽筒减速和加速时,筒子转速也呈现出"等速→减速→加速→等速"的变化规律。但由于惯性的缘故,筒子的转速变化总是滞后于槽筒的转速变化,只要槽筒的回转速度达到一定值后,筒子便会在槽筒上打滑,这种滑移改变了纱圈位移角,使得它不再规律性地缓慢变化。这样,即使在等速阶段山现了重叠,它也不会持续下去,因此达到了防叠的目的。

2. 变频电机控制槽筒周期性差微转速变化

在自动络筒机上,以变频电机传动单锭槽筒,络筒机的微机控制中心,按预设的变速频率,经变频器来控制电动机产生周期性的差微转速变化,达到防止筒子重叠的目的。

3. 筒子握臂周期性的微量摆动

通过筒子握臂周期性的微量摆动,使筒子传动半径做微量波动,从而改变一个导纱周期内筒子端面的纱圈位移角,达到防叠目的,如图 1-22 所示。

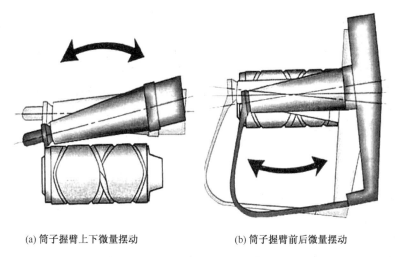

(a) 筒子握臂上下微量摆动　　　　　　　(b) 筒子握臂前后微量摆动

图 1-22　周期性移动或摆动筒子托架

4. 采用防叠槽筒

第一种方法是设置虚槽与断槽。在槽筒表面,若将回槽取消,纱线凭借自身张力的作用,无需导纱,仍能滑回中央位置。槽筒上这种无回槽的部分称为虚槽(一般设置在回槽起始处附近),如图 1-23 所示。另外,还有一种设置,是在离槽与回槽的交叉处,将回槽去除一小段,使回槽出现断缺,这种凹槽不完整的部位称为断槽。槽筒上设置了虚槽与断槽,当出现显著重叠时,即会导致传动半径变化,从而使筒子转速改变,结果使纱圈位移角发生变化,达到防叠目的。

图 1-23　虚槽与断槽

第二种方法是将沟槽中心线左右扭曲。将沟槽中心线设计成左右扭曲的形状,可将已达到一定宽度的重叠条纹推出槽外,使重叠条纹与槽筒表面接触,筒子转速立即改变,使纱圈位移角发生改变,破坏了重叠的条件而达到防叠目的。

第三种方法是采用直角槽筒。将 V 形槽口改为直角槽口,且对称安排。图 1-24 所示为槽筒同一母线上的直角槽口 ABC 和 A′B′C′,直角槽口的径向槽缘在轴向做相反对称的分布,无论筒子沿轴向向左或向右游动,筒子上的轻微重叠条带总有一点被搁置在沟槽之外,具有抗啮合防重叠的作用。

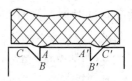

图 1-24　直角槽筒及其
对称分布

5. 防叠精密卷绕

从空管到满管,精密卷绕中每层的卷绕圈数保持恒定。在精密卷绕成形过程中,每一圈纱线的斜率及圈距保持恒定不变,交叉角则逐渐减小。为了保持每层的卷绕圈数相同,卷绕长度应一层接一层地减小。精密卷绕装置上,纱线的返回不是位于前一动程返回点的前面,就是位于前一动程返回点的后面,在返回点处有一个整数值的位移,从而完全消除了重叠的形成。

6. 步进精密卷绕

采用这种技术卷绕纱线时,每完成一步,又回复到前一步的卷绕角,步间对应点为相同的卷绕角,为了防止重叠,步中为精密卷绕方式,卷绕角在 $2°\pm1°$ 范围内递减。

三、络筒张力控制

络筒时,纱线以一定的速度从管纱或绞纱上退绕下来,因受到拉伸及各导纱件的摩擦作用而产生张力。适当的张力能使筒子成形正确,结构稳定而坚固,卷绕密度符合需要。另一方面,适当的张力有利于除去纱上的疵点,拉断薄弱环节,提高纱线的均匀度。对于可能造成纱线断头的薄弱环节和疵点,希望断头发生在络筒工序,因为络筒断一根只影响一锭,而且接头较方便;而后工序断一根则会影响该工序的整台机器,显著影响该工序的产质量,甚至造成织物疵品。

若络筒张力过大,不仅筒子成形不良、卷绕密度不符合要求,而且纱线因伸长过大而受到损伤,甚至把正常的纱线拉断。若张力过小,则筒子成形也不良,而且结构的稳定性和坚固性都较差,对除疵也不利,还会造成断头自停装置工作不正常(纱线未断而自停)。

问题讨论:详细分析络筒张力的构成、影响其波动的主要因素、均匀络筒张力的措施。

(一)络筒张力的构成

在络筒过程中,管纱上的纱线在逐层退绕时,一方面沿纱管轴上升,另一方面又绕着纱管轴做回转运动,这两个运动的复合使纱线的运动轨迹构成一旋转的空间螺旋线,也称为气圈,如图 1-25 所示。图中 8 为退绕点,即在细纱管纱表面受到退绕过程影响的一段纱线的终点;9 为分离点,即纱线开始脱离卷装表面或纱管的裸出部分而进入气圈的过渡点。

管纱退绕过程中的几个名词的解释如下:

气圈:退绕时,纱线一方面沿管纱轴向上升,同时又绕轴线做回转运动,从而在空间形成一个特殊的旋转曲面。

导纱距离 d:纱管顶端到导纱部件之间的距离。

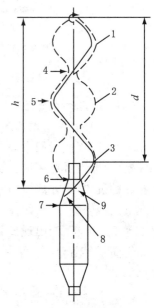

图 1-25　管纱退绕过程

退绕点:纱线受到退绕过程影响的一段纱线的终点。

分离点:纱线开始脱离纱管表面而进入气圈的过渡点。

气圈高度 h:分离点到导纱钩之间的距离。

摩擦纱段:纱线自管纱上退绕时,在管纱表面摩擦蠕动的纱段,即退绕点到分离点之间的纱段。

络筒时纱线的张力主要由以下三个部分组成:

(1)分离点张力,主要由三个部分构成。

① 纱线从附着于管纱表面过渡到离开管纱表面所需克服的黏附力和摩擦力(即摩擦纱段对管纱表面的摩擦力)。

② 退绕点张力。

③ 纱线从静止于管纱表面经加速到络筒速度所需克服的惯性力。

(2)由于气圈的旋转作用而引起的纱线张力。

(3)纱线退绕过程中,纱线与导纱部件接触时的摩擦作用而引起的张力,以及由张力装置产生的纱线张力。

(二)络筒张力的变化规律

1. 管纱退绕一个层级时纱线张力的变化规律

管纱上的纱线是分层卷绕的,层级顶部的纱线在退绕时,卷装表面的摩擦纱段长度短,引起的张力小。但顶部的管纱直径小,气圈转速高,离心力造成的纱线张力大;而底部的管纱直径大,气圈转速低,离心力造成的纱线张力小。在一个层级中,其顶部和底部的直径差异不大,使得一个层级中的纱线退绕时,络纱张力的波动小。

2. 整个管纱退绕时纱线张力的变化规律

整个管纱退绕时,纱线仅与卷装表面静止的纱线相摩擦,张力很小。随着退绕的进行,气圈节数逐渐减少,纱管裸露出的长度也逐渐增加,退绕的纱线既与卷装表面的纱线相摩擦,又与裸

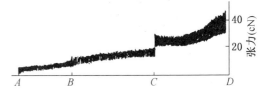

图 1-26　管纱退绕时纱线张力的变化规律

露的纱管相摩擦,阻力增加,纱线张力增大。气圈节数的减少往往在最末一级气圈的颈部与纱管顶部相碰撞时发生,气圈节数每减少一节,络筒张力有明显的增加。尤其是气圈由双节变化到单节时,张力增加较多,如图 1-26 所示。由此表明,气圈形状和摩擦纱段长度是影响管纱退绕张力的决定因素,对两者进行控制,可以减少退绕张力的变化,使络筒张力均匀。

3. 导纱距离对退绕张力的影响

导纱距离即纱管顶部到导纱部件之间的距离。导纱距离对退绕张力的影响较大,因为它影响到气圈的节数和形状。实验表明,在导纱距离等于 50 mm 和大于 250 mm 时,络筒张力都能保持较小的波动;而导纱距离为 200 mm 时,络筒张力波动较大,如图 1-27 所示。故目前新型自动络筒机通常采用 250 mm 以上的导

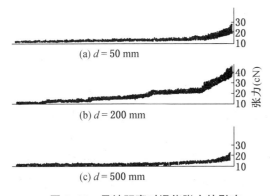

(a) $d = 50$ mm

(b) $d = 200$ mm

(c) $d = 500$ mm

图 1-27　导纱距离对退绕张力的影响

纱距离。

4. 络筒速度和纱线线密度对络筒张力的影响

当络筒的其他条件不变时,络筒速度和纱线线密度越大,则纱线退绕时的气圈作用力越大,因而整个络筒张力越大;反之,则络筒张力减小。

(三) 均匀络筒张力的措施

为了改进络筒工艺、提高络筒质量,可采取适当措施,均匀络筒时的退绕张力,在进行高速络筒时尤为必要。

1. 正确选择导纱距离

如前所述,短距离与长距离导纱都能获得比较均匀的退绕张力,故在实际生产中,可以选择70 mm 以下的短距离导纱或 500 mm 以上的长距离导纱,而不应当选用介于两者之间的中距离导纱。

2. 使用气圈破裂器

将气圈破裂器安装在退绕的纱道中,可以改变气圈的形状,从而减小纱线张力的波动。气圈破裂器的作用原理是:当运动中纱线气圈与气圈破裂器摩擦碰撞时,可将原来的单节气圈破裂成双节(或多节)气圈,从而避免退绕张力突增的现象。常见气圈破裂器如图 1-28 所示。

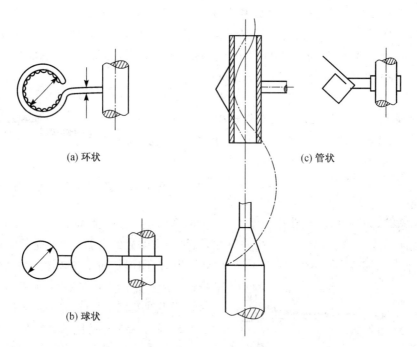

(a) 环状   (c) 管状

(b) 球状

图 1-28　常见气圈破裂器

在高速络筒条件下,传统气圈破裂器仍存在不足,即当管纱上剩余的纱量为满管的 30%或以下时,摩擦纱段长度明显增加,络筒张力急剧上升。故在有些新型自动络筒机上安装了可以随管纱退绕点一起下降的新型气圈控制器,如村田 NO.21C 型自动络筒机的跟踪式气圈控制器(图 1-29),它能根据管纱的退绕程序自动调整气圈破裂器的位置,使退绕张力在退绕全过程中保持均匀稳定。

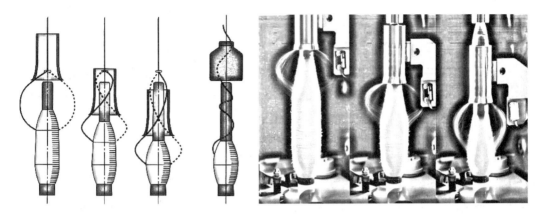

图 1-29　跟踪式气圈破裂器

3. 合理选择张力装置

管纱轴向退绕时,因自身因素产生的纱线张力的绝对值很小,若以这样的张力络筒,将得到极其松软、成形不良的筒子。使用张力装置的目的在于适当增加纱线张力,提高张力的均匀程度,以卷绕成成形良好、密度适当的筒子。但是张力不宜过大,过大的张力会造成纱线弹性损失,不利于织造。络筒张力要根据织物性质和原纱性能而定,一般为原纱强力的 $10\% \sim 15\%$。

对张力装置的要求如下:

(1) 给予纱线的附加张力要均匀,不致扩大纱段的张力波动幅度。

(2) 与纱线接触的面要光滑,不致刮毛纱线。

(3) 结构简单,便于调节,以适应不同纱线线密度的要求。自动络筒机上的张力装置,在自动接头时,应能打开,以便纳入纱线。

张力装置(张力器)的种类较多,其原理都是通过摩擦而得到张力,可分为两类:一类是纱线通过有正压力的两个平面之间而受到摩擦阻力;另一类是纱线绕过曲面而受到摩擦阻力。

(1) 累加法式张力器。纱线通过两个相互紧压的平面之间,由摩擦获得张力。该类张力器的加压形式主要有垫圈加压、弹簧加压、空气加压等,如图 1-30(a)所示。累加法式张力器的特点是不扩大纱线张力的波动程度,接头或粗节通过压板时会产生动态张力波动(导纱速度越快,张力波动越大),如图 1-30(b)所示。设进入张力装置之前的纱线张力为 T_0,当它离开张力装置时的张力为 T,则:

$$T = T_0 + 2fN$$

式中:f——纱线与张力装置工作表面之间的摩擦系数;

　　　N——张力装置对纱线的正压力。

如果纱线通过 n 个这种形式的张力装置,则纱线的最终张力为:

$$T = T_0 + 2\sum_{i=1}^{n} f_i N_i$$

式中:f_i——纱线与第 i 个张力装置工作表面之间的摩擦系数;

　　　N_i——第 i 个张力装置对纱线的正压力。

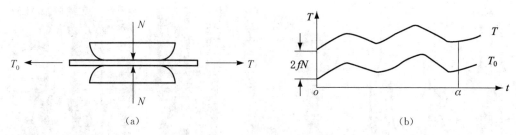

图 1-30　累加法式张力器工作原理

（2）倍积法式张力器。纱线绕过一个曲面，经过摩擦而增加张力，如图 1-31(a)所示。其特点是动态张力波动较小。若纱线经过多个曲面，则张力波动成倍数增加，纱线张力的不匀程度得不到改善，如图 1-31(b)所示。

若纱线进入张力装置时的张力为 T_0，纱线离开张力装置时的张力为 T，则：

$$T = T_0 e^{fa}$$

式中：e——自然对数的底；

　　　f——纱线与曲面之间的摩擦系数；

　　　α——摩擦包围角。

如果纱线绕过的曲面为 n 个，则其最终张力可表示为：

$$T = T_0 e^{\sum_{i=1}^{n} f_i \alpha_i}$$

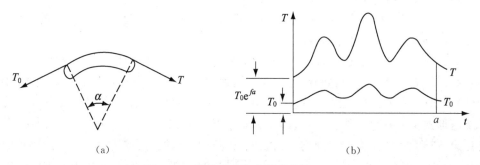

图 1-31　倍积法式张力器工作原理

（3）间接法式张力器。纱线绕过一个可转动的圆柱体的工作表面，依靠摩擦阻力矩，间接地对纱线产生张力。如图 1-32 所示，圆柱体在纱线带动下回转的同时，受到一个外力 F 产生的阻力矩作用。其特点是高速条件下纱线磨损少，纱线张力均值增加的同时，张力不匀率下降。该张力器结构复杂，实际生产中应用不多。设进入张力装置时纱线的张力为 T_0，离开张力装置时的张力为 T，则：

$$T = T_0 + Fr/R$$

式中：r——阻力 F 的作用力臂；

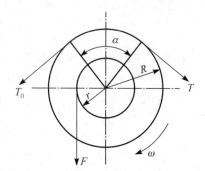

图 1-32　间接法式张力器工作原理

R——圆柱体工作表面的曲率半径。

几种常见张力装置如图 1-33 所示。

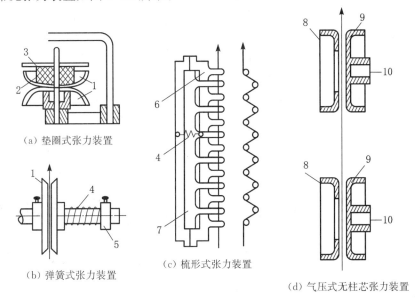

（a）垫圈式张力装置

（b）弹簧式张力装置

（c）梳形式张力装置

（d）气压式无柱芯张力装置

图 1-33　常见张力装置

四、络筒毛羽控制

纱线毛羽产生于细纱工序,增长于络筒工序。纱线经络筒工序后,毛羽一般可增加 50%～150%,有的甚至高达 250%。这是因为在络筒过程中纱线与络筒机各部件的接触、碰撞、摩擦严重,使一些原本已包卷在纱体中的纤维端露出纱体,形成新毛羽,或将原来的短毛羽摩擦成长毛羽。经纱毛羽的增长主要与络纱速度、络纱张力、槽筒材质、络纱过程中纱线所经过的控制部件、检测系统的数量等因素有关。一般情况下,络纱速度慢,络纱张力小,加工路线短,毛羽少;金属槽筒的毛羽比胶木槽筒少。因此,应当选择适宜的络纱工艺参数,改变络纱角度,缩短导纱路线,提高导纱通道的光洁度,加装气圈破裂环,用电子清纱器代替清纱板,将胶木槽筒改为防静电金属槽筒,并将筒管轴线与槽筒轴线偏斜一定角度（有企业偏离 3°58′）,以调整表面接触位置而减轻摩擦,控制络筒车间湿度在 65%～75% 之间,等等。另外,国内外在自动络筒机上主要采取以下新技术:

（1）络纱速度采用变频调速,控制张力均匀。

（2）设计、使用新型气圈控制器,可随退绕管纱直径大小而升降。

（3）采用栅式张力器、弹簧加压或气动加压张力器,调节、稳定络纱张力。

（4）采用专门的气流式毛羽减少装置,如村田 NO. 21C 型自动络筒机采用的 PERLA-A 空气喷嘴型毛羽减少系统（图 1-34）。

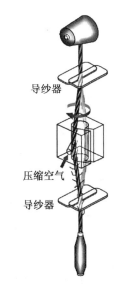

导纱器

压缩空气

导纱器

图 1-34　PERLA-A 空气喷嘴型毛羽减少系统

27

普通络筒与采用 PERLA-A 空气喷嘴型毛羽减少系统络筒后成纱毛羽减少效果对比如图 1-35 所示。PERLA-A 空气喷嘴型毛羽减少系统的工作原理如图 1-36 所示，图中是村田 NO.21C 型自动络筒机的卡式组件张力装置(含 PERLA-A 毛羽减少装置)，左下部是电磁栅式张力器，左上部是 PERLA-A 毛羽减少装置。在纱线退绕路径上设置喷嘴，通过喷嘴喷出的空气产生旋转气流，使纱线形成气圈，并以喷嘴为中心，下部解捻，上部追加捻度，此时喷嘴起假捻器的作用。通过下部解捻及气流的共同作用除去纱线内部的夹杂物及短纤维，再经过上部追加捻度使纱线外层的长纤维捻入纱体内，最终达到减少毛羽及杂疵的效果。使用 PERLA-A 毛羽减少装置时，要注意生产 Z 捻纱应采用 PZ 喷嘴，生产 S 捻纱应采用 PS 喷嘴，如图 1-37 所示。

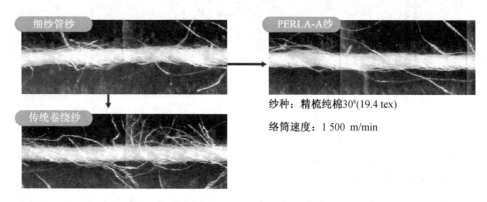

纱种：精梳纯棉30^s(19.4 tex)

络筒速度：1 500 m/min

图1-35　普通络筒与采用 PERLA-A 空气喷嘴型毛羽减少系统络筒后成纱毛羽减少效果对比

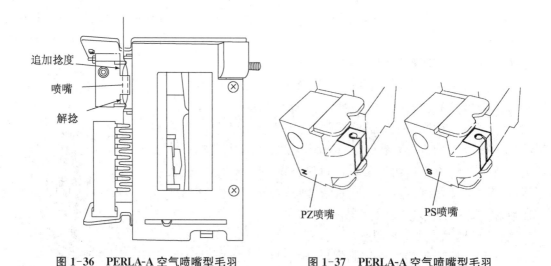

图 1-36　PERLA-A 空气喷嘴型毛羽
减少系统工作原理示意

图 1-37　PERLA-A 空气喷嘴型毛羽
减少系统 PZ 和 PS 喷嘴

五、纱线质量控制——清纱与接头

络筒工序的一个非常重要的作用就是检查纱线直径，清除纱线疵点与薄弱环节。同时，络筒过程中应采用适宜的接头方法,尽量消除因接头不当造成的纱线疵点,从而提高后工序的生产效率与织物布面质量。

问题讨论:络筒时是否要将所有的纱疵清除掉?

(一)清纱范围选择

采用乌斯特条干均匀度仪和疵点计数仪对细纱进行测定时,纱疵可分为三类。

1. 短片段周期性粗细节

由于纤维开松和梳理不足,在细纱机牵伸过程中会产生牵伸波和随机排列,在均匀度仪上可记录细纱上的短片段周期性粗细节,其截面厚度为平均值的$+50\%\sim-50\%$。这类粗细节的截面厚度与平均值相差不多,可不计入疵点。它们对较粗特织物或线织物的表面的影响程度较小,对高档织物的表面匀整性有一定影响。

2. 非周期性粗细节与棉结

这类疵点的粗节和棉结的截面厚度为平均值的$+50\%\sim+100\%$,细节的截面厚度为平均值的$-50\%\sim-70\%$。其产生原因与短片段周期性疵点基本相似,主要由纤维原料与纺纱工艺不完善而造成,但在数量上比短片段周期性粗细节少。这类疵点中的粗节与棉结对单纱薄型织物的外观质量影响明显。

3. 偶发性显性纱疵

这类纱疵主要由细纱操作机清洁工作不良而造成,如细纱大结头、飞花落入等。粗节的长度和截面变化明显,截面厚度达到平均截面厚度的$+100\%$以上,或为平均截面厚度的几倍;细节的长度和截面也变化明显,截面厚度达到平均截面厚度的-70%以上。这些疵点必须予以清除。

图 1-38 所示为 14.6 tex(40^s)精梳棉纱十万米长度内所含的各类纱疵数的累积频数分布图。图中曲线Ⅰ为含有较多显性偶发纱疵的普通细纱,曲线Ⅱ为含有较少显性偶发纱疵的高质量细纱。纵坐标为纱疵累积数,横坐标为纱条截面厚度与平均截面厚度的差异率。共分六个区域:B区与C区的差异率在平均值的$\pm50\%$以内;A区的差异率为平均值的$-50\%\sim-70\%$;D区的差异率为平均值的$+50\%\sim+100\%$;E区和F区的差异率分别为平均值的$+100\%\sim+200\%$和$+200\%\sim+300\%$。

有研究表明,经纱结头总数中约 8% 的结头在织机上会发生断头,引起织机停经机构动作而关车。这意味着络筒加工中的结头个数不可过多,否则会增加织机的经向断头率。

络筒的结头个数以络筒打结频率(十万米纱线中的结头个数)来衡量。由于络筒换管接头数基本不变,因此清除纱疵的个数影响络筒打结频率。清除纱疵的个数由清纱器的清纱范围确定,清纱范围越大,清纱除疵作用越强烈,络筒打结频率就越高。

对于普通织机的织造生产而言,络筒打结频率

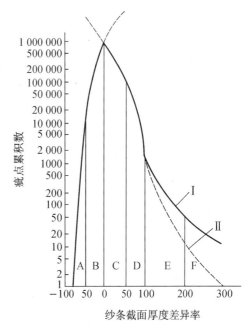

图 1-38　十万米精梳棉纱的纱疵累积频数分布图

以每十万米纱线中50个结头为允许水平。打结频率超过这一水平时,经纱上的结头个数过多,织机的经向断头率过高,织机效率明显降低,织疵增加。

在多幅高速无梭织机的织造生产中,上述允许水平也不能被接受。以 SULZER 片梭织机织制经纬向密度分别为470根/10 cm、320根/10 cm且幅宽各100 cm的三种织物为例,如每十万米纱线中结头数为50个,则每台织机每小时通过的结头数为29.6个,其中8%的结头重新断头,那么仅仅由结头这一项引起的织机停车次数就为2.4次。这种低效率的织造生产不可能持久。因此,对阔幅高速无梭织机提出的打结频率的允许水平为每十万米纱线中25个结头。

曾有人对同批纱线分别做过度清纱和不做清纱处理,然后进行试织对比。试验结果表明:受到过度清纱处理的纱线,由于大量的清纱结头存在,在整经、浆纱、织造过程中,纱线总断头根数比未经清纱的纱线反而稍多一些。

于是,在清纱范围的设计中存在这样一种情况:清纱范围过小,清纱后纱线上允许保留的纱疵过多,整经、浆纱、织造的生产效率会受影响,织物的修织工作也会增加,生产成本增加、织物外观质量下降;相反,清纱范围过大,清纱后纱线上允许保留的纱疵过少,络筒中清纱除疵的次数会增加,络筒生产效率受到影响,并且络筒结头过多、打结频率过高,也会增加织机经停次数,降低织机效率,增加织疵形成的可能性,同样会使生产成本增加、织物外观质量下降。这说明清纱范围应适当选择,过大、过小都会对后工序及成品质量产生不良影响。为此,提出了最佳清纱范围。最佳清纱范围就是允许保留在纱线中的无害纱疵级别及个数与必须清除的有害纱疵级别及个数之间最佳的折衷。

在生产中,可以根据纱疵分级仪对被加工纱线的测试结果及织物的实物质量要求,综合各方面因素,确定一个经济而有效的最佳清纱范围。有时会出现这样的情况:纱线的疵点程度严重、数量较多,与织物的实物质量要求不相符合,络筒时必须除去的纱疵数过多,以致络筒打结频率高于允许水平。这时应考虑改用质量合格的纱线,不要让打结频率突破允许水平。

在毛织物和高档棉织物的生产中,纱线结头在织物正面显露会严重影响布面外观,坯布修织时要将结头挑到织物反面,这些修织工作增加了整理车间的工作负荷。在针织生产中,纱线会因结头通不过针眼而断头,使生产效率下降。

络筒打结的结头形式、纱尾长度和打结质量也直接影响后道加工过程。特别是在织机的经停片、综丝眼、钢箔等处,不良结头会重新断头。纱尾过长的结头在织机上还会与邻纱相缠,导致邻纱断头或经纱开口不清、飞梭等弊病。

随着捻接技术的产生和发展,由纱线结头引出的上述一系列问题都得到了解决。络筒清纱范围的扩大不再因结头增加而对后道加工工序产生不良影响,为此清纱工作得到加强。目前普遍采用多功能电子清纱器和捻接装置,在明显降低粗节、竹节等纱疵的同时,从根本上解决了结头问题,不仅提高了织物外观质量,而且降低了整经、浆纱、织机上的纱线断头率,使设备生产效率大大提高。

(二)清纱装置

清纱装置的作用是清除纱线上的粗节、细节、杂质等疵点。清纱装置有机械式和电子式两大类。

1. 机械式清纱器

机械式清纱器有板式和梳针式两种(图1-39)。板式清纱器的结构最为简单。纱线在板式清纱器的一狭缝中通过,缝隙尺寸一般为纱线直径的1.5～2.5倍。缝隙过大,清纱效率低;缝隙过小,造成纱线被刮毛甚至断头。梳针式清纱器与板式装置相似,用一排后倾45°的梳针板代替上清纱板,梳针号数根据纱线的线密度而定。梳针式清纱装置的清除效率高于板式清纱器,但易刮毛纱线。机械式清纱器适用于普通络筒机,生产质量要求低的品种。板式清纱器还用作自动络筒机上的预清纱装置,可防止纱圈和飞花等带入,其间距较大,一般为纱线直径的4～5倍。

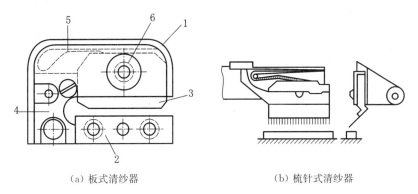

(a) 板式清纱器　　　　　　　　　(b) 梳针式清纱器

图 1-39　机械式清纱装置

2. 电子清纱器

电子清纱器按工作原理分为光电式电子清纱器和电容式电子清纱器。

(1) 光电式电子清纱器。光电式电子清纱器是将纱疵形状的几何量(直径和长度),通过光电系统转换成相应的电脉冲传导来进行检测,与人的视觉检测比较相似。整个装置由光源、光敏接收器、信号处理电路、执行机构组成。光电式电子清纱器的工作原理如图 1-40 所示。光电检测系统检测到的纱线线密度变化信号,由运算放大器和数字电路组成的可控增益放大器进行处理。主放大器输出的信号,同时送到短粗节、长粗节、长细节三路鉴别电路中进行鉴别。当超过设定位时,将触发切刀电路切断纱线,清除纱疵,并通过数字电路组成的控制电路储存纱线平均线密度信号。

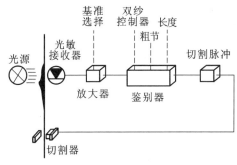

图 1-40　光电式电子清纱器

光电式电子清纱器的优点是检测信号不受纤维种类及温湿度的影响,不足之处是对于扁平纱疵容易出现漏切现象。

(2) 电容式电子清纱器。如图 1-41 所示,电容式电子清纱器的检测头由两块金属极板组成的电容器构成。纱线在极板间通过时,会改变电容器的电容量,使得与电容器两极相连的线路中产生变化的电流。纱线越粗则电容量变化越大,纱线越细则电容量变化越小,以此来间接反映纱线条干均匀

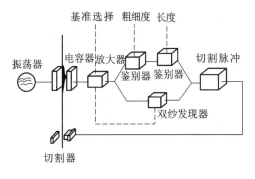

图 1-41　电容式电子清纱器

度的变化。除了检测头为电容式传感器,其他部分与光电式电子清纱器类似。纱疵通过检测头时,若信号电压超过鉴别器的设定值,则切刀切断纱线,以清除纱疵。

电容式电子清纱器的优点是检测信号不受纱线截面形状的影响,不足之处是受纤维种类及温湿度的影响较大。

3. 电子清纱器的工艺性能

(1) 纱疵样照。为了使电子清纱器能方便地选择清纱范围,以适应各种纱线的络筒生产,电子清纱器生产商一般需提供相配套的纱疵样照和相应的清纱特征及其应用软件。如果电清生产厂家提供不出可靠的纱疵样照,一般采用瑞士泽尔韦格-乌斯特纱疵分级样照,该公司生产的克拉斯玛脱(CLASSIMAT)Ⅱ型(简称 CMT-Ⅱ)纱疵样照,根据纱疵长度和纱疵横截面增量,把各类纱疵分成 23 级,如图 1-42 所示。

短粗节:纱疵截面增量在 +100% 以上、长度在 8 cm 以下,称为短粗节。短粗节分为 16 级(A1、A2、A3、A4、B1、B2、B3、B4、C1、C2、C3、C4、D1、D2、D3、D4)。其中,纱疵截面增量在 +100% 以上、长度在 1 cm 以下的,称为棉结;纱疵截面增量在 +100% 以上、长度在 1~8 cm 之间的,称为短粗节。

长粗节:纱疵截面增量在 +45% 以上、长度在 8 cm 以上,称为长粗节。长粗节分为 3 级(C、F、G)。其中,纱疵截面增量在 +100% 以上、长度在 8 cm 以上的 E 级纱疵称为双纱。

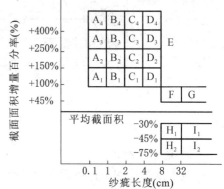

图 1-42 CMT-Ⅱ纱疵样照

长细节:纱疵截面增量在 −30%~−75%、长度在 8 cm 以上,称为长细节。长细节分为 4 级(H1、H2、I1、I2)。

国际上一般将 A3、B3、C2、D2 称为中纱疵,将 A4、B4、C3、D3 称为大纱疵,将 A3、B3、C3、D2 称为有害纱疵。

(2) 清纱特性曲线。清纱特性曲线是指表现某种清纱器所特有的清除纱疵的规律性曲线,即需清除的纱疵与不需要清除的纱疵的分界线。清纱特性曲线决定了该清纱器对纱疵的鉴别特性。

为了合理地确定电子清纱器的清纱范围,使用厂应拥有所用清纱器的特性曲线,包括短粗节、长粗节、长细节清纱特性线。有了纱疵样照及清纱器的清纱特性曲线,就可根据产品的生产需要,合理选择清纱范围,以达到既能有效控制纱疵又能增加经济效益的目的。图 1-43 所示为不同种类清纱器的 8 种清纱特性曲线。

图(a)为平行线型。不管纱疵的长度,只要粗度达到并超过设定门限 D_A 值时,就予以清除。机械式清纱器的清纱特性曲线就是典型的平行线型。

图(b)为直角型。纱疵粗度(D 或 S)和长度(L)同时达到并超过设定门限 D_A(或 S_A)和 L_A 时,纱疵就被清除。两个设定门限中有一项达不到的纱疵,都予以保留。直角型清纱特性曲线可用于清除长粗节和双纱,但不适用于清除短粗节。如瑞士佩耶尔 PI-12 型光电式电子清纱器的 G 通道。

图(c)为斜线型。在设定门限 D_x 与 L_x 两点连线上方的粗节,都予以清除。但纱疵长度超过 L_x 的粗节,不论粗度大小,一律清除。如瑞士洛菲 FR-60 型光电式电子清纱器,在清除

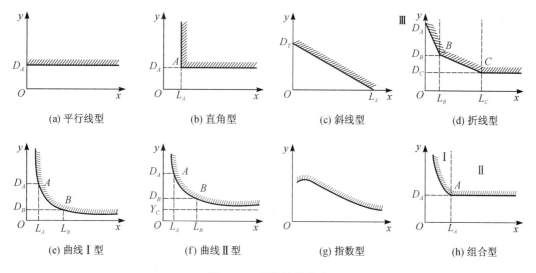

图 1-43　清纱特性曲线

棉结时,就是用这种斜线型清纱特性曲线。

图(d)为折线型。用三根直线把清除纱疵范围划分为Ⅰ、Ⅱ、Ⅲ三个区,每区的直线有不同的斜率。折线型清纱特性曲线可用于短粗节、长粗节和长细节通道。如瑞士洛菲 FR-600 型光电式电子清纱器中的 LD 型就是用这种折线型清纱特性曲线。

图(e)和(f)为双曲线型。凡达到及超过设定门限 $D_A \times L_A$(或 $D_A \times L_B$)这一设定常数的纱疵,都予以清除。图(f)中的曲线比图(e)中的曲线上移了距离 Y_c。如 PI-2 型的短粗节通道及国产 QSR-Ⅰ和 QSR-Ⅱ型,就是这种双曲线型清纱特性曲线。

图(g)为指数型。其清纱特性曲线为一指数曲线,即以指数曲线来划分有害纱疵和无害纱疵。指数型特性曲线与纱疵的频率分布接近,所以能较好地满足清纱工艺要求。如瑞士 USTER 公司 UAM-C 系列和 UAM-D 系列中,短粗节 S、长粗节 L 和长细节 T 这三个通道就是指数型的清纱特性曲线。

图(h)为组合型。组合型由曲线与直线相组合或由曲线与曲线相组合。图中Ⅰ区为双曲线型清纱规律,Ⅱ区为直线型清纱规律,曲线和直线的交点正好是粗度和长度的门限设定值。如日本 KC-50 型电容式电子清纱器的短粗节通道,就是这种曲线和直线相组合的清纱特性曲线。

(3) 电子清纱器的主要技术特征。电子清纱器是把纱线的线密度变化这一物理量线性地转换成对应电量的装置,按检测原理可分为光电式、电容式、光电加光电(双光电)、电容加光电组合式。

国外于 20 世纪 90 年代初推出了具有检测纱线夹入外来有色异性纤维的电子清纱器,它在原电子清纱器上加一个光电异性纤维探测器,若原来是光电式,就构成双光电探头;若原来是电容式,则构成电容加光电组合探头。这样,一个探头专门检测纱疵,另一个探头专门检测外来有色异性纤维。

国内外几种电子清纱器的主要技术特征见表 1-1。

表 1-1　国内外几种电子清纱器的主要技术特征

型号		QSD-6	QS-20	精锐 21	TRICHORD CLEARER	USTER UANTUM-2
检测方式		光电式	电容式	电容式	双光电 电容加光电组合	电容加光电组合
适用线密度(tex)		6~80	5~100	8~58,20~100	4~100(棉型)	4~100
清疵范围	棉结 N(%)	—	—	—	+50~+890	+100~+500
	短粗节 S(%)	+80~+260	+70~+300	+50~+300	+5~+99	+50~+300
	短粗节 长度(cm)	1~9	1.1~16	1~10	1~200	1~10
	长粗节 L(%)	+15~+55	+20~+100	+10~+200	+5~+99	+10~+200
	长粗节 长度(cm)	10~80	8~200	8~200	5~200	10~200
	长细节 T(%)	−15~−55	−20~−80	−10~−85	−5~−90/ −5~−99	−10~−80
	长细节 长度(cm)	10~80	8~200	8~200	1~200/5~200	10~200
纱速范围(m/min)		450~900	300~1 000	200~2 200	300~2 000	300~2 000
信号处理方式		相对测量	信号归一	智能化	智能化	智能化
消除有色异纤功能		—	—	—	有	有
制造单位		上海上鹿电子	无锡海鹰集团	长岭纺电	日本 KEISOKK1	瑞士 USTER

（4）电子清纱器的主要功能。

① 清纱功能：清除棉节(N)、短粗节(S)、长粗节(L)、长细节(T)等纱疵,有的还可以清除异性纤维和不合格捻结头。

② 定长功能：完成对筒子纱长度的设定和定长处理。

③ 统计功能：有产量、结头数、满筒数、生产效率、纱疵统计等。各种统计数据可按全机、节、单锭方式进行统计。

④ 自检功能：具有在线自检能力,自检内容主要有灵敏度、信号数据、切刀能力、纱疵处理器的运算操作等。

（5）电子清纱器的工作性能指标。电子清纱器在实际使用中,其工艺性能的优劣用下述考核项目进行衡量。这些项目综合反映了电子清纱器工作的正确性、各锭之间的一致性以及长期工作的稳定性。

$$正确切断率 = \frac{正确切断数}{正切数 + 误切数} \times 100\%$$

$$品质因素 = 正确切断率 \times 清除效率$$

$$清除效率 = \frac{正切数}{正切数 + 漏切数} \times 100\%$$

$$空切断率 = \frac{空切断数}{正确切断数 + 误切断数} \times 100\%$$

$$正切率不一致系数 = \frac{各锭正切率的均方差}{正切率算术平均数} \times 100\%$$

$$损坏率 = \frac{每月损坏数}{试验总锭数} \times 100\%$$

$$清除效率不一致系数 = \frac{各锭清除效率的均方差}{清除效率算术平均数} \times 100\%$$

$$故障率 = \frac{每月故障锭数}{试验总锭数} \times 100\%$$

电子清纱器的工艺性能的考核工作，一般采用目测法将被切断的纱疵对照纱疵样照来判别纱疵的清除情况，然后采用倒筒试验来检查漏切的有害纱疵。在提高清纱器的灵敏度之后，检验漏切情况。检查漏切有害纱疵的方法还有从布面上检查残留纱疵和使用纱疵分级仪检查漏切纱疵两种。前者容易进行，但只能反映总的清除效果，不能反映各锭的工作情况；后者较为科学，但必须在具备纱疵分级仪的条件下才可进行。

（三）络筒结头质量控制

络筒生产时，纱线断头或管纱用完时需进行接结。结头的质量对后续工序的生产影响很大。对结头的要求是牢、小、短。结头不牢，在后工序中会脱结而重新断头。结头过大，织造时不能顺利通过综眼和筘齿而造成断头；如能通过综眼和筘齿，织成织物后，表面的结头显现率高，影响织物外观质量。结头纱尾太长，织造时会与邻纱缠绕，引起开口不清或断头，造成"三跳"、飞梭等织疵。但结头纱尾也不能太短，否则容易脱结。

1. 传统结头方式

传统络筒生产的结头形式有两种。一种是织布结（蚊子结），如图 1-44（a）所示。这种结头体积小而牢，且愈拉愈紧。纱尾分布在纱身两侧，不易与邻纱缠扭。织物表面的结头显现率低，布面光洁平整。另一种是自紧结（鱼网结），如图 1-44（b）所示。它由两个结连接构成。这种结头紧牢可靠，脱结最少。但打结手法复杂，结头体积较大，纱尾较长，适用于化纤织物。

(a) 织布结　　　　　　　　　　　(b) 自紧结

图 1-44　常用打结结头

打结的方法有手工、半机械和全机械几种，目前大多采用半机械法，即人工操纵打结器进行打结。而早期的自动络筒机则采用全机械打结。

2. 捻接

采用打结方式进行接结，无论结头大小，总是由一种统一的纱疵来替代被清除掉的其他纱疵，对织造效率和布面质量都有一定程度的影响。因此，目前络筒生产普遍采用捻接的方法，形成无结头的纱线连接。这种连接方法是将两个纱头分别退捻成毛笔状，再对放在一起加捻而将纱线连接起来。目前可以做到连接处的细度和强度与正常纱线非常接近，因而其连接质量高，彻底消除了因结头大小而影响纱线质量的问题。现在比较成熟的主要有空气捻接和机械捻接两种捻接方法，其中空气捻接是目前最常用的捻接方法。空气捻接原理与效果如图 1-45 所示。

对空气捻接器的加工质量和工艺要求有以下几条：

（1）捻接处纱线的粗度及长度不在有害纱疵范围内，一般要求捻接处粗度不超过原纱粗度的 20％左右，长度在 20～25 mm 左右。

（2）捻接处的断裂强度不应损失过多，一般要求在原纱断裂强度的 80％以上。

（3）捻接处的纱线外观均匀，无纱尾和包缠。

（4）捻接处的弹性伸长尽可能保持原有伸度。

（5）对纱线的纤维材料、纱线线密度、捻向和捻度等的适应性广。

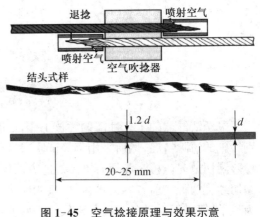

图 1-45　空气捻接原理与效果示意

（6）加捻时间可依纱线特征进行优化选择。

（7）操作简单，操作时间至少不多于原打结操作。

（8）故障率低，维修简便，使用寿命长。

3. 空气捻接器的工作原理

图 1-46 所示为传统络筒机上配用的 FG304 型空气捻接器。图中 1 为捻接部，2 为夹纱、剪纱部件，3 为汽缸传动部件。

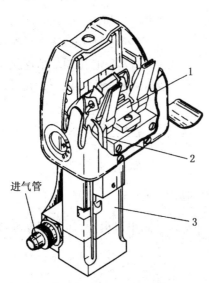

图 1-46　FG304 型空气捻接器

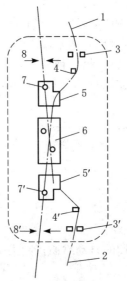

图 1-47　空气捻接器工作原理示意

FG304 型空气捻接器的工作原理如图 1-47 所示。筒纱 1 和管纱 2 的纱头呈交叉状放入导纱槽槽底，两根纱线在捻接腔 6 内呈交叉状态，顺手按下手柄，打开进气阀，合上加捻腔盖，同时由压纱器 5 和 5′将 2 根纱线压住并固定。在传动杆的作用下，夹纱片 3 和 3′分别将筒纱纱头和管纱纱头的根部夹紧，使纱线产生适当张力。接着，活动剪刀 8 和 8′分别将管纱纱头和筒纱纱头剪断，使捻接长度满足要求。随后，主气道与退捻气道接通，当高压气流从喷口高速喷出时，进入退捻腔 7 和 7′内，冲击橡胶振荡片使其高速振荡。同时喷口附近产生负压，并将剪断后的纱头吸入退捻腔，纱头被振荡片猛烈拍打而得到充分退捻，因其浮游纤维被气流吸走,使纱头退捻成毛笔头状。接着关闭退捻气路,在拨纱片 4 和 4′的作用下,使退捻后的纱头进入捻接腔。此时主气道与加捻气道接通,高速气流从捻接腔的中部喷入加捻腔,因受到腔盖的阻挡,在加捻腔内形成两股反向并呈螺旋形旋转的高速气流。此时捻接腔内的两根退捻纱头便相向回转交缠,抱合加捻连为一体,形成无结头的纱线。当加捻完成后,切换进气方向,各部件相继回复原位,纱线退出加捻腔,即可绕上筒子。

4. 机械捻接器的工作原理

机械式捻接器是靠两个转动方向相反的搓捻盘而将两根纱线搓捻在一起的,搓捻过程中纱条受搓捻盘的夹持,使纱条在受控条件下完成捻接动作。其工作过程如图 1-48 所示,具体如下:

(1) 纱线引入。通过上、下吸嘴将纱线引入捻接器的一对搓捻盘之间。

(2) 解捻与牵伸。解捻动作是通过两个搓捻盘的转动来完成的。纱线引入后,两个搓捻盘闭合,并以相反方向转动,夹在搓捻盘之间的两根平行纱线因搓捻盘的摩擦作用而产生滚动。由于纱线两端的滚动力的方向相反,结果使纱线解捻,且解捻过程中伴随着牵伸作用,使单纱变细,以保证并捻后的纱线直径仅为原纱直径的 1.1~1.2 倍。

(3) 中段并拢,去掉多余纱尾。固定在搓捻盘上的两对凸钉,如图 1-48(a)所示的四个小圆圈,随搓捻盘的解捻一起转动,纱线解捻结束时,两对凸钉恰好相互并拢,并将纱线中段拨在一起。然后,由一对夹纱钳将纱头的多余部分拉掉,如图 1-48(b)所示,使纱头形成两根毛笔状的须条,以获得良好的捻接效果。

(4) 纱头并拢。如图 1-48(c) 所示,当多余的纱头被拉断后,捻接器的拨针(图中的 12 个黑点)相互靠拢,使纱头与另一根纱线的纱身并在一起。

(5) 搓捻。如图 1-48(d) 所示,拨针从搓捻盘中退出,搓捻盘反向转动(与解捻方向相反),使纱线重新加捻,形成无结的捻接纱。

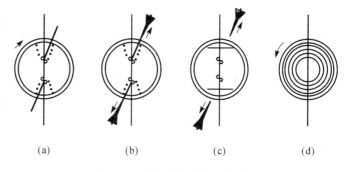

图 1-48　机械式捻接器工作原理

(6) 捻接结束。捻接完成后,搓捻盘打开,纱线从捻接器引出,捻接器盒盖关闭,防止尘埃、纤维飞入。

机械捻接的纱具有结头条干好、光滑、没有纱尾等特点,捻接处的直径仅为原纱直径的1.1~1.2倍,结头强度约为原纱强度的90%,结头外观和质量都优于空气捻接器,克服了空气捻接的纱的结头处纤维蓬松的缺点。但目前机械式捻接器仅适合于加工纤维长度在45 mm以下的纱线。

工作任务二:根据实际样品,测定筒子的传动半径、卷绕密度和毛羽指数。

六、络筒主要质量指标与检验

络筒工序的主要质量指标包括百管断头次数、筒子卷绕密度、毛羽增加率、好筒率、电子清纱器正切率与清除效率、无结头纱捻接质量。

(一)百管断头次数

百管断头次数即络筒时卷绕每百只管纱的断头次数。断头数直接反映前工序原纱的外观和内在质量,同时从断头原因的分析中可以发现因络筒工艺、操作、机械等因素造成的断头,从而便于采取措施降低断头,提高络筒的生产效率。影响络筒断头的因素主要有以下三个方面:

(1) 细纱质量,如细节纱、弱捻纱、竹节纱、飞花等。

(2) 络筒机械,如锭子状态不良、运转不稳、误切高、磨断纱等。

(3) 工艺配置,如电清工艺清纱设定值过紧、张力盘质量过重等。

百管断头次数的试验周期和方法如下:

(1) 试验周期。按品种每周不少于两次测试。如遇原棉、工艺、机械等因素发生变动,须随时测试。

(2) 试验方法。在一个挡车工的看锭范围内,测定挡车工接 100 只管纱过程中的断头次数,即百管断头数。测试时,记录断头次数,并分析断头原因。

(3) 计算方法。

$$百管断头次数 = \frac{100 \times 断头次数}{测定管纱只数}$$

(二) 络筒卷绕密度

络筒卷绕密度可衡量络筒卷绕松紧程度,进而了解经纱所受的张力是否合理。从卷绕密度也可以计算出络筒最大卷绕容量。筒子卷绕密度适当,便可保证筒子成形良好、纱线张力均匀一致,为改善布面条影创造有利条件。卷绕密度过大,筒子卷绕紧,经纱受到的张力大,筒子硬,纱身易变形,造成布面细节多、条影多;卷绕密度过小,筒子卷绕松,筒子软,成形不良,在整经卷绕时易造成脱圈而引起整经断头。

络筒卷绕密度的试验周期和方法如下:

(1) 试验周期。正常生产情况下,络筒卷绕密度的变化小,一般可以一季度测试一次。

(2) 试验方法。任意选取 5~10 只空锥形筒管或平形筒管并编号,按编号用卡尺分别量出平形筒管的直径 d_2,或锥形筒管的大小端的直径 d 与 d_1,如图 1-49 所示,并称出它们各自的质量。根据规定周期,选择一台络筒机,将这 5~10 只空筒管络成筒纱,用卡尺按编号分别测出锥形筒纱的大小端的直径 D 与 D_1,以及锥形筒纱的有效高度 H 和 h,或平行筒纱的直径 D_2 与有效高度 H_1。然后,按照编号正确称出各个锥形或平形筒纱的质量。

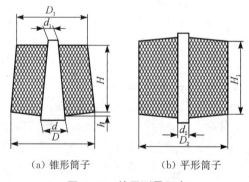

(a) 锥形筒子　　　(b) 平形筒子

图 1-49　筒子测量示意

(3) 计算方法。

① 锥形筒子的卷绕体积:

$$V(\mathrm{cm}^3) = \frac{\pi}{12}(D^2 + D_1^2 + DD_1)H + \frac{\pi}{12}(d^2 + D^2 + dD)h - \frac{\pi}{12}(d^2 + d_1^2 + dd_1)(H + h)$$

② 平行筒子的卷绕体积:

$$V(\mathrm{cm}^3) = \frac{\pi}{4}(D_2^2 - d_2^2)H$$

③ 筒子绕纱净质量：

$$G(\text{g}) = 筒子质量 - 空筒管质量$$

④ 筒子卷绕密度：

$$\gamma = \frac{G}{V}\ (\text{g}/\text{cm}^3)$$

（三）毛羽增加率

毛羽增加率指经过络筒后单位长度的筒子纱毛羽数比管纱毛羽数的增加量占原纱毛羽数的百分比：

$$毛羽增加率 = \frac{筒纱毛羽数 - 管纱毛羽数}{管纱毛羽数} \times 100\%$$

1. 测试目的

通过测试毛羽增加率，可以了解管纱经过络筒后对纱线毛羽的影响，为改善络筒工艺提供依据，以进一步提高络筒质量。

2. 测试方法

一般用毛羽测试仪测试。每个品种随机取 10 个管纱和筒子纱，满管纱去掉 100 m 左右，满筒纱去掉 1 000 m 左右，连续测 10 次，最后求平均值。

3. 影响因素

（1）槽筒的材质及其表面光滑程度。

（2）纱道偏角。一般直线型纱道或偏角较小的纱道比偏角大的纱道的毛羽增加量少，因为直线型纱道减小了纱线对导纱部件的摩擦包围角，减少了对纱线的摩擦，进而减少了毛羽的产生；同时，纱道偏角小减少了倍积张力的产生，对均匀络筒张力也有利。

（3）络筒工艺参数（如络筒速度、络筒张力等）对毛羽的增加也有很大影响。

（四）好筒率

好筒率主要是检查筒子生产的外观质量，其计算公式为：

$$好筒率(\%) = \frac{检查筒子总数 - 查出疵筒数}{检查筒子总数} \times 100$$

1. 测试目的

可以全面了解筒子质量，并了解每个挡车工的络筒质量，作为考核挡车工的主要依据，找出问题，对症下药，进而提高筒子质量，稳定整经生产，提高整经生产效率和经轴质量。

2. 测试方法

按好筒率的考核标准进行考核。检查时，在整经车间和织造车间随机抽取筒子各 50 个，总个数不少于 100（同品种），倒轴抽查不少于 50 个。

3. 疵筒类型及其产生原因

（1）筒子的外观疵点。

① 蛛网或脱边。由于筒管和锭管的轴向横动过大、操作不良、槽筒两端沟槽损伤等原因，引起筒子两端，特别是筒子大端处纱线间断或连续滑脱，程度严重者形成蛛网筒子。这种疵点将造成纱线退绕时严重断头。

② 重叠起凸条。由于防叠装置失灵、槽筒沟槽破损、纱线通道毛糙或阻塞等原因,使筒子表面纱线重叠而产生凸条,形成重叠筒子。重叠起凸条的纱条受到过度磨损,易产生断头,并且造成退绕困难。

③ 形状不正。若槽筒沟槽交叉口处很粗糙、清纱板上花衣阻塞、张力装置位置不对,使导纱动程变小,则形成葫芦筒子;若操作不良、筒子位置不正,则造成包头筒子;若断头自停机构故障,则形成凸环筒子;络筒张力太大或锭管位置不正时,则形成哑铃形筒子;在锭轴传动的络筒机上,由于成形凸轮的转向点磨损或形成凸轮和锭子位置移动,则造成筒子两端凸起或嵌入。

④ 松筒子。由于张力盘中有飞花或杂物嵌入、车间相对湿度偏低等原因,形成卷绕密度过低的松筒子,其纱圈稳定性很差,纱线退绕时易脱圈。

⑤ 大小筒子。操作时判断不正确,往往造成大小筒子,影响后道工序的生产和效率,并且筒脚纱增加。采用筒子卷绕定长装置可克服这一疵点。

图 1-50 所示为常见疵点筒子。

  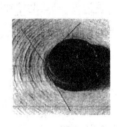

(a) 葫芦筒子　　(b) 磨损筒子　　(c) 菊花芯筒子　　(d) 钝头筒子　　(e) 襻头

图 1-50　常见疵点筒子

(2) 筒子的内在疵点。

① 结头不良。络筒断头时接头操作不良,导致结头形式、纱尾长度不合标准,如长短结、脱结、圈圈结等。这些不良结头在后道工序生产中会发生散结而断头。

② 飞花、回丝附入。当纱线通道上有飞花、回丝或操作不小心,都会导致飞花、回丝随纱线一起卷入筒子的现象。

③ 原料混杂、错特错批。由于生产管理不善,不同线密度、不同批号其至不同颜色的纱线混杂卷绕在同一个或同一批筒子上。在后道工序中,这种疵筒很难被发现,最后在成品表面出现错经纱、错纬档疵点。

④ 纱线磨损。断头自停装置失灵、断头不关车或槽筒(滚筒)表面钩毛,都会引起纱线的过度磨损,使纱身毛羽增加、单纱强度降低。

筒子的内在疵点还有双纱、油渍、搭头等。

(五) 电子清纱器的正切率和清除效率

1. 测试目的

通过测试,既可以检查电子清纱器的质量好坏,又可以了解电子清纱器的清纱效率及检测系统的灵敏度和准确性。

2. 测试方法

(1) 正切率的测试方法。

① 每次测试,各锭清纱器的试验长度均不少于十万米。

② 分锭采集被清纱器切断的全部纱疵(包括空切纱线)。

③ 将采集到的纱疵,逐一与该清纱范围相适应的纱疵样照和清纱特性曲线对照,确定正确切断次数。

④ 分锭计算正切率,然后求平均值,即为该套清纱器的正切率。

(2) 清除效率的测试方法。一般采用倒筒试验来检查漏切的有害纱疵,具体步骤如下:

① 设定倒筒清纱范围。倒筒时设定长度保持不变,以直径设定的粗度比原清纱设定减少20%,以截面积设定的粗度比原清纱设定减少40%。

② 把已经清过纱的筒子放在原锭上倒筒。

③ 分锭取下被切断的纱疵,再与纱疵样照和清纱特性曲线对照,确定漏切次数。

④ 分锭计算清除效率,然后求平均值,即为该套清纱器的清除效率。

检查漏切有害纱疵的方法还有从布面上检查残留纱疵和纱疵分析仪检查漏切纱疵两种。前者比较易行,但只能反映总的清纱效果,不能反映各锭的清纱情况;后者能准确反映各锭的清纱效果。

目前对电子清纱器的性能指标的要求为:

短粗节的正确切断率>70%,清除效率>70%;

长粗节的正确切断率>90%,清除效率>90%;

长细节的正确切断率>90%,清除效率>90%。

(六) 无结头纱捻接质量检验

无结头捻接纱的外观和内在质量对织造效率及布面外观质量的影响非常大,如捻接细节、捻接毛头、捻接区长度、捻接强力、成接率等。捻接纱质量试验可以检测捻接纱外观和内在质量是否符合工艺要求,还可检查捻接器质量与工艺设计是否合理。

1. 试验周期和方法

(1) 试验周期。所有捻接器每月试验一次。

(2) 试验方法。

① 捻接外观合格率。每个捻接器任意取 10 根捻接纱,缠绕在黑板上,与标准捻接样纱对照,记下合格数。

② 捻接强力与捻接强力比。每个捻接器任意取 25 根捻接纱(5 根备用),并在捻接处做标记(如涂红色),将所用管纱一并取回。按照单纱强力试验的操作方法,在单纱强力仪上测试捻接纱强力和原纱强力(即管纱强力)。

③ 捻接单强 CV 值(%)。在电子强力机上测试强度时,可以直接给出单强 CV 值。

④ 捻接长度(mm)。结合维修调试时检测记录进行。在 4~6 个捻接器上随机抽取 20 根捻接纱,用尺子在小黑板上分别测量捻接长度,最后求出平均值。

⑤ 捻接直径(mm)。测量捻接长度时,对样本测量捻接直径,最后求出平均值。

2. 相关计算

$$捻接外观合格率 = \frac{合格数}{10} \times 100\%$$

$$捻接强力率 = \frac{捻接纱平均强力}{原纱平均强力} \times 100\%$$

$$成接率 = \frac{捻接总次数 - 捻接失败次数}{捻接总次数} \times 100\%$$

（七）提高络筒质量的措施

1. 采用自动络筒机

（1）纱线通道设计合理，纱路趋向直线化。在机件的布置顺序上，将电子清纱器置于捻接器之后，有利于保证结头的质量；而上蜡装置位于电子清纱器之后，蜡屑就不会干扰电子清纱器的正常工作。

（2）配置完善的在线监控系统，可完成计长、定长、电子清纱、参数设定、各种参数及纱疵、接头数、产量、效率等数据的显示和统计、自检等功能。

（3）捻接质量优良。

（4）良好的卷绕成形。采用金属槽筒，沟槽设计合理，适应高速。采取筒子架横动、摆动及程序控制的槽筒速度微调等防叠措施，使筒子成形良好。

（5）完善的清洁系统。

2. 改造普通络筒机

（1）改用电子清纱器。

（2）加装空气捻接器。

（3）采用筒子定长装置。

（4）采用金属槽筒。金属槽筒的材料有铸铁、铝合金、不锈钢板和黑色合金。槽筒形状有圆柱形和圆锥形。

（5）采用电子防叠。无触点式间歇开关，防叠效果较好，具有结构简单、性能稳定、节省贵金属和维修工作简单等优点。

（6）使用巡回清洁装置。

3. 加强日常生产管理

（八）络筒机产量

指单位时间内络筒机卷绕的纱线质量。

1. 理论产量 G［kg/（锭·h）］

$$G' = \frac{6v\mathrm{Tt}}{10^5}$$

式中：v——络筒速度（m/min）；

Tt——纱线线密度（tex）。

2. 实际产量 G［kg/（锭·h）］

$$G = KG'$$

式中：K——时间效率。

K 的值取决于原料质量、机器运转状况、卷装容量、自动化程度、生产现场管理水平等因素。

小组工作任务：根据上述络筒质量的检测内容制订络筒工序的生产质量检查方案（主要内容应包括检查项目、检查周期、检查方法和相关表格等）。

单元三　自动络筒设备

一、自动络筒机的分类

(一) 按功能分

1. 半自动络筒机

又称纱库型自动络筒机。每个络纱锭节设一盛纱库以供给管纱,每个纱库内盛放6～9只管纱,管纱的喂入由人工完成。

2. 全自动络筒机

又称托盘型自动络筒机。一台机器设一盛纱托盘(或称管纱准备库),托盘内盛放从细纱机下来的散装管纱,而管纱的整理、输送、引头及换管前的准备到位均由机器完成,因而提高了络筒自动化程度。

(二) 按接头器负担分

1. 小批锭接头自动络筒机

指每5～10个络纱锭用一个接头器巡回接头。

2. 单锭接头自动络筒机

指每一个络纱锭用一个接头机进行接头。

新一代自动络筒机都采用单锭接头方式,其生产率高于小批锭接头方式,故障维修时可把单个锭节拆下来而不影响全机继续运转。

二、自动络筒机的发展

(1) 采用单锭化电脑控制多电动机分部传动,优点是机械结构简化、适应机器高速、噪声降低、操作和维修方便。例如:意大利SAVIO公司的ORION型,全机60锭位,每锭位用7台电动机、1台直流无刷电动机、6台步进电动机;德国赐莱福公司的AUTOCONER 338型,全机60锭位,每锭位用6台电动机、2台直流无刷电动机、4台步进电动机;日本村田公司的21C型,全机60锭位,每锭位用7台电动机、3台直流无刷电动机、4台步进电动机。

(2) 实现换纱、接头、落筒、清洁、装纱、理管自动化。

(3) 使用多功能电子清纱器,提高了纱线质量。

(4) 细络联技术进入实用阶段。

三、部分自动络筒机的主要技术特征

表1-2　部分自动络筒机的主要技术特征

机型	ESPERO - M/L	AUTOCONER 338	ORION M/L	NO. 21C
制造厂	青岛宏大	德国赐莱福	意大利萨维奥	日本村田
喂入形式	纱库型、单锭式	纱库型、单锭式	纱库型、单锭式	纱库型、托盘式、细络联式

（续表）

机型	ESPERO - M/L	AUTOCONER 338	ORION M/L	NO. 21C
卷绕线速度(m/min)	400～1 800(变频)	300～2 000	400～2 200	最高 2 000
标准锭数(锭/台)	60	60	64(8锭/节)	60
防叠方式	机械式	电子式	电子式	"pac21"卷绕系统
张力装置	双张力盘气动加压	电磁式张力器	电磁式张力器	栅栏式张力器
电子清纱器	电脑型全程控制	电脑型全程控制	电脑型全程控制	电脑型全程控制
接头方式	空气捻接,机械搓捻	空气捻接	空气捻接,机械搓捻	空气捻接
监控装置	设置工艺参数、数据统计、故障检测	传感器纱线监控,张力自动调控,负压控制吸风系统	传感器纱线监控,张力自动调控,工艺参数监控及统计检测	Bal - Con 跟踪式气圈控制器,张力自动调整,毛羽减少装置,VOS 可视化查询系统

四、三种典型自动络筒机的性能分析与比较

(一) 纱路

1. ORION 型络筒机

其纱路为:管纱→气圈控制器→预清纱器→纱线探测器→张力装置及上蜡装置→捻接器→电子清纱器→槽筒→筒子(图 1-51)。

2. AUTOCONER 338 型

其纱路为:管纱→防脱圈装置→气圈破裂器→张力装置和预清纱器→纱线探测器→捻接器→电子清纱器→纱线张力传感器→上蜡装置→捕纱器→大吸嘴和上纱头传感器→槽筒→筒子。图1-52所示为 AUTOCONER 系列的最新机型 AUTOCONER-X5 型自动络筒机概貌。

3. NO. 21C 型

其纱路为:管纱→跟踪式气圈控制器→预清纱器→栅栏式张力装置→捻接器→电子清纱器→上蜡装置→槽筒→筒子。

从纱路来看,ORION 型的上蜡装置在电子清纱器的前面,即先上蜡后捻接;而 AUTOCONER 338 型和 NO. 21C 型的上蜡装置在电子清纱器的后面,即先捻接后上蜡,避免了蜡屑对电子清纱器的影响。

(二) 线上检测功能

自动络筒机具有较好的线上检测功能,因此深受用户的欢迎。ORION 型、AUTOCONER 338 型和 NO. 21C 型这三种机型对纱线的检测主要通过电子清纱器来完成,它们都具有验结装置。

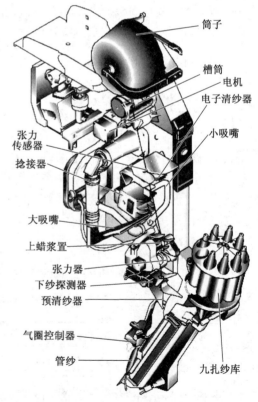

图 1-51 SAVIO-ORION SUPER-M 型自动络筒机

筒子
槽筒
电机
电子清纱器
张力传感器
小吸嘴
捻接器
大吸嘴
上蜡浆置
张力器
下纱探测器
预清纱器
气圈控制器
管纱
九扎纱库

目前,三家自动络筒机生产厂家都可根据用户的需要配置洛飞(LEOFER)或乌斯特(USTER)电子清纱器。而 AUTOCONER 338 型还装有上纱头传感器和捕纱器,上纱头能被精确地检测到,从而保证了卷装中整个纱疵长度的纱线得以完全退绕,同时避免了不必要的回丝浪费;捕纱器可以避免无效接头,减少浪费,节约压缩空气量,有利于提高生产率。清纱控制系统不仅能检测和去除短片段纱疵,同时能有效地去除卷装中的长片段纱疵和周期性纱疵。由于采用了下纱头传感器,张力器的快速夹持以及可靠的纱线传递,避免了因下纱头滑脱而造成的重复接头。

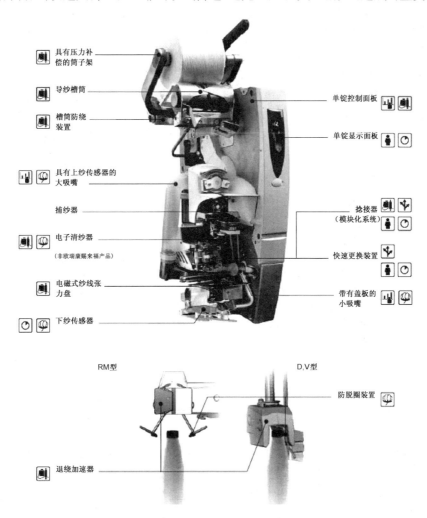

图 1-52　AUTOCONER-X5 型自动络筒机概貌

(三) 捻接器

三家自动络筒机生产厂都可根据用户要求配置各种空气捻接器,由单独电机驱动,通过电脑设定调整,同时也可根据用户的特殊需要配置热捻接器和喷湿捻接器。特别要指出的是,SAVIO 公司的 ORION 型可以配备机械搓捻器,专门用于生产棉/氨纶纱和紧密纺纱。机械搓捻器是 SAVIO 的专利,在氨纶纱生产飞速发展的今天,SAVIO 公司在这方面占有了相对的优势,因为使用空气捻接器捻接棉/氨纶纱时,只能将棉纤维捻接,而氨纶则不能捻接在一起,因此捻接处的弹性较差。机械搓捻器可以保证紧密纺纱线及弹性包芯纱的捻接,捻接处的弹性高,结头质量优。另外,村田公司生产的 NO.21C 型采用卡式空气捻接器,它是将空气捻接器中最关键的吹捻喷嘴及解捻管与吹捻器框架分体,将其设计为卡式,可简单拆卸。即使在纱线品种频繁变化即小批量多品种生产时,也可将停车改装时间缩短到最少限度,大幅度缩短并简化了准备时间及保养时间。

（四）防叠功能

上述三种机型采用不同的防叠方式,因而得到不同的防叠效果。

ORION 型采用全智能电子防重叠装置,采用根据设备运转参数自我调整的电子式"起动一停止"调制方式,能够避免无用的加速过程,防止重叠的产生。另外,ORION 型还使筒子握臂做轴向运动和摆动来达到防叠的目的。

AUTOCONER 338 型采用槽筒 A1Tr(扭矩自动传送)直接驱动和新设计的络纱锭位控制系统。槽筒直接驱动和锭位计算机保证无冲击的平滑起动,控制了加速时的滑动,避免了卷装起动和加速时产生的紊乱纱层(改善卷装成形),同时预设槽筒的瞬时加速及减速特性改进了防叠性能(图 1-53)。槽筒直接驱动和锭位计算机的结合,可根据卷装直径、纱线特征和其他卷绕参数,将加速时间降至最短。

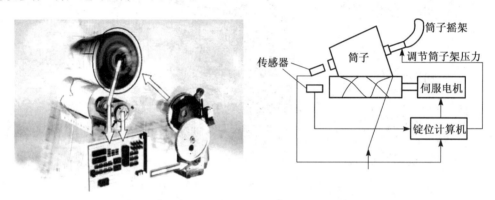

图 1-53　AUTOCONER 338 型防叠系统示意

NO.21C 型采用电子防叠及 Pac21 特殊槽筒。村田公司和赐来福公司的电子防叠是通过改变槽筒的速度,使槽筒在加速和减速蠕动时,位移时刻发生变化。但实验证明,即使这样,仍有部分纱线卷绕在同一位置,从而使得纱线在高速退绕时产生脱圈和粘连的概率增加,这是传统的槽筒防叠装置上不可避免地产生的重叠。村田公司经过长期的观察和研究,发现如果槽筒同时具有 2 圈和 2.5 圈沟槽,槽筒沟槽在发生重叠卷绕的直径危险区域处转换槽筒圈数,将消除重叠。PAC 21 槽筒为多沟槽的槽筒,槽筒的右侧同时具有 2 圈和 3 圈沟槽,从右向左有 2 圈和 3 圈沟槽,而从左到右只有 2 圈沟槽,当纱线由外沟槽导入时进行(3+2)/2=2.5 圈卷绕,当纱线由内沟槽导入时进行(2+2)/2=2 圈卷绕,这样在重叠发生的危险区域,卷绕控制系统控制导纱钮而改变卷绕纱的沟槽,具体控制如下:

以 2.5 圈为基础卷绕时,在产生重叠卷绕的危险区域(直径为 250 mm)时转换成 2 圈沟槽卷绕;以 2 圈为基础卷绕时,在产生重叠卷绕的危险区域(直径 200 mm)时转换成 2.5 圈沟槽卷绕,由此避免了后工序中由于重叠而出现的脱圈及断头,提高了筒纱的退绕性。

（五）气圈控制及张力装置

络筒时均匀的纱线张力对于获得良好成形的高质量卷装是非常重要的。这三种机型采用了不同的纱线张力控制装置。

ORION 型采用压电式纱线张力传感器,紧邻槽筒位置的张力传感器连续不断地检测实际的卷绕张力。张力传感器通过单锭电脑,使张力器根据实际要求,变化对纱线的压力。通过电脑调整张力器的压力和卷绕速度,在尽可能不减少产量的前提下,保证卷绕张力恒定。该机型还采用退绕加速器自动调整,以保持与纱管小头的间距离恒定。退绕加速器与方形气圈破裂器共同作用,改善气圈的形状,减小退绕张力。如图 1-54 所示。

AUTOCONER 338 型用于控制纱线张力的主要元件是纱线张力传感器。它被安装在锭位纱路中清纱器的后边,对卷装处的纱线实际张力做连续直接测量,通过加压来补偿加速期间的较低张力,同时对管纱从管顶至管底的退绕过程中所发生的张力波动提供补偿。通过电脑能对所有张力装置进行集中设定至所需的张力值,保证卷装与卷装间的成形一致性,降低卷装密度差异。气圈破裂器也能降低管纱从满管至管底的整个退绕过程中的纱线张力差异。如图 1-55 所示。

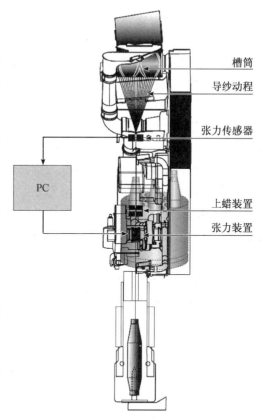

图 1-54　SAVIO-ORION SUPER-M 型张力控制系统

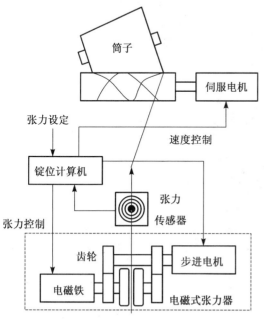

图 1-55　AUTOCONER 338 型张力控制系统

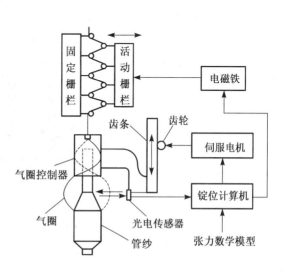

图 1-56　NO. 21C 型张力控制系统

NO. 21C 型采用陶瓷制栅栏式电脑张力装置系统与自动控制退绕张力的管理系统。如图

47

1-56所示,其管理方式为:由跟踪式气圈控制装置与光电式残纱量感知器随着管纱的退绕上下跟踪移动,将信息送给VOS电脑主控器,再由电脑反馈到栅栏式张力器,张力器按照电脑指示进行自动控制。栅栏式张力器自动改变其按压,使退绕张力保持恒定。二段式陶瓷制栅栏式张力使二段张力器分别动作,从而使张力更加稳定。

比较这三种方式,AUTOCONER 338型和ORION型的络纱张力控制是闭环式的,属于先被动地检测张力,然后再调整补偿。但在1 000~2 000 m/min这样高的线速度时,被动地调整在张力波动大的情况下是很难得到均衡的张力的,只能降速卷绕。村田公司NO. 21C型的络纱张力的控制是开环式的,它的跟踪式气圈控制装置安装在纱路的下部,在张力装置的下方,使络纱张力可控制得较小且相对稳定。

（六）其他方面

村田自动络筒机还可配置减少毛羽装置,采用喷气方式减少毛羽,得到高附加值的少毛羽纱。AUTOCONER 338型的吸风系统采用变频电机来产生负压,电机转速随所需空气用量而变化,保证得到恒定的负压值。由于电机速度随空气消耗量变化而调节,因此AUTOCONER 338型的控制系统使机器维持在低消耗状态运动。图1-57所示为AUTOCONER系列的AUTOCONER-X5型自动络筒机采用的机电控制系统。

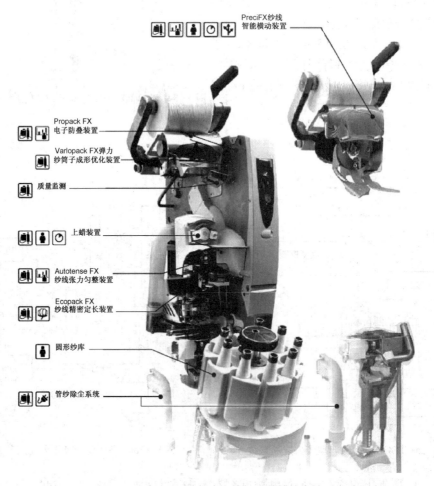

图1-57　AUTOCONER-X5型自动络筒机采用的机电控制系统示意

单元四 络筒工艺设计

络筒工艺设计的主要内容有络筒速度、导纱距离、张力装置形式及工艺参数、清纱装置形式及工艺参数、筒子卷绕密度、筒子绕纱长度、结头形式及打结要求等。

络筒工艺要根据纤维材料、原纱质量、成品要求、后工序条件、设备状况等众多因素统筹制订。设计时，一般根据企业生产经验，参考相似品种，结合品种具体要求与工艺设计原则而制订。

合理的络筒工艺设计要做到纱线减摩保伸，筒子卷绕密度与纱线张力尽可能均匀，筒子成形良好，合理清除疵点杂质，尽量减少毛羽产生。

工作任务：完成两种典型品种的络筒工艺设计，并在络筒机上实施工艺调整。

一、络筒速度

络筒速度将影响络筒生产的时间效率和劳动生产率。络筒速度高，产量高，但络筒时纱线的绝对张力增加，增加了纱线断头的概率，其时间效率反而会下降。同时，较高的络筒速度可能会使纱线伸长加大，从而影响纱线强力。因此，络筒速度设计应分析纱线特性、织物特征、络筒机型等因素，进行综合考虑。一般情况下，自动络筒机的络筒速度可在 800～1 800 m/min，而普通槽筒式络筒机的络筒速度一般为 500～800 m/min，各种绞纱络筒机的络筒速度则更低。化纤纯纺或混纺纱容易积聚静电，增加纱线毛羽，速度应低一些。如果纱线比较细、强力低或纱线质量较差、条干不匀，速度应较低，以免增加毛羽和条干进一步恶化。当采用不同纱线喂入时，细纱管纱的喂入速度可以高些，筒子纱的喂入速度应低些，绞纱喂入时速度应最低。

二、导纱距离

导纱距离是指纱管顶端到导纱器之间的距离。合适的导纱距离应兼顾插管操作方便、管纱退绕张力均匀、减少脱圈和管脚断头等因素。普通管纱络筒机常采用较短的导纱距离，一般为 70～100 mm；自动络筒机一般采用 500 mm 左右的长导纱距离，并附加气圈破裂器或气圈控制器。

三、张力装置形式及工艺参数

络筒张力要大小适当、均匀。所谓适当的张力要根据原纱性能而定，一般范围为：

棉纱：络筒张力不超过其断裂强度的 15%～20%。

毛纱：络筒张力不超过其断裂强度的 20%。

麻纱：络筒张力不超过其断裂强度的 10%～15%。

混纺纱线：混纺纤维表面平直光滑或纤维强力、弹性差异比较大时，纱线受到外力作用后，纤维间易产生滑移，纱线易产生塑性变形，破坏纱线的条干均匀性，弹性、强力也会受到损失，断头增加，络筒张力应适当减小。

张力均匀意味着在络筒过程中应尽量减少纱线张力波动。在满足筒子成形良好或后加工特殊要求的前提下，采用较小的络筒张力。

表 1-3　部分纯棉纱线采用张力盘式张力器时络筒张力设计参考

线密度(tex)	58～36	32～24	21～18	16～14	12 及以下
英制支数(s)	10～16	18～24	28～32	36～42	50 及以上
张力盘质量(g)	19～15	15～12	11.5～9	9.5～8.5	8～6

四、清纱装置形式及工艺参数

电子清纱器的工艺参数(即工艺设计值)是指不同检测通道(如短粗节通道、长粗节通道、细节通道)的清纱设定值。每个通道的清纱设定值都包括纱疵截面变化率(%)和纱疵参考长度(cm)两项。电子清纱器的具体工艺参数因型号不同而各异。表 1-4 所示为瑞士 USTER 公司的 UAM、D4、UPM1 型电子清纱器的工艺设计主要内容。

表 1-4　USTER UAM、D4、UPM1 型电子清纱器工艺设计主要内容

型号		UAM 型电子清纱器	
清除范围		短粗节(S)：+60%～+300%，1.1～17 cm 长粗节(L)：+20%～+100%，8～200 cm 长细节(T)：-17%～-80%，8～200 cm	
检测头		MK15 MK20/GRA 20MK3	
控制箱		UAM/CSG60S UAM/WSG60S 每个控制箱带 60 锭，分五组，每组 12 锭，每组可分别设定	
型号		D4 型电容式清纱器	
清除范围		短粗节(S)：+70%～+300%，1.1～16 cm 长粗节(L)：+20%～+100%，8～200 cm 长细节(T)：-17%～-80%，8～200 cm	
型号		POLYMATIC UPM1 型电容式清纱器	
线密度范围(tex)		4～100	
清纱范围	棉结 N(%)		+50～+300
	短粗节	S(%)	+10～+200
		L_S(cm)	1～10
	长粗节	L(%)	+10～+200
		L_L(cm)	10～200
	细节	T(%)	-10～-80
		L_T(cm)	10～200
纱速范围(m/min)		300～2 000	

五、筒子卷绕密度

筒子的卷绕密度和络纱张力与筒子对槽筒(或滚筒)的加压压力有关。筒子卷绕密度的确

定以筒子成形良好、紧密,且不损伤纱线弹性为原则。股线的卷绕密度可比单纱提高10%~20%。在相同工艺条件下,涤/棉纱的卷绕密度比同线密度纯棉纱大。

表1-5　棉纱筒子卷绕密度设计参考

棉纱细度		卷绕密度(g/cm³)
线密度(tex)	英制支数(ˢ)	
96~32	6~18	0.34~0.39
31~20	19~29	0.34~0.42
19~12	30~48	0.35~0.45
11.5~6	50~100	0.36~0.47

六、筒子卷绕长度

根据整经或其他后道加工工序所提出的要求来确定筒子卷绕长度。络筒机的定长装置有机械定长和电子定长两种。

机械定长装置测卷绕直径,长度误差为±3%,且车间温湿度会影响定长精度。

电子定长一般有两种方法:一种是直接测量法,测量络筒过程中纱线的运行速度和运行时间;另一种是间接测量法,检测槽筒转数,转换成相应的纱线卷绕长度。

在新型自动络筒机上,有一种叫作ECOPACK的方式,绕纱长度误差可控制在0.5%以内。

七、结头规格

结头规格包括结头形式和纱尾长度。接头操作要符合操作要领,结头要符合规格。在织造生产中,对于不同的纤维材料、不同的纱线结构,应用的结头形式也有所不同。普通络筒机一般有棉织、毛织和麻织用的自紧结、织布结;自动络筒机一般为捻接的无结头纱。

捻接方法形成无结结头,捻接处直径为原纱直径的1.1~1.3倍,断裂强力为原纱的80%~100%。

空气捻接的工艺参数一般有退捻时间(s)与压力(Pa)及加捻时间(s)与压力(Pa)。

学习情境二

整经生产与工艺设计

☞ **主要教学内容** -

整经生产原理、分批整经机与分条整经机的工作原理及发展、整经质量控制与工艺设计。

☞ **教学目标:** -

1. 掌握分批与分条整经的生产原理及其发展趋势;
2. 掌握整经质量分析与工艺设计的方法和原则;
3. 能够针对典型品种进行工艺设计;
4. 提高学生的团队合作意识、分析归纳能力与总结表达能力。

本学习情境单元与工作任务如下:

学习情境单元	主要学习内容与任务
单元一 分批整经生产与工艺	分批整经原理、筒子架与卷绕机构工作原理、分批整经工艺计算与设计 工作任务一:总结分析影响整经张力均匀的因素及解决措施(小组完成) 工作任务二:总结分批整经机的发展趋势(个人完成) 工作任务三:完成两个典型品种的分批整经工艺设计方案(小组完成)
单元二 分条整经生产与工艺	分条整经原理、分绞与卷绕机构工作原理、分条整经工艺计算与设计 工作任务一:总结分析影响整经条带卷绕质量的因素及解决措施(小组完成) 工作任务二:总结分条整经机的发展趋势(个人完成) 工作任务三:完成两个典型品种的分条整经工艺设计方案(小组完成)

单元一 分批整经生产与工艺

整经是把一定根数、一定长度的纱线平行排列成纱片,卷绕成轴的工艺过程。

整经的目的是把多根从筒子上引出的经纱,平行排列卷绕成织机所需的卷装——织轴的基本形态,从而开始构成织物的经纱系统。对于色织生产,整经还有按配色顺序排列经纱即排花的任务。整经的纱线根数和每根纱线的长度分别称为整经根数和整经长度。

整经是织造前的必要过程,只有当织物的总经根数很少时,如帘子布、带类织物的生产,方可不整经,而直接将筒子置于织机后方引出,作为经纱系统进行交织。当织物总经根数不太多时,整经所得的卷装可直接供作织轴,这时整经根数与总经根数相等,如帆布生产。但一般来说,织物的总经根数往往是几千根,整经时不可能从这么多的筒子上引纱,因而整经根数一般比总经根数少得多,再通过一些方法并合起来,形成具有总经根数的织轴。

对整经加工的要求包括:

(1) 整经根数、整经长度和排列顺序符合工艺设计。

(2) 纱线张力均匀一致、大小适当。

(3) 纱线排列整齐均匀,卷装圆正,表面平整。

(4) 少损伤纱线。

一、整经方法简介

整经有多种方法,主要有分批整经、分条整经、分段整经和球经整经。

(一) 分批整经

分批整经又称为轴经整经。它是将总经纱分为几批,每批纱线从筒子上引出,形成宽而稀的纱片,卷绕成整经轴(图 2-1)。

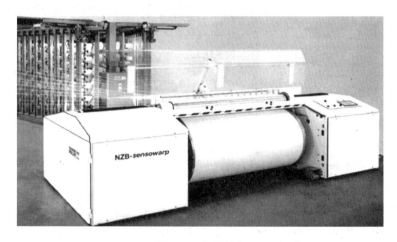

图 2-1　分批整经

织轴的形成是在下道工序如浆纱或并轴时完成的。将几个(即批数)整经轴的轴线平行放置,左右对正,置于轴架上,各轴退出的纱片做无规律的并合,得到宽而密的纱片,卷绕成具有总经根数的织轴。

整经时,各批(轴)的整经根数基本一致,批数或轴数即并合数。

分批整经的整经长度很长,一般为织轴卷纱长度的几十倍,因而整经停车次数少,并易于高速,其生产率也高,而且纱线张力较为均匀,有利于提高产品质量。

但是分批整经时经纱的并合基本是无规律的镶嵌,不易保证经纱的排列顺序,所以主要用于大规模本色或单色织物的生产,而色织以往用得不多,丝织和毛织也基本不用。但若色纱排列不太复杂,则色织亦可用分批整经,在整经和浆纱时进行排花。由于分批整经的生产率高,产品质量好,所以色织采用分批整经已逐渐增多。分批整经一般不能在本工序形成织轴,必须依靠浆纱或并轴工序。

（二）分条整经

分条整经又称带式整经。它是将总经纱分成若干条，各条形成窄而密的纱片，依次卷绕于大滚筒上（图2-2）。其顺序是先在滚筒的一端绕第一条，到达规定长度时，剪断，将纱头束好，紧邻其旁绕第二条，再依次绕第三条……直到所需条数达到总经根数为止。然后再把各条一起从滚筒上退出来，成为宽而密的纱片，卷绕成织轴。所以分条整经包括整经（牵纱）和卷绕织轴（倒轴）两步工作，它们在一道工序的同一台机器上交替进行。条数即并合数，每条的根数为整经根数。各条的根数可相等也可不相等。

图2-2　分条整经

分条整经形成织轴的并合方式是横向并列并合，各条的纱线互不干扰，有利于色纱排花。而且本工序可以直接形成织轴，不依赖浆纱或并轴等工序。此外，并合数（条数）可以较多。因此，分条整经适用于色纱排花或总经根数很多（如丝织），以及没有大型浆纱、并轴设备等情况，如色织、毛织、丝织和小型本色棉织生产。

但是分条整经的整经长度很短，大多等于一个织轴的卷纱长度，而且牵纱和倒轴交替进行，其生产率很低。此外，纱线张力的均匀性较差，整经质量不如分批整经。

（三）分段整经

分段整经是将总经纱分成若干片窄而密的纱片，分别卷绕于窄而有边盘的整经轴上（图2-3）。以后将若干个窄轴按同一轴线并列固结，置于织机上作为织轴。也可将它们在并轴机上重新卷绕而并成织轴。

分段整经时织轴形成的并合方式同样是横向并列并合，具有分条整经利于排花的特点；而卷绕整经轴的过程又类似于分批整经，只是纱片窄而密。由于

图2-3　分段整经

整经工序不倒轴,所以生产率略高于分条整经;但因整经长度仍很短,其生产率比分批整经低得多。目前多用于针织经编生产。

（四）球经整经

其整经方法是束状整经。它是把总经纱分为若干份,每份(整经根数)由筒子引出集成束状,绕成纱球或卷绕在经轴上或滚筒上,亦可置于架子上。然后将若干纱束(并合数)合并而达到总经根数,用筘分开扩展成纱片卷绕成织轴(图2-4)。此法将牵纱与开幅(及并合)分两步进行,其生产率较低。但目前的牛仔布生产有一条采用束状整经、束状染纱,再开幅上浆、卷绕成织轴的机械化生产工艺路线,其产品质量较好。

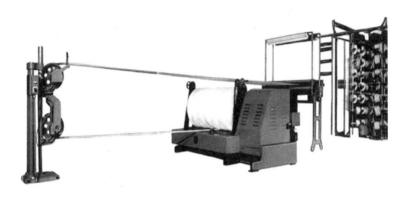

图2-4　球经整经

二、分批整经工艺流程

（一）滚筒摩擦型传动整经机

以国产1452型分批整经机为例。如图2-5所示,自筒子退解出来的经纱1,经张力装置2和导纱瓷板3,引向整经机。导纱玻璃棒4和后筘5把经纱引导成一定宽度的纱片,再穿过电气自停停经片6和前筘7,绕过导纱辊8而卷绕到经轴9上。1452型整经机的经轴由滚筒12摩擦传动。经轴两边的轴头穿在经轴臂10的滚珠承中(轴承在落轴时可卸下)。1452型整经机的加压方法是依靠重锤、经轴臂的质量及经轴本身的质量,老机改造后采用水平加压的方式。

滚筒式摩擦传动整经有以下主要缺点:

高速整经时,整经轴上的纱线受到剧烈的机械作用,特别是整经轴起动及刹车时,纱线严重磨损。在摩擦传动过程中,整经轴不可避免地会产生跳动,这对经纱的张力均匀程度和整经轴的平整程度产生不良影响。经纱断头刹车时,所需刹车时间较长,断头找头困难,容易产生倒断头疵点。

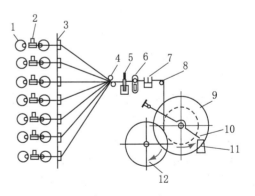

图2-5　传统中低速1452型整经机工艺流程

1—经纱；2—张力装置；3—导纱瓷板；
4—导纱玻璃棒；5—后筘；6—停经片；
7—前筘；8—导纱辊；9—经轴；
10—经轴臂；11—重锤；12—滚筒

因此,滚筒式摩擦传动整经机已被逐步淘汰,代之以整经轴直接传动的整经机。

(二)整经轴直接传动的整经机

如贝宁格 ZC‐L 型分批整经机等,其工艺流程如图 2‐6 所示。

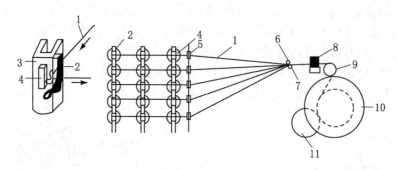

图 2‐6 高速直接传动分批整经机工艺流程

1—纱经;2—夹纱器;3—立柱;4—断头探测器;5—导纱瓷板;
6,7—导纱棒;8—伸缩筘;9—测长辊;10—经轴;11—加压辊

自筒子架上的筒子引出的经纱 1,先穿过夹纱器 2 与立柱 3 之间的间隙,经过断头探测器 4,向前穿过导纱瓷板 5;再经导纱棒 6 和 7,穿过伸缩筘 8,绕过测长辊 9 后卷绕到经轴 10 上。经轴由变速电动机直接传动。卷绕直径增大时,由与测长辊相连接的测速发电机发出线速度变化信号,经电气控制装置自动降低电机的转速,即将线速度作为负的反馈信号,以保持经轴卷绕线速度恒定。加压辊 11 由液压系统控制,以压紧经轴,给予经轴必要的压力,使经轴卷绕紧实而平整。夹纱器的作用是在经纱断头或其他原因停车时,把全部经纱夹住,保持一定的张力,避免因停车而使纱线松弛,从而保持整经纱路清晰。

三、筒子架

筒子架是整经时放置筒子用的。一般的结构是左右各一面,上下有若干层,前后有若干排,可容多个筒子。其俯视可为 V 形、矩形或前 V 后矩形的 V‐矩形。

纱线从筒子上退绕的方式有两种:一种为筒子固定,纱线轴向退绕;另一种为纱线拖动筒子回转而做切向退绕。前者张力较均匀,并能高速退绕。而后者的缺点较多,起动时张力突然增大,停车时筒子因惯性回转而使纱线松弛扭结,高速时这些现象更为显著,从而限制了整经速度和筒子的容量,整经张力更为不匀。筒子架的结构与纱线从筒子退绕的方法有关。目前,切向退绕的筒子架除在丝织生产中尚有应用之外,在其他机织生产中均已淘汰。

按筒子上的纱线用尽时更换筒子的方法,可分为连续整经筒子架和断续整经筒子架两类。断续整经筒子架又称为单式筒子架,整经时每根经纱由一个筒子供应,当筒子上的纱线快用完时,必须停止整经,进行换筒。连续整经筒子架又称为复式筒子架,整经时每根经纱由两个筒子轮流供应,当一个筒子工作时则另一个筒子预备;工作筒子的纱尾与预备筒子的纱头打结相连,当工作筒子的纱线快用完时,纱线即跳至预备筒子,如图 2‐7 所示。

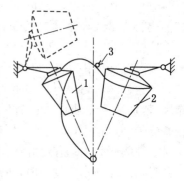

图 2‐7 连续换筒示意

1—工作筒子;2—预备筒子;3—结头

复式筒子架换筒不需要停止整经,因而整经的生产率高。而且,每个筒子上的纱线可全部用完,没有筒脚需要处理。但是这种筒子架很长,占地面积大,而且同一时间各个纱线筒子的直径不同而使纱线张力差异增大,尤其在跳筒时,纱线的张力和退绕条件突然变化,很容易断头。单式筒子架则相反。从提高整经质量出发,目前趋向于采用单式,不仅其筒子在同一时间大小一致,而且筒子架短,远近差异小,有利于纱线张力的均匀。但单式筒子架在整经时各个筒子的纱线不可能完全用完,剩下筒脚需要处理,而且换筒需停车,降低了整经机的生产效率。措施之一是使筒子绕纱长度准确一致,以减少筒脚。这要求络筒机应具有准确的定长和满筒自停装置。另一方面,一些新型单式筒子架在结构上做了某些改进,可减少换筒停车时间。一般筒子架由支架、底板、立柱和插筒锭等组成,还有引导纱线的导纱瓷眼、瓷牙,增加和控制纱线张力的张力装置,以及清洁装置等。现代筒子架上还有断头自停探纱装置与夹纱制动装置。图 2-8 至图 2-10 所示为常用筒子架。表 2-1 为常见筒子架性能比较。图 2-11 所示为各类筒子架概貌。

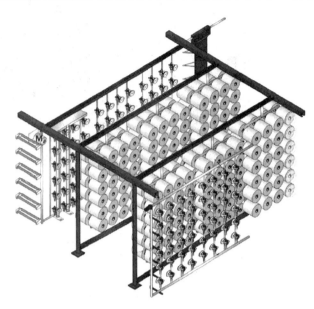

图 2-8　分段旋转式整经筒子架

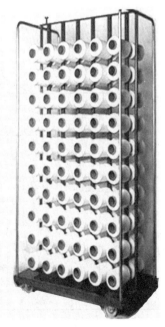

图 2-9　小车式筒子架

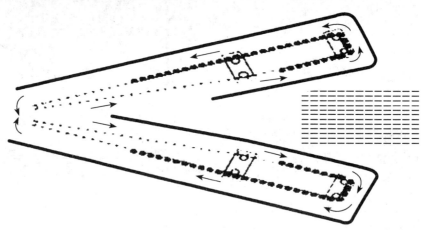

图 2-10　V 形循环链式筒子架

表 2-1　几种常见筒子架性能比较

工作方式	筒子架形式		换筒停车时间	片纱张力均匀度	主要应用机型
连续换筒（复式筒子架）	矩-V 形		无	差	国产低速 1452A、1452B
集体换筒（单式筒子架）	矩形	固定式	长	好	贝宁格（瑞士）GAAS 型
		小车式	较长		贝宁格（瑞士）GS 型
		回转式	较短		哈科巴（德）HH、G5-H 型国产中速 1452G、高速 GA121 型
	V 形		较短		贝宁格（瑞士）CE/GCF 型国产 GA121 型

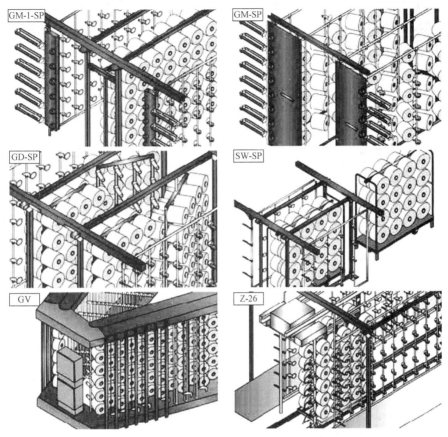

图 2-11　各类筒子架概貌

四、整经张力控制

整经张力的均匀性对织物质量、织机和浆纱机的生产率、回丝率有很大的影响,因此,它是整经的主要工艺要求。整经张力包括单纱张力和片纱张力两个方面。整经张力一般不宜过大,在满足经轴适当卷绕密度的前提下,尽量采用较小的张力。整经片纱张力应力求均匀,片纱张力不均匀不仅会影响经轴表面的平整度,而且直接影响织物的质量。

问题讨论一:分析纱线从管纱上退绕与从筒子上退绕,其退绕张力有何异同。

问题讨论二:用思维导图法分析整经张力的构成及其影响因素,并指出主要造成整经张力不匀的因素有哪些。

(一) 整经张力的变化规律

用固定锥形筒子整经时,纱线沿卷装轴向退绕,构成张力的主要因素包括退绕张力、张力装置所引起的张力,以及纱线与机件摩擦所形成的张力等。这些都与络筒大致相仿。但由于筒子退绕气圈的平均高度始终大致保持不变及纱线退绕时的平均角速度有变化等,使整经张力具有与络筒不同的特点。

1. 退绕几个纱层时的纱线张力变化

如图 2-12 所示(14.5 tex 棉纱,整经速度 200 m/min,张力垫圈质量 3.6 g),退绕几个纱层时纱线张力基本上呈周期性变化。每一个波形表示退绕一层纱线,波峰1,3,5…为筒子大端的纱线退绕几个纱层时的纱线张力变化,而波谷2,4,6…为筒子小端的纱线张力变化。在退绕一个纱层时,筒子小端的纱线与筒子表面没有摩擦,故张力较小;退绕到筒子大端时,纱线与筒子表面摩擦的纱段较长,故张力较大。因此,筒子大端的退绕张力大于筒子小端的退绕张力。

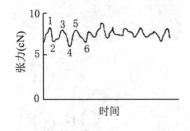 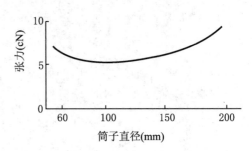

图2-12　筒子纱退绕每一层时纱线张力变化规律　　图2-13　整个筒子退绕时纱线张力变化规律

2. 整个筒子退绕时的张力变化

整个筒子退绕时的平均张力与筒子退绕直径有关。图2-13为整个筒子退绕时的张力变化曲线图。开始退绕时,筒子直径较大,气圈的回转速度较慢,由于气圈不能完全脱离卷装表面而使纱线受到较大的摩擦,因而造成较大的张力;当退绕至中筒时,气圈回转速度加快,纱线完全脱离卷装表面,摩擦阻力较小,故张力较小;当退绕至小筒时,气圈回转速度再次增大,尽管气圈可以完全脱离卷装的表面,但气圈高速回转产生的惯性很大,导致纱线张力增加。一般筒管直径不宜过小,以避免筒子退绕时张力急剧增加。

3. 影响整经张力的主要因素

(1)纱线线密度。实验表明,纱线的线密度越大,整经时的张力就越大,如图2-14所示。

(2)整经速度。整经速度越高,整径张力越大;整经速度越低,则整径张力越小,如图2-14所示。

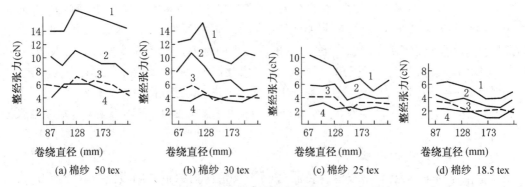

(a) 棉纱 50 tex　　(b) 棉纱 30 tex　　(c) 棉纱 25 tex　　(d) 棉纱 18.5 tex

图2-14　纱线线密度与整经速度对整经张力的影响

1—1 000 m/min;2—800 m/min;3—600 m/min;4—400 m/min

(3)导纱距离。整经导纱距离是指筒子退绕时筒子顶端和筒子架上的张力装置之间的距离。当导纱距离不同时,纱线的平均张力也发生变化。实践表明,存在一个最小张力的导纱距离,此时,纱线退绕时能够完全抛离筒子表面,摩擦纱段最短。大于或小于此值,都会使平均张力增加,如图 2-15 所示。大于此距离时,气圈较小;小于此距离时,气圈又不能完全抛起。所以,在这两种情况下,摩擦纱段均比较长,致使退绕张力增大。通常采用的导纱距离为 140～250 mm。对于涤/棉纱,为了减少纱线扭结,应适当增加整经张力,一般选择较小的导纱距离。

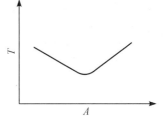

例如,用自然定捻的涤/棉纱整经时,导纱距离从 250 mm缩小到 130 mm,减少了停车时出现的扭结,降低了整经断头率。

图 2-15　导纱距离对整经
张力的影响

A—导纱距离；T—张力

(4) 空气阻力和导纱部件引起的纱线张力变化。纱线在空气中沿轴线方向运动时,受到空气阻力的作用,因而产生张力增量。空气阻力所形成的张力增量与纱线线密度(即纱线直径)及纱线引出距离(即纱线长度)成正比,与整经速度的平方成正比。尤其是整经速度的变化,对整经张力的影响是非常突出的,因而在某些高速整经机上不设专门的张力装置。单纱张力由退绕张力、断经自停装置及导纱机件产生的摩擦阻力等因素组成,这样可以减少纱线的磨损,有利于片纱张力的均匀,有利于整经机的高速运转。但是,由于未设张力装置,张力调节不方便,故这类整经机不适用于低速整经。

(5) 纱线重力引起的张力变化。由于纱线重力的存在,相邻两个导纱点之间的纱段会产生下悬现象,由此产生的张力叫悬索张力。根据力学分析得知:悬索张力与纱线线密度成正比,与两个纱点之间的纱段长度的平方成正比。

(二) 整经时片纱张力的分布规律

由前述单纱张力变化分析可知,整个筒子在从大到小的退绕过程中,其退绕张力是变化的,所以,筒子架上各筒子的退绕直径不同,将造成退绕张力各不相同。纱线质量和空气阻力所形成的张力增量与纱线线密度及纱线引出距离成正比,所以,筒子在筒子架上的位置不同,各筒子上纱线的悬索张力及受到的空气阻力各不相同,各根纱线和导纱部件的摩擦阻力也各不相同,因而造成整经时片纱张力不匀。其分布规律为:前排筒子引出的纱线张力较小,而后排筒子引出的纱线张力较大;同排的上、中、下层筒子之间,由于引纱路线的曲折程度不同,上、下层筒子的张力较大,而中层筒子的张力较小。

(三) 均匀整经张力的措施

1. 采用断续整经方式和筒子定长

由于筒子卷装尺寸影响纱线退绕张力,特别在高速整经或粗特纱加工时尤为明显,所以,在高中速整经和粗特纱加工时应当尽量采用断续整经方式,使筒子架上的筒子的退绕直径保持一致。采用断续整经方式即需要集体换筒,对络筒工序提出了定长要求,以保证所有筒子在换到筒子架上时具有相同的初始卷装尺寸,并可减少筒脚纱。

2. 合理设定张力装置的工艺参数

整经机筒子架上一般都配置有张力装置,其作用之一是给纱线以附加张力,使经轴获得良好成形和较大的卷绕密度;另一个作用是调节片纱张力,即根据筒子在筒子架上的不同位置,分别给以不同的附加张力,抵消因导纱状态不同产生的张力差异,使全片经纱张力均匀。

按照工作原理的不同,张力装置有累加法和倍积法两种类型。累加法是让纱线通过两个相互挤压的平面;倍积法是使纱线绕过一个或多个弧面。两种方法都是依靠纱线与接触面的摩擦作用来使纱线张力增加。张力装置的工艺参数指张力垫圈质量、纱线对导纱杆的包围角、气动或弹簧加压压力等。

（1）单张力盘式张力装置。单张力盘式张力装置如图 2-16 所示，经纱从筒子上引出，穿过导纱瓷眼后，绕过瓷柱 1、张力盘 2 紧压纱线。绒毡 3 和张力圈 4 放在张力盘上，当经纱直径变化而使张力盘上下震动时，绒毡能起缓冲和吸振作用。张力圈的质量可根据纱线线密度、整经速度、筒子在筒子架上的位置等因素选定。

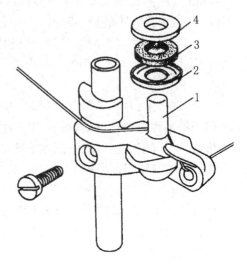

该张力装置综合运用了累加法和倍积法的原理，纱线的附加张力取决于张力垫圈质量和纱线对瓷柱的包围角。该装置结构简单，但由于采用了倍积法的原理，扩大了经纱的张力波动，遇到纱疵和结头时，张力盘会跳动，不适用于高速整经。

（2）无柱式双张力盘张力装置。图 2-17 所示为贝宁格 GZB 型无柱式双张力盘张力装置。无立柱的两对张力圆盘，安放在一个从筒子架的顶端直通底部的 U 形金属导槽内，因设有保护装置，张力盘不会跳出 U 形座以外。第一对张力盘起减震作用，第二对

图 2-16 单张力盘式张力装置

张力盘则控制纱线张力。纱线 1 经过两对上、下张力盘 8 和 3 及三个导纱眼 2，沿直线前进。纱线张力通过调节第二对张力盘上的弹簧 10 的压力来进行控制，弹簧的压力可用装在筒子架底部的手轮集体调节，操作十分简便、迅速而且可靠。下张力盘 3 由装在筒子架下面的小电动机驱动齿轮 5、6、7 集体传动，以达到张力盘均匀磨损和自动清除附着在张力盘上的花衣和棉尘的目的。另外，下张力盘底部装有吸震垫圈 4，起减震作用，可避免因纱结通过而引起的张力突变现象，确保张力盘平稳运行。

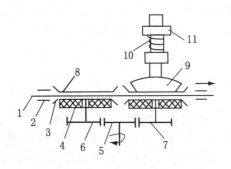

图 2-17 无柱式双张力盘张力装置

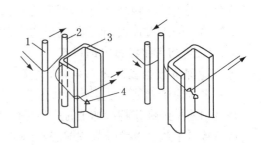

图 2-18 导纱棒式张力装置

1—纱线；2—导纱眼；3—张力盘；4—吸震垫圈；5，6，7—齿轮；
8，9—张力盘；10—弹簧；11—调节螺母

（3）导纱棒式张力装置。图 2-18 所示为导纱棒式张力装置。纱线自筒子引出后，经过导纱棒 1 和 2，绕过纱架槽柱 3，再穿过自停钩 4 而引向前方。在筒子架的后方，设有手轮、蜗轮和连杆。转动手轮时，可调节导纱棒 1 和 2 间的距离，从而调节纱线对导纱棒的包围角，以改变和控制张力。这种张力装置只能调节整排的纱线张力，不能调节单根经纱的张力。贝宁格

GE式筒子架配置此种张力装置。

（4）电磁张力装置。有些新型整经机上配置了电磁张力装置,如图2-19所示。它利用可调电磁阻尼力对纱线施加张力。纱线包绕在一个转轮上,转轮由轴承支撑,其机械摩擦阻尼力矩很小。转轮内设有电磁线圈,产生电磁阻尼力矩,施加给转轮,通过改变线圈电流参数,即可调节纱线张力。

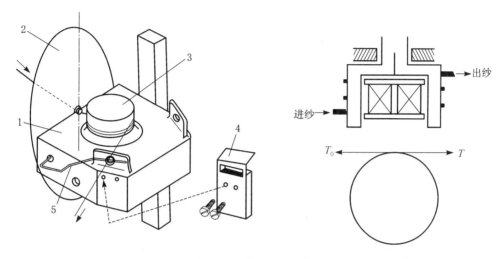

图2-19　电磁张力装置

1—主座；2—气圈罩；3—旋转绞盘；4—光电式断头自停装置；5—电气接触式断头自停装置

（5）张力装置的附加张力配置。根据前述对整经片纱张力不匀的基本分析,整经张力装置的工艺参数设计的基本规则是:施加于每根纱线的附加张力(或对张力装置的摩擦包围角),视其在筒子架上的位置不同,前排小于后排,中层小于上下层。

使用张力盘式的张力装置时,通常采用分区段配置张力装置的附加张力。该方法是针对片纱张力差异的具体情况,前排配置较大的附加张力,后排配置较小的附加张力,中层的附加张力应大于上下层。分区段数越多,张力越趋于一致,但管理也越不方便。所以分区段配置应视筒子架长度和产品类别等具体情况而定。常用的有前后分段法和弧形分段法。

① 前后分段:表2-2为前后分四段配置张力垫圈质量的参考实例,整经速度为200～250 m/min。当整经速度加快时,由空气阻力产生的纱线张力增加,应适当减轻张力垫圈的质量。

表2-2　分四段配置张力垫圈质量

线密度(tex)/ 英制支数(°)	张力垫圈质量(g)			
	前区	前中区	中后区	后区
13～16/44～36	5.0	4.6	3.8	3.3
18～20/32～29	5.5	4.6	4.2	3.8
24～30/24～30	6.4	5.5	5.0	4.4
32～60/18～10	8.4	6.4	6.0	4.6
14×2/(42/2)	6.4	5.5	4.8	4.4

② 前后上下分段:表2-3为分九段配置张力垫圈质量的参考实例,整经速度为200～300 m/min。

表2-3　分九段配置张力垫圈质量

区段和边纱	14.5 tex	29 tex	58 tex	14 tex×2
	张力垫圈质量(g)			
前区上层和下层	5.0	5.5	9.5	11.5
前区中层	5.5	6.0	10.0	12.0
中区上层和下层	4.5	5.0	8.5	11.0
中区中层	5.0	5.5	9.0	11.5
后区上层和下层	4.0	4.5	8.0	10.0
后区中层	4.5	5.0	8.5	11.0
后排边纱	6.5	7.0	12.0	13.0

③ 弧形分段:图2-20所示为涤/棉细特高密织物采用的弧形分四段的张力垫圈质量配置图。图中纵向为经纱层次,横向为筒子架上的筒子排次。张力垫圈质量采用全弧形四段配置后,全幅经纱张力不匀率由12.54％降低为7.25％,效果显著。

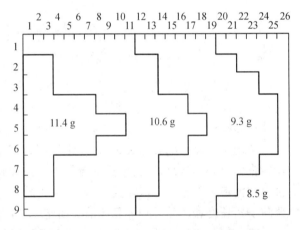

图2-20　弧形分四段的张力垫圈质量配置图

3. 纱线合理穿入伸缩筘

纱线穿入伸缩筘的不同部位会形成不同的摩擦包围角,从而形成不同的纱线张力。纱线合理穿入伸缩拓,既要达到片纱张力均匀,又要适当兼顾操作方便。目前使用较多的有分排穿法(又称花穿)和分层穿法(又称顺穿)。分排穿法从第一排开始,由上而下(或由下而上),将纱线从伸缩筘的中点向外侧逐根逐筘穿入,如图2-21(a)所示。此法虽然操作不方便,但由于引出距离较短的前排纱线穿入包围角较大的伸缩筘的中部,而后排纱线穿入包围角较小的边部,能起到均匀纱线张力的作用,并且使纱线断头时不易缠绕邻纱。分层穿法则从上层(或下层)开始,把纱线穿入伸缩筘的中部,然后逐层向伸缩筘的外侧穿入,如图2-21(b)所示。采用此法时,整经机上的纱线层次清楚,找头、引纱十分方便,但是扩大了纱线张力差异,因而影响整经质量。因此,目前整经机较多采用分排穿法。

4. 适当增大筒子架与整经机头的距离

增大筒子架与机头的距离,可减少纱线进入伸缩筘时的曲折程度,减少对纱线的摩擦,均匀片纱张力,也可以减少经纱断头卷入经轴的现象。但此距离过大时,将增加占地面积,并增加引纱操作时的行走距离。一般筒子架与机头之间的距离为3.5 m左右。

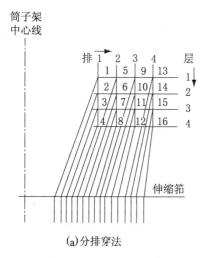

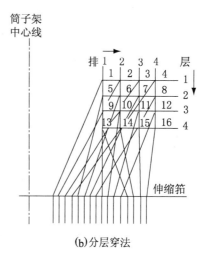

(a) 分排穿法　　　　　　　　　　　(b) 分层穿法

图 2-21　伸缩筘穿法

5. 调整筒子锭座与导纱点的相对位置

通常,筒子处于平置的工作状态,当退绕点位于筒子圆锥表面的下半部分时,由于纱线自重的作用,纱线比较容易抛离筒子表面,从而摩擦纱段较短,纱线的退绕张力较小;反之,当退绕点位于上半部分时,则纱线退绕张力较大。为减少这种张力差异,在筒子架的安装保养工作中,规定筒子锭座的中心线应通过导纱孔垂直下方(15±5)mm 处,如图 2-22 所示。

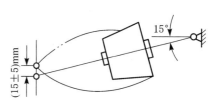

图 2-22　筒子锭座与导纱点的相对位置

6. 加强生产管理

保持良好的机械状态对均匀片纱张力具有重要的作用。整经机上各轴辊安装应平直、平行,各机件的安装调整应符合要求,尽量减少整经过程中的关车次数,减少因启动、制动而引起的张力波动。半成品管理中应做到筒子先到先用,减少因筒子回潮率不同而造成的张力差异。

分批整经的工艺设计应尽可能多头少轴,既可以减少并轴时各轴之间的张力差异,又可减少经轴上纱线之间的距离,避免纱线间距过大而造成的左右移动,使经轴卷绕圆整。伸缩筘齿间排纱要匀,采用往复动程约 10 mm 的游动伸缩筘,以改善经轴表面平整度,使片纱张力均匀。

五、分批整经卷绕

分批整经时,片纱密度较稀(一般为 4～6 根/cm)。为使经轴成形良好,分批整经以很小的卷绕角卷绕,接近于平行卷绕方式,对卷绕过程的要求是整经张力和卷绕密度均匀、适宜,卷绕成形良好。为保持整经张力恒定不变,整经轴必须以恒定的表面线速度回转,于是随整经轴的卷绕半径增加,其回转角速度逐渐减小,但整经卷绕功率恒定不变。因此,整经卷绕过程具有恒线速、恒张力、恒功率的特点。

1. 摩擦传动卷绕

如图 2-23 所示,交流电动机 4 通过传动带传动滚筒 1 以恒速转动,整经轴 2 搁在导轨上,受水平压力 F 的作用紧压在滚筒表面,接受滚筒的摩擦传动。由于滚筒的表面线速度恒定,所以整经轴以恒定的线速度卷绕经纱 3,从而达到恒张力卷绕目的。这种传动系统简单可靠、维修方便,但存在制动过程中经轴表面与滚筒之间有滑移而造成的纱线磨损,以及断头时关车不及时等弊病。运转时,经轴容易跳动,速度愈高,跳动愈严重,由此造成经纱张力不匀、经轴成形不良、机件损坏严重。随着整经速度提高,上述情况进一步恶化,因此高速整经机不采用这种传动方式。

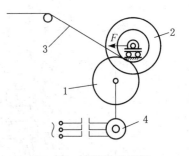

图 2-23 摩擦传动卷绕

2. 经轴直接传动

这是目前高速整经机普遍采用的传动方式。这种整经机的经轴两端为内圆锥齿轮,其工作时与两端的外圆锥齿轮啮合,接受传动,如图 2-24 所示。采用经轴直接传动后,随经轴卷装直径逐渐增加,为保持整经恒线速度,经轴转速应逐渐降低。这种对经轴的调速传动常采用三种方式:调速直流电动机传动、变量液压电动机传动、变频调速传动。采用经轴直接传动方式,从根本上避免了高速整经时经轴跳动、制动时纱线磨损的状况。

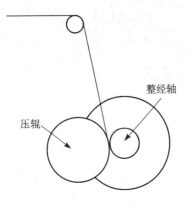

图 2-24 经轴直接传动

问题讨论:两种分批整经卷绕控制方式各有何特点? 主流发展方向是什么?

六、分批整经机的其他装置简介

(一) 经轴加压

经轴加压的目的是保证经轴表面平整、均匀和适度的卷绕密度。加压方式有机械式、液压式和气动式。

1. 机械式水平加压机构

机械式水平加压机构是传统机型 1452 系列整经机的悬臂式加压机构的改进,在老机改造中得到应用,它能够保证随经轴卷绕直径的增加,经轴所受到的压力保持恒定。整经机的机械式水平加压机构如图 2-25 所示。图中 1 为经轴,轴头 2 上套有装在轴承座 3 内的滚珠轴承,轴承座 3 与滑动座 4 相连,滑动座 4 可沿滑轨 5 滑动,滑轨 5 的两端由托脚 6 及托架 7 固装在地面及机架上。滑动座 4 与齿杆 8 用螺母连接,齿杆 8 与齿轮 9 啮合,同轴有绳轮 10,重锤 11(60 kg)挂在绳轮上。重锤的重力经绳轮、齿杆、滑动座而将经轴压向滚筒 12。当经轴直径逐渐增大时,经轴沿滑轨水平外移。在整经过程中,随整经轴卷绕半径不断增大,卷绕加压压力基本不变。

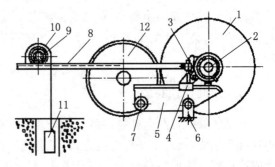

图 2-25 机械式水平加压机构

1—经轴;2—轴头;3—轴承座;
4—滑动座;5—水平滑轨;6—落地托脚;
7—托架;8—齿杆;9—齿轮;
10—绳轮;11—重锤;12—滚筒

这种加压装置亦为恒压装置,加压压力由重锤调节,使压力保持不变。

2. 液压式压辊加压机构

直接传动整经机的经轴加压由压辊完成。压辊的压力由液压系统供给和调节。图 2-26 为其作用原理图。压辊 2 由杠杆 3 控制并压向经轴 1,杠杆 3 的另一端与活塞杆 4 连接。油缸 5 的前腔接管道 A,后腔接管道 B。油液自贮油箱 6,经滤油器 7,由油泵 8 压出。操纵电磁换向阀 9,可使油液走 PB 入油缸后腔,AO 排前腔;也可使油液走 PA 入油缸前腔,BO 排后腔。前者为加压,后者为卸压。调压阀 11 用来调节油液的压强,压力表 10 则显示油液的压强。

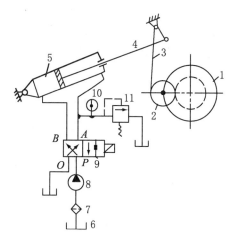

图 2-26　液压式压辊加压机构作用原理

1—经轴;2—压辊;3—杠杆;4—活塞杆;
5—油缸;6—贮油箱;7—滤油器;8—油泵;
9—电磁换向阀;10—压力表;11—调压阀

现代高速整经机常采用间接加压的方式来控制压辊的压力,如图 2-27 所示。压在经轴 3 上的压辊 1 装在支架 2 上,支架 2 与扇形制动盘 4 固连,且围绕压辊轴 5 旋转。整经时,随经轴卷绕直径不断增加,压辊逐渐后退,则支架 2 与扇形制动盘 4 围绕压辊轴 5 做顺时针回转。此时,制动夹块 6 由液压系统控制,对扇形制动盘的回转施以一定的摩擦阻力,通过压辊间接产生对经轴的压力。

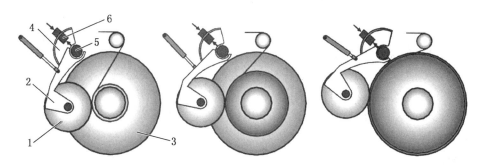

图 2-27　压辊的间接加压方式

1—压辊;2—支架;3—经轴;4—扇形制动盘;5—压辊轴;6—制动夹块

(二)经轴松夹和上落轴机构

直接传动整经机的经轴松夹和上落轴大多采用液压式。液压式经轴松夹机构通常用左右两只油缸,分别经活塞和双臂杆带动左右两侧传动经轴的锥齿夹头,使夹头与经轴盘轴端的锥形内齿产生啮合或脱开动作,达到使经轴夹紧或松开的目的。液压式经轴的上落轴也用两只油缸,经活塞推动升降臂而将经轴举起或落下。

(三)整经机的启动与制动

为了避免启动急促、纱线张力急剧增加和损伤纱线,分批整经机的启动应缓和,所以一般多采用摩擦离合器作为启动装置。

分批整经机的经轴大而重,转动惯量很大,存在停车时易产生惯性转动而造成断头、纱尾卷入经轴和测长不准确等问题,所以要求制动灵敏而有力。一般采用内胀式制动装置,制动力的来源可为机械力、液压力或气压力等。新型高速分批整经机的线速度很高,其设计速度最高可达 1 000 m/min。为了使经纱断头后能迅速制动停车,不使断头卷入经轴,分批整经机上配备了高效的液动或气功制动系统。为了防止制动过程中测长辊、压辊与经纱发生滑移而造成测长误差和经纱磨损,高速整经机普遍采用测长辊、压辊和经轴三者同步制动,其中压辊在制动开始时迅速脱离经轴并制动,待经轴和压辊均制停后,压辊再压靠在经轴表面。图 2-28 为国产 GA121 型整经机液压制动系统示意图。

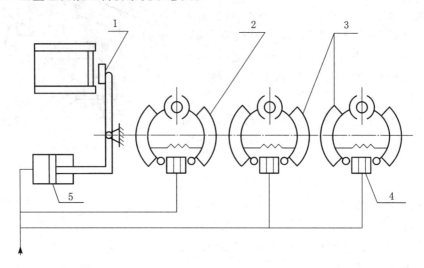

图 2-28　GA121 型整经机液压制动系统示意

1—测长辊制动器;2—压纱辊制动器;3—经轴制动器;4—内胀式制动油缸;5—测长辊制动油缸

(四) 断头自停装置

断头自停装置的作用是当纱线断头时立即发出信号,触发整经机停车,以便操作工处理断头。筒子架上每锭均配有断头自停装置。新型高速整经机对断头自停装置的灵敏度提出了很高的要求,要求整经速度在 600~1 000 m/min 时,保证断头不卷入经轴。目前一般设定的停车距离,即自停装置的反应距离十整经机制动距离为 3~4 m,也就是须整经机必须在 0.3~0.4 s 内停转。

断头自停装置按作用原理主要分为接触式和电子式两种。

停经片接触式断头自停装置是在经纱断头后其停经片下落,接通低压电路而停车。但它安装在整经机机头处,探测点距离经轴卷绕处太近,极易使断头卷入经轴。目前这种方式已被淘汰。现代高速整经机为快速感应经纱断头,通常将断头自停装置安装在筒子架的每个筒子纱的起始引出点,一方面及时探知纱线断头,另一方面加大断头探测点与经轴卷绕点的距离,有效避免了纱线断头卷入经轴。

图 2-29 所示为静电感应式(电子式)断头自停装置,它由探测感知件、纱线运行信号放大器和停车控制电路三部分组成。其中纱线探测器的形状如耳朵形,下面方框部分为电路系统。探测器的感知件是图中耳形中间的 V 形槽 1,为白色瓷件。

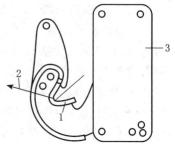

图 2-29　静电感应断头自停装置

1—V 形槽;2—纱线;3—电路盒

在 V 形槽的正面，四周涂有一层铜箔；在 V 形槽的反面，周围涂一层灰色银层。V 形槽中的瓷质件作为绝缘介质，从而构成一只电容器，电容量仅为 8～10 PF。整经机正常运行时，纱线 2 紧贴 V 形槽底部，从而使该电容器的极板上产生感应电荷。由于纱线运行时抖动或其表面不平滑所产生的电压信号类似"噪声电压"，经放大、整形、滤波、功率放大，再由一套控制电路保证机台正常工作。一旦出现断头，自停装置发出的"噪声电压"消失，控制电路立即发动停车。

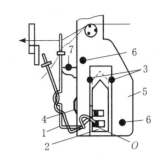

图 2-30　自停钩式断头自停装置

1—自停钩；2—铜片；3—铜棒；
4—指示灯；5—架座；6—杆；
7—分离棒

图 2-30 所示为自停钩式断头自停装置（电气接触式）。经纱穿过自停钩 1 的上端，自停钩下端的弯曲处套在轴 O 上，端部嵌入铜片 2 的方槽中。铜片活套在架座 5 中，低压电路的一端接铜片 2，另一端接铜棒 3。机器正常运转时，经纱张力使自停钩抬起，铜片和铜棒分离，低压电路断开。经纱断头后，自停钩下落（见图中虚线），铜片与铜棒接触，导通低压电路，电磁铁作用，使机器停转并制动，指示灯 4 亮，显示出断头位置。不用的自停钩，可用分离棒 7 阻挡住。

（五）伸缩筘

伸缩筘是整经机的重要部件，其作用是均匀分布经纱，控制纱片幅宽、排列密度和左右位置，从而使经轴能正确卷绕成形。若纱片幅宽不正确、左右位置不当或经纱分布不匀，则经轴成形不良，退绕时纱线张力差异很大。

这种筘的横向宽度可以调节，如图 2-31 所示。它一般分成若干组，每组 10～20 齿，倾斜放置，只要改变其倾斜角度就可调节宽度，从而改变子纱片的排列密度。此外，伸缩筘还能够整体地进行左右移动调节。伸缩和移动是为了适应品种变化和经轴位置的偏差。

为了使卷绕良好，应使纱片略做左右往复运动，一般是用一个凸轮的转动来使伸缩筘做往复横动的。为了保护伸缩筘，使其与纱线接触处不易被纱线磨损成槽，有的分批整经机还使伸缩筘做上下往复移动或摆动。

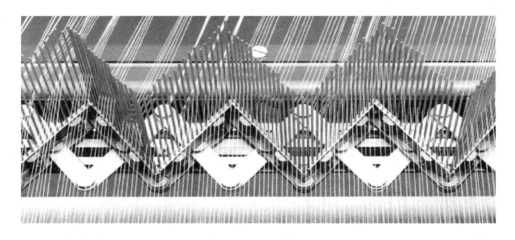

图 2-31　伸缩筘

七、现代分批整经机性能比较

目前整经技术发展迅速,集机、电、液、气及计算机技术于一体,充分体现了设备的高速化和高效化、整经质量的高质化、控制技术的自动化、大卷装化、生产品种的高适应化等特点。其核心仍然是以提高经轴质量为中心,使生产出来的经轴符合张力均匀、排列均匀、卷绕均匀等"三均匀"的要求,为后道工序的顺利进行、提高织物质量奠定良好的基础。国内外主要分批整经机的特点见表2-4。

表 2-4　国内外主要分批整经机特征比较

制造厂商	型号	整经速度 (m/min)	经轴直径 (mm)	筒子架	主要技术特点
瑞士 贝宁格公司	BEN-OIRECT	1 200	800,1 000	小 V 形 集体换筒	电机直接传动,变频调速,恒线速、恒张力卷绕,有自动防缠绕装置,可用于松式卷绕,制动时压辊会自动液压弹开,避免压辊与经纱摩擦,测长采用专利 Delta 程序系统
美国西点公司	951	1 000	1 270	小 V 形 集体换筒	电机直接传动,变频调速,恒线速、恒张力卷绕,有快速双端气动装置,刹车灵敏度高
日本 津田驹公司	TW-N	500～1 000	1 000	复式集 体换筒	电机直接传动,自动调节转速,恒线速、恒张力卷绕,自动上落轴,伸缩筘调节幅宽,横动范围为 0～40 mm,断头时经纱可退解 3.8～4 m,装有静电消除器
日本 丰田公司	MACKEE	700～1 000	1 000	小 V 形 集体换筒	电机直接传动,变频调速,恒线速、恒张力卷绕,有快速双端气动装置,刹车灵敏度高
江阴纺机	GA124H	1 000	800,1 000	小 V 形 集体换筒	电机直接传动,变频调速,恒线速、恒张力卷绕,压辊平行加压,比例阀控制压力,采用压辊与经轴互连的计长方式,测长精度高
沈阳纺机	G1201	1 000	800,1 000	小 V 形 集体换筒	电机直接传动,变频调速,恒线速、恒张力卷绕,可同时采用紧式或松式整经,有独立气动、液压系统和三辊液压钳式制动

1. BENNINGER（贝宁格）分批整经机的特点

贝宁格分批整经机是国内引进数量最多的整经设备,其新机型主要具有以下特点:

（1）采用 V 形筒子架。该筒子架采用链条回转集体换筒,集体生头但不接头,换筒时间非常短。该筒子架还具有显示正在工作的筒子个数的功能,如果和车头设定的工作筒子个数不符,机器会及时提示挡车工;筒子架上还设有断头指示灯,一旦纱线断头,将会有指示灯显示断头发生在哪一层哪一排,方便挡车工及时处理断头,提高劳动生产率;筒子架上的纱筒采用交错布置,空间利用优化。

(2) 在纱线通道上没有设置任何导向元件,纱线可在低张力下自由运行。

(3) 设有预张力杆。筒子架上前后区的经纱张力差异是依靠预张力杆改变包围角来缩小的。同时,预张力杆还有另一个作用,就是当筒子高速退绕停车后重新开车时,能将小辫子解开后再进行高速退绕,可达1 200 m/min。

(4) 设置了OPTOSTOP张力控制与夹纱制动单元。机器运转时OPTOSTOP单元打开,机器停车时OPTOSTOP单元关闭,即使在高速下,加工粗支纱和长距离纱也不会产生松纱,如图2-32所示。

(5) 设有光电断头检测装置。

(6) 车头配有防并纱机构,以保证经轴上的纱线平行卷绕。压辊采用间接加压,保证经轴成形为圆柱形。大制动盘以液压制动,刹车制动可靠。

图2-32　贝宁格分批整经机的OPTOSTOP
张力控制与夹纱制动单元

2. 分批整经技术的发展趋势

(1) 高速、大卷装。新型高速整经机的最高整经速度达1 200 m/min。随着织机幅宽的增加,整经机的幅宽也相应增加,可达2 400 mm,特殊规格可达2 800 mm。整经轴边盘直径为800~1 200 mm。

(2) 完善的纱线质量维护。取消滚筒摩擦传动,采用变频技术直接拖动整经轴,保持纱线以恒线速、恒张力卷绕,并以压辊加压来控制整经轴的卷绕密度。由于卷绕密度均匀适宜以及纱线的摩擦损伤大大减少,因此纱线毛羽减少,纱线的原有质量得到维护。

(3) 均匀的纱线整经张力。普遍采用单式筒子架,实行筒子架集体换筒,提高了片纱张力的均匀程度。为缩短换筒工作停台时间,使用了高效率的机械装置或自动装置。采用各种形式的新型张力装置,如双张力盘式、罗拉式、电子式等张力装置,减少了纱线的张力波动和各纱线之间的张力差异。电子式张力装置还具有自动调整整经张力的功能。

(4) 均匀的纱线排列。伸缩筘做水平和垂直方向的往复移动,引导纱线均匀排列,保证整经轴表面圆整。

(5) 良好的劳动保护。整经机上装有光电式或其他形式的安全装置,当人体接近高速运行区域时立刻关车,从而避免了事故发生。部分整经机上装有车头挡风板,保护操作人员免受带有纤维尘屑的气流干扰。

(6) 集中方便的调节和显示。整经机主要工艺参数的调节、产量显示、机械状态指示以及各项操作按钮,均集中安装在方便操作的位置,利于管理。

(7) 改善纱线质量,提高纱线的可织性。可织性是纱线能顺利通过织机而不致起毛、断头的重要性能。在分批整经新技术中,都反映出了改善纱线原有质量、提高纱线可织性的发展趋向。

此外,在部分长丝分批整经机上装有毛丝检测装置和静电消除装置,而去除毛丝、消除静电是提高无捻长丝可织性的重要技术措施。

八、分批整经工艺设计

分批整经的工艺设计内容主要包括整经机型号选择、筒子架形式、整经张力配置、整经速度、整经根数、整经长度、张力器形式、经轴卷绕密度等。

工作任务：完成两个典型品种的分批整经工艺设计。

1. 整经张力设计

整经张力设计的基本要求是：全片经纱张力应均匀，并且在整经过程中保持张力恒定，从而减少后道加工中经纱断头和织疵。整经张力应适当，以保持纱线的强力和弹性，避免恶化纱线的物理机械性能，同时尽量减少对纱线的摩擦损伤。整经张力与纤维材料、纱线线密度、整经速度、筒子尺寸、筒子架形式、筒子分布位置及伸缩筘穿法等有关。一般粗特纱的张力应比细特纱的张力大，化纤纱的张力应比同特纯棉纱的张力小。均匀整经张力的措施见前述分批整经张力控制。

2. 整经速度

影响整经速度的因素有机械与工艺两个方面：机械方面主要考虑经轴传动机构、制动机构及断头自停机构的类型；工艺方面主要考虑原纱质量、筒子卷绕质量和经轴幅宽。高速整经机的最大设计速度为 1 000 m/min 左右。随着整经速度的提高，纱线断头增加，影响整经效率，达不到高产的目的。只有在纱线品质优良和筒子卷绕质量高时，才能充分发挥高速整经的效率。

目前由于纱线品质和筒子卷绕质量还不够理想，整经速度以中高速为宜。经轴直接传动的高速整经机，整经速度可选用 600 m/min 以上；滚筒摩擦传动的 1452A 型整经机，其整经速度为 200～300 m/min。整经轴幅宽大、纱线强力低、筒子成形差时，速度应低一些。涤棉纱的整经速度应比同特纯棉纱低一些。

3. 整经根数

整经轴上纱线排列若过于稀疏，会使卷装表面不平整，从而造成片纱退绕张力不匀，而且浆纱并轴轴数增加，会产生新的张力不匀。因此，整经根数的确定以尽可能多头少轴为原则。整经根数还影响整经机产量和整经机械效率。整经根数增加，整经机理论产量提高，而且一次并轴的整经轴个数减少，整经上落轴和筒子架换筒的操作次数相应减少，整经机械效率有所提高。但是，随整经根数增加，每个整经轴加工过程中的经纱断头数也相应增加，并且筒子架工作区长度增加，使处理断头的停台时间延长，从而阻碍整经机械效率的提高。整经根数确定与筒子架上筒子的最大容量有关。为管理方便，一次并轴的各轴整经根数要尽量相等或接近相等，并小于筒子架最大容纳筒子数。

（1）整经经轴数 n。

$$n = \frac{织物总经根数\ M_z}{筒子架最大容量\ K}$$

（2）整经根数 m。

$$整经根数\ m = \frac{织物总经根数}{并轴轴数\ n}$$

如某筒子架的最大容量为 650 个,总经根数为 5 620 根,整经经轴数 n 为:

$$n = \frac{M_z}{K} = \frac{5\ 620}{650} = 8.6$$

此处,n 取 9,于是整经根数初步确定如下:

$$m = \frac{M_z}{n} = \frac{5\ 620}{9} = 624.4（根）$$

则本次整经中各整经轴的整经根数,m_1、m_2、m_3、m_4、m_5 分别为 624 根,m_6、m_7、m_8、m_9 分别为 625 根;或者,m_1、m_2、m_3、m_4、m_5、m_6 各为 624 根,m_8、m_9 各为 626 根。

4. 整经长度

整经长度主要根据经轴的最大容纱量,即经轴的最大绕纱长度进行计算。经轴最大绕纱长度与经轴最大卷绕体积、卷绕密度、纱线线密度和整经根数相关。整经长度应略短于经轴的最大绕纱长度,而且为织轴上经纱长度的整数倍,同时还要考虑浆纱的回丝长度和浆纱伸长率。

（1）经轴最大绕纱长度 L_1。

$$L_1 = \frac{1\ 000 V_s \times \gamma}{Tt \times m}（m）$$

式中:V_s——经轴体积（cm^3）;

γ——卷绕密度（g/cm^3）;

Tt——纱线线密度（tex）;

m——整经根数。

其中,$V_s = \frac{\pi \times H}{4}(D^2 - d^2)（cm^3）$,$D = D_0 - 2（cm）$,如图 2-33 所示。

（2）经轴可浆出的织轴数 n。

$$n = L_1 / L_2$$

上式计算结果应取整数部分,其中 L_2 为织轴的绕纱长度。

（3）经轴实际绕纱长度 L。

$$L = \frac{L_2 \times n + l_3}{1 + \varepsilon} + l_4（m）$$

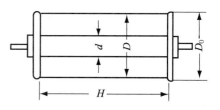

图 2-33　经轴尺寸示意图

式中:l_3——浆纱浆回丝;

l_4——浆纱白回丝;

ε——浆纱伸长率。

（4）整经卷绕密度。整经卷绕密度影响原纱的弹性、经轴的最大绕纱长度和后道工序的退绕。整经轴卷绕密度可由对经轴表面施压的压纱辊的加压力进行调节,同时还受到纱线线密度、纱线张力、卷绕速度以及车间空气相对湿度的影响。卷绕密度应根据纤维种类、纱线线密度等合理选择。表 2-5 为经轴卷绕密度的参考数值。

表 2-5　分批整经卷绕密度

纱线种类	卷绕密度(g/cm³)	纱线种类	卷绕密度(g/cm³)
19 tex 棉纱	0.44～0.47	14 tex×2 棉线	0.50～0.55
14.5 tex 棉纱	0.45～0.49	19 tex 黏纤纱	0.52～0.56
10 tex 棉纱	0.46～0.50	13 tex 涤/棉纱	0.43～0.55

（5）整经结头规格。纯棉单纱常采用织布结,纱尾长度为 2～3 mm;股线、涤/棉纱一般采用自紧结,纱尾长度为 5～6 mm。

九、整经产质量

1. 整经产量计算

（1）理论生产率 Q_1[kg/(台·h)]。

$$Q_1 = \frac{60v\,m\,Tt}{10^6}$$

（2）实际生产率 Q[kg/(台·h)]。

$$Q = Q_1 K$$

式中：v——整经速度(m/min);

　　　m——整经根数;

　　　Tt——纱线线密度(tex);

　　　K——整经时间效率。

2. 整经疵点

（1）不符合工艺设计,如长度、根数、纱线类型、排列顺序等。如果出现这些错误,将造成巨大的损失。因为不符预期的产品规格,从而造成大量的次品,并形成大量回丝,在原料、动力、人力、机物料消耗、时间等方面造成严重的损失。

（2）成形不良,包括卷绕不圆整、不平整、边不齐等,将造成经轴退绕时纱线张力严重不匀,不仅使后工序生产率下降,更主要的是降低了产品质量。

（3）绞头、倒(断)头、结头不良、松经。绞头是指卷绕的纱线绞乱,不仅会造成张力不匀,而且影响后工序的质量,造成断头和排列混乱。倒头是指经轴中有未接好的断头或退绕时出现断头,将造成后工序生产困难,降低产质量。

（4）油污、杂物、回丝卷入。

3. 主要生产指标

除产量和时间效率外,还有以下指标:

（1）整经好轴率。这是考核整经产品内在质量和外观成形的综合性质量指标。

$$整经好轴率 = \frac{检查轴数 - 疵轴轴数}{检查轴数} \times 100\%$$

检查内容包括上面所列的疵品项目,按性质和程度进行评分。评分标准和疵轴标准可按企业实际情况自订,作为内部考核指标;也可在行业间进行协议,作为行业间评比的依据。

（2）百根万米断头数。这是反映络筒质量、纱线质量和整经工艺设备是否合理的综合性指标,其值愈低愈好。一般测定整经机加工 5 000 m 长度所发生的断头数,记录并分析原因。

$$整经百根万米断头数 = \frac{测得断头数 \times 2 \times 100}{整经根数}$$

单元二　分条整经生产与工艺

一、分条整经工艺流程

分条整经是将织物所需的总经根数按照筒子架容量和配色循环要求尽量相等地分成若干份,按工艺规定的幅宽和长度一条挨一条地卷绕在大滚筒上,最后把全部条带从大滚筒上退绕下来,卷绕到织轴上。织轴的卷绕称为倒轴或再卷。

分条整经工艺流程如图 2-34 所示。纱线从筒子架 1 上的筒子 2 引出,绕过张力器(图中未示出),穿过导纱瓷板 3,经分绞筘 5、定幅筘 6、导纱辊 7,卷绕在大滚筒 10 上。当条带卷绕至工艺要求的长度后剪断,重新搭头,逐条依次卷绕于大滚筒上,直至满足所需的总经根数为止。然后将大滚筒 10 上的全部经纱,经上蜡辊 8、引纱辊 9,卷绕成织轴 11。图 2-35、图 2-36 所示为分条整经机概貌。

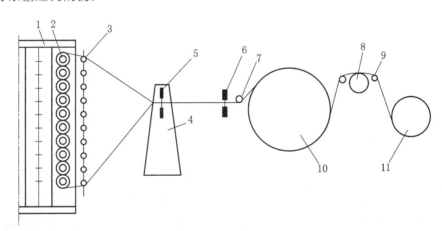

图 2-34　分条整经工艺流程

1—筒子架；2—筒子；3—导纱瓷板；4—分绞筘架；5—分绞筘；
6—定幅筘；7—导纱辊；8—上蜡辊；9—引纱辊；10—大滚筒；11—织轴

图 2-35　分条整经机概貌:条带卷绕部分

图 2-36　分条整经机概貌:倒轴部分

二、分条整经原理与机构

分条整经机的卷绕由大滚筒卷绕和倒轴两部分组成。新型分条整经机的卷绕一般有两种形式,即直流电动机可控硅调速和变频调速传动,都可达到整经恒线速度的目的。

(一)分条整经的大滚筒卷绕

分条整经机的整经大滚筒如图 2-37 所示,由制成一体的一个长圆柱体和一个圆台体构成。首条经纱贴靠在圆台体表面卷绕,其余各条以其为依托,依次以平行四边形的截面形状卷绕在大滚筒上。对于纱线表面光滑的品种,圆台体的锥角应小些,有利于经纱条带在大滚筒上的稳定性,但大滚筒的总长度变长,即机器尺寸增加。在条带的导条速度有分档变化的传统整经机上,圆台体部分为框式多边形结构,圆台体的锥角可调,这可达到导条速度与锥角之间的匹配,使条带精确成形。但框式多边形结构的圆台部分会导致首条经纱卷绕时因多边形与圆形周长之间的误差而出现卷绕长度差异,如图 2-38 所示。新型分条整经机上普遍采用固定锥角的圆台体结构,锥角有 9.5° 和 14° 等系列,根据加工对象进行选择,如图 2-39 所示。

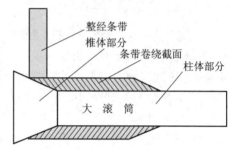

图 2-37 分条整经机的大滚筒示意

图 2-38 锥角可调式大滚筒

图 2-39 锥角固定式大滚筒

分条整经的卷绕由大滚筒的卷绕运动(大滚筒圆周的切线方向)和导条运动(平行于大滚筒轴线方向)组成,大滚筒卷绕运动类似于分批整经机的经轴卷绕。新型分条整经机的大滚筒由独立的变频调速电动机传动,整经线速度由测速辊检测。在每一条带开始卷绕时,大滚筒的转速最高,随着卷绕直径增加,测速信号通过变频调速控制部分使大滚筒传动电动机的转速降低,从而实现大滚筒卷绕的恒线速。大滚筒上装有高效的制动装置,一旦发生经纱断头,立即动作,能保证断头未被卷入大滚筒之前停车。

(二)导条

分条卷绕时,第一条带的纱条以滚筒头端的圆台体表面为依托,避免纱条边部倒塌。在卷绕过程中,条带随定幅筘的横移引导,向圆锥方向均匀移动,纱线以螺旋线状卷绕在大滚筒上,条带的截面呈平行四边形,如图 2-40 所示。以后,逐条卷绕的条带均以前一条带的圆锥形端部为依托,在全部条带卷绕完成之后,卷装呈良好的圆柱形状,纱线排列整齐有序。

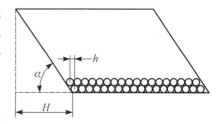

图 2-40　分条整经条带卷绕截面示意

由于导条运动是定幅筘和大滚筒之间在横向所做的相对移动,因此其相对运动方式有两种:一是大滚筒不做横向运动,整经卷绕时由定幅筘的横向移动将纱线导引至大滚筒上,而在倒轴时倒轴装置做反向的横向移动,始终保持织轴与大滚筒上的经纱片对准,将大滚筒上的经纱退绕到织轴上;另一种方式是定幅筘和倒轴装置不做横向运动,整经卷绕时由大滚筒做横向移动,使纱线沿着大滚筒上的圆台稳定地卷绕,而在倒轴时大滚筒再做反向的横向移动,保持大滚筒上的经纱片与织轴对准,将大滚筒上的经纱退绕到织轴上。由于第一种方式中定幅筘做横移,为保持筒子架上的经纱与定幅筘对准,筒子架及分绞筘均需做横移,使得移动部件多、机构复杂,因此新型分条整经机大多采用大滚筒横移的导条运动方式。

图 2-41 为德国哈科巴 USK 1000-E 型分条整经机传动示意图。该整经机的卷绕大滚筒为固定锥角式,由可控硅直流电机 1 经过弹性联轴器 2 由 V 形皮带 3 传动。整经速度可在控制计算机台上的速度预设表上设定。装在整经控制台上的测长辊,由经纱摩擦驱动。装在测长辊右端的测速电机 11 将纱线速度换成电压信号,送到可控硅整流器,使电机转速即整经速度恒定在预定范围内。整经速度的设定以纱线质量及纱线强力为依据。当纱线质量优、强力大时,整经速度一般设置在 600 m/min 以上;当纱线质量不良、强力小时,整经速度设置在 400 m/min 为宜。滚筒由整经控制台操纵,可以反转找断头。滚筒的制动由安装在滚筒两端的两组气动滚筒制动器 4 完成。该制动装置在倒轴时可保证倒轴张力始终不变。

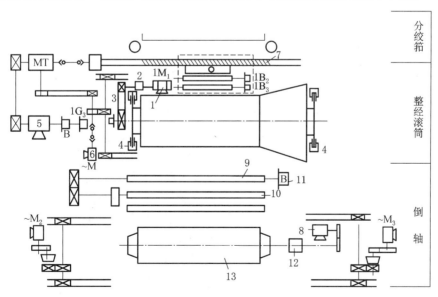

图 2-41　德国哈科巴 USK 1000-E 型分条整经机传动示意

1—主电机;2—联轴器;3—传动皮带;4—滚筒制动器;5—伺服电机;6—交流电机;
7—丝杠;8—倒轴电机;9—导纱辊;10—上蜡辊;11—测速电机;12—变速器;13—织轴

在该机的传动系统中,有一组交、直流电机驱动滚筒横移系统。交、直流电机交替工作,由电磁离合器MT选择。其中直流伺服电机5由计算机控制,准确驱动丝杠7的旋转角度,从而使滚筒相对于整经控制台(包括筒子架、分绞机构)产生移动,当滚筒需要做快速大距离移动时,通过横移按钮使交流电机工作。

整经条带的横移量,即滚筒一转时相对于定幅筘横移的距离h,应与斜度板的倾斜角α相适应,它们的关系如下式:

$$h = \frac{K}{\tan \alpha}$$

式中:K是与经纱线密度、纱线种类和条带排列密度等因素有关的常数。

若h与α不符合上式,则条带卷绕于滚筒上所形成的截面不为图2-41所示的平行四边形(尤其是第一条),从而使全幅经纱在滚筒上表面不平整,同层经纱的长度差异大,再卷成织轴,则经纱张力很不均匀。因此,h、α和定幅筘的筘齿密度(筘号)等是分条整经的重要工艺参数,应根据织物品种等因素选择确定。

为了保证纱层厚度值设定正确,一些新型分条整经机在定幅筘底座装上有纱层厚度自动测量装置,如图2-42所示,底座5上装有定幅筘1、测长辊2、测厚辊3、导纱辊4等部件。测厚辊的工作过程是在条带生头后将测厚辊紧靠在大滚筒6的表面上,传感器检测其初始位置,随着大滚筒上的绕纱层增加,测厚辊后退,传感器将后退距离转换成电信号,输入计算机并显示出来。一般取大滚筒100圈为测量基准,测量的厚度值自动运算,得到精度达0.001 mm的横移量。控制部分按这个横移量使大滚筒和定幅筘底座做导条运动,实现条带的卷绕成形。测长辊2的一端装有一台测速电动机,将纱速信号和绕纱长度信号送到大滚筒传动电动机的控制部分和定长控制装置。导纱辊4的作用是增大纱线在测长辊上的包围角,以减少滑移,提高测长精度。

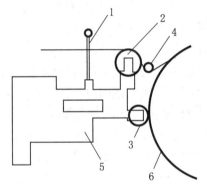

图2-42 新型分条整经机的定幅筘底座

1—定幅筘;2—测长辊;3—测厚辊;
4—导纱辊;5—底座;6—大滚筒

定幅筘底座一般装在大滚筒机架上。整经过程中,当大滚筒相对于筒子架做横移进行条带卷绕时,定幅筘底座需做反向的横移,从而保证定幅筘与分绞筘、筒子架的直线对准位置不变,由前述的一套传动及其控制系统自动完成,并能实现首条定位、自动对条功能。首条定位可使定幅筘底座与大滚筒处于起步位置,即经纱条带中靠近圆台体一侧的边纱与圆台体的起点准确对齐。自动对条是控制部分的计算机根据输入的条带宽度,在进行换条操作时,使定幅筘底座相对于大滚筒自动横移到下一个条带的起始位置,其精度可达0.1 mm,对条精确,提高了大滚筒卷装表面的平整性,消除了带沟和叠卷现象,也缩短了换条操作时间。图2-43所示为定幅筘底座概貌。

定幅筘底座上的定幅筘是分条整经机的重要部件,其作用如下:

(1)确定条带的幅宽和经纱排列密度,各条带的幅宽之和等于织轴边盘内宽,而各条的排列密度等于织轴纱片排列密度。

(2)确定各条在滚筒上的左右相对位置。

(3)做横移导条运动,使条带卷绕成形。

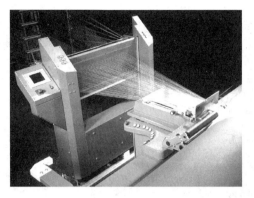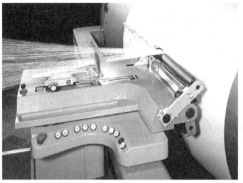

图 2-43　定幅筘底座概貌

(三) 分绞

分条整经机的分绞工作是借助分绞筘来完成的。分绞筘是分条整经机的特有装置,其作用是把经纱逐根分绞,使相邻纱线的排列有条不紊,以便于穿经和织造。这对色纱排花特别有利,并使后工序中经纱不易绞乱,便于工人操作。分绞筘的结构如图 2-44 所示。

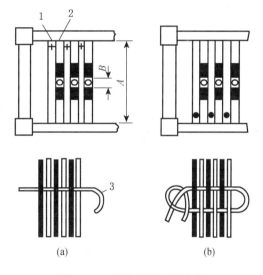

这种筘每隔一个筘齿,在中间部位焊成小筘跟。因此,分绞筘由长筘眼(未焊)和小筘眼交替组成,从筒子架引出的经纱依次穿入。平时,经纱片处于小筘眼和长筘眼中部位置,成为一片。分绞可完全由手工进行,也可借助分绞装置。前者分绞筘不动,先将整片经纱往上抬,则长筘眼中的经纱抬至上方,而小筘眼中的经纱基本处于原位,即在下方[图 2-44(a)],穿入绞绳;再将整片经纱下压,则长筘眼中的经纱压至下方,而小筘眼中的经纱基本在原位(即处于长筘眼经纱的上方),穿入第二根绞绳[图 2-44(b)],分绞即完成。G121 等机型还设有分绞装

图 2-44　分绞筘及经纱分绞
1—长筘眼;2—小筘眼;3—绞绳

置,可扳动手柄使分绞筘处于上、中、下三个位置。其中上、下两个位置即作分绞用,原理同上。待各条都完成分绞,就用绞杆代替绞绳,以供穿经和织造。

某些新型织造工艺(如喷水织机的织前准备)还备有专门的分绞机(或叫分经机),它是将织轴上的经纱按奇偶数逐根自动分开,完成后穿入绞杆,以供穿经和织造。

(四) 倒轴

当全部条带卷绕完毕,就将它们一起从大滚筒上退出,再绕于织轴上,称为倒轴,如图 2-45 所示。倒轴时,通过离合界切断大滚筒的动力,并使织轴得到动力而完成卷绕。由于大滚筒在卷绕时每个条带都逐渐地做横移运动,所以在倒轴时织轴应反向横移,大滚筒一转,织轴横移 h,则总横移量 $H = nh$,其中 n 为条带卷绕于滚筒上的圈数。织轴横移的目的是使织轴的轴线与全幅经纱保持垂直,否则将造成织轴经纱张力不匀、成形不良和边部经纱受织轴边盘的

磨损。

（五）倒轴卷绕对织轴的加压

新型分条整经机采用织轴卷绕加压装置，利用卷绕时纱线张力和卷绕加压压力两个因素来达到一定的织轴卷绕密度，所以能用较低的纱线张力来获得较大的卷绕密度，既保持了纱线良好的弹性，又大大增加了卷装中的纱线容量。加压装置的工作原理如图 2-46 所示。液压工作油进入加压油缸 1，将活塞上抬，使托臂 2 升起，压辊 3 被紧压在织轴 4 上。工作油压力恒定，于是卷绕加压压力维持不变，这是一种恒压方式。织轴卷绕密度通过工作油压力进行调节。

图 2-45　倒轴

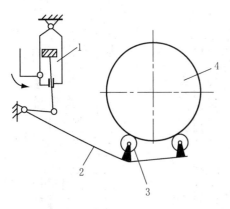

图 2-46　织轴卷绕加压

部分分条整经机不装织轴卷绕加压装置，织轴卷绕时，为达到一定的织轴卷绕密度，必须维持一定的纱线卷绕张力。纱线张力取决于整经滚筒上制动带的拉紧程度，制动带越紧，拖动滚筒转动的力就越大，从而纱线张力和织轴卷绕密度越大。这种机构对保持纱线的弹性和强力不利。

（六）经纱上乳化液

毛织生产中，为提高经纱的织造性能，在分条整经织轴卷绕时，通常对毛纱上乳化液（包括乳化油、乳化蜡或合成浆料）。经纱上乳化液（蜡）后，可在纱线表面形成油膜，降低纱线的摩擦系数，使织机开口清晰，有利于经纱顺利通过经停片、综、筘，从而减少断经和织疵。对经纱上合成浆料乳化液，可在纱线表面形成浆膜，则更有利于经纱韧性和耐磨性的提高，在一定程度上起上浆的作用。

上乳化液的方法有多种，比较常用的方法如图 2-47 所示。经纱从滚筒 1 上退绕下来，通过导辊 2 和 3 后，由带液辊 4 给经纱单面上乳化液，然后经导辊 5 卷绕到织轴 6 上。带液辊以一定速度在液槽 7 中转动，液槽的液面高度和温度应当恒定。调节带液辊转速，可以控制上液量，一般上液量为经纱质量的 2%～6%。

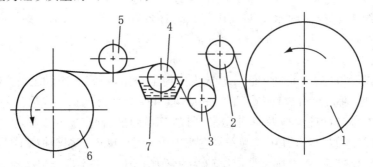

图 2-47　经纱上乳化液

　　乳化液成分主要有白油、白蜡、油酸、聚丙烯酰胺、防腐剂和其他助剂。经纱上乳化液后，其织造效果有明显改观。毛纱上聚丙烯酰胺乳化液，可提高断裂伸长率 $10\%\sim30\%$，提高断裂强度约 $4\%\sim5\%$，使织造时的经向断头率降低 $20\%\sim40\%$。上乳化油或乳化蜡后，断经、脱节和织疵均有减少，经向断头率降低 $10\%\sim30\%$。

三、分条整经机的发展趋势

　　(1) 高速、大卷装、通用性和自动化。滚筒整经速度可达 1 000 m/min，有效幅宽达 3 600 mm，织轴盘最大直径为 1 250 mm，适用于各种线密度的天然和化纤短纤纱或化纤长丝。操作由电脑控制，精密可靠，自动化程度高。

　　(2) 恒定的卷绕速度和均匀的纱线张力。滚筒和织轴由交流电动机带动，经计算机控制，实现变频调速，整经速度、倒轴速度无级可调，计算机能在绕纱不断增加时将速度保持恒定，避免了因速度变化而引起的张力不匀。整经大滚筒在地轨上由伺服电动机控制移动，倒轴、分绞筘架和筒子架固定不动，经纱条带在整经过程中始终呈直线状态，片纱张力保持不变。

　　(3) 良好的卷装成形。高速分条整经机的定幅筘至滚筒的距离很短，有利于纱线条带被准确地引导到滚筒表面，也减少了条带的扩散，使条带卷绕成形良好。采用整经操作台自动径向位移装置，使整经操作台上的定幅筘随着滚筒卷绕直径的增加而自动径向后退。它与卷绕点之间始终保持恒定距离，使卷绕情况不变，条带各层纱圈卷绕正确一致。

　　(4) 多数新型分条整经机设计成固定的滚筒锥角。大滚筒采用高强金属材料精良制作，配合无级可调的导条速度，能满足各种纱线卷绕的工艺要求。

　　(5) 采用计算机及 PLC 等先进技术。设备具有计长、计匹数、计条及断头记忆，满长、满匹、满条及断头自停等功能，还具有自动检测与显示功能，可随时检出整经机发生的故障，并将检测的信息以中文显示出来，以方便维修。

　　(6) 自动对绞。对绞由计算机控制，将织物的工艺要求输入电脑，能一次自动完成，保证各条一致，使滚筒卷绕平整，并且起点定位、条定位通过一次按键即可完成。

　　(7) 采用机、电、气、液一体化设计，将气液技术用于整经刹车和倒轴张力控制。

　　(8) 设有先进的上乳化液装置和可靠的防静电系统。在毛织生产中，倒轴时给毛纱上乳化液，能提高纱线的耐磨性能。在加工化纤纱时，防静电系统可防止或消除静电，提高产品质量和生产率。

表 2-6　典型分条整经机特征比较

制造厂	哈科巴	哈科巴	贝宁格	贝宁格
型号	US 型	USK-电子型	SC-P 型	SUPERTRONIC 型
工作幅宽(mm)	3 500	2 000～4 000	1 800～3 500	2 200～4 200
整经速度(m/min)	0～600 无级可调	0～800 无级可调	800	800
滚筒速度(m/min)	0～300 无级可调	0～300 无级可调	200	200
滚筒直径(mm)	800	1 000	800	1 000

（续表）

制造厂	哈科巴	哈科巴	贝宁格	贝宁格
斜度板（圆锥角）	集体可调	固定	集体可调	固定
条带位移	机械式控制	电脑控制	11级调速	电脑控制
传动	直流电动机	直流电动机	交流电动机和无级变速器	直流电动机
制动	皮带制动	气-油圆盘式	皮带制动	液压圆盘式
滚筒	金属框架	合成树脂	圆柱体（夹心结构）	金属框架外包金属板
分绞箱	可横动	固定	固定	固定
断头自停	电气接触式	电气接触式	电气接触式	电气接触式
筒子架容量（只）	480～576	480～576	640	640
张力装置	双圈盘式	双罗拉式	双圈盘式	双罗拉式

四、分条整经工艺设计

分条整经工艺设计包括整经张力、整经速度、整经条带数、整经条带幅宽、定幅筘筘号、整经长度、导条速度等内容。

1. 整经张力与织轴卷绕密度

分条整经的整经张力设计分大滚筒卷绕和织轴卷绕两个部分。大滚筒卷绕时，整经张力的设计原则可参照分批整经。织轴卷绕的片纱张力取决于制动系统对滚筒的摩擦制动程度。片纱张力应均匀、适度，以保讯织轴卷装达到合理的卷绕密度。织轴的卷绕密度可参见表2-7。倒轴时，随大滚筒退绕半径减小，摩擦制动力矩应减小，为此制动系统要做相应调控，保持片纱张力均衡一致。

表 2-7　分条整经织轴卷绕密度

纱线种类	棉股线	涤/棉股线	粗纺毛纱	精纺毛纱	毛/涤混纺纱
卷绕密度（g/cm³）	0.5～0.55	0.5～0.60	0.4	0.5～0.55	0.55～0.60

2. 整经速度

分条整经机受换条、再卷等工作的影响，其效率比分批整经机低。据统计，分条整经机的整经速度（大滚筒线速度）提高25％，生产效率仅增加5％，因此，其整经速度的提高显得不如分批整经那么重要。新型分条整经机的设计最高速度为800 m/min，实际使用时则远低于这一水平，一般为300～500 m/min；纱线强力低、筒子质量差时，应选用较低的整经速度。

3. 整经条带数

（1）条格及隐条织物。

$$n = \frac{M - M_b}{m}$$

式中：M——总经根数；

M_b——边经根数；

m——每条经纱根数。

其中 m＝每条花数×每花配色循环经纱数。

每条经纱根数应小于筒子架最大容筒数，并且为经纱配色循环的整倍数。第一和最后一条的经纱根数还需修正，应加上各自一侧的边纱根数，并对 n 取整后多余或不足的根数做加减调整。

（2）素经织物。

$$n = \frac{M}{m}$$

每条经纱根数的确定只考虑筒子架最大容筒数，当 M/m 无法除尽时，应尽量使最后一条（或几条）的经纱根数少于前面几条，但相差不宜过多。在筒子架容量许可的条件下，整经条数应尽量少些。

案例讨论：

某色织物的总经根数为 6516 根，其中边纱根数共 48 根，配色循环为白 22、浅红 18、大红 18、紫 18、深蓝 24、紫 18、大红 18、浅红 18，筒子架容量为 630 个，试确定整经条带数与每条整经根数。

4. 条带宽度

条带宽度即定幅筘中所穿经纱的排列幅宽，计算公式为：

$$b = \frac{Bm}{M(1 + q\%)}$$

式中：b——条带宽度（cm）；

B——织轴幅宽（cm）；

$q\%$——条带扩散系数。

5. 定幅筘

定幅筘的筘齿密度以筘号 N 表示：

$$N(\text{筘}/10\ \text{cm}) = \frac{M}{B \cdot C} \times 10$$

式中：C——每筘齿穿入经纱根数。

每筘齿穿入经纱根数以滚筒上纱线排列整齐、筘齿不磨损纱线为原则。一般品种的每筘齿穿入经纱根数为 4～6 根或 4～10 根，经密大的织物的每筘齿穿入数应取大些。

6. 条带长度

条带长度即整经长度，以 L 表示：

$$L = l \times \frac{m_p}{1 - a_j} + h_s + h_l$$

式中：l——成布规定匹长（系公称匹长与加放长度之和）；

m_p——织轴卷绕匹数；

a_j——经纱缩率；

h_s、h_l——织机的上机、了机回丝长度。

7. 导条速度与大滚筒倾斜角

导条速度即大滚筒一转时相对于定幅筘横移的距离 h，应与斜度板的倾斜角 α 相适应，计算公式为：

$$h = \frac{Tt \cdot m_t}{\gamma \cdot b \cdot \tan\alpha \cdot 10^5}; \quad \tan\alpha = \frac{Tt \cdot m_t}{\gamma \cdot b \cdot h \cdot 10^5}$$

式中：h——大滚筒一转时相对于定幅筘横移的距离(mm)；

γ——整经卷绕密度(g/cm³)；

Tt——纱线线密度(tex)；

m_t——条带根数；

b——条带宽度(mm)；

α——大滚筒倾斜角。

上式为确定导条速度或斜度板角度的基本公式，给出了两者的相互关系和决定这两项参数的有关因素。这些有关因素是：

定幅筘横移速度应与纱线线密度、条带工艺密度成正比，与斜度板的角度和卷绕密度成反比。而条带的卷绕密度与纤维种类、纱线的捻系数、纱线毛羽、整经张力、车间温湿度、染料特性等有关。由此可见，整经张力大、车间湿度高，使条带卷绕密度增大，定幅筘的位移速度要小或斜度板的倾斜角要大。若纱线的捻系数小，纱线结构蓬松、毛羽多，则条带的卷绕密度小，定幅筘的位移速度要大或斜度板的倾斜角要小；反之，纱线捻系数大或表面光洁，定幅筘的位移速度要小或斜度板的倾斜角要大。

五、分条整经质量控制

1. 分条整经质量控制

分条整经的主要质量指标及检验方法与分批整经相似。表2-8列出了分条整经的常见疵点与产生原因。

表2-8　分条整经常见疵点与产生原因

疵点名称	表现形式	产生原因	对后道工序的影响
成形不良	织轴表面凹凸不平	定幅筘每筘穿入根数过多；导条器移动不准确，调整错误；经纱张力配置不当；条带张力不匀	浆纱断头、黏并，织造时开口不清、断头，产生"三跳"织疵和豁边疵布，布面不平整、有条影等
织轴绞头	纱头连接位置不当	断头后刹车过长，造成找头不清；落轴时穿绞线不清	使织机开口不清，增加织疵，影响织机效率
错特	—	换筒工筒子用错，筒子内有错特、错纤维纱	布面错特，印染后造成染色不一致
错花型或错经纱根数	排纱不认真，挡车工未认真检查头份和筒子个数		影响花型、幅宽和穿经循环
倒断头	纱头没有正确连接；织造一根或几根纱线长度不足	断头自停装置失灵，滚筒停车不及时使断头卷入，操作工断头处理不当	造成织造断头，影响织造质量

（续表）

疵点名称	表现形式	产生原因	对后道工序的影响
长短码	各整经条带长度不一致	测长装置不灵,操作不良	增加织造了机回丝
色花、色差	封布头、轴票用错	操作工操作不良	品种混淆
嵌边、凸边	织轴两边凹陷或凸起	倒轴时对位不准	造成边纱浪纱,织造时造成豁边坏布

由于操作不当、清洁工作不彻底,还会造成杂物卷入、油污、并绞、纱线排列错乱等整经疵点,对后加工工序产生不利影响,降低布面质量。

2. 提高分条整经质量的措施

（1）提高卷绕成形质量。新型分条整经机上,定幅筘到滚筒卷绕点之间的距离很短,有利于纱线条带被正确引导到滚筒表面,同时减少条带的扩散,使条带卷绕成形良好。

（2）采用定幅筘自动抬起装置。随滚筒的卷绕直径增加,定幅筘逐渐抬起,自由纱段长度保持不变,于是条带的扩散程度、卷绕情况不变,条带各层纱圈卷绕正确一致。

（3）采用无级变化的斜度板锥角。具有无级变化的斜度板锥角和定幅筘移动速度,不仅使斜度板锥角与定幅筘移动速度正确配合,保证整经条带截面形状正确,而且斜度板锥面能得到充分利用,使条带获得最佳稳定性。采用 CAD 设计、滚筒及主机移动、倒轴装置和筒子架固定不动,由机械式全齿轮传动,实现无级位移,级差小于 0.01 mm,既可靠又容易维修。

很多新型分条整经机的滚筒采用整体固定锥角设计,以高强钢质材料精良制作,能满足各种纱线的卷绕工艺要求。

（4）采用监测装置。采用先进的计算机技术、机电一体化设计,对全机执行动作实行程序控制,并对位移、对绞、记数、张力、故障等进行监控,实现精确计长、计匹、计条、对绞、断头记忆等,并具有满数停车功能。

（5）采用无级变速传动。在较先进的分条整经机上,滚筒与织轴均采用无级变速传动,以保证整经及倒轴时纱线线速度不变,使纱线张力均匀、卷绕成形良好。采用气液增压技术和钳制式制动器,实现高效制动。

（6）采用先进的上乳化液装置和可靠的防静电系统。毛织生产中,倒轴时对毛纱上乳化液(包括乳化油、乳化蜡或合成浆料),可在纱线表面形成油膜,降低纱线的摩擦系数,减少织造断头和织疵。加工化纤纱及高比例的化纤混纺纱时,防静电系统可消除静电,有利于提高产品质量和生产效率。

浆纱生产与工艺设计

☞ **主要教学内容** --

浆纱生产原理、浆料基本特性、浆纱机工作原理及发展、浆纱质量分析控制与工艺设计。

☞ **教学目标** --

1. 掌握浆纱生产原理及其发展趋势;

2. 掌握浆纱质量分析与工艺设计的方法和原则;

3. 能够针对典型品种进行工艺设计;

4. 能够针对典型浆纱机构正确画出工作原理简图;

5. 提高学生的团队合作意识、分析归纳能力与总结表达能力。

本学习情境单元与工作任务如下:

学习情境单元	主要学习内容与任务
单元一 浆纱工艺流程与控制指标	浆纱生产工艺流程、浆纱主要质量指标 工作任务一:画出浆纱生产工艺流程图及轴经浆纱机的工作流程图,并说明相关机构的作用(个人完成) 工作任务二:总结浆纱质量为什么主要考虑浆纱三率(上浆率、回潮率、伸长率)(小组完成)
单元二 浆料选择与调浆工艺制订	常用浆料的上浆特性、浆料配方原理、调浆操作与控制 工作任务一:三种典型浆料的上浆特性比较(小组完成) 工作任务二:完成两个典型品种的浆纱配方与调浆工艺设计方案(小组完成) 工作任务三:选择任务二中某一品种的浆纱配方与调浆工艺设计方案,进行试调浆,并检测浆液质量指标(小组完成)
单元三 浆纱设备与生产控制	浆纱机上浆、烘燥、卷绕、传动、自控等装置的工作原理 工作任务一:三种典型浆纱机的浆纱特性比较(小组完成) 工作任务二:总结两种典型上浆装置的上浆原理(单浸单压、双浸双压)与品种适应性(小组完成) 工作任务三:总结浆纱技术的发展趋势(个人完成)
单元四 浆纱质量控制	浆纱张力、上浆率、回潮率及浆纱疵点分析与控制 工作任务一:总结影响浆纱生产质量的因素及相关解决措施(小组完成) 工作任务二:根据案例分析浆纱质量问题的成因,并提出解决方案(小组完成)
单元五 浆纱工艺设计	浆纱工艺设计方法与原则 工作任务:完成两个典型品种的浆纱工艺设计方案(小组完成)

单元一　浆纱工艺流程与控制指标

一、经纱为什么要上浆

经纱在织机上进行交织时,受到反复的拉伸、摩擦和弯曲等作用,造成纱线起毛、松散或断头,并使织造时开口不清晰,从而导致交织难以顺利进行,同时严重地影响了产品的质量。为此,往往在织造前将具有黏着性的物质——浆,施加于经纱的表面和内部。这样的工艺过程称为浆纱或上浆。

经纱通过上浆,改善了织造性能,因而浆纱的主要目的就在于提高经纱的可织性。

上浆提高经纱的可织性,对不同的纱线,其原理有一定的差别。短纤纱的表面粗糙,毛羽较多(图3-1左图),其强力主要靠纤维间的抱合而形成。若在织机上仅受拉伸作用,由于一般纱线的强力往往超过拉伸力许多而不会断裂。但经纱在织机上还受到剧烈而反复的摩擦作用,造成结构松散、抱合削弱,许多纤维被拉出纱线的主干,毛羽也更显著。这样,在织机拉伸力的作用下,纤维相互滑移,最终导致纱线断裂。而且,毛羽多的松散经纱织造时往往梭口开不清,纱线彼此粘连纠缠,致使纱线断头或造成其他故障。上浆对于短纤纱的作用首先是增加其抗磨性,大部分浆液被覆于经纱表面,烘干后在纱线表面形成坚韧、光滑、均匀,而且与纤维结合良好的保护膜——浆膜。浆膜同时还贴伏毛羽,使经纱表面光滑,不仅有利于耐磨,而且有利于梭口清晰(图3-1右图)。还有一部分浆液浸透至纱线内部,将纤维相互黏结而防止滑移,这使经纱的某些力学性能(如强力)有所改善,却使其弹性恶化。

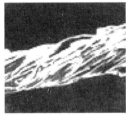

图3-1　经纱上浆效果

各种长丝一般是由多根更细的单丝组成的复丝,其表面光滑且毛羽少,各单丝之间也不易因拉伸力作用而在长度方向相互滑移而造成纱线断裂,但在织机上受到的反复摩擦等作用,将破坏其相互抱合而使单丝松散、分离和起毛,导致严重的开口不清和断头。通过上浆可把各根单丝"集束",增加它们的抱合力,并形成保护膜,以增加抗磨性、防止起毛,从而提高可织性。

但并不是任何经纱都需要上浆。当经纱光洁、强度高,而且不易松散分离时,就可以不上浆,如14 tex×2及以上的棉股线、较粗而光洁或双股的毛纱线、光洁而由丝胶抱合的桑蚕丝及合成纤维网络丝等。

当整经采用分批方式时,往往在浆纱的同时进行并轴,以达到所需的总经根数,并形成织轴。有的经纱虽可不上浆,但仍要在浆纱工序进行并轴或在专门的并轴机上并轴。因此,浆纱工序还能达到并轴的目的。图3-2所示为浆纱工序的一般过程,图3-3所示为经纱在浆纱机上的生产工艺过程。

图 3-2 浆纱工序的一般过程

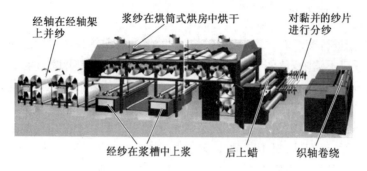

图 3-3 经纱在浆纱机上的生产工艺过程

二、浆纱质量主要控制指标

在浆纱过程中,有较多的工艺参数和技术经济指标,其中最主要的有上浆率、回潮率和伸长率。

(一) 上浆率

上浆率表示纱线上浆多少的程度。

$$上浆率 = \frac{浆纱干重 - 经纱干重}{经纱干重} \times 100\%$$

上式中的分子部分"浆纱干重与经纱干重之差"即为纱线上浆料的干重。

上浆率对上浆效果和上浆成本的影响很大。上浆率过大,不仅增加成本,而且使已浆纱线发脆,浆料也容易从纱线上脱落,反而会恶化织造性能。上浆率过大还会造成染整等后加工困难。上浆率太小,则达不到上浆的目的。因此上浆率是浆纱重要的工艺参数。此外,上浆率必须均匀,否则也不能达到浆纱的目的。

(二) 回潮率

回潮率本是泛指某物体所含水分重与该物体干重之百分比。由于纱线在上浆过程的不同阶段的回潮率不同,这里特指浆纱的"工艺回潮率",即经纱经上浆,并经一定的烘燥后,卷上织轴时纱上所含水分多少的程度。

$$回潮率 = \frac{浆后纱线重 - 浆后纱线干重}{浆后纱线干重} \times 100\%$$

上式中浆后纱线干重包括纱线干重和浆料干重,而浆后纱线重还包括水重,可见式中的分子即上浆烘燥后纱上的水重。

回潮率太高,则浆后纱线上水分太多,浆料不能很好地发挥黏着作用,容易被织机上的一些机件刮掉,纱线间容易黏并,织造时开口不清晰,并容易锈蚀机件。回潮率太低,则浆后纱线易发脆而断裂,浆亦易脱落,而且上浆烘燥过程中耗能费时,浆纱机的生产率降低。

同样,回潮率也应均匀。

(三) 伸长率

伸长率指浆纱过程中纱线伸长的程度。

$$伸长率 = \frac{浆后纱线长度 - 浆前纱线长度}{浆前纱线长度} \times 100\%$$

上式中的分子即伸长量。在织前准备过程中,由于纱线在浆纱工序中加工路程长而曲折,经过多种机件,并具有一定张力,而且由干态经润湿、上浆再烘干,不仅容易伸长,而且这部分伸长随浆液的烘干而固定下来。因此,浆纱过程中经纱伸长率大,其弹性受到损失,断裂伸长率降低,织造时容易断头,因此要求在浆纱时伸长率应尽量小。

现代浆纱质量和效果还应用黏附力、耐磨次数和毛羽减少率作为浆纱的重要指标。浆纱效果还可以从织造生产的质量与效率进行考察,通过对停台率和好轴率的测试来判断浆纱的可织性能,通过对布机效率和下机一等品率的统计和分析来判断综合织造效果。

对浆纱的要求包括浆液和上浆两个方面,主要有:

(1) 浆液对所浆的纱线有良好的黏着性。

(2) 浆液能够在纱线上形成坚韧、平滑、柔软而完整的浆膜。

(3) 浆液在纱线的内部和外表的比例应适当,它们分别称为浸透浆和被覆浆。

(4) 上浆率、回潮率应符合工艺设计,并且应均匀,伸长率应小。

(5) 浆液的物理和化学性质稳定,无毒、无臭、无色。浆料来源充足,价廉,配方简单,使用方便。

(6) 织物在染整等后加工中,浆料容易退净,退浆废液不污染环境。

(7) 卷装良好,应圆正平整、分纱清楚、不乱不绞、长度正确。

工作任务:浆纱质量为什么主要考虑浆纱三率(上浆率、回潮率、伸长率),现代浆纱质量又有何新要求?

单元二 浆料选择与调浆工艺制订

用于经纱上浆的材料称为浆料,由各种浆料按一定的配方用水调制而成的可流动糊状液体称为浆液。为使浆纱获得理想的上浆效果,浆液及其成膜之后在下列各方面应具备优良的性能:

(1) 浆液的化学、物理性质应具有均匀性和稳定性;浆液在使用过程中不易起泡、沉没,遇酸、碱或某些金属离子时不析出絮状物;浆液对纤维材料应具有较好的亲和性及浸润性;浆液的黏度适宜。

(2) 浆膜对纤维材料应具有良好的黏附性,同时应具有良好的强度、耐磨性、弹性、可弯性及适度的吸湿性、可溶性、防腐性。

一、典型浆料的上浆特性

浆用材料分两个部分,即黏着剂和助剂。黏着剂在上浆过程中主要起改善经纱的织造性能的作用,而助剂的主要作用是改善或弥补黏着剂在上浆性能方面的某些不足。

(一) 黏着剂

黏着剂是指对纺织纤维具有黏着性的材料,为浆料的主体。无论被覆于经纱表面形成浆膜贴伏毛羽,还是浸透于经纱内部黏结纤维,都是通过黏着剂对纤维的黏着和黏着剂自身内部的黏着(称为自黏)而实现的。因此,黏着剂必须具有下列基本条件:

(1) 对所浆纤维有良好的黏着性。但这种黏着性应该仅仅是物理的结合而非化学键结合,否则会使染整退浆困难。

(2) 有良好的成膜性,即浆膜完整均匀、机械性质良好且不易再黏。

(3) 为了便于上浆、退浆,必须有良好的水溶性或水分散性。

由于纺织纤维的种类不同(初步可分为亲水纤维和疏水纤维),与之相适应的黏着剂也不同,对某种纤维有良好黏着性的黏着剂并不一定适用于另一种纤维。

黏着剂可分为天然黏着剂、变性黏着剂和合成黏着剂三类(表 3-1)。

表 3-1　主要黏着剂分类

天然黏着剂		变性黏着剂		合成黏着剂	
植物性	动物性	纤维素衍生物	变性淀粉	乙烯类	丙烯酸类
① 各种淀粉:小麦淀粉、玉蜀黍淀粉、米淀粉、甘薯淀粉、马铃薯淀粉、橡子淀粉、木薯淀粉 ② 海藻类:褐藻酸钠 ③ 植物性胶:阿拉伯树胶、白芨粉、田仁粉、槐豆粉	① 动物性胶:鱼胶、明胶、骨胶、皮胶 ② 甲壳质:蟹壳、虾壳等变性黏着剂	羧甲基纤维素(CMC)、甲基纤维素(MC)、乙基纤维素(EC)、羟乙基纤维素(HEC)	① 转化淀粉:酸化淀粉、氧化淀粉、可溶性淀粉、糊精 ② 淀粉衍生物:交联淀粉、淀粉酯、淀粉醚、阳离子淀粉 ③ 接枝淀粉:淀粉的丙烯腈接枝共聚物、淀粉的水溶性接枝共聚物、淀粉的其他接枝共聚物	① 聚乙烯醇(PVA) ② 乙烯类共聚物:醋酸乙烯-丁烯酸共聚物、乙烯酸-马来酸共聚物、醋酸乙烯-马来酸共聚物	聚丙烯酸、聚丙烯酸酯、聚丙烯酰胺、丙烯酸酯类共聚物

目前,从经纱所用的黏着剂用量的比例来看,居首位的是淀粉(包括变性淀粉),其次是聚乙烯醇和丙烯酸类,因此,淀粉、聚乙烯醇和丙烯酸类黏着剂有"三大浆料"之称。下面就常用黏着剂的性能作简要介绍:

工作任务:完成三种典型浆料的上浆特性比较。

1. 淀粉

(1) 淀粉的一般性质。淀粉从植物的种子、地下茎和块根等原料中提取而制得,如小麦淀粉(不是面粉,因面粉中还含有蛋白质等多种杂质)、玉米淀粉、橡子淀粉和木薯淀粉等。在显微镜下观察,淀粉呈微粒状(图 3-4)。它是一种天然高分子化合物,由 α-葡萄糖缩聚而成,分子式为 $(C_6H_{10}O_5)_n$,其结构有直链和支链两种(图 3-5,图 3-6),后者的聚合度 n 比前者大得多,性质也有一定差异。

（a）小麦淀粉（×1 500）

（b）玉米淀粉（×1 500）

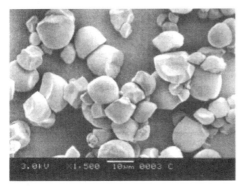

（c）木薯淀粉（×1 500）

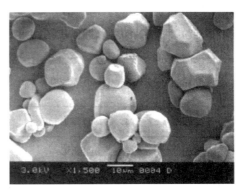

（d）甘薯淀粉（经酸处理）（×1 500）

图 3-4　电子显微镜下不同淀粉的颗粒形状

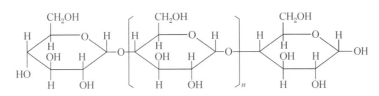

图 3-5　直链淀粉分子结构

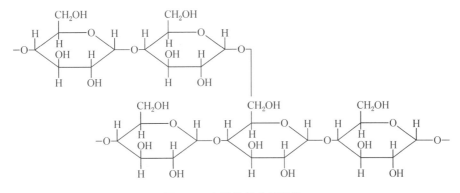

图 3-6　支链淀粉分子结构

直链淀粉能溶于热水,水溶液不很黏稠,遇到碘变成蓝色,因此在浆液的检验中以碘液作为淀粉的指示剂。直链淀粉所形成的浆膜具有良好的机械性能,浆膜坚韧,弹性较好。支链淀粉不溶于水,在热水中膨胀,使浆液变得极其黏稠,遇到碘变成紫色。支链淀粉浆不会凝胶,所成薄膜比较脆弱。淀粉浆的黏度主要由支链淀粉形成,使纱线能吸附足够的浆液量,保证浆膜具有一定厚度。直链淀粉和支链淀粉在上浆工艺中相辅相成,发挥各自的作用。

(2)淀粉在水中的变化。淀粉颗粒不溶解于冷水,在水中的变化随温度而异。淀粉在水中的变化大致可分为三个阶段。

① 吸湿:当水温较低(50 ℃以下)时,淀粉粒子难溶于水,但由于水的渗透压力的作用,使少量水分子扩散到淀粉的粒子中,淀粉粒子的体积略有膨胀,而且为可逆膨胀。若将吸湿后的淀粉进行脱水、烘干,可使其回复原来的外观。

② 膨胀:温度升高,淀粉颗粒在水中的吸湿能力继续加强,体积迅速膨胀。膨胀的结果是原来稀薄的悬浊液由于膨化了的淀粉粒子在水中相互挤压,其黏度迅速上升。黏度是指液体的内摩擦力大小,是考察液体流动性能的指标,其值越大,液体越不易流动。

③ 糊化:继续加热,淀粉粒子迅速膨胀,使不透明的淀粉分散液变成透明的、具有一定黏度的浆液。发生这种剧烈变化的温度称为糊化温度。达到糊化温度时,淀粉浆液的黏度急剧上升。继续升高温度,黏度达到峰值后,随着膨胀粒子的破碎,黏度反而下降,但变化逐渐缓和。高温状态下维持一定时间,黏度变化不大(图3-7)。若再降低温度,黏度再度上升。

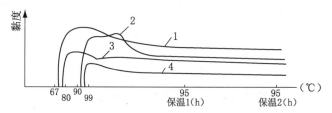

图 3-7　四种淀粉浆液的温度-黏度变化曲线

1—马铃薯淀粉;2—米淀粉;3—玉米淀粉;4—小麦淀粉

淀粉液糊化后成为既有大小粒子碎片、又有单分子状态和低聚合度分子状态的胶状混合体,只有糊化后黏度稳定这段时间方可用来上浆,因这时淀粉浆的黏着性(及自黏性)才能体现出来,而且才能达到稳定的上浆率和浸透被覆比。

(3)淀粉的上浆性能。淀粉浆液的上浆性能包括黏度特性、黏附性、成膜性、浸透性、混溶性等,分述如下:

① 黏度:黏度是淀粉浆液的重要性质之一,它对经纱上浆工艺的影响很大。为使经纱上浆率的波动幅度小,必须保证浆液的黏度相对稳定。淀粉浆液的黏度随温度变化的曲线如图3-7所示。由图可见,当加热至65 ℃以后,在接近各种淀粉的糊化温度时,黏度随着温度的上升迅速增加,直到某一最高值为止;再继续加热,黏度反而下降,并逐渐趋于稳定。在黏度稳定期间进行上浆,可获得良好的上浆效果。当淀粉浆液停止加热,令其静置或冷却时,黏度又会上升,这是淀粉的凝胶性所致的。淀粉的聚合度越大,其浆液的黏度越大;淀粉浆液的浓度越大,黏度也越大。pH值对淀粉浆液黏度的影响随淀粉种类而异。pH值在5～7范围内,对种子淀粉的黏度没有影响,而根淀粉(特别是马铃薯淀粉)对酸性烧煮很敏感。另外,煮浆温度高、闷浆时间长、搅拌作用剧烈、浆液使用时间过长等,都会使浆液的黏度下降。

② 黏附性:黏附性是两个或两个以上物体接触时互相结合的能力,在上浆中指浆液黏附

纤维的性能。黏附性的强弱以黏附力(黏着力)的大小表示。淀粉大分子中富有羟基,具有较强的极性。根据"相似相容"原理,它对含有相同基团或极性较强的纤维有高的黏着力,如棉、麻、黏胶等亲水性纤维;相反,它对疏水性合成纤维的黏附性很差,所以不能用于纯合纤的经纱上浆。

③ 成膜性:淀粉浆膜比较脆硬,浆膜强度大,但弹性较差,断裂伸长率小,其成膜性较差。以淀粉作为主黏着剂时,浆液中要加入适量柔软剂,以增加浆膜弹性,改善浆纱手感。

④ 浸透性:淀粉浆是一种胶状悬浊液,在水中呈粒子碎片或多分子集合体状态,浸透性差。淀粉经分解剂的分解作用或变性处理使其黏度降低后,浸透性可得到改善。

(4) 几种常用原淀粉与变性淀粉的性能。

① 小麦淀粉:小麦淀粉是从小麦面粉中提取面筋(蛋白质)后而制得的,小麦淀粉浆液的黏度比玉米淀粉浆低,黏度的稳定性好,对棉纤维的黏附性较强。小麦淀粉的浆膜强度高、耐屈曲性差、断裂伸长率小,若与断裂伸长率大的合成浆料混合使用,能收到取长补短之效。

② 玉米淀粉:玉米淀粉的粒子坚硬,完全糊化所需的时间比小麦淀粉长。玉米淀粉浆液的黏度的热稳定性开始尚好,但在连续高温烧煮3 h之后,黏度不再稳定而很快降低。玉米淀粉浆液的黏附性和浆膜的断裂伸长率均比优于小麦淀粉,浆膜强度高,耐屈曲性也较好。但用玉米淀粉浆出的纱手感稍硬,浆纱的迟浆性较差,因此上浆率不宜过高。在各类淀粉中,玉米淀粉的使用最为广泛。

③ 马铃薯淀粉:马铃薯淀粉的颗粒大,易糊化,糊化时黏度剧烈上升,然后逐渐降低,不稳定,长时间煮沸易使黏度降低。马铃薯淀粉浆液的黏度高,被覆性好,浸透性差。单独使用马铃薯淀粉,上浆率差异大,最好与黏度稳定的黏着剂混合使用。

原淀粉对亲水纤维如棉、麻等有良好的黏着性,其资源丰富,价格最低廉,浆后分纱容易,且不易吸湿再黏,染整时退浆容易,退浆废液易分解而净化,被认为是相对"清洁"的浆料。其浆膜硬而脆,手感粗糙,耐磨性和耐屈曲等都很差,而且容易生霉腐败(从另一角度而言,就是易自然降解,污染小),所以应加入适当助剂,从而造成其配方复杂,调煮也较麻烦。

由于天然淀粉存在一定的缺点,如对疏水纤维缺乏黏着性、浆膜性质欠佳、调浆麻烦等,可根据其化学结构特征进行变性处理,得到各种变性淀粉,既改善其性质,又保持其污染小、来源广、价格低的优点,还可利用一些低档淀粉作为变性的原料,在国内外都得到了广泛的应用。变性的原理和方法不同,变性淀粉的种类也较多,常用的有以下一些:

① 酸化淀粉:又叫酸解淀粉,是用盐酸或硫酸等无机酸处理淀粉液,使其水解,当降解至一定程度时用碱中和,停止水解而得的产物。由于聚合度显著降低,所以酸化淀粉浆的黏度低、流动性好、易糊化,对亲水纤维的黏着性好,但浆膜性质无显著改善。由于其成本低、价格廉,因而得到了较广泛的使用。可用于粗特棉纱、苎麻纱或黏胶纱上浆,用于混纺纱时可代替少量PVA。

② 氧化淀粉:用次氯酸钠、过氧化氢等强氧化剂处理淀粉,使其发生氧化反应而得的产物。不仅聚合度下降,而且具有羧基基团。氧化淀粉浆的黏度低而稳定,对亲水纤维的黏着性有所提高,浆膜性质也有一定改善,浆液色泽洁白而不易腐败。可用于细特棉纱、苎麻纱和黏胶纱上浆,用于混纺纱时可代替部分PVA。

③ 酯化淀粉:用某些酯化剂如醋酸酐、磷酸盐等处理淀粉,使淀粉的大分子中含有酯基,

从而提高了淀粉对涤纶等合成纤维的黏着性。

由于酯化剂和酯化方法的不同,酯化淀粉有多种,如醋酸淀粉酯、磷酸淀粉酯和氨基甲酸淀粉酯(又叫酰胺淀粉或尿素淀粉)等。其中醋酸淀粉酯对涤纶的上浆效果更好,浆液黏度稳定,流动性好,低温下不易凝胶,浆膜也较柔韧。适用于棉、毛和黏胶等纱线上浆;若用于涤/棉混纺纱,可代替较多的PVA。尿素淀粉也属于此类,但对疏水纤维的黏着性欠佳。

④ 接枝淀粉:在淀粉大分子上通过化学键接上某些合成低聚合物如丙烯酸酯、醋酸乙烯、丙烯腈和苯乙烯等而形成支链,所得的共聚物兼有淀粉和合成物的优点,其浆膜柔韧,对亲水和疏水纤维的黏着性都好,对涤/棉混纺纱上浆时可代替全部或大部分PVA等合成浆料,但其价格在变性淀粉中为最高。由于接入合成物的成分及接入量(接枝率)的不同,其性质也存在较大差异。

2.聚乙烯醇

聚乙烯醇又称PVA,是合成高分子化合物,外观呈白色半透明的片状、粒状或粉末状,无味无臭。由于其单体——乙烯醇不存在,所以它是由聚醋酸乙烯(市场上称为乳白胶)与甲醇进行醇解反应,将前者中的醋酸酯基—OCOCH$_3$置换为羟基—OH而制得。

$$\begin{bmatrix} CH_2-CH \end{bmatrix}_n \ + nCH_3OH \xrightarrow{NaOH} \begin{bmatrix} CH_2-CH \end{bmatrix}_n + nCH_3COOCH_3$$
$$\qquad\ \ |\qquad\qquad\qquad\qquad\qquad\qquad\ \ |$$
$$\ \ COOCH_3 \qquad\qquad\qquad\qquad\qquad\ OH$$

但是醇解并不一定完全,即聚醋酸乙烯并不一定完全成为聚乙烯醇(或醋酸酯基并不一定完全置换成羟基)。PVA大分子中的醋酸酯基被羟基置换的百分数称为醇解度。按醇解度的不同,PVA分为两类:完全醇解PVA(醇解度为98%～99%)和部分醇解PVA(醇解度为85%～90%)。

PVA的主要规格是聚合度和醇解度两项,国产PVA的牌号用3～4位数字表示。后两位数字为醇解度,前1～2位乘"100"为聚合度。如1799表示聚合度为1700、醇解度为99%,这是高聚合度完全醇解型,目前国内生产的PVA基本是这种牌号。而PVA588表示聚合度为500、醇解度为88%的低聚合度部分醇解PVA。

PVA的上浆性质如下:

(1)黏着性。完全醇解型对亲水纤维有良好的黏着性,对疏水纤维的黏着性则较差,但优于淀粉等。部分醇解型对疏水纤维的黏着性较好,对亲水纤维也有一定黏着性,但不及完全醇解型。

(2)成膜性。PVA浆膜坚而韧,不仅强度高,而且弹性好,其耐磨和耐屈曲等性质远远高于其他黏着剂。醇解度对浆膜性质有一定影响,但不显著。

(3)水溶性。PVA可溶解为真溶液,但溶解的难易程度视聚合度和醇解度而异。聚合度高的比低的难溶;醇解度以88%为最易溶,在温水中搅拌即完全溶解。PVA1799在高温下长时间高速搅拌方能溶解。上浆烘燥时若温度太高,则PVA会结晶,更难溶解。

(4)稳定性。PVA各方面的稳定性均较好。部分醇解型PVA溶液的黏度长时间内很少变化;但完全醇解型的黏度随时间延长而增大,最后成为凝胶。PVA的化学稳定性也较好,且不腐不霉。

(5)混溶性。PVA与其他浆料特别是合成浆料能很好地混合,混溶性好且均匀、稳定,但与等量的淀粉混合会发生分层现象。

综上所述,PVA有良好的黏着性和成膜性,是很好的被覆性黏着剂,配方简单,性质稳定。但是PVA也有许多缺点。首先,由于它是合成高分子化合物,稳定性很好,难于自然降解,退浆废液会造成严重污染,被认为是"不洁浆料"。随着人们的环保意识的加强,要求尽量少用以至不用它。其次是PVA浆膜的机械性质太好,浆纱烘干后分纱困难,易撕裂拉断浆膜或纱线,使毛羽亦增多,须多方面采取措施加以解决。同时,因其黏着性、成膜性好,上浆后往往容易粘烘筒、导向件等。为了改善其上浆性能,可对其做变性处理,如以丙烯酸类等组分与其共聚、接枝变性等,但污染问题仍然存在。

目前,PVA主要用来浆涤/棉混纺纱,作为主体黏着剂;也可与其他浆料混用,以改善这些浆料的性能,用来对多种纱线上浆。

3. 丙烯酸类浆料

丙烯酸类浆料是一大类浆料,是由丙烯酸及其衍生物聚合而成的,而且多为共聚物。其组分有丙烯酸、丙烯酸酯、丙烯酸盐、丙烯酰胺等,以及甲基丙烯酸及其衍生物。

此类浆料中,具体某种浆料一般以某种成分为主体,并含有其他成分的共聚物,主要有以下几种:

(1) 聚丙烯酸酯。这种是以丙烯酸酯为主体,并含有丙烯酸、丙烯腈等组分的共聚物(如常用的聚丙烯酸甲酯浆料),呈乳白色透明黏稠胶状体,含固率约为14%(其余都是水),有大蒜气味,水溶性很好。它的浆膜光滑柔软,低强高伸,其伸度中弹性变形小而永久变形大;吸湿性强,浆后烘干易吸湿,因而再黏现象严重。可用于涤纶、锦纶等长丝的上浆;在涤/棉混纺纱上浆时,作为辅助黏着剂,以补偿PVA或淀粉浆料对涤纶纤维黏着性差的缺点。

(2) 聚丙烯酰胺。以均呈无色透明胶状体,含固率为8%～10%,易溶于水,溶液低浓高黏,浆膜坚而不韧,即强度高而弹性、柔软性和耐磨性差,吸湿性强而易再黏。对亲水纤维的黏着性好,可用于棉、毛、涤/棉混纺纱的上浆,但不宜单独使用。

(3) 聚丙烯酸及其盐类。聚丙烯酸(PAA)的酸性强,对锦纶的黏着性好。聚丙烯酸盐(钠盐、铵盐等)的水溶性好,对亲水纤维有黏着性,浆膜低强、柔软而易再黏。它们都不宜作为浆料单独使用,一般是以其单体作为共聚物的组分。

总的来说,丙烯酸类浆料的浆膜性质都不够好,再黏性强,多呈含水太多的黏稠体状。但因多以共聚形式存在,通过适当选择单体和比例及改进制成方法,可以改善浆料的性能,现在已有很大进展,如含固率有很大提高、再黏性得到很大改善的新浆料已被广泛使用。

喷水织机对浆料有特殊要求,即调浆上浆时应有良好的水溶性(或水分散性),织造时浆膜有耐水性,而退浆时要有良好的水溶性。这种浆料也属于丙烯酸类,其大分子中有对疏水纤维的黏着性良好的丙烯酸酯等,并利用丙烯酸及其盐的变化来达到上述要求。它又分为以下两类:

第一类含丙烯酸铵盐组分。由于—$COONH_4$基团的亲水性很强,所以整个大分子呈亲水性,调浆时溶于水。上浆烘干时—$COONH_4$分解,逸去氨气NH_3,余下—COOH,虽亲水但远弱于—$COONH_4$,在大分子中众多疏水基团的影响下,大分子呈疏水性,因而适用于喷水织造。退浆时加碱,—COOH成为亲水性很强的—COONa,大分子又呈亲水性,从而使浆膜溶于水中。

第二类是由多种丙烯酸酯和丙烯酸以乳液法共聚而成,其大分子虽不溶于水,但调浆时可以水乳交融而均匀分散。上浆时,因大分子中疏水基的作用,与疏水纤维的黏着性好。烘燥时,随着水分的逸去,浆料微粒相互融合成为连续而耐水的浆膜,从而适用于织造的需要。退浆时,同样用碱处理,—COOH 成为—COONa,从而使大分子溶于水。

4．其他黏着剂

除以上黏着剂外,还有以下几种:

(1) 羧甲基纤维素钠。又叫 CMC,是纤维素的一种醚化衍生物,即纤维素大分子中的一部分羟基(—OH)被羧甲基(—CH$_2$COOH)取代的钠盐,外观为白色无味无臭的粉末或萝卜丝状。若取代程度适当,则易溶于水,用来上浆对亲水纤维的黏着性优于淀粉和海藻胶,浆膜性质也优于两者但不及 PVA,对疏水纤维的黏着性较差,但略伏于淀粉。其缺点是浆纱手感太软,易吸湿而再黏,浆液低浓高黏,黏度稳定性差,价格亦颇昂贵。它作为主体黏着剂,在性质和价格上无特殊长处,加之变性淀粉的发展,所以现已很少用作主体黏着剂,而是有时加入少量以改善淀粉浆的性质。由于它的混溶性、乳化性等性质很好,对几种不易均匀混溶的浆料和助剂,在其中加入 CMC 可起均匀混溶作用。

(2) 褐藻酸钠。又叫海藻胶,是从马尾藻、海带等海藻中提取的产物,外观呈褐色粒状。易溶于水,对亲水纤维的黏着性及其浆膜性质介于淀粉和 CMC 之间,浆液低浓高黏,浸透性差,易起泡,化学稳定性差且带腥味,一般用于纯棉中粗特纱线上浆,也可与淀粉、合成浆料混用。

(3) 动物胶类。如骨胶、皮胶和明胶等,对亲水纤维的黏着性好,浆液浸透性差、易腐败,黏度随温度变化很大,浆膜粗硬缺乏弹性而易脆裂,多用于黏胶长丝上浆。

(4) 水分散性聚酯。由于疏水性很强的聚酯纤维至今还没有一种令人满意的浆料,开发适用于聚酯纤维的浆料,特别是适用于无捻聚酯长丝、涤纶纯纺纱及高比例涤纶混纺纱的浆料,是浆料化学领域仍然颇有吸引力的研究课题。

水分散性聚酯浆料的主要原料是用来制取涤纶或聚酯树脂的对苯二甲酸二甲酯及乙二醇。这两个组分可使浆料与聚酯纤维有优异的黏附性,并形成坚韧浆膜。但必须加入第三组分,如聚氧乙烯乙二醇、聚氧乙烯乙二胺或苯二甲酸磺酸盐等,使浆料能分散于水或溶解于水中。上述三种组分,在引发剂存在的条件下,可缩聚成含固率为 15%(质量分数)的聚酯型聚合物分散液。

这种浆料对涤纶有优异的黏附性。但由于大分子中存在苯环,其浆膜脆硬,宜与聚丙烯酸酯类浆料混用。以 2 份聚酯分散液与 1 份聚丙烯酸铵盐混合,得到含固率为 22.5% 的浆液,对 450 tex (24 股)无捻涤纶丝上浆,得上浆率为 6.4% 的浆丝。将上述浆丝与用纯聚丙烯酸铵盐上浆、上浆率为 6.1% 的浆丝对比耐磨次数,前者为 150 次,后者只有 20 次。表明浆丝的耐磨性有明显的提高。聚酯分散液作为浆料用于无捻涤纶丝、丙纶丝及变形丝上浆有良好的效果,也可与 PVA 混合或与淀粉和 PVA 混合而用于涤/棉混纺纱线上浆。

现在有一些浆料厂,根据织厂的需要先把几种黏着剂组合在一起,或加入相应的助剂供织厂使用,从而使调浆工作很方便。这类组合浆料目前多以 PVA 为主体,价格较昂贵。

(二) 助剂

助剂是用来改善黏着剂的性能、增进上浆效果的一些用量较少的用剂。现将其分类、作用和典型用剂简述如下:

1．淀粉分解剂

它的作用是使淀粉适当降解(降低聚合度)、加速糊化,使淀粉浆有稳定而适当的黏度,从而具有适当的浸透性和被覆性。有些变性淀粉,事先已做降解处理,所以不再加入分解剂。常用的淀粉分解剂有硅酸钠、氢氧化钠等碱性剂,以及次氯酸钠、氯胺 T 等氧化剂。此外,α-淀粉酶等酶制剂也可用作淀粉分解剂。

2．柔软剂

其作用是使浆膜柔软而有弹性。淀粉浆中加入柔软剂,可减轻其浆膜脆硬和粗糙度,也有一定的平滑作用。但应注意,一是用量不能太多,否则会显著降低浆膜强度;二是由于柔软剂多为各种动植物油脂,为避免在纱线上形成油渍和使其在水中均匀分散,在使用前应做乳化或皂化处理。PVA 及丙烯酸类浆料的浆膜较柔软,可少用或不用柔软剂;但有时为了防黏、消泡和防止浆液结皮,可适当用一些柔软剂。

3．平滑剂

其作用是使浆膜表面平滑、降低摩擦系数,以有利于经纱的耐磨性和开清梭口、减少断头,有的还有清除静电的作用。具体的平滑剂是各种蜡,一般在经纱上浆烘干后抹于浆纱表面,称为后上蜡(见本学习情景单元五)。但有的平滑剂可混入浆液中。一般用于合成纤维或混纺纱线及细特高密织物的经纱上浆。

以前常用滑石粉作为平滑剂,但由于它严重磨损综积筘,破坏浆膜的完整性,起不到减摩作用,反而增加磨损,所以现已少用或不用。但为了提高织物质量,改善手感,或使 PVA 浆分纱顺利,有时可适当加一些滑石粉,但此时并不作为平滑减摩剂,而是增重填充剂,要求粒度很细。

4．防腐剂

防腐剂用来防止已浆纱线和坯布在贮存或远距离运输时发霉,并防止浆液霉变。常用的防腐剂有 2-萘酚、苯酚、菌霉净等。在干旱地区、干旱季节、坯布贮运时间短以及用氧化淀粉 PVA 浆料等情况下,可少用或不用防腐剂。

5．吸湿剂

吸湿剂用来使已浆纱线吸收空气中的水分,提高浆纱的含湿量,使其柔软而有弹性。常用的吸湿剂甘油还有防腐、柔软等作用。当气候潮湿或用丙烯酸类浆料时,可不用吸湿剂。

6．浸透剂

浸透剂用来降低浆液的表面张力,帮助浆液润湿和浸透纱线。常用的浸透剂都是表面活性剂,如土耳其红油、5881D、JFC、肥皂、平平加 O 等。浸透剂因含有大量亲水基团,因而也有吸湿作用。

7．消泡剂

某些浆料如 PVA,其浆液泡沫多,不仅影响上浆质量,且不便于工人操作,故应消除其泡沫。常用的消泡剂有硬脂酸、碳链为 5～8 的醇类等。

8．防静电剂

防静电剂用来防止疏水纤维的纱线积聚静电,以利于织造。一般的离子型表面活性剂都有防静电作用,其中季胺盐型阳离子表面活性剂(如防静电剂 SN)的效果较好。但阳离子型用剂会与浆料中的阴离子型用剂(如肥皂、CMC 等)发生作用而彼此失效,所以不宜直接加入浆液中,宜采用后上蜡的方式。

9．中和剂

中和剂用来调整浆液的酸碱度,使其达到所需的 pH 值。如淀粉浆在加入碱性分解剂之前,应先把浆液里的酸组分中和掉,否则分解程度会受影响。常用的中和剂有氢氧化钠或盐酸。

10．溶剂

调浆的溶剂是水,其硬度应低,因硬水中含的钙镁物质会与肥皂等生成不溶于水的钙镁金属皂,从而给退浆和染色带来困难。还有采用有机溶剂上浆的,以节省蒸发溶剂的能量。

二、配浆和调浆

(一) 配浆

浆用材料很多,应根据具体情况,选择适当的配方,使工艺性和经济性都合理。

1．黏着剂的选择

这是配浆的首要问题,应根据所浆纱线的纤维种类,选择对其有良好黏着性的黏着剂。依据相似相容原理,当两者的化学结构、主要基团的极性相似时,则有良好的黏着性。常用纤维和浆料的结构特点见表 3-2。

表 3-2　常用纤维及浆料的结构特点

纤维	结构特点	浆料	结构特点
棉、麻	羟基	淀粉	羟基
黏纤	羟基	氧化淀粉	羟基、羧基
醋纤	羟基、酯基	褐藻酸钠	羟基、羧基
羊毛	酰胺键	CMC	羟基、羧基
涤纶	酯基	完全醇解 PVA	羟基、很少酯基
锦纶	酰胺键	部分醇解 PVA	羟基、酯基
维纶	羟基、缩醛	聚丙烯酸酯	羟基、羧基
腈纶	腈基、酯基	聚丙烯酰胺	酰胺基
丙纶	羟基	水分散性聚酯	酯基、羟基

此外,应结合浆膜性质、纱线线密度和结构、织物品种和经济性等因素进行综合考虑,而且可以将几种黏着剂混合使用,以能取长补短或节约成本。

各种纱线常用的黏着剂见表 3-3。

表 3-3　各种纱线常用的黏着剂

棉纱	淀粉、变性淀粉、淀粉与 PVA、淀粉与聚丙烯酰胺、淀粉与褐藻酸钠
苎麻纱	淀粉与 PVA、变性淀粉与 PVA
亚麻纱	淀粉、变性淀粉
低捻毛纱	PVA 与淀粉、变性淀粉、淀粉与 PVA
黏胶纱、铜氨丝	动物胶、PVA、CMC
醋酯丝	部分醇解 PVA、动物胶、苯乙烯-马来酸酐共聚物

（续表）

聚酰胺纱	PVA、聚丙烯酸酯与 PVA
聚酰胺丝	PVA、聚丙烯酸酯
聚酯纱	部分醇解 PVA、聚丙烯酸酯与 PVA
聚酯丝	部分醇解 PVA、聚丙烯酸酯共聚物、水分散性聚酯
维纶纱	PVA、淀粉、变性淀粉
聚酯/纤维素纤维混纺纱	PVA 与聚丙烯酸酯、PVA 与淀粉、PVA、PVA 与变性淀粉、PVA 与褐藻酸钠

2. 助剂的选择

应根据纱线的种类和所选用的黏着剂来确定助剂的种类、用剂和用量,同时还要考虑织物品种及用途、气候条件、贮运情况等因素。如浆棉纱,用淀粉做黏着剂,则助剂应有分解剂、柔软剂和防腐剂;而用氧化淀粉做黏着剂,就不需要分解剂和防腐剂。再如浆涤/棉混纺纱,若用 PVA 和 PMA 为黏着剂,则不需分解剂,柔软剂和防腐剂可少用或不用,但宜用浸透剂和消泡剂。至于中和剂,则随具体情况不同而在调浆时进行中和滴定来确定用量,因此不列入配方。

浆液配方应力求简单,用剂种类不要太多,更不应相互抵消各自的作用。应注意经济性,力求降低成本。应尽量满足后加工或用户的要求,如有利于退浆、印染等。

几种类别的织物的浆料配方实例见表 3-4、表 3-5 和表 3-6。

表 3-4　纯棉类织物的浆料配方实例

织物规格	配　方	上浆率
棉细平布 19/19　267.5/267.5	1. 玉米淀粉 100%,DDF2.5%[①],PVA5%,2-萘酚 1.55% 2. 酰胺淀粉 50 kg,PVA2.5 kg,CMC1 kg,2-萘酚适量	12% 12%
棉中平布 29/29　236/236	1. 淀粉 100%,硅酸钠 4%,乳化油 2%,2-萘酚 0.4% 2. 氧化淀粉 100%,油脂 4%	10% 9%～10%
棉府绸 14.5/14.5　524/284	1. 淀粉 100%,KD318 22%[②],DDF5%,2-萘酚 0.4% 2. 氧化淀粉 100%,PVA40%,油脂 12%	12%～13% 13%～15%
纱卡其 28/28　425/228	1. 淀粉 100%,硅酸钠 6%,油脂 3%,2-萘酚 0.4% 2. 酸解淀粉 100%,乳化油 4%,防霉剂适量	7%～9% 8%

注:① DDF 为复合催化剂,主要成分为 α-淀粉酶,作为淀粉分解剂。
　② KD318 为丙烯酸类浆料,主要成分有丙烯酸和丙烯酰胺。

表 3-5　涤/棉类织物的浆料配方实例

织物规格	配　方	上浆率
T/C(65/35)细布 13/13　433/300	1. PVA50 kg,PMA15 kg,氧化淀粉 25 kg 2. PVA100%,醋酯淀粉 30% 3. 接枝淀粉 35 kg,PVA15 kg,乳化油 1 kg,防霉剂适量	10%～12% 11% 12%
T/C(65/35)防羽布 13/13　523/294	接枝淀粉 66 kg,PVA33 kg,平滑剂 1 kg,防霉剂适量	15%
T/C(40/60)卡其 29/36　472/236	水 100%,PVA5.9%,PMA2.9%,CMC1%,乳化油	8%

表 3-6　其他类织物的浆料配方实例

织物品种	配　方	上浆率
苎麻平布	水 100%，PVA3.6%，氧化淀粉 1.8%，CMC1.2%，乳化油 1%	12%
黏胶丝纺类	水 100%，动物胶 4%，甘油 2%，浸透剂 0.15%，苯甲酸钠 0.15%[1]	5%
低弹涤纶丝类	水 100%，聚丙烯酸酯 7%	7%～8%
涤/腈中长隐条呢	褐藻酸钠 125 g，油脂 1 kg	2%～2.5%

注：[1]苯甲酸钠为防腐剂。

(二) 调浆

调浆是将配方中的各种浆料在水中溶解或分散，调煮成均匀、稳定、符合上浆要求的浆液。调浆的方法主要有定浓法和定积法两种。

1. 定浓法——原淀粉浆的调制

定浓法是将规定质量的浆料加水调成按密度（采用工业上常用的波美比重计）表示的一定浓度的浆液，再加热煮浆。淀粉浆多用此法。

在调和桶内准备好的淀粉溶液中加入 2-萘酚溶液，搅拌 15～30 min，使之混合均匀，并升温到 40 ℃左右。测定调和桶内淀粉溶液的酸度，并用烧碱液中和，使其 pH 值为 7。采用定浓法，慢慢地加热到 50 ℃，并校正至规定浓度；升温到 60 ℃时，加入硅酸钠溶液；温度升到 65 ℃时，加入油脂；继续加热到熟浆或半熟浆温度。若为熟浆供应时，则加热到 98 ℃，继续闷 10 min，即可供浆纱机使用。

2. 定积法——PVA 浆的调制

定积法是将规定质量的浆料加水达一定体积后，再加热煮浆。此法较简便。化学浆一般采用此法，调煮淀粉浆现在也逐渐采用此法。

在调和桶内，先加入为 PVA 质量 10 倍左右的水，打开蒸汽和搅拌机，徐徐加入一定量 PVA 后，开大蒸汽，并煮浇 15～20 min；待 PVA 基本溶解时，关小蒸汽，保温 1～2 h，检查溶解情况，应全部变为透明溶液方可使用。若混用聚丙烯酸甲酯，可在 PVA 溶解后加入，搅匀。若混用 CMC 或聚丙烯酰胺，可与 PVA 分别溶解，然后混入；也可与 PVA 同时加入水中，一并混合溶解。油脂等助剂在聚丙烯酸甲酯注入之后陆续加入，搅匀。最后，定温，定积，以供使用。合成浆中掺用淀粉时，一般均用半熟浆供应，因此合成浆液宜在温度低于淀粉糊化温度时掺入，以免输浆困难。

一些浆料在调煮前往往还要做准备工作，如：淀粉需充分浸渍；2-萘酚因不溶于水，需加碱加热溶解；油脂应皂化或乳化。

3. 调浆前的准备工作

(1) 防腐剂的准备。如用 2-萘酚做防腐剂，先将其加入相当于 2-萘酚质量 40%的烧碱液（按固体烧碱计算，使用前稀释至 30%或以下的浓度）中，再加适量冷水，通入蒸汽煮沸，溶解后，再加冷水稀释，冷却备用。煮沸时的蒸汽有毒，应防止吸入人体内。1990 年以后，欧共体严禁进口纺织品在加工过程中使用 2-萘酚。因此，许多工厂的出口产品都使用 NL-24 防腐剂。NL-24 防腐剂为液体状态,在主浆料溶解后可直接加入调浆桶内,继续搅拌均匀即可使用。

(2)油脂的准备。皂化油脂的方法是将规定量的油脂及油脂质量 3%～5% 的烧碱放在搪瓷桶或专用乳化桶内,再加入油脂质量 1 倍左右的水,通入蒸汽,烧煮 3～5min 后备用。另一种油脂的乳化方法是将油脂及油脂质量 2.5% 的乳化剂 OP 及 0.5% 的烧碱放入乳化桶内,再加入油脂质量 50% 的水,搅拌乳化 2 h 即可。

(3)硅酸钠的准备。称取规定质量的硅酸钠[35%(40Be)]倒入桶中,加水稀释,搅拌均匀。

(4)中和浆液 pH 值的烧碱液准备。将固体烧碱或 30% 浓度的烧碱液稀释成浓度为 3% 的烧碱溶液备用。

目前,许多工厂不再自行制备上述浆料,均以质量可靠、性能稳定的平滑剂、柔软剂、蜡、防腐剂等产品替代。

4.调浆设备

调浆设备有调煮浆液的调和桶、煮滑石粉或乳化油脂的煮釜、淀粉浸渍池,以及浆泵、输浆管路、阀门、蒸汽管路和附件等。调和桶及煮釜内均设有搅拌器。调煮 PVA 等难于溶解的浆料,需用高速搅拌的调和桶。目前还有高压煮浆桶、常压涡轮煮浆机等新型调浆设备。

浆液的调制工作在调浆桶内完成。调浆桶分常压调浆桶和高压调浆桶两种。各种调浆桶都具有蒸汽烧煮和机械搅拌两种功能。近年来,国内外普遍采用高压煮浆方式。某型号高压调浆桶如图 3-8 所示,其主要机构由桶体、搅拌部件、传动装置、管路、输浆机构及电气控制柜组成。调浆桶一般设有两种搅拌速度,如低速为 25 r/min、高速为 960 r/min。溶解性能稍差的黏着剂(如 PVA、CMC)在溶解过程中要进行高速搅拌,以加速溶解。浆液调和时可采用慢速搅拌。调好的浆液直接由常压调浆桶进行供浆。浆液调制完毕后,把浆液输入供应桶中,进行上浆的浆液供应。目前也经常采用供应桶与常压调浆桶合并使用的方式,直接由常压调浆桶进行供浆。如供浆过

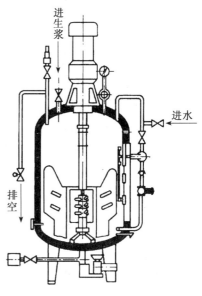

图 3-8 高压调浆桶

程时间较长,为防止浆液不匀,要进行搅拌。但搅拌速度应为低速,以免黏着剂分子受过度的机械剪切作用发生裂解,使浆液黏度下降。

5.输浆装置

浆液调制完成后,需由输浆装置将浆液输送至浆纱机的浆槽。输浆装置主要包括输浆管和输浆泵等。浆液的输送方式有以下三种:

(1)集体输浆。供应桶内的浆液经输浆管道顺序送入各浆纱机,浆液新鲜,质量容易控制。

(2)单独输浆。每台浆纱机设有一条输浆管道,浆液专配专用。

(3)综合输浆。供应浆槽的输浆管道用支管连通,配有专用管路开关,控制输浆路线。

为了避免输浆时的各种化学腐蚀,输浆管通常采用耐腐蚀的不锈钢管或聚氯乙烯塑料管等。输浆管的分岔点一般采用可迅速开关和转向的二通、三通换向阀等,利用压缩空气或电磁力对阀门进行遥控,可实现供浆的自动化。

输浆泵的作用是产生一定压力,防止浆液阻塞,以便于输送。输浆泵有活塞式、皮膜往复式和齿轮泵式等。齿轮泵工作稳定、坚牢耐用、输出用力大,但对浆液黏度的破坏作用较前两种大。目前齿轮输浆泵的应用较广。

三、浆液质量控制

(一)浆液质量指标与检测

1．浓度与含固率

浓度表示浆料在浆液中所占的比例,其大小直接影响上浆率的大小,浓度大则上浆率亦大,所以其大小和均匀性必须控制好,并经常检查。淀粉的生浆浓度以波美(Baume)计测定(图3-9),其单位为°Bé。它是依据同体积、同质量的物体在不同浓度的液体中沉浮深度不同的原理制成的。它间接地反映了无水淀粉与溶剂水的质量比。浆液的浓度为α,对应的密度为γ时,两者的关系为:

$$\gamma = \frac{145}{145 - \alpha}$$

但化学浆和糊化后的淀粉浆因黏度高,不能用波美计测量,一般采用取样烘干质量与烘干前质量之百分比表示,称为含固率。但此法因烘干很费时间,所以很不及时。也可用折光仪快速测定(图3-10),用折射率来反映浓度。但应注意折射率不仅受浓度影响,还受浆料种类和配方的影响,而且有的浆料测定折射率较为困难,现多用来测量化学浆。

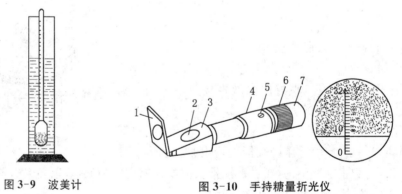

图 3-9　波美计

图 3-10　手持糖量折光仪

1—盖板；2—检测棱镜；3—测棱座；4—望远镜筒；
5—调节螺丝；6—视度调节圈；7—目镜

2．黏度

黏度表示浆液的流动性能。黏度高则浆液不易流动,浸透少而被覆多,当其他条件相同时,上浆率偏大。因此黏度对浸透被覆比和上浆率的影响很大。浆液的黏度由浆料的性质、浓度、温度、搅拌情况等因素而定。浆液黏度有绝对黏度和相对黏度两种。绝对黏度用旋转式黏度计测定,在仪器上可以直接读出数值,其单位是 mPa·s。旋转式黏度计适用于测定中等黏度的浆液,浆液中的少量杂质对试验结果的影响不大,所以很适合在工厂中使用。

为了操作简单易行,企业的浆纱车间通常是测定浆液的相对黏度。其测定仪器是一种用黄铜或不锈钢制成的漏斗式黏度计(图3-11)。漏斗的容积、出口直径都有一定的规定。试验时,漏斗下端距离浆液表面约10 cm,测定满漏斗浆液全部流出所需的时间,以秒(s)为单位。

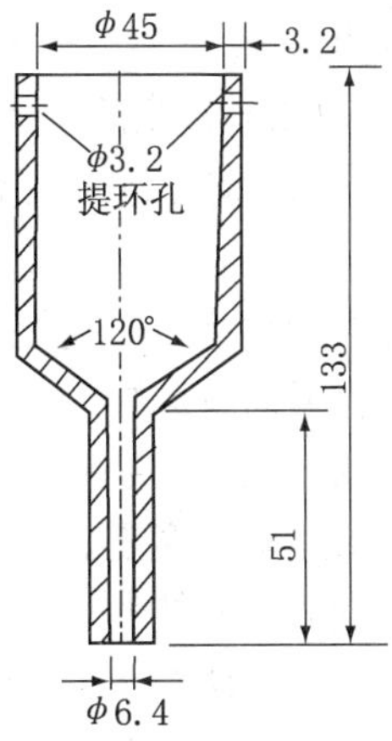

图3-11　漏斗式黏度计

3．分解度

分解度是淀粉浆的特有参数,为淀粉浆中可溶的干物质与浆液干重之百分比,它也影响浸透被覆比和上浆率。

4．酸碱度

浆液的酸碱度对浆液的黏着性、浸透性等有一定的影响,而且影响助剂的效能,对调浆、浆纱设备及纱线也有腐蚀作用,所以必须控制。一般用pH试纸测定。棉纱的浆液一般为中性或弱碱性,毛纱则适宜于弱酸性或中性浆液,人造丝宜用中性浆,合成纤维不应使用碱性较强的浆液。

5．浆液的温度

浆液温度也是影响上浆的一个重要因素。浆液温度升高,分子热运动加剧,可使浆液黏度下降,浸透性增加;温度降低,则易出现表面上浆。浆液温度应根据纱线和浆料的特性而定。例如,黏纤纱受湿热处理,强力和弹性都会有损失,浆液温度宜低一些;棉纱的表面存在蜡质,浆液温度宜高一些;淀粉浆低温时会凝胶,只适合于高温上浆;以PVA为主体的浆液,上浆温度可在60～95 ℃内选择。用温度计测定浆槽内浆液的温度时,应多测几个点,尤其是四个角,看其温度是否一致。

6．浆液黏着力

浆液黏着力是上浆质量的重要标志。黏着力与浆料本身的内聚力和浆料与纤维之间的黏附性能有关,因此通过测定浆液的黏着力来衡量浆料的黏附性能。测定浆液黏着力的方法有织物条试验法和粗纱试验法。

织物条试验法是将两块标准规格的织物条试样,在一端以一定面积A涂上一定量的浆液后,以一定压力相互加压粘贴,然后烘干冷却,并进行织物强力试验。两块织物相互粘贴的部位位于夹钳中央,测定黏结处完全拉开时的强力P,则浆液黏着力为P与面积A的比值。

粗纱试验法是将长度为300 mm、一定品种的均匀粗纱条在1‰浓度的浆液中浸透5 min,然后以夹吊方式晾干,在织物强力机上测定其断裂强力,以断裂强力间接地反映浆液黏着力。粗纱试验法具有方法简单、可靠性好、适合各种浆料的优点,且测试的结果是浆料对纤维的黏附力和浆料自身内聚力的综合值,与浆纱的实际情况比较相符。

7．浆膜性能

测定浆膜性能可以从实用角度来衡量浆液的质量情况。这种试验也经常被用于评定各种黏着材料的性能。目前通常采用薄膜试验法。浆膜性能测试前,先要制备标准的浆膜试样,然后对试样进行拉伸、耐磨、吸湿、水溶等试验,根据各项试验的指标值综合评价某种黏着材料的浆膜性能。

除以上七项指标之外,浆液质量还包括浆料是否充分溶解(尤其是化学浆应注意)、浆液是否均匀、是否腐败变质、是否有杂物/油污混入等。

(二) 调浆质量控制与管理

1. 调浆质量控制

为控制浆液质量,调浆操作要做到定体积、定浓度、定浆料投放量,以保证浆液中各种浆料的含量符合工艺规定。调浆时还应定投料顺序、定投料温度、定加热调和时间,使各种浆料在最合适的时刻参与混合或反应,并可避免浆料之间不应发生的相互影响。节假日关车时,要合理调度浆液,控制调浆量,尽量减少回浆,以免浪费。有条件的企业可充分收集回浆,在回浆中加入适量防腐剂。回浆使用时,可在调节酸碱度后与新浆混合调制再使用,或加热后作为降低浓度的浆直接使用。

2. 调浆质量管理

为了稳定浆液质量,浆液的制备应有严格的质量管理,主要从以下几方面入手:

(1) 建立调浆配方和调浆方法制订、批准和更改的责任制。配方一经确定,必须严格执行。

(2) 各种用料使用前须经化验合格后才能使用。

(3) 建立浆料保管和使用制度。

(4) 操作应严格按调浆方法进行。调浆要做到"六定":定投量、定时间、定温度、定浓度(或体积)、定黏度、定 pH 值。

(5) 设备仪器、用具应齐全完好。使用输浆泵前要检查旋塞方向是否正确,防止溢浆、漏浆、错流。

(6) 贯彻小量多调原则,保持浆液新鲜。一次调浆的用浆时间以 2～3 h 为宜。

(7) 建立剩浆保存和使用办法,建立调浆设备的清洁、维护制度。

(8) 调浆工要掌握有关调浆与上浆的工艺基础知识,操作时与浆纱值车工联系。

(9) 对有毒或腐蚀性材料应做好保管防护措施。

(10) 观测浆液浓度、体积、温度、黏度和 pH 值要准确一致。

3. 浆液主要疵点与成因

(1) 凝结团块。助剂投入淀粉浆液时没有充分冷却,易凝块的浆料投入调浆桶时太快等。

(2) 油脂上浮。油脂未经充分皂化,浆液温度不够、搅拌不足,浆液的扩散性不够等。

(3) 黏度太大。煮浆温度和时间不足,淀粉分解不够,定浓或定积不准,浆料品级有变化等。

(4) 黏度太小。浆料品质发生变化,浆液存放时间过长,冷凝水进入浆液太多,定浓或定积不准,淀粉分解过度,烧煮或闷浆时间过长,浆液使用时间太长,剩浆使用不当等。

(5) 沉淀。浆料颗粒大,肥皂与钙、镁金属离子结合,搅拌不匀,淀粉浆存放时间过长,CMC 浆的 pH 值太低等。

(6) 起泡。表面活性剂的用量太大,硅酸钠原料中的碳酸钠含量过高,浆液中蛋白质含量过多,PVA 溶解和消泡不充分等。

(7) 浆液表面结皮。长时间停止搅拌,浆液温度下降,PVA 的聚合度过高等。

(8) pH 值不合标准。浆液 pH 值调整不当,浆液存放时间过长,剩浆处理不当等。

(9) 杂物、油污混入。浆料中的杂物未经过滤,调浆桶漏油或输浆管不清洁等。

工作任务:完成两个典型品种的浆纱配方与调浆工艺设计方案。

产品一：T/C(65/35)　$45^s \times 45^s$　110×76　$63''$　细布

产品二：JC　$60^s \times 60^s$　173×110　$120''$　缎纹（喷气织机）

单元三　浆纱设备与生产控制

一、浆纱机概述

浆纱机是经纱上浆用的机械，种类很多。最常用的浆纱机是轴经浆纱机，它是从若干个经轴引出经纱，合并后进行上浆，再烘干卷绕成织轴，因此它由经轴架、上浆、烘干和前车四个部分组成。若没有上浆和烘干两个部分，就成了专门用来并轴的并轴机。可见轴经浆纱机同时完成浆纱和并轴两项任务。按烘干的方法，浆纱机可分为烘筒式、热风式和热风烘筒联合式。图 3-12 所示为热风烘筒联合式浆纱机的工艺过程。

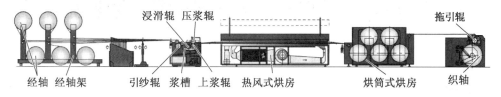

浸滑辊　压浆辊　　　　　　　　　　　　　　　拖引辊

经轴　经轴架　　引纱辊　浆槽　上浆辊　热风式烘房　　烘筒式烘房　　织轴

图 3-12　热风烘筒联合式浆纱机的工艺过程

经纱从置于经轴架上的几个经轴上退解，汇合成一片，经引纱辊而进入浆槽。浆槽内盛有浆液，并由加热装置加热保温。经纱经过浸没辊，浸入浆液中，并受上浆辊与压浆辊的轧压。经纱经过浸轧而上浆，然后进入烘燥部分。这种浆纱机的烘燥部分有两段，浆纱先在热风式烘房中初步烘燥开始形成浆膜，再由几个烘筒烘至预定的工艺回潮率。烘燥后的浆纱进入前车部分，经过拖引辊而卷绕于织轴上。在整个过程中，经纱还经过若干根导辊导向。

若为单纯的烘筒式或热风式，则烘燥部分只有烘筒或热风室。此外，各种机型的浸浆和压浆次数也不一定相同。图 3-13 所示为国产 GA308 型烘筒式烘燥双浆槽浆纱机。

轴经浆纱机与分批整经机（又叫轴经整经机）相配合，是目前采用最广泛的工艺方式，俗称大经大浆。此外，还有一些其他类型的浆纱机。

图 3-13　国产 GA308 型烘筒式烘燥双浆槽浆纱机

（一）整浆联合机

如图 3-14 所示，这种机器没有经轴架，而代之以筒子架，将筒子纱引出成为纱片，进行上浆，烘干后卷成经轴。其特点是经纱根数少，因而上浆时纱线排列密度小，上浆质量好。上浆后的若干个经轴再由并轴机合并成织轴；若总经根数少，也可直接形成织轴。该机适用于总经根数多、织轴纱线排列密度大的情况,多用于长丝浆纱。

图 3-14　整浆联合机

(二) 染浆联合机

此种机型是纱片先经染色、烘干后进入浆槽上浆,再烘干,卷绕成织轴或经轴(图 3-15),适用于单色经纱需上浆的色织产品,如牛仔布。

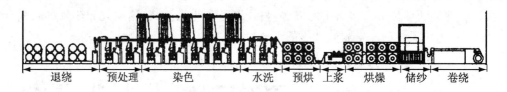

退绕　预处理　染色　水洗　预烘　上浆　烘燥　储纱　卷绕

图 3-15　染浆联合机

(三) 单轴浆纱机

把一个经轴或织轴上的经纱引出成为纱片进行上浆,烘干后再卷成一个轴。如丝织生产的一些品种,先由分条整经机形成织轴,再由单轴上浆机上浆、烘燥卷绕成已浆织轴。此外,高经密织物往往采取分批整经、单轴上浆,再用并轴机合并成织轴的方式(图 3-16)。

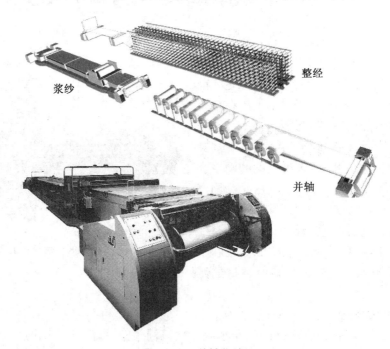

整经

浆纱

并轴

图 3-16　单轴浆纱机

（四）绞纱上浆机

此机型专门用于绞纱上浆（图 3-17）。它的结构很简单，只有浆槽和几根转动的辊，绞纱套于辊上，浸于浆液中而上浆。有的还设有轧辊加压。然后从该机上取下绞纱，用脱水机初步脱水，置入烘干机内烘干，再经绞纱络筒、分条整经而形成织轴。这种方式俗称小经小浆，上浆效果差，整个工艺路线的生产率低，而且耗费大量人力。它一般用于经纱需先漂染的毛巾、床单和其他色织产品，一些单织厂也有采用。

图 3-17　绞纱浆纱机

工作任务一：三种典型浆纱机的浆纱特性比较。

工作任务二：总结两种典型上浆装置的上浆原理（单浸单压、双浸双压）及其品种适应性。

二、经轴架

（一）经轴架形式

经轴架简称轴架，用来放置经轴，要求各轴退出的纱片张力均匀、退绕轻快，停车时不存在惯性回转，纱片伸长小且一致，占地面积少，操作方便。一般浆纱机上，纱线从经轴上退绕是由前方的引纱辊牵引而完成的，很少采用积极传动的退绕方式。

轴架的形式有单列式、山形式和双层式。单列式占地面积大，操作方便，退绕张力较均匀。山形式的经轴上下错开放置，占地较少，但操作不太方便。双层式占地最少，一般四个轴为一组，各组之间有踏板作为操作通道，适用于放置宽幅经轴，操作亦较方便。几种形式的轴架如图 3-18 所示，(a)为山形式，(b)为单列式，(c)为双层式。

（二）纱线退绕方式

根据轴架形式，经纱从经轴上退绕的方式有：互退绕法，如图 3-18(a)和(b)的上图；上退绕法，如图 3-18(b)的下图；下退绕法，如图 3-18(c)。通常选择操作方便和张力均匀的互退绕法。采用互退绕法的优点是退绕时不会使纱线产生显著松弛，但由于各轴上所绕的纱线根数不等和附加压力方向不同，故退绕阻力不同，轴与轴之间张力不匀，伸长差异较大，回丝也较多。下退绕法或上退绕法改善了互退绕法所存在的缺点。特别是单列式的

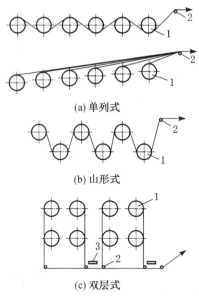

(a) 单列式

(b) 山形式

(c) 双层式

图 3-18　几种经轴架形式

1—经轴；2—导辊；3—踏板

上、下退绕法，各轴的经纱互不缠绕，不会导致产生附加张力，各轴所受阻力基本相同，故经纱退绕张力均匀，但经纱断头不易发现，得不到及时处理。下退绕法则需在经轴下方加装托纱辊，以防止纱片下垂而产生打捻现象，其缺点是上轴引纱操作不便。图 3-19 所示为浆纱机双层式经轴架。

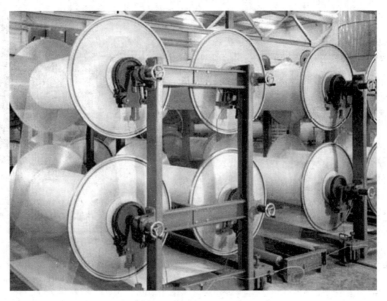

图 3-19　双层式经轴架

（三）经轴退绕张力控制

轴架上设有经轴制动装置,对经轴施以制动力矩,使经纱有一定张力,并防止浆纱机停车时经轴惯性回转而造成经纱松弛扭结。制动的方法可用弹簧夹或气压力通过皮带对经轴施加摩擦力矩。制动力的大小可根据需要进行人工调节或自动调节。

传统浆纱机上,经轴的制动是采用弹簧夹制动,以改变弹簧夹的夹紧程度来控制摩擦制动力[图 3-20（a）],但它的制动力小,紧急刹车时容易引起纱线扭结,并且需随经轴直径的减少不断地加以调整,很难保证各经轴的纱线退绕张力均匀一致。现代浆纱机上普遍采用经纱退绕张力自控装置来实现恒张力退绕,主要有气动制动[图 3-20（b）]和PLC(可编程序控制器)控制:前者以气动与继电器控制为主;后者采用传感器检测经纱张力,并通过计算机处理而控制退绕张力,克服了继电器控制系统使用寿命短、故障多和维修难的缺点,使可靠性得到提高。

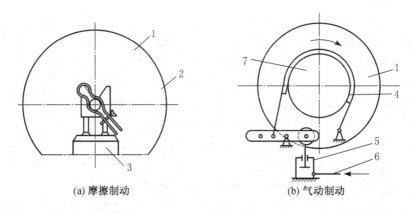

(a) 摩擦制动　　　　　　　　　　　　　(b) 气动制动

图 3-20　经轴制动方式

（四）均匀退绕张力的措施

均匀退绕张力可从以下几个方面进行:

（1）轴架左右水平、前后平行,经轴上芯线与机台中心线垂直。

（2）采用下引式或上引式比波浪形好。

（3）定期校正空经轴的静态平衡,轴头不弯曲,盘板与轴芯垂直。

（4）一组空经轴配置成前重后轻。

（5）以各轴卷绕长度相等为前提,用定码长加小纸条的方法标出各轴在引纱中的张力差异,整经时放入,浆纱时取出。

（6）少加或不加制动力。

（7）采用机械式或液压式张力自动控制装置。

（8）采用张力补偿装置。

三、上浆装置

上浆装置是浆纱机的核心,对产品质量的影响很大,主要由浆槽、预热箱、浸没辊、上浆辊、压浆辊和加热装置等组成(图 3-21)。

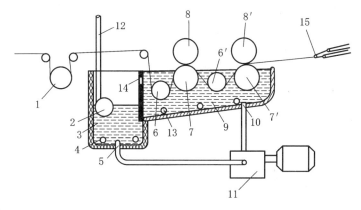

图 3-21　上浆装置

1—引纱辊;2—浮筒;3—预热箱;4,13—蒸汽管;5—出浆口;6,6′—浸没辊;7,7′—上浆辊;
8,8′—压浆辊;9—浆槽;10—喷浆管;11—浆泵;12—进浆管;14—溢流口;15—湿分绞棒

（一）纱线引入

如图 3-21 所示,由传动系统积极传动的引纱辊 1 主动回转,通过其粗糙的表面对纱线的摩擦牵引力而将经纱引入浆槽,引纱辊与上浆辊之间的速度差异会影响经纱的湿伸长率和吸浆量。

传统浆纱机上,引纱辊采用铸铁制成,外包细布,以增加牵伸力和调节其表面线速度。现代浆纱机上,引纱辊则多为橡胶包覆辊,在引纱辊和上浆辊之间设置一套微调装置来控制引纱辊的表面线速度,使之比上浆辊的表面线速度略大些,因而在浸浆时纱线呈松弛状态,不仅有利于经纱吸浆,而且可避免经纱在湿态下伸长。

（二）浆槽

浆槽 9 中盛有浆液,为了保持浆液的温度,应对浆液加热。加热方法可用蒸汽管 13 将蒸汽直接通入浆液中,也可采取在浆槽壁的夹层内装蒸汽管的间接加热方式。为了保温,浆槽采用夹层结构,内有保温材料。

浆槽旁还有预热箱3,它可与浆槽成为一体,也可分离为二。其作用之一是把调浆室经管道输来的浆液预热,再进入浆槽使用。另一作用是与浆槽中的浆液形成循环,浆槽中多余的浆液可从溢流口14流入预热箱,而预热箱中的浆液通过浆泵11、进浆管12而从喷浆管10进入浆槽。这样循环可使浆液更加均匀,还可保持浆槽液面的高低位置,有利于上浆率的稳定。预热箱内有浮筒2,随预热箱内液面高低而升降,当调浆室输送的浆液使液面和浮筒升至一定位置时就自动关闭进浆阀门。预热箱内还设有蒸汽管4,对浆液进行加热。

浆槽的容积取决于浆纱机的工作宽度和浸压形式,小容积有利于浆液质量稳定,容积过大则浆液在浆槽中停留的时间过长,又受循环浆泵的机械作用,影响浓度和黏度的稳定;但容积过小,如调浆时烧煮不透,则上浆时会出现上浆率和回潮率的波动。

(三)经纱上浆

1.浆槽浸压方式

经纱进入浆槽后,首先经过浸没辊6而浸入浆液中。浸没辊的高低位置影响浸浆的纱线长度,对上浆率有影响,因此其位置应稳定。浸没辊可为一处或两处,它与轧辊(即上浆辊和压浆辊)的配合可分为单浸单压、单浸双压和双浸双压等形式。有的浆纱机上,其浸没辊还可与上浆辊配合,侧向对带浆经纱轧压,形成双浸四压的浸压方式。

经纱经受浸压的次数根据不同纤维、不同的后加工要求而有所不同。经纱上浆可采用相应的浸压方式。黏胶长丝上浆还经常采用沾浆,即由上浆辊表面把浆液带上,并带动压浆辊回转,经纱在两辊之间通过时沾上浆液,沾浆的上浆量很小,见图3-22(e)。各种浸压方式如图3-22所示。

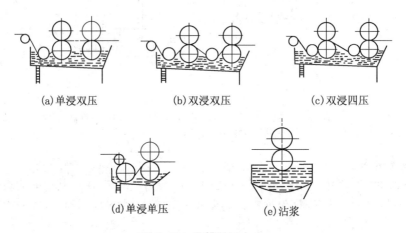

图 3-22　浆槽浸压方式

浸过浆液的经纱经过压浆辊和上浆辊之间的挤压作用后,获得一定的浸透和被覆,其浸透和被覆的效果与浸压方式有密切关系。现比较如下:

(1)单浸单压。如图3-22(d)所示,其浆槽容积较小,浆液周转快而新鲜,上浆率稳定,纱线受到的张力和伸长都较小,特别适宜于湿伸长较大的黏纤纱上浆。

(2)单浸双压。如图3-22(a)所示,浆纱经过两对压浆辊和上浆辊的挤压,可以获得较好的压榨和浸透条件,故上浆较为均匀,浆纱毛羽减少,纱身光洁,在织机上开口清晰,"三跳"疵布减少,断头率降低,可提高生产效率。但采用单浸双压方式,浆纱的伸长率有所增加,浆槽容积也比单浸单压大,对浆液黏度的稳定不利。对于棉纱上浆来说,采用单浸双压方式利大于弊,特别是对中高线密度的棉纱更为有利。

(3)双浸双压。此方式是重复两次单浸单压的结构,如图 3-22(b)所示,特别适用于合纤类疏水性纤维的混纺纱和高经密织物的上浆。现代浆纱机大多为双浸双压的浸压方式,并可根据工艺需要选择适当的浸压方式。

(4)双浸四压。此方式是利用浸没辊对上浆辊侧向加压的结构,如图 3-22(c)所示。浸压方式可在单浸单压、单浸三压、双浸双压、双浸三压、双浸四压的不同配置中选择。加压点增多对疏水性纤维和高经密织物的上浆有利。

采用单浸双压和双浸双压方式时,前后两个压浆辊(靠经轴架为前、近烘房为后)加压强度的配置有两种不同的方式:一种是前轻后重;另一种是前重后轻。前轻后重配置的意图是把浆液逐步地压至纱线内部,从而增加浸透。这种配置适用于浓度和黏度比较高的浆液。前重后轻配置的意图是浆纱通过第一个压浆辊时能得到较多的浸透作用,经过第二个压浆辊时能得到较好的被覆作用,从而兼顾浸透和被覆。这种配置适用于浓度和黏度比较低的浆液。采用后一种配置还能减少织造落浆率,浆纱毛羽也较少,从而使织机断头率有所下降。

2．上浆机理

在浆槽中经浸没辊浸过浆液的经纱,受到压浆辊和上浆辊之间的挤压作用,浆液被压入纱线内部,多余的浆液则被压浆辊挤出并回入浆槽,使纱线获得一定的浸透、被覆和上浆率。一对轧辊由下方的上浆辊 7 和上方的压浆辊 8 组成(图 3-21)。上浆辊为金属(不锈钢或铜)构成的硬面圆辊。压浆辊的构部为铸铁,外面包覆弹性材料,如多层织物或橡胶层(具有大量微孔或没有微孔),因而使压浆辊的外层具有适当的弹性和硬度。经纱浸浆后带有大量浆液,但这些浆液主要在经纱表面,不仅浆液太多,而且浸透被覆比非常不恰当,需经压浆辊轧压以除去多余浆液,并使浆液在纱线内外的分布符合要求。

如图 3-23 所示,浆纱通过压浆辊与上浆辊时,浆液要发生两次分配:第一次分配发生在加压区;第二次分配发生在出加压区之后。当浆纱进入加压区发生第一次浆液分配时,一部分浆液被压入纱线内部,填充在纤维与纤维的间隙中,另一部分被排除而流回浆槽。纱线离开加压区时发生第二次浆液分配,压浆力迅速下降为零,压浆辊表面微孔的变形回复,伴随着吸收浆液,但这时经纱与压浆辊尚未脱离接触,故微孔同时吸收挤压区压浆后残剩的浆液和经纱表面多余的浆液。如微孔吸浆过多,则经纱失去过量的表面黏附浆液,使经纱表面浆膜被覆不良;相反,如经纱表面吸附的浆液过量,以致上浆过量,经过挤压后,纱线表面的毛羽倒伏、粘贴在纱身上。

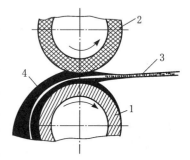

图 3-23 压浆过程示意

1—上浆辊;2—压浆辊;
3—浆纱;4—浆液

压浆辊表面包覆物的新旧、硬度、弹性和吸浆能力与压浆力对上浆效果的影响很大,必须注意。此外,上浆辊是由机械传动的,它是浆纱机上使经纱前进和影响伸长率的部件之一。

3．压浆辊的加压装置

压浆辊的压力增大时,上浆率减小;反之,上浆率增加。压浆辊的压浆力,除了来自压浆辊的自重外,还有在压浆辊的两端施加的附加压力。加压装置的形式有杠杆式、弹簧式、气动式、液压式和电动式等。

杠杆式重锤加压装置通过变更重锤在杠杆上的位置来调节压浆力。这种装置结构简单，但需要人工控制，而且压浆辊高速回转时杠杆容易跳动，容易造成上浆不均匀。弹簧式加压装置利用弹簧的压力对压浆辊加压。由于是人工调节，难以使上浆辊两端的压力调节一致，因此，弹簧式加压往往出现压浆辊两端压力不一致的现象，造成上浆不均匀。气动式加压装置如图 3-24 所示，它利用压缩空气的压力变化来调节压浆力。该装置具有调压方便、压浆力稳定、易于实现自动控制等优点，因而被新型浆纱机广泛采用。

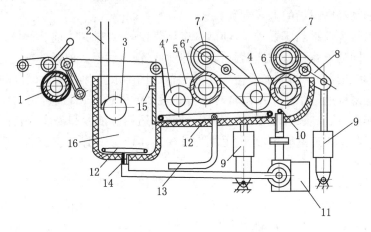

图 3-24 压浆辊气动加压装置

1—引纱辊；2—进浆管；3—浮筒；4,4′—浸没辊；5—浆槽；6,6′—上浆辊；
7,7′—压浆辊；8—加压杠杆；9,9′—气缸；10—喷浆管；11—循环浆泵；
12,12′—鱼鳞煮浆管；13—管道；14—出浆管；15—溢流口；16—预热循环浆箱

（四）湿分绞

经过浸压的经纱出浆槽后，由湿分绞棒 15（图 3-21）把纱片分成几层而进入烘干部分，使烘干后经纱表面的浆膜完整，避免排列紧密的纱片烘干后相互黏并，在前车分绞棒处被强行拉开而损伤浆膜或拉断经纱。采用湿分绞应注意其后必须分层进入烘房一定长度，待各层纱线初步干燥后再合并，否则会黏并而失去湿分绞的作用。PVA 的浆膜强度和韧性都很好，干分绞很困难，所以更应采用湿分绞。

湿分绞通常使用一根到三根湿分绞棒进行分绞，也有用五根的。湿分绞的分绞层数不宜过多，分绞层数过多，不仅操作不便，断头也增加。湿分绞棒可由浆纱机边轴或独立电机传动，使之随浆纱机一起转动或停止，也可始终保持回转状态。停车时，湿分绞棒继续转动，防止黏浆。湿分绞棒的表面线速度与浆纱速度的比例通常为 1：20～1：30。这样慢速转动，不仅可防止积聚和凝结浆块，同时起到抹纱作用，又利于降低浆纱毛羽指数。

（五）多浆槽上浆

对于高经密织物，上浆时经纱排列太密，使各根纱线的浸浆、压浆条件差异很大，而且每根纱线侧面的浆液偏少甚至没有，整幅浆纱的上浆率偏低且不利于烘燥，烘燥之后分纱又很困难，浆膜完整性差，从而严重影响上浆质量。为此，可采用双浆槽或多浆槽上浆方式，使每个浆槽中的经纱根数和排列密度减少，从而避免以上现象。是否采用多浆槽上浆可根据反映浆槽中纱线排列密集程度的纱线覆盖系数进行选择。纱线覆盖系数的计算公式为：

$$K = \frac{d_0 \times M}{B} \times 100\%$$

式中：d_0 为经纱直径；M 为总经根数；B 为浆纱上浆幅宽。

纱线覆盖系数是影响浸浆及压浆均匀程度的重要指标。覆盖系数过大,使浸浆和压浆程度存在很大差异,并使整幅纱片的上浆率偏低。在一定的上浆条件下,上浆率与覆盖系数存在一定的关系。排列过密的经纱之间间隙很小,压浆后纱线侧面出现漏浆现象。不同纱线的合理覆盖系数存在一定差异,一般认为覆盖系数小于 50%(即纱线之间的间隔与直径相等)时可获得较好的上浆效果。

图 3-25 所示为双浆槽浆纱机的上浆工艺流程。经纱在各浆槽中浸压后,须分别经初步烘燥,再合并烘至工艺回潮率。合并时还应注意整片纱线张力的均匀性。当经纱为两种或以上的原料时,若它们的上浆性能差异较大,宜采用这种方式上浆。当经纱为两种颜色时,为了防止相互粘色,也宜采用这种方式上浆。

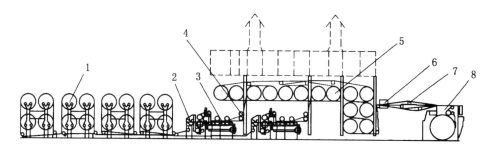

图 3-25 双浆槽浆纱机上浆工艺流程

1—经轴架；2—张力自动调节装置；3—浆槽；4—湿分绞辊；
5—烘燥装置；6—上蜡装置；7—干分绞区；8—车头

四、烘燥装置

在经过浆液浸压的经纱上,尚有大量水分需除去,通过烘燥的方法来达到工艺要求的回潮率。一般浆纱工艺要求的回潮率与其原纱公定回潮率相近。刚出浆槽的纱线,回潮率约为 $130\% \sim 150\%$,而棉纱的浆纱工艺回潮率约为 $7\% \sim 8\%$,涤/棉混纺纱约为 2%。

烘燥过程也是浆膜形成的过程,因此应有良好的烘燥装置和烘燥工艺,使浆膜完整均匀、纱线圆整、毛羽贴伏。

烘燥部分是浆纱伸长的主要区段。因为这个区段的纱线特别长、转折多且必须具有一定张力,纱线此时处于湿态或半湿态,因而很容易伸长。随着浆膜的形成,纱线伸长后,纤维的相互位置被固定下来而不易回复,这也是这个区段纱线伸长较大的原因。

烘燥的快慢程度还决定着浆纱机的车速和产量。同时,烘燥过程也是消耗热能和电能较多的过程,因而必须注意提高烘燥效率、降低能耗。

(一) 烘燥原理

反映浆纱烘燥过程的烘燥曲线如图 3-26 所示。该图描述了对流烘燥法的情况,热传导烘燥法的情况与其类同。

曲线 1 表示浆纱的烘燥速度(烘燥过程中纱线的回潮率变化速度)变化规律,可以看出,整个浆纱烘燥过程分为三个阶段,即预热阶段、恒速烘燥阶段和降速烘燥阶段。曲线 2 和曲线 3 则分别表示纱线的温度和回潮率变化规律。

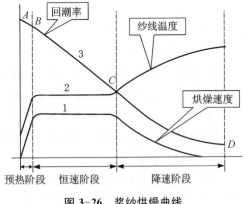

图 3-26　浆纱烘燥曲线

在预热阶段,纱线温度迅速升高,水分蒸发速度逐步加快,烘燥速度上升到一个最大值。回潮率由 A 变为 B,变化的绝对量不大。

恒速烘燥阶段的特征是:①纱线吸收热量后表面水分大量汽化,由于毛细管作用,使足够的水分源源不断地移到纱线表面,满足汽化需要,有如水分从液体自由表面的汽化过程;②汽化带走的热量与吸热量平衡,故纱线温度不变,纱线与空气接触表面的温度和空气湿球温度相等。单位时间内汽化的水分量(即烘燥速度)不变,因此纱线回潮率线性下降。

在降速烘燥阶段(图中 C 点之后),由于浆膜逐步形成,阻挡了纱线内的水分向外迁移和热量向内传递,于是纱线表面已汽化的水分不足,汽化速度下降,纱线吸热量大于汽化带走的热量,结果纱线温度上升,回潮率变化逐渐缓慢,烘燥速度逐步下降为零。

(二) 烘燥方法

湿浆纱中的水分可归纳为两种:一种是附着于纱线表面或存在于纤维间较大空隙中的水分,称为自由水分;另一种是渗入纤维内部与之呈物理性结合的水分,称为结合水分。大部分自由水分可用机械力的方法去除(如浆纱机上压浆辊的挤压力),而部分自由水分及结合水分必须通过烘燥装置用汽化的方法去除。浆纱的烘燥方法按热量传递方式分为热传导烘燥法、热对流烘燥法、热辐射烘燥法和高频电流供操法。由于后两种方法在浆纱机上很少使用,故主要介绍常用的热风式、烘筒式和热风烘筒联合式烘燥装置。

1．热对流烘燥法

热风式烘燥装置主要采用热对流烘燥法。用加热的空气,以一定的速度吹向浆纱的表面,以便热空气中的热量传给湿浆纱,进行热湿交换,使湿浆纱中的水分汽化而烘干浆纱。

热对流烘燥法的特点是:湿浆纱与热空气进行热湿交换,烘燥作用比较均匀缓和,可保持浆纱的原形,对保护浆膜、减少毛羽十分有利。由于其载湿体是空气,排除湿空气时会损失部分热量,从而烘燥效率较低。采用以对流为主的烘燥方法,其烘房结构复杂,转笼导辊增多,穿纱长度较长,因而纱线容易产生意外伸长,处理断头也较困难。此外,当纱线排列密度较大时,由于热风吹动,纱线会黏成柳条状,以致浆纱分绞困难,从而影响浆纱质量。

2．热传导烘燥法

烘筒式烘燥装置主要采用热传导烘燥法。湿浆纱与高温金属烘筒表面接触,从烘筒表面获得热量,浆纱温度迅速升高,使浆纱所含水分不断汽化,浆纱的回潮率不断降低,浆纱表面逐步形成浆膜。

采用热传导烘燥法时,应注意影响烘燥的一些因素。如烘筒内部的冷凝水层、烘筒外围存在的蒸汽膜和积滞蒸汽层,都是妨碍烘燥的因素。这些因素中,以冷凝水层及积滞蒸汽层的影响最为严重。为此,必须经常排除烘筒内部的冷凝水层,利用风扇把烘筒外部的积滞蒸汽层驱散。此外,也可采用烘筒与喷射热风相结合的方式,以提高烘燥效率。

热传导烘燥法的特点是:纱线直接与高温烘筒表面接触,烘燥效率高,可提高浆纱机的速度,烘燥温度容易控制。如将烘筒分成数组,分别控制,可适应不同浆料和不同纱线的烘干要求。采用积极传动烘筒握持经纱,可减少浆纱伸长率;浆纱排列整齐,不会产生柳条,浆纱横向回潮率也较为均匀。由于烘筒直接接触浆纱,有助于贴伏经纱毛羽。但在使用黏附性能良好的合成浆料时,应在烘筒表面包覆防黏材料,以防止纱片与烘筒表面黏附,造成浆膜剥离破裂而增加浆纱毛羽。如在烘筒接触浆纱前,把经纱分为多层进行预烘,则可避免浆纱之间相互黏结,对经密较高的织物以及无捻长丝的上浆更为有利。

(三) 烘燥装置

随着浆纱质量要求的不断提高,浆纱速度向高速化发展,传统的热风喷射式和热风循环式烘燥装置已逐步淘汰。目前常用的是烘筒式和热风烘筒联合式烘燥装置。

1. 热风式烘燥装置

由热对流烘燥原理可知,热风烘房主要由加热空气的加热器、控制空气流动方向的风道和喷嘴、使空气产生一定压力的送风机等组成。热风烘燥装置的形式可分为一次加热大循环烘燥和分段加热分段循环烘燥两种。图 3-27 所示为大循环热风烘燥装置的烘房结构。热空气从纱片的上下两侧以 8～10 m/s 的速度从喷嘴喷射出来,垂直吹向纱片,通过热湿交换后,热空气又经相邻的吸嘴回流到循环风机的进风口。循环风机在吸入回流热空气的同时,也吸入部分来自烘房外的干燥空气。这两部分空气混合,其中少量通过排风道排出烘房,其余大部分经加热器加热后投入循环使用。

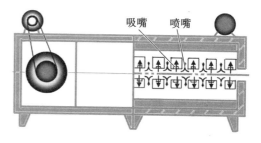

图 3-27　大循环热风烘燥装置的烘房结构

2. 烘筒式烘燥装置

在烘筒式烘燥装置中,纱线从多个烘筒表面绕过,其两面轮流受热,蒸发水分,故烘干比较均匀。烘筒温度一般分组控制,通常为一至两组。湿纱与第一组烘筒接触时,正值预供和等速烘燥阶段,水分大量汽化,要求烘筒温度较高,以提供较多热量。适当地提高烘筒温度还有助于防止浆皮黏结烘筒。后续烘筒的温度可以低一些,因为浆纱中的水分蒸发速度下降,散热量较小,过高的烘筒温度会烫伤纤维和浆膜。

纱线先分层,经烘筒预烘后,再汇合成一片继续烘燥,则同幅高密织物的经纱通过双浆槽上浆后,纱线进入烘房的绕纱方式如图 3-28 所示。

浆纱分层预烘不仅降低了纱线在烘筒表面的覆盖系数,有利于纱线中的水分蒸发,提高烘燥速度,而且使纱线之间的间隙增大,避免了邻纱的相互粘连现象。湿纱预烘至浆膜初步形成后,再汇合成一片继续烘燥,则纱线干分绞后浆膜完好,浆纱表面毛羽也少。

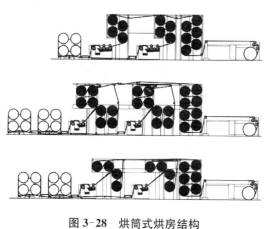

图 3-28　烘筒式烘房结构

烘筒结构如图 3-29 所示。筒壁由不锈钢制成,厚2～3 mm,烘筒直径一般为 800 mm,工作压力采用0.3~0.4MPa。烘筒的一侧轴端设有蒸汽和冷凝水管道,蒸汽通过旋转接头3进入烘筒10。筒内冷凝水在蒸汽压力作用下,经虹吸管9、金属软管4、疏水器7,流入冷凝水管8。每个烘筒上装有真空阀5,以防止烘筒内因蒸汽冷凝而产生的负压现象。

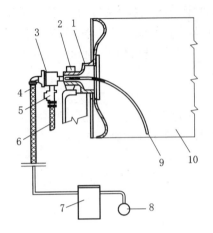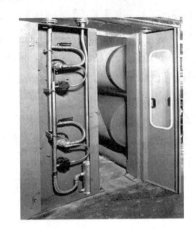

图3-29 烘筒结构

1—轴头；2—轴承座；3—旋转接头；4—金属软管；5—真空阀；
6—进汽金属软管；7—疏水器；8—冷凝水管；9—虹吸管；10—烘筒

3. 热风烘筒联合式烘燥装置

这种烘燥装置先将湿浆纱送入热风室,由热空气进行预烘,待烘至半干、浆膜初步形成时,再由烘筒烘至工艺回潮率。先用热风既有利于防黏问题的解决,又使浆膜的完整性和纱线的圆整度良好,而且湿分绞可分成多层。在烘燥的后阶段,因干燥速度很低,采用烘筒既节能又可加快干燥速度,并且烘筒还有伸长小的优点。但联合式的能耗高于全烘筒,烘燥速度也低于全烘筒。图3-30所示为一种热风烘筒联合式烘燥装置,图3-12所示的浆纱机也采用这类烘燥装置。热风烘筒联合式烘燥装置常用于长丝类产品的上浆生产。

图3-30 热风烘筒联合式烘燥装置

五、浆纱机前车

纱线从烘燥部分出来至织轴为浆纱机的前车部分,包括回潮率检测、分绞、上蜡装置、伸缩筘、测长打印装置、浆纱计算机控制系统及传动部分等,如图 3-31 所示。

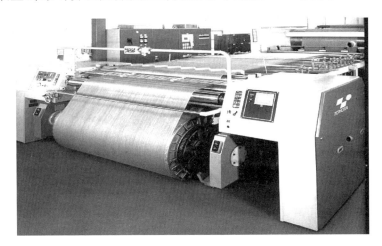

图 3-31 浆纱机前车

(一) 回潮率检测装置

该装置由测湿部件和回潮率指示仪两部分组成。测湿方法有电阻法、电容法、微波法和红外线法。通常采用电阻法,即用两根导电金属辊为检测辊,经烘燥后浆纱在两根检测辊之间接触通过,利用浆纱回潮率不同电阻也不同的原理,测出由导辊间流过的电流,指示仪表则把测得的电流经放大处理后,用指针在刻度盘上指示出来。浆纱值车工可根据回潮率的检测指示来调整车速、气压和排汽等,以控制浆纱回潮率(图 3-32)。

在新型浆纱机上,浆纱回潮率检测系统不仅能指示回潮率,而且能把检测到的变化信号输送到自动控制装置,自动调节车速或气压,使浆纱回潮率保持稳定。

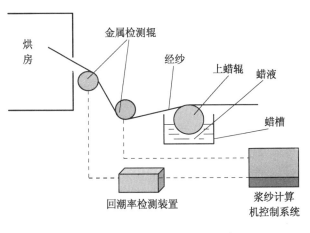

图 3-32 浆纱测湿与后上蜡示意

(二) 上蜡装置

经纱上浆后,尤其是上浆率较高时,为增加浆膜的柔软性和耐磨性,需采用浆纱后上蜡工艺,同时能达到克服静电、增加光滑、使开口清晰、减少织疵的目的。

上蜡装置一般由熔解蜡液的蜡槽和传动上蜡辊慢速回转的传动机构组成(图 3-32)。蜡槽为装有加热管的长槽,槽内盛有已熔融的蜡液和上蜡辊,上蜡辊的下半部分浸没在蜡液内,以经纱行进的相同方向慢速回转。经纱在上蜡辊的上边缘擦过,既可上蜡,又可抹纱而贴伏毛羽。改变上蜡辊的回转速度,可以控制纱线的上蜡量。后上蜡有单面与双面上蜡之分,双面上蜡比较均匀,效果较好,但机构较复杂。

(三) 分绞

上蜡后的纱线经分绞棒分绞,纱线分绞过程也是降温冷却过程。部分浆纱机为加强冷却效果,还装有吹风装置,避免热纱进行织轴卷绕。分绞区的纱线张力不可过低,否则会引起分绞困难;过高的张力则会造成纱线过度伸长,增加织造断头。干分绞棒的根数为整经轴数减"1",经过分绞棒分纱之后,各整经轴的纱线自成一层,使黏结的纱线相互分离。干分绞区的分纱路线与整经轴架的形式、经纱退绕方式等因素相关,因此外纱路线形式繁多。仅比较简单的单层经轴架,就有如图3-33所示的三种典型分纱路线,图中"1,2,3,…"表示整经轴的序数,以最后一个整经轴的序号为"1"。质量要求较高的细特高密织物经纱上浆时,每个整经轴的纱线还要分绞,形成两层,见图3-33(a),通常称为小分绞或复分绞,这对减少并头、绞头疵点十分有利。

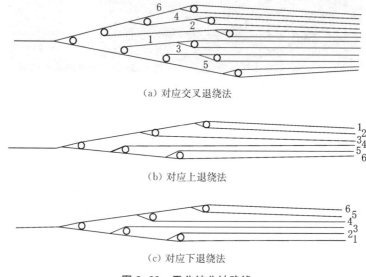

（a）对应交叉退绕法

（b）对应上退绕法

（c）对应下退绕法

图 3-33　干分绞分纱路线

分绞棒是用表面镀铬的空心铁管制成的,其两端呈扁平状,以便于穿纱。离烘房最近的第一根分绞棒因承受较大的分纱张力,其直径比其他的分绞棒大。穿分绞棒时,以先放的绞线为引导。放绞线和穿分绞棒操作在织轴上机时进行,穿小分绞棒用的绞线则在整经时放置。产生断头后,需要重放绞线和穿分绞棒,否则将产生"并纱"疵点。无断头时尽量少放绞线和穿分绞棒,以减少停车或开慢车次数。

（四）测长打印记匹装置

该装置主要探测浆纱的卷绕长度,并且可根据所需要的墨印长度进行调节,届时依次使打印锤在浆纱上打墨印(或喷嘴喷墨印)。每打一次墨印还能自动记录匹数,以便掌握织轴卷绕了多少匹。测长打印记匹装置有机械式和电子式两类。新型浆纱机一般采用电子式测长打印装置。在测长辊回转时,通过对接近开关产生的脉冲信号进行计数,从而测量测长辊的回转数,即浆纱长度。当测长辊的回转数达到预定数值(即墨印长度)时,计数器发出一个电信号,触发驱动电路工作,通过电磁铁带动打印锤,在浆纱上打一个墨印,或者通过电磁阀的开启,使喷墨打印装置给浆纱喷上一个墨印。

1.　经织缩率

由于经纬纱交织,经纱在织物中呈屈曲状态,因而织物的经向长度小于经纱原有长度,缩短的程度称为经织缩率,简称经缩率。影响经织缩率的因素很多,有织物组织、经纬纱细度、经纬纱密度及织造工艺等。

$$经织缩率 = \frac{织物中经纱原长 - 织物经向长}{织物中经纱原长} \times 100\%$$

2．墨印长度

按织物技术条件,每匹织物有规定的匹长,与之相应的经纱原长称为墨印长度。织造前在经纱上按该长度打上墨印,以便在织轴卷绕时计长落轴、织造时落布和整理时分段等。

$$墨印长度 = \frac{织物规定匹长(m)}{1 - 经织缩率}$$

式中:规定匹长＝公称匹长＋加放布长＝公称匹长×(1＋加放率)。

(五) 前车其他装置

1．伸缩筘

伸缩筘用来确定纱线的卷绕位置,使纱片排列均匀,幅宽与织轴幅宽相适应。伸缩筘的形式采用梳针片式,各梳针片插装在可以伸缩的菱形架上,通过一侧的手轮进行幅宽调整;另一侧手轮则用来调节纱片整体的左右位置。有的浆纱机上,其转动手轮还可以使伸缩筘升降。伸缩筘常见的排列方式有 V 形排列、平行排列、连续人字形排列等(图 3-34)。这些排列方式中,两组梳针片衔接处的间隙与梳针片内筘齿间隙不易调整一致,影响纱线的均匀排列。采用大人字形伸缩筘则可避免上述缺点。

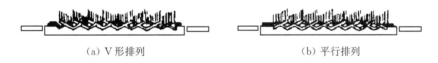

(a) V 形排列　　　　　　　　　　　　(b) 平行排列

(c) 连续人字形排列

图 3-34　伸缩筘形式

2．平纱辊

为了防止上浆时对伸缩筘产生定点磨损,常采用偏心平纱辊或伸缩筘自动微动升降装置,但以采用平纱辊为多。平纱辊的作用是使纱片做上下运动,以扩大经纱与筘齿的摩擦接触段,防止筘齿定点磨损,使浆纱排列均匀,避免重叠。其作用如图 3-35 所示。

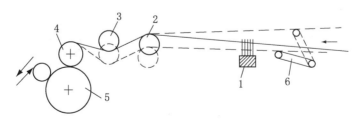

图 3-35　偏心平纱辊作用

1—伸缩筘;2,3—偏心平纱辊;4—测长辊;5—拖引辊;6—抬纱杆

3．拖引辊、测长辊、压纱辊

拖引辊是浆纱机主传动的重要机件。拖引辊握持全片经纱向前,是计算浆纱机速度的部件。为了增大对经纱的握持力,拖引辊包覆橡胶面或棉布。拖引辊与上浆辊之间的线速度差异,决定了浆纱的伸长率。用调速装置调节拖引辊与上浆辊之间的线速度差异,就可以调节浆纱的张力和伸长率。因此,拖引辊又是浆纱张力和伸长率的控制机件。

测长辊为一根空心辊,紧压在拖引辊表面,依靠摩擦作用而回转,从而给测长打印装置提供计长信号。

压纱辊实际上是一根导纱辊,兼有增加纱片对拖引辊的摩擦包围角和均匀分布纱线的作用。

图3-36所示是测长辊和压纱辊的气动加压装置。测长辊3和压纱辊4分别由各自的气缸作用而获得加压,压紧力可根据不同的品种进行调节。上落轴时,气缸活塞反向运动,抬起两辊。

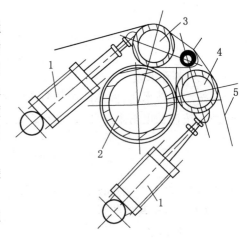

图3-36 测长辊、压纱辊的气动加压装置

1—气缸;2—拖引辊;3—测长辊;
4—压纱辊;5—经纱

六、浆纱机传动系统与伸长率控制

浆纱机的传动系统主要是使拖引辊及烘筒、上浆辊、引纱辊等运转,使纱线前进,其要求是:

(1)能根据需要,对浆纱速度(即拖引辊的线速度)进行无级调节,调节范围大且方便,机械效率高,但不随负载的变化而变化。无级调速的方法可采用铁炮、无级变速器、液压或变速电机等。

(2)可开慢车,以便处理断纱缠机件、上落织轴等情况。浆纱机的正常运行速度一般为$10\sim100$ m/min,而开慢车(又称为爬行)时仅为2 m/min左右。

(3)能控制和调节纱线在浆纱机各个区段两端的线速比,以控制纱线在这些区段的张力,使各区段的张力既满足该区段的工艺要求又减少纱线的伸长率。许多浆纱机在各个区段的传动系统中设置无级或有级变速装置,以调节各区段两端机件的速比。

(一)主传动型传动系统

在传统浆纱机上,浆纱机的主传动是指由主电机对拖引辊、烘筒、上浆辊、引纱辊的传动,通常由边轴驱动。浆纱机的其他传动,如循环风机、排气风机、湿分绞棒、循环浆泵及织轴卷绕等,有的需要单独传动,有的则可由主传动间接拖动。织轴卷绕机构如采用单独传动,则必须与主传动同步,使织轴能及时卷绕从拖引辊送出的浆纱。织轴传动与主传动来自一个系统的称为一单元传动;织轴传动与主传动来自两个不同系统的称为二单元传动。传统浆纱机使用较多的是一单元传动。

1．传动系统

图3-37所示为德国祖克S432型浆纱机典型的一单元传动系统。全机由直流电机1或微速电机2传动。正常开车时,直流电机1通过齿轮箱4变速,分三路传出:一路经一对铁炮5、一对皮带轮6、减速齿轮7,传动拖引辊;另一路经PIV无级变速器8、齿轮箱9、一对减速齿轮10,传动织轴;第三路就是传动边轴,拖动烘筒、上浆辊和引纱辊运行。浆纱速度范围为$2\sim100$ m/min。

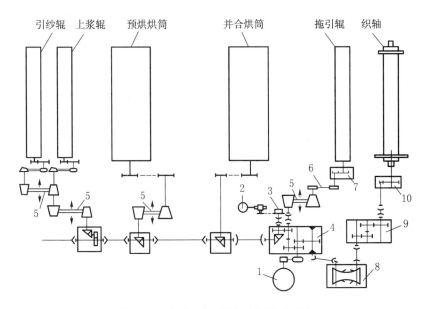

图 3-37　祖克 S432 型浆纱机传动系统

1—直流电机；2—微速电机；3—超越离合器；4，9—齿轮箱；5—铁炮式无极变速器；
6—皮带轮；7，10—减速齿轮；8—PIV 无级变速器

全机微速运行时，微速电机 2 得电回转，经蜗杆蜗轮减速箱及一对链轮减速后，通过超越离合器 3（此时超越离合器 3 起啮合作用），传动齿轮箱 4 内的齿轮，使全机以 0.2～0.3 m/min 的速度运行。这一微速运行功能主要是防止因停车或落轴时间过长而产生的浆斑等织疵。按快速按钮后，直流电机启动，超越离合器 3 起分离作用，从而使微速电机传动系统与齿轮箱 4 脱开。

2．浆纱张力、伸长控制

经纱在浆纱机上浆过程中对其张力、伸长需严格控制。由于经纱在浆纱机上要经过较长的行进路线，每个工艺环节对张力、伸长的要求不尽相同，因而常采用分段控制的方式。需控制的张力分区主要有退绕张力区、浆槽张力区、湿纱张力区、干纱张力区、分纱张力区和卷绕张力区。上述张力分区因浆纱机型号结构不同而有所差异，如热风烘燥式浆纱机无湿纱张力区与干纱张力区控制。

（1）退绕张力。该张力区从经轴至引纱辊，张力要求均匀稳定，特别是在浆纱机由快速到爬行速度时，要防止经轴惯性回转而造成经纱松弛、扭结。其控制方法见前述经轴制动控制。

（2）浆槽张力。该张力区又称喂入张力区，控制范围为从引纱辊至上浆辊，要求零张力、负伸长。一般是在引纱辊和上浆辊之间设置一套微调变速装置（图 3-27 中左侧第一个铁炮式无级变速器 5）来控制引纱辊的表面线速度，使之比上浆辊的表面线速度略大些，因而在浸浆时纱线呈松弛状态，不仅有利于经纱吸浆，而且可避免经纱在湿态下伸长。

（3）湿纱张力。该区控制范围为从上浆辊至预烘烘筒，要求张力能使纱片保持不松弛、纱线排列整齐有序，切忌大幅度调整，避免浆纱在半湿状态下发生意外伸长。一般是在上浆辊和预烘烘筒之间设置一套微调变速装置（图 3-27 中左侧第二个铁炮式无级变速器 5）来控制两者的表面线速度。

（4）干纱张力。该张力从预烘烘筒至并合烘筒，张力要求小而稳定，既要达到纱线顺

121

利分绞的目的,又不可过大,以免纱线弹性损失、断裂伸长率下降。一般是在预烘烘筒和并合烘筒之间设置一套微调变速装置(图3-27中左侧第三个铁炮式无级变速器5)来控制两者的表面线速度。

(5)分纱张力区。该张力区从并合烘筒至拖引辊。该区段张力比前面几段要稍微大些,主要是满足后续分绞的需要。一般是在并合烘筒和拖引辊之间设置变速装置(图3-27中右侧第一个铁炮式无级变速器5)来控制两者的表面线速度。

(6)卷绕张力区。该张力区从拖引辊至织轴。该区段的纱线已经过上浆和烘干,能经得起较大的外力拉伸作用。为保证织轴卷绕密度均匀、适当,该区纱线卷绕张力应当恒定且较大。一般是在拖引辊与织轴传动之间设置张力反馈自动调节式无极变速器(图3-27中右侧PIV无级变速器8),以控制两者的表面线速度之差保持恒定,不随织轴卷绕直径增加而变化。

(二)多单元型传动系统

新型浆纱机的传动系统中取消了传统的边轴传动及调节各区的无级变速器,分别在车头织轴卷绕、拖引辊、烘房、上浆辊和引纱辊等位置采用变频电机进行单独传动,每个单元都有速度反馈系统,运用同步控制技术,实现了浆纱机的多单元精确同步传动,如德国祖克浆纱机的七单元、台湾大雅浆纱机的十一单元等,它们在微电脑的程序控制下,保证浆纱机各区域的纱线运行稳定、张力和伸长适度。这种传动方式与传统的边轴传动相比,传动的可靠性和张力控制精度得到大大提高。

图3-38为某新型浆纱机传动控制图,采用七单元(七台变频电机)控制全机传动,其变频器属于高动态性带有速度反馈的矢量控制通用变频器。其中:车头的一只变频器控制织轴卷绕,另一只变频器控制拖引辊传动;烘房有一只变频器,控制十二个烘筒传动;一个浆槽有两只变频器,一只控制上浆辊传动,另一只控制引纱辊传动,双浆槽共有四只变频器。因此,全机共七只变频器,也称七单元传动。

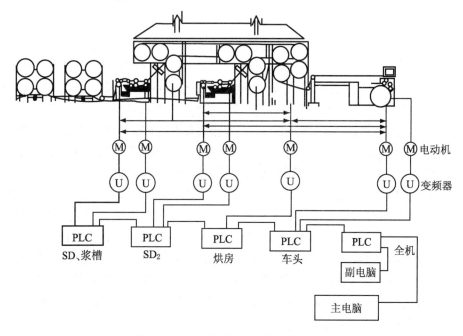

图3-38 新型浆纱机的多单元传动系统

（三）织轴卷绕传动

织轴的卷绕在工艺上有其特殊性，要求织轴卷绕与拖引辊的送出相适应，线速度和张力都应稳定，卷绕张力符合要求。由于织轴的总经根数很多，卷绕张力大且不能损伤浆膜，所以不能用滚筒摩擦传动，而是采取各种变速直接传动的方法，如摩擦盘、液压和变速电机等，当织轴的卷绕直径增大时，转速自动下降而传动转距加大，从而保持恒线速和恒张力。

图 3-39 所示为采用张力反馈调速的 P 型链式无级变速器来控制织轴卷绕张力的控制系统。织轴恒张力卷绕自控系统由张力检测、控制和执行机构三个部分组成，张力辊受织轴卷绕张力和张力气缸的推力而处于平衡位置，张力气缸的推力由调压阀根据卷绕张力的要求进行调节。电位器的电位要进行设定，使张力辊的平衡位置对准其上的指示器标记。当卷绕张力变化时，张力辊偏转，偏离平衡位置，带动电位器改变电位值，电位值改变信号输入至张力调节控制器与设定电位相比较，然后发出控制信号，使伺服电动机做正反转动，调整 PIV 无级变速器的变速比，使输出轴的转速改变，维持织轴恒定的卷绕速度和卷绕张力。

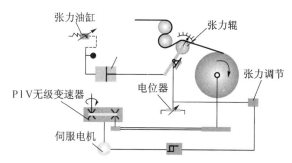

图 3-39　织轴卷绕传动与张力控制系统

单元四　浆纱质量控制

工作任务：总结影响浆纱生产质量的因素及相关解决措施。

浆纱工序的主要质量包括经过上浆所形成的浆纱质量和织轴卷绕质量两个部分。

浆纱质量指标有上浆率、伸长率、回潮率、增强率、减伸率、浸透率、被覆率、浆膜完整率、浆纱耐磨次数(或增磨率)、浆纱毛羽指数和毛羽降低率。织轴卷绕质量指标有墨印长度、卷绕密度和好轴率。这些指标中，上浆率、伸长率、回潮率、好轴率为常规检验指标，其他项目在检查上浆新工艺或鉴定新机型时采用。生产中应根据纤维种类、纱线质量、织物结构及后加工要求等，合理确定浆纱质量指标，并对浆纱质量及时进行检验和控制。

一、浆纱工序主要质量指标与检验

（一）上浆率检验与控制

1. 上浆率计算

上浆率是反映经纱上浆量的指标，是指上浆后黏附于经纱上的浆料干重对原纱干重的百分率。

$$b = \frac{G - G_0}{G_0} \times 100\%$$

式中：b 为上浆率；G 为浆纱干重；G_0 为原纱干重。

生产中，经纱上浆率的检测方法有计算法和退浆法两种。

（1）计算法。将织轴称重，除去空织轴本身的质量后，得到浆纱质量，再按回潮率测试仪测得的浆纱回潮率，算出浆纱干重 G。然后，根据织轴上卷绕纱线长度、纱线线密度、总经根数、浆纱伸长率及纱线公定回潮率等，计算原纱干重 G_0。最后，由定义公式计算出经纱上浆率 b。

其中：

$$G_0 = \frac{(N \times L_m + L_0) \times Tt \times M}{10^6 \times (1 + W_s) \times (1 + \varepsilon)}; \quad G = \frac{G_j}{1 + W_e}$$

式中：N 为一个织轴的卷纱匹数；L_m 为浆纱墨印长度（m）；L_0 为织轴上了机回丝长度（m）；W_s 为原纱公定回潮率；Tt 为经纱线密度；M 为总经根数；ε 为浆纱伸长率；G_j 为浆纱质量；W_e 为浆纱回潮率。

采用计算法测定上浆率，速度快，测定方便，但由于部分数据存在一定误差（如浆纱伸长率、回潮率等），因此计算结果不是很准确。

（2）退浆法。将浆纱纱样烘干后冷却称重，测得浆纱干重 G；然后将纱样进行退浆，把纱线上的浆料退净。不同黏着剂的退浆方法不同，淀粉浆或淀粉混合浆用稀硫酸溶液退浆，黏胶纱上的淀粉浆用氯胺 T 溶液退浆，聚丙烯酸酯则宜用氢氧化钠溶液退浆。将退浆后的纱样放入烘箱烘干至恒重，冷却后称重得 G_0，最后按下式计算退浆率：

$$b = \frac{G - \dfrac{G_0}{1-\beta}}{\dfrac{G_0}{1-\beta}}; \quad \beta = \frac{B - B_1}{B}$$

式中：β 为毛羽损失率；B 为原纱煮洗前干重；B_1 为原纱煮洗后干重。

浆纱毛羽损失率 β 的测定是在了机时剪取原纱做煮练试验，采用与退浆试验相同的方法进行烧煮后，按上式计算。退浆法测定的浆纱上浆率比较准确，有益于考核生产，但测定时间较长，信息反馈不及时，操作也比较复杂。

2．影响上浆率的主要因素

（1）浆液的浓度和黏度。浆液浓度是决定上浆率的主要因素，所以浆液浓度发生偏差，上浆率必然发生波动。若要在较大范围内改变上浆率，只能从调节浆液浓度入手。浆液浓度大时，一般浆液黏度也大，浆液不易浸入纱线内部形成以被覆为主的上浆效果，上浆后纱线强度和耐磨性能增加，但纱线缺乏弹性，织造时容易断头，浆纱机和织机上的落浆率也较高。浆液浓度小时则相反，浆液稀薄，黏度也小，浆液的浸透好、被覆差，上浆后纱线不耐磨，强度也较差，织造时易被刮毛而断头。可见，浆液的浓度影响浆液的黏度，而浆液的黏度与上浆率及上浆均匀程度有很密切的关系。当织物品种改变时，一般通过改变浆液的含固量和黏度来调节上浆率。

（2）压浆条件。压浆条件主要指压浆力和压浆辊表面状态。压浆力系指压浆辊与上浆辊之间的单位接触长度上的压力，一般压浆力为 17.6～35.3 N/cm。若压浆力为 98～294 N/cm，则属高压压浆范畴。压浆力对上浆率有明显的影响。当浆液浓度、黏度及压浆辊表面硬度一定时，压浆力增大，浆液浸透好，但被挤压去除的浆液也多，因而被覆性差，上浆率偏低；压浆力减小，浸透少而被覆多，上浆率增大，但浆纱粗糙，落浆也多。改变压浆辊的加压质量可以调节上浆率的大小,但调节幅度不宜太大,否则会造成浸透与被覆间不恰当的分配。

压浆辊表面状态与上浆率及浆液的浸透被覆比有密切的关系。压浆辊表面状态直接影响浆液的二次分配。压浆辊表面包覆物的弹性好、回复原形的能力强、孔隙多,则二次分配时,吸收的浆纱表面浆液多,结果使上浆率偏低;反之则上浆率偏低。因此,为使上浆率稳定,压浆辊表面包覆物的弹性及吸浆性能应稳定。

(3)浆槽温度。浆槽温度对上浆率也有影响。在浆液浓度相同的情况下,浆槽温度较低,浆液黏稠,浆液的浸透性较差,不易浸入纱线内部,造成表面上浆;反之,浆槽温度过高,浆液黏度降低,浆液的流动性、浸透性能虽好,但被覆性差,对浆纱的耐磨性和弹性不利。所以,必须严格控制浆槽温度。例如棉、涤/棉纱线上浆一般控制在 $96\sim99$ ℃,黏胶纤维宜低于 90 ℃。此外,不仅浆槽温度要控制好,如用预热浆箱时,其浆温也不能与浆槽温度相差过大,以免影响浆纱质量。

(4)浸浆长度。浸压方式及浸没辊位置高低决定了纱线浸浆长度的长短,显然对上浆率的高低有一定的影响。在车速不变的条件下,纱线浸浆长度长,吸浆充分,使上浆率增加;反之,上浆率会下降。在浸压方式不变的情况下,如浸没辊位置过低,会受到水蒸气喷射的影响而造成浆纱排列不匀,产生柳条状态而使纱线并绞。在确定浸没辊位置时,通常以浸没辊轴心与浆液面平齐为准,如用三罗拉式浸没辊,则以第一罗拉的中心与浆液面平齐为准。

(5)浆纱机速度。浆纱机的速度快慢对上浆率的影响应从两方面分析。一方面,由于速度快,纱线浸浆时间短,浸浆就较差,故上浆率有减小的倾向;另一方面,速度加快,压浆辊的转速也随之加快,经纱在压浆区经过的时间缩短,压去的浆液较少,被覆好,上浆率也会偏高。这两个因素中,后者是主要的。因此,浆纱速度提高时,若其他条件不变,则上浆率提高,浸透差而被覆好;速度慢时,则获得相反的结果。

为了稳定上浆率,浆纱机速度不宜经常变动。新型浆纱机上均设置了压浆辊自动调压装置,以便根据车速自动调节压浆辊加压质量。当车速减慢或以爬行速度运转时,能维持上浆率保持稳定。当浆纱机速度达 $80\sim100$ m/min 时,浆纱浸渍时间便不够长,使上浆率达不到要求。为了改善这种情况,以及适应疏水性织物的纱线上浆,可在浆槽中采用双浸双压工艺,使浆纱能达到所需要的上浆率及合适的浸透与被覆要求。

(6)浆槽内纱线张力。经轴轴架到压浆辊之间的纱线张力对上浆率也有一定的影响(更重要的是影响纱线在浆槽内的湿态伸长)。如纱线张力较大,浆液不易浸入纱线内部,吸浆也不均匀,上浆率就较低。为了改善这种情况,一般是控制浆槽前的引纱辊积极拖动经纱,其表面线速度稍大于上浆辊的表面线速度,使纱线以零张力、负伸长的状态进入浆槽。

(二)浆纱回潮率的检验与控制

1. 浆纱回潮率的检验

浆纱回潮率是指浆纱所含的水分对浆纱干重之比的百分率。回潮率的测定方法有仪器检测法和烘干法。前者是用测湿仪测定回潮率,后者是在退浆率试验时同时求得回潮率。

仪器检测法主要指两个方面:一是用插入式回潮率测定仪,对每个织轴进行检测,在仪器上直接读出插入处的回潮率,但因插入深度有限而影响准确性;二是浆纱机上装有回潮率检测和显示仪,进行在线检测,可及时反映浆纱回潮率的变化情况,使挡车工随时了解回潮率的波动情况,以便及时进行控制,或通过回潮率自动控制装置改变车速或烘燥温度,从而保持回潮率稳定。

2．浆纱回潮率的控制

浆纱回潮率与生产有着密切的关系。控制浆纱回潮率是提高浆纱质量的重要方面。浆纱回潮率偏大时，浆纱易黏并，弹性差，织造时开口不清、断头增加，易产生跳花、蛛网等织疵或窄幅长码布，且浆纱易发霉，与织轴边盘接触的纱易生锈迹。浆纱回潮率偏小时，纱线易脆断头，手感粗糙，浆膜容易剥落，织造时断头增多，还会出现宽幅短码布。

浆纱回潮率应按纤维的种类、织物品种和织造条件等而定。一般纯棉纱的回潮率控制在 $7\%\sim8\%$，低线密度高密织物可略高些，黏纤纱的回潮率控制在 10% 左右，涤/棉混纺纱的回潮率控制在 $2\%\sim4\%$。上浆率偏高的织物，回潮率可适当加大，以避免脆断头，梅雨季节应适当降低。

上浆过程中，影响浆纱回潮率的因素主要有以下几个：

（1）烘房温度。烘房内热空气或烘筒的温度不稳定，浆纱回潮率就不稳定。

（2）浆纱速度。浆纱速度快，浆纱回潮率大；浆纱速度慢，浆纱回潮率小。

（3）排风量。排风量适当，保持空气的低湿度，浆纱回潮率小；排风不良，浆纱不易烘干，浆纱回潮率大，但排风量过大会降低烘房温度。

（4）气流方向。烘房内气流紊乱或有死角，会造成浆纱回潮率在横向不均匀。

（5）浆纱上浆率。浆纱上浆率大时，回潮率易偏高；上浆率偏低时，回潮率也偏低；上浆率不匀时，回潮率也不匀。因此，回潮率高低应与上浆率高低相一致。

生产中，应严格控制烘房温度和浆纱速度，以稳定回潮率，但控制烘房温度较控制浆纱速度更为合理。控制浆纱回潮率还应注意整幅经纱均匀一致，否则也会造成织造上的困难。

（三）浆纱伸长率的检验与控制

1．浆纱伸长率的检验

浆纱伸长率是指纱线在浆纱机上的伸长量对原纱长度的百分率，测定方法有计算法和仪器测定法两种。

（1）计算法。计算法是根据浆纱机每浆完一缸经轴时的整经轴纱线长度、织轴卷绕长度、回丝长度等，按以下定义公式计算浆纱伸长率 S：

$$S = \frac{M\times(n\times L_m + L_s + L_l) + L_j - (L - L_b)}{(L - L_b)}\times 100\%$$

式中：M 为每缸浆轴数；n 为每织轴的卷纱匹数；L_m 为浆纱墨印长度（m）；L_s、L_l 分别为织轴的上、了机回丝长度（m）；L_j、L_b 分别为浆回丝长度和白回丝长度（m）；L 为整经轴原纱长度（m）。

（2）仪器测定法。仪器测定法是通过两个传感器分别检测一定时间内整经轴送出的纱线长度和车头拖引辊传递的纱线卷绕长度，然后根据定义公式计算出浆纱伸长率 S：

$$S = \frac{L_1 - L_2}{L_2}\times 100\%$$

式中：L_1 为车头拖引辊传递的纱线卷绕长度；L_2 为整经轴送出的纱线长度。

仪器测定法是一种在线测量方法，它的测量精度比计算法高，而且信息反馈及时，有利于浆纱质量控制。现代新型浆纱机的传动系统采用变频电机单独传动，每个单元都有速度反馈系统，运用同步控制技术，在电脑的程序控制下，实现了浆纱机的多单元精确同步传动、测速与伸长率的精确检测与控制。

2．浆纱伸长率的控制

纱线在上浆过程中受到张力作用,产生一定的伸长是不可避免的,但张力和伸长应控制在适当范围。如浆纱伸长率过大,则纱线弹性损失过多,使纱线承受反复负荷的能力降低,造成织造时断头率增加。通常浆纱伸长率掌握在 $0.5\%\sim1.0\%$,这样浆纱的断裂伸长不会损失过多。

上浆时影响伸长率的因素主要有经轴制动力、浸浆张力、湿区张力、干区张力、卷绕张力等。各浆纱区段的张力伸长要求与控制见前述浆纱传动部分的分区张力伸长控制。为使各个经轴之间的张力和伸长均匀,整经时可采用千米嵌纸的方法,以考核各个经轴送出经纱的速度,并据此在浆纱机上控制各轴之间的张力和伸长均匀一致,减少浆纱机了机时的白回丝,从而避免不必要的浪费。此外,横向伸长率的不均匀主要是由于经轴、织轴、导纱辊、上浆辊、分纱棒、转笼、拖引辊和烘筒之间不平行、不水平所造成的,故应使机械状态保持正常,以减少纱线的意外伸长。

(四) 浆纱增强率、减伸率、增磨率与毛羽降低率的检验与控制

增强率和减伸率是国内评定浆纱可织性的主要指标,也是工厂的常规试验项目。而随着无梭织造的日益普及,其采用的"大张力、小梭口、强打纬、高速度"织造工艺,对原料及半制品尤其浆纱的质量要求明显提高,故应将毛羽降低率和增磨率作为评定浆纱质量的重要指标。因此,上浆质量应从纱线强力增加、伸长保持、毛羽减少和耐磨性提高等方面加以综合评价。

1．浆纱增强率

上浆后单根浆纱断裂强力与原纱断裂强力之差对原纱断裂强力之比的百分率,称为浆纱增强率。

$$Z = \frac{P_\mathrm{j} - P_0}{P_0} \times 100\%$$

式中:P_j 为浆纱断裂强力(cN);P_0 为原纱断裂强力(cN)。

增强率和浆液的浸透有密切关系,浸透率大,增强率增大。浆纱增强率通常控制在 $15\%\sim30\%$。

2．浆纱减伸率

浆纱的减伸率是以断裂伸长率的变化来衡量的。上浆后纱线断裂伸长率的降低值对原纱断裂伸长率之比的百分率,称为减伸率。

$$D = \frac{\varepsilon_1 - \varepsilon_0}{\varepsilon_0} \times 100\%$$

式中:ε_1 为浆纱断裂伸长率(%);ε_0 为原纱断裂伸长率(%)。

国家标准规定,在测定单纱断裂强力时,要同时记录纱线断裂时的绝对伸长,再按上述公式算出减伸率。浆纱减伸率越小越好,一般以不超过 25% 为宜。

3．浆纱增磨率

浆纱摩擦至断裂的次数比原纱摩擦至断裂的次数对原纱摩擦至断裂的次数之比的百分率,称为增磨率。

$$M = \frac{N_j - N_0}{N_0} \times 100\%$$

式中：N_j 为浆纱磨断的次数；N_0 为原纱磨断的次数。

浆纱增磨率可反映浆纱耐磨情况，从而可以分析和掌握浆液和纱线的黏附能力及浆纱的内在质量，还可以分析断经等原因，为提高浆纱的综合质量提供依据。浆纱耐磨次数一般采用纱线耐磨试验仪进行测定。纱线耐磨试验仪有很多形式，如采用纱线自磨方式的耐磨试验仪和模拟织机上经纱在复杂外力条件下所受磨损作用的耐磨试验仪。

4．浆纱毛羽降低率

10 cm 纱线内单侧长达 3 mm 的毛羽根数称为毛羽指数。浆纱毛羽指数的降低数对原纱毛羽指数之比的百分率称为浆纱毛羽降低率。

$$Q = \frac{n_0 - n_j}{n_0} \times 100\%$$

式中：n_0 为原纱毛羽指数；n_j 为浆纱毛羽指数。

毛羽指数反映纱线毛羽状况，毛羽降低率则反映上浆贴伏毛羽的效果，良好的上浆工艺可使毛羽降低率达到 70% 以上，甚至高达 90% 以上。对于喷气织机，浆纱毛羽降低率尤为重要，否则会增加阻挡性纬停。

（五）浆纱浸透率、被覆率与浆膜完整率的检验与控制

浆纱的浸透率与被覆率的分配视纱线种类而定。若纱线以增加强力、增强集束性为主，上浆应以浸透为主、被覆为辅；若纱线以增加耐磨性为主，上浆应以被覆为主。浆纱浸透率的优化范围应在 20% ～30%，当浸透率超过 40% 时，浆纱弹性大大降低，会导致浆纱脆断；当浸透率太低时，浆纱耐磨性差且织造落物多。

1．浸透率

浸透率是指浆液浸入经纱内部部分的截面积对原纱截面积的百分率，即：

$$A = \frac{S - S_2}{S} \times 100\%$$

式中：A 为浸透率；S 为原纱截面积；S_2 为浆纱未被浆液浸入部分的截面积。

2．被覆率

被覆率是指原纱截面外围被浆液被覆部分的截面积对原纱截面积的百分率，即：

$$B = \frac{S_1 - S}{S} \times 100\%$$

式中：B 为被覆率；S_1 为浆纱截面积；S 为原纱截面积。

3．浆膜完整率

浆膜完整率是指浆膜包围原纱的角度对 360° 的百分率，即：

$$\beta = \frac{\sum \alpha}{360°} \times 100\%$$

式中：β 为浆膜完整率；α 为浆膜包围原纱的角度（°）。

浸透率、被覆率和浆膜完整率的测定常采用浆纱切片的方法，即把浆纱制成切片，根据所

用浆料用一定的着色剂着色,浆液浸透部分的纱线显色。然后在显微镜下观察,并用投影的方法将浆纱的截面积图形描绘到纸质均匀的描图纸上,可得到浆纱横截面投影(图3-40)。剪下吸浆部分的截面和剩余未吸浆部分的面积,将吸浆部分的面积与未吸浆部分的面积分别称重,即间接体现各部分截面积大小,然后按上述公式计算浆液的浸透率与被覆率。

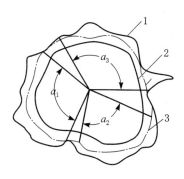

图3-40　浆纱截面投影图

1—浆纱截面边界;2—浆液未浸入部分的边界;3—原纱截面边界

(六) 织轴卷绕质量指标与检验

1. 墨印长度

墨印长度的测试用于衡量织轴卷绕长度的正确程度。墨印长度可以用手工测长法直接在浆纱机上抽取浆纱进行测定,亦可利用伸长率测试仪的墨印长度测量功能进行测定。

2. 卷绕密度

卷绕密度是反映织轴卷绕紧密程度的重要质量指标。织轴的卷绕密度应适当:卷绕密度过大,纱线弹性损失严重;卷绕密度过小,卷绕成形不良,织轴卷装容量过小。生产中以称取纱线质量、测定纱线体积来检测织轴卷绕密度。单纱卷绕密度一般为 $0.4 \sim 0.6 \ \mathrm{g/cm^3}$,高特纱比低特纱的卷绕密度小些,股线的卷绕密度比同特单纱提高 $15\% \sim 25\%$,阔幅织机的织轴卷绕密度比上述范围降低 $5\% \sim 10\%$。具体数值随各企业情况不同而有所不同。

3. 好轴率

好轴率是比较重要的织轴卷绕质量指标,是指无疵点织轴数在所查织轴总数中所占比例的百分数。

$$h = \frac{I_z - I_w}{I_z} \times 100\%$$

式中:h 为好轴率;I_w 为疵点织轴数;I_z 为抽查的织轴总数。

有关疵点织轴的疵点,主要有以下 n 种(凡有其中之一者,即列为疵点轴或称坏轴):

(1) 倒断头:织造过程中出现断头纱。

(2) 绞纱:一根或多根经纱在停经架处绞乱。

(3) 斜拉线:斜拉超过 $1/10$ 筘幅的经纱。

(4) 毛轴:轻浆起毛,布面出现棉球。

(5) 多头:经纱根数多于设计根数。

(6) 并纱:纱线浆并在一起,未经分开。

(7) 错穿、甩头、甩边、边不良。

除上述各浆纱质量指标之外,许多企业还把织机的经纱断头率[根/(台·h)]作为浆纱质量的考核指标之一。因为浆纱的主要目的是提高经纱的可织性,即降低织机的经纱断头率。虽然织机的经纱断头率还受经纱质量、络筒、整经、穿经质量以及织造工艺、空调状况等多种因素的影响,但浆纱质量是其中的主要因素。

二、浆纱机生产质量自动检测与控制

浆纱机的产质量与各有关参数的关系非常密切,对这些参数进行自动检测或控制,有利于提高产质量,减轻工人劳动强度,提高自动化程度。现代浆纱机上主要有浆槽液面高度与循环、浆槽浆液温度、压浆辊压力、烘房温度或烘筒温度、浆纱伸长率、回潮率、上浆率等自动控制装置。其中浆纱伸长率、回潮率自控装置在前文已介绍,此处不再复述。

1．浆液温度检控

一般可采用各种类型的温度计来测量有关部位的温度。温度自控则通过温度传感器,当温度变化时传感器产生变形或变位,控制蒸汽阀门、调节进汽而实现的。图 3-41 所示为某新型浆纱机的浆槽液面高度与循环、浆液温度控制系统。

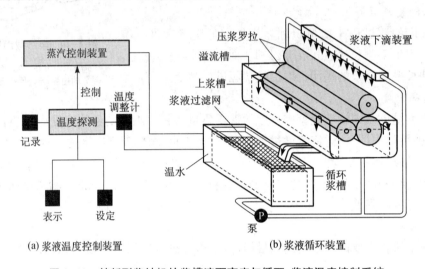

(a) 浆液温度控制装置　　　　　　　　　(b) 浆液循环装置

图 3-41　某新型浆纱机的浆槽液面高度与循环、浆液温度控制系统

2．浆液液面高度自控

这种自控有利于上浆率的稳定。浆槽液面高度除利用溢流口与预热箱形成循环来保持稳定(有的浆纱机是通过改变溢流口或溢流板的高低来改变浆槽液面高度)外,还可采用电气式液面自控装置。预热箱的液面一般用浮筒或浮球进行自控。

3．压浆辊自动调压

当浆纱机的车速发生变化,则上浆时经纱受压浆辊轧压的时间不同,从而影响上浆率和浸透被覆比。车速高,压浆时间短,则上浆率高;反之,则上浆率低。浆纱机的车速在运转中可能因需要而改变(如控制回潮率),或开慢车以便处理各种问题,往往会造成上浆不匀。另一方面,压浆力也影响上浆率,压浆力大,则上浆小。若压浆力能随车速变化而自动调整,则对均匀上浆、提高浆纱质量有积极意义。自动调压可分为有级和无级两类,压力来源一般用气压或液压。有级调压是当车速换档时,如将正常车速换成爬行速度,则压浆力亦相应换档而下降。无级调压的效果更好,当车速升高时,压浆力也升高,反之则降低,两者成线性关系。一些浆纱机还可根据具体情况对两者的线性关系进行设定,运转中就会按预先设定的线性关系进行自动调节(图 3-42)。

压浆辊常采用气动或液压系统施加压力,其大小由人工或微机通过调压阀调节。无极调压通常由速度传感

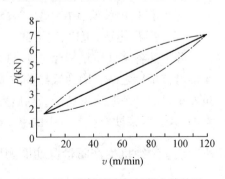

图 3-42　浆纱速度与压浆力的关系

器采集速度信号,经电子控制装置闭环调节,输出与速度成正比的电信号。该电信号送入气路系统中带调节分压器的电-气转换器,转化为气压信号,由此控制相应的压缩空气进入气缸,对压浆辊进行加压。如图3-43所示。

双浸双压式浆纱机,一般在第一对上压浆辊中对压浆辊设置二级切换的压力控制,压力值由调压阀设定,范围为0～15 kN;在第二对上压浆辊中对压浆辊设置既有二级切换的压力控制,同时还设有随浆纱速度变化的自动调压,压力值由调压阀设定,范围为0～40 kN。

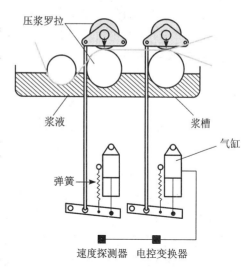

图3-43　压浆辊自动调压示意

4．烘房或烘筒温度检测与控制

烘燥装置自动控制温度时,一般有四种测温方法:①检测凝结水温度;②检测蒸汽温度;③检测蒸汽压力;④检测烘筒表面温度。其中,①使用较多,虽然简单,但精度差;欧美各国多采用③,使用气动式自动控制器来检测烘筒出口处的压力;④较为理想,但测量旋转烘筒的表面温度较为困难。

图3-44所示为用于短纤纱烘燥的一种典型的烘筒温度自动控制系统。它采用检测蒸汽压力的测温方法,图中所示是单个烘筒的温度控制,每个烘筒的表面温度取决于供给该烘筒的蒸汽压力,而蒸汽压力的调节通过减压阀2控制膜片压力阀5来实现,停车或开慢车时蒸汽关闭。

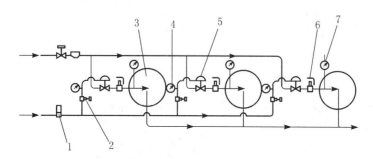

图3-44　烘筒温度自动控制系统示意

1—电磁阀;2—减压阀;3—烘筒;4—气压表;5—膜片压力阀;6—安全阀;7—蒸汽压力表

5．上浆率在线检测与控制

在浆纱机上在线检测上浆率已经取得很大进展,有的已投入应用,其方法和原理有以下几种:

(1)利用微波测湿原理连续测定浆纱出浆槽回潮率W_x和原纱回潮率W_y,并由人工定时测出浆液浓度(总固体率)D,输入在线检则系统。按以下公式计算并显示相应的上浆率b:

$$b = \frac{W_x - W_y}{\dfrac{1}{D} - 1 - W_y}$$

（2）测定单位时间 t 内消耗的浆液量（体积）V 及总固体率 D，并通过计算得到相应时间内所浆经纱干重 G_0，则可由仪器按下列公式计算和显示该时间段的平均上浆率（若时间缩短，则所得结果的误差愈小）：

$$b = \frac{VD}{G_0}$$

其中 G_0 可由车速 v、纱线线密度 Tt、总经根数 M、时间 t 和公定回潮率 W_0 计算得到：

$$G_0 = \frac{vt\,\mathrm{Tt}M}{(1 + W_0) \times 10^3}$$

上述两种方法所得的结果，与实际尚有一定的差异，还有待进一步完善。

图 3-45 所示为德国祖克浆纱机的 TELECOLL 上浆率自动控制检测系统。TELECOLL 是祖克公司于 20 世纪 90 年代末生产的 S432 型浆纱机的选配系统，其基本原理是采用微波传感器在线测量浆纱出浆槽时的含水率（或回潮率），同时采用折射计在线检测浆液浓度（或含固率），并通过主控计算机算出浆纱上浆率。

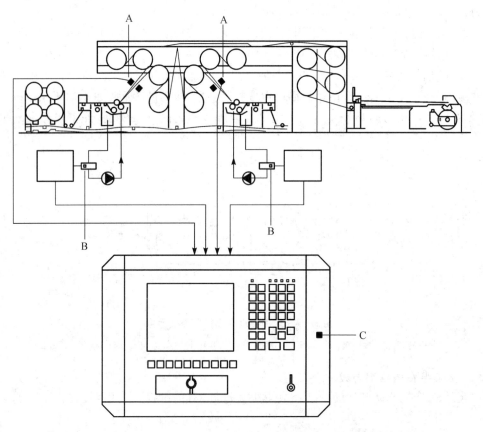

图 3-45　TELECOOL 上浆率自动控制检测系统

A—微波测湿仪；B—折射计；C—计算机控制系统

该系统根据检测的上浆率与工艺要求的上浆率进行比较，随时通过控制压浆辊的压力变化来保证浆纱上浆率的稳定。该系统适用于短纤和长丝上浆，浆液黏度范围为 50～

200 mPa·s。浆液浓度范围为 3%～20%，浆液循环率要求大于 50 L/min。该系统控制的上浆率水平为：当上浆率为 6%左右时，偏差可控制在±0.5%；当上浆率为 6%以上时，偏差可控制在±1%。

三、浆纱疵点分析

（1）上浆率太大、太小或不匀。

（2）回潮率太大、太小或不匀。

（3）伸长率太大。

以上三种疵点造成的后果及原因见前文所述。

（4）倒、并、绞头。整经不良，如整经轴倒断头、绞头等，浆纱断头后缠绕导纱部件会导致浆纱倒断头疵点。整经轴上的浪纱会增加纱线干分绞的困难，从而引起纱线分绞断头，形成并头疵点；穿绞线操作不当，以致纱线未被分清层次，也是产生并头疵点的主要原因。纱线卷绕过程中搬动纱线在伸缩筘中的位置及断头后处理不当，落轴割纱及夹纱操作不当，都会造成绞头疵点。浆纱的倒、并、绞头对织造的影响很大，给穿经工作带来困难，织机上会增加吊经、经缩、断经、边不良等织疵。

（5）浆斑。浆液中的浆皮、浆块沾在经纱上，经压榨后会形成分散性块状浆斑。另外，长时间停车后，上浆辊与浆液液面接触处黏结的浆皮会黏到纱片上，形成周期性横条浆斑。浆液温度过高，沸腾的浆液溅到压浆后的纱片上，也会形成浆斑疵点。织机上，浆斑处纱线相互粘连，通过停经片和分绞棒时会断头。浆斑在成布上显现，则影响布面的清洁、美观和平整。

（6）松边或叠边。由于浆轴盘片歪斜或伸缩筘位置调节不当，引起一边经纱过多、重叠，而另一边过少、稀松，以致一边硬、一边软，又称软硬边疵点。织造时边纱相互嵌入，容易断头，并且边经纱张力过大或过小，造成布边不良。

（7）油污。浆液内油脂乳化不良而上浮、导纱辊轴承处润滑油熔后淌到纱片上、排气罩内滴下黄渍污水、清洁工作不良等，都是产生油污疵点的原因。严重的油污疵点会造成织物降等。

（8）墨印长度不正确、漏印、流印。这是测长打印装置工作不正常或调节不当所引起的疵点，影响织机上落布工作，造成长短乱码。

综上所述，浆纱疵点主要是由机械状态和挡车操作两个方面引起的，所以必须做好浆纱机的维修和对经轴、织轴的检修工作，使机械保持整洁良好的状态。

浆纱机挡车工应按照工作法做好交接班、开冷车、巡回检查、上落轴、上了机等各项操作，在巡回检查时应随时注意蒸汽压力、浆槽温度、浆槽液面高度、浆液黏度、浆纱回潮率、浸浆长度、运转速度和经纱张力等因素。这要求挡车工必须加强基本功训练，用刀和穿纱时做到轻、快、稳、准。同时，要有合格的浆液质量，调浆工作应做到六定一准：六定是指定量、定温、定浓、定 pH 值、定积、定时间；一准是指浆料配置应按工艺配方准确掌握。这样，浆纱质量才能得到保证，生产出符合要求的织轴，为织造工序高产、优质、高效创造条件。

单元五 浆纱工艺设计

浆纱工艺设计是织造工艺设计的重点部分。浆纱工艺设计的任务在于根据织物品种、浆料性质、设备条件，确定正确的上浆工艺路线，实现浆纱工艺总的目的和要求。

浆纱工艺设计主要确定调浆配方与调浆方法、浆液浓度(包括含固率)和黏度、浆液分解度及 pH 值、供浆温度和输浆方式、上浆率、浸透率和被覆率、浆槽煮浆温度、浆槽液面高度、浸浆方式和浸没辊类型、压浆辊质量和加压力、压浆辊包卷物及包卷方法、湿分绞棒的根数和转速、经纱的穿纱路线、烘房的蒸汽压力和排气参数、回潮率和毛羽指数、各段张力和伸长、总伸长率、上蜡工艺、分纱次数、伸缩筘类型、墨印长度、织轴卷绕密度和匹数、浆纱速度、浆纱操作要点等内容。

制订浆纱工艺的主要原则有:

(1) 按照织物品种的特点(如纤维种类和线密度、织物组织和密度)确定上浆要求和上浆工艺路线。

(2) 按照来源、质量、价格、有利于操作和稳定浆液质量来选择浆料的种类。

(3) 从设备条件出发,确定工艺措施,尽量采用新技术。

(4) 根据经济效益来考核工艺设定的合理性。

工作任务:完成两个典型品种的浆纱工艺设计方案。

产品一:T/C(65/35)　45ˢ×45ˢ　110×76　63″细布

产品二:JC　60ˢ×60ˢ　173×110　120″　缎纹(喷气织机)

一、浆纱工艺设计要点

浆纱工艺设定的基本过程是:第一,根据织物品种特性初步制订该品种的上浆工艺原则。例如:府绸类织物的上浆工艺应掌握浸透与被覆并重的原则,宜采用高浓度、低黏度、高温度、低张力、小伸长、重浸透兼被覆、回潮适中、卷绕均匀的工艺原则。第二,根据该品种的上浆工艺原则与织物技术条件选择浆纱机类型与浆槽形式(如采用 GA308 型浆纱机,双浸双压、双浆槽)。最后,参考相似品种,根据生产经验和具体生产环境制订 1~3 套工艺方案进行小试或中试生产,选出最佳方案调整后,最终确定工艺参数。现将有关主要工艺参数的设定叙述如下:

(一)浆液浓度和黏度

1.浆液浓度

上浆率随着浆料的组成、浆液浓度、上浆工艺条件(压浆力、压浆辊表面硬度、上浆条件)等因素的不同而变化。在同一浆料和上浆工艺条件不变的情况下,浆液浓度与上浆率成正比例关系。在原纱质量下降、开冷车使用周末剩浆、按照生产需要车速减慢、蒸汽含水量过多等情况下,应适当提高浆液浓度。

2.浆液黏度

一般情况下,浆液黏度低,则浸透多,黏附在纱线表面的浆液少;而高黏度浆液则相反,浸透少而表面被覆多。浆液黏度与浆料性质、浆液浓度和温度等因素有关,不能一概而论。

(二)浆液使用时间

为了稳定和充分发挥各类淀粉的黏着性能,一般采用小量调浆,用浆时间以不超过 2~4 h 为宜,化学浆可适当延长使用时间。

(三)上浆温度

上浆温度应根据纤维种类、浆料性质及上浆工艺参数等进行设定。在实际生产中,有高温上浆（95 ℃以上）和低温上浆（60～80 ℃）两种工艺。在一般情况下，对于棉纱，无论是采用淀粉浆还是化学浆，均以高温上浆为宜。因为棉纤维的表面附有棉蜡，蜡与水的亲和性差，从而影响纱线吸浆，而棉蜡在 80 ℃以上的温度下才溶解，故一般宜用高温上浆。对于涤/棉混纺纱，高温上浆和低温上浆均可。高温上浆可加强浆液浸透，低温上浆多用于纯 PVA 合成浆料，一般配方简单，还可节能，但必须辅以后上蜡措施。黏纤纱在高温湿态条件下，强力极易下降，故上浆温度应降低。

（四）浆槽的选择

随着织物品种的多样化发展，织造难度和经纱的上浆难度也在不断提高。经密高、头份多的品种，若使用单浆槽，由于浆纱覆盖系数过高，达不到所需要的上浆率，必须采用双浆槽。中低压上浆时，浆纱的覆盖系数以不超过 50％为宜。高压上浆时，若含固率较高（如 13.4％），覆盖系数以不超过 50％为宜；若含固率不高（如 9.7％），覆盖系数以不超过 70％为宜。在上述条件下，若上浆率基本能够达到要求，可以选择单浆槽；若达不到上浆率的要求，应该采用双浆槽。否则，除了上浆率达不到要求外，由于经纱头份过多，排列重叠，还会造成上浆不匀和经纱张力不匀。

（五）浸压次数及压浆力的选择

1．浸压次数

经密较低、头份较少的纯棉品种，在传统浆纱机上可以采用单浸单压或单浸双压，基本能够满足上浆的要求。对于细特高密品种，尤其是疏水性纤维的上浆，在高速浆纱机上，为了达到浸透的要求，必须采用双浸双压甚至双浸四压，才能解决高速条件下浸浆时间短、浸润不足的问题。

2．压浆力配置

压浆力的大小取决于压浆辊自重与加压质量，依据纱线的种类确定，高经密织物经纱、强捻纱、粗特纱的压浆力较大；反之，压浆力应较小。若浆槽内纱线的浸压方式为双浸双压，则两对压浆辊的压力也有区别。对于双压浆辊压力配置的两种方式前已论述，先重后轻和先轻后重各自的侧重点不同。应该指出的是：双压浆辊中起决定性作用的是靠近烘房的压浆辊（即第二只）。从压出回潮率的大小看，前一种配置方式大于后者。因此，压浆辊配置工艺应视具体情况和需要而定。

一般所说的新型浆纱机 40 kN 的压浆力，是指浆纱机在额定速度 100 m/min 时的额定压浆力；若浆纱速度为 50 m/min，由无级调压装置使压浆力降至 20～25 kN。因为上浆辊的带浆量在车速差别较大时有明显的区别，所以为保持压出加重率（压出加重率＝压出回潮率＋上浆率）均匀一致，保证稳定的上浆率，压浆力应随车速的变化做相应的改变。高压上浆要采用线性加压，使压浆力随车速上升而增大。

普通浆纱机或一般品种采用的压浆力以两种进行切换就可以满足上浆要求，即车速为 10 m/min 及以下时采用一种压浆力，而车速在 10 m/min 以上则采用另一种压浆力。浆高难度品种时，须采用高压浆力例如：当车速在 60 m/min 及以上时，压浆力配置可以为第一对压浆辊压力用 16 kN、第二对压浆辊压力用 22 kN。一般品种可采用较低的压浆力，第一对压浆辊压力用 8 kN，第二对压浆辊压力用 25 kN。不同细度纱线适宜的压浆力参考范围见表 3-7。另外，除了纱线和织物种类，确定压浆力时还应考虑浆液的含固量和上浆率等因素。

表 3-7 不同细度纱线适宜的压浆力参考范围

纱线细度		压浆力		
线密度(tex)	英制支数(ˢ)	N/cm	kgf/cm	kN
29.2	20	137～167	14～17	19.6～24.5
19.4	30	98～137	10～14	14.7～19.6
14.6	40	78～98	8～10	11.8～14.7

(六) 浆纱速度

浆纱速度的确定与上浆品种、设备条件等因素有关。在上浆品种、烘燥装置的最大蒸发量、浆纱的压出回潮率和工艺回潮率已知的条件下,浆纱速度 v(m/min)的最大值可用下式计算:

$$v_{max} = \frac{G \times (1 + W_g) \times 10^6}{60 \times Tt \times m \times (1 + b) \times (W_0 - W_1)}$$

式中:Tt 为经纱线密度(tex);m 为总经根数;W_g 为原纱公定回潮率;W_1 为浆纱工艺回潮率;W_0 为浆纱压出回潮率(浆纱刚出浆槽时的回潮率);b 为上浆率;G 为烘燥装置的最大蒸发量(kg/h)。

另外,浆纱速度应在设备技术条件允许的速度范围内。通常浆纱机的实际开出速度为35～60 m/min,新型浆纱机已开到 100 m/min。浆纱速度快,纱线在挤压区中通过的时间短,浆液浸透距离短、浸透量少,但压浆辊对湿浆压榨不充分,纱线带走的浆液多,浆膜厚,上浆率高。所以,过快的浆纱速度引起上浆率过高,而且为表面上浆;过慢的浆纱速度则引起轻浆起毛。新型浆纱机都具有高低速压浆辊压浆力自动调节系统,高速时加压力大,低速时加压力小,压浆辊压力与压浆辊速度成线性变化。在速度和压力的综合作用下,浆膜厚度和浸透量维持不变,使上浆率、浆液的浸透和被覆程度基本稳定。

(七) 上浆率、回潮率和伸长率

1. 上浆率

上浆率与纱线线密度、织物组织和密度、所用浆料性能及织机种类等因素有关。若所浆经纱的线密度较小,则单位截面内含有的纤维根数少,经纱强度低,上浆率应该大一些;反之,上浆率可小些。若所浆经纱的捻度小、强度低,则上浆率应大一些。从织物组织来看,当织物组织内经纬纱的交织次数较多,或者经纬纱密度较大时,经纱单位长度内受到的摩擦次数多,所以经纬密度大、交织次数多的织物,上浆率应大一些。平纹组织、斜纹组织、缎纹组织的上浆率依次降低。同样的品种,无梭织机的上浆率要求比有梭织机大。上浆率的高低需根据生产经验积累确定。表 3-8 所示为有梭织机织造纯棉平纹织物的上浆率参考范围;表 3-9 所示为将平纹组织作为参照品种的上浆率修正值的参考范围;表 3-10 所示为将棉纤维作为参照品种的上浆率修正值的参考范围;表 3-11 所示为将有梭织机作为参照的上浆率修正值的参考范围。

表 3-8　有梭织机织造纯棉平纹织物的上浆率参考范围

纱线细度		上浆率(%)	
线密度(tex)	英支	一般织物	高密织物
29	20	8～9	10～11
19.4	30	9～10	11～12
14.5	40	10～11	12～13
11.7	50	11～12	13～14
9.7	60	12～13	14～15

注:表中所用浆料为混合浆。

表 3-9　以平纹组织作为参照品种的上浆率修正值参考范围

织物组织	上浆率修正值(%)	织物组织	上浆率修正值(%)
平纹	100	斜纹(缎纹)	80～86

表 3-10　以棉纤维作为参照品种的上浆率修正值参考范围

纤维种类	上浆率修正值(%)	纤维种类	上浆率修正值(%)
纯棉	100	涤/棉、涤/黏混纺纱	115～120
人造短纤维	60～70	麻混纺纱	115
涤纶短纤维	120	—	—

表 3-11　以有梭织机作为参照的上浆率修正值参考范围

织机种类	织机车速(r/min)	上浆率修正值(%)
有梭织机	150～200	100
片梭织机	250～350	115
普通剑杆织机	200～250	110
高速剑杆织机	300 以上	120
喷气织机	400 以上	120

　　新品种的上浆率确定也可以参考相似品种的上浆率,并在此基础上根据经纱线密度、每片综的提升次数、织物经向紧度等差异进行修正。选定相似品种时,尽量与新品种接近,这样才能使确定的上浆率受其他因素(如纤维种类、浆料及浆纱工艺参数等)的影响较小。

　　2．回潮率与烘燥温度

　　确定浆纱回潮率的依据是纱线的公定回潮率和织造车间的温湿度。浆纱在织造车间织造时的回潮率,应与浆纱在织造车间相对湿度下的平衡回潮率相一致。当浆纱回潮率高于织造车间相对湿度下的平衡回潮率时,浆纱在织造车间处于放湿状态,织造时浆纱容易产生黏并。但对黏胶纤维设计浆纱回潮率时,要求其在织造车间呈吸湿平衡状态。如果浆纱回潮率低于织造车间相对湿度下的平衡回潮率,浆纱在织造车间处于吸湿状态,有利于织造。一般棉、涤/棉的浆纱回潮率应使其在织造车间呈吸湿状态,所以,设定浆纱回潮率时,通常都略低于该种纱线的公定回潮率。回潮率控制要求纵向、横向均匀,波动范围以掌握在工艺设定值的±0.5%

为宜。各种纱线的公定回潮率及相应的浆纱回潮率见表 3-12。

表 3-12　各种纱线的公定回潮率及相应的浆纱回潮率

纱线种类	公定回潮率（%）	浆纱回潮率（%）	纱线种类	公定回潮率（%）	浆纱回潮率（%）
棉纱	8.5	7±0.5	腈纶纱	2.0	2.0
涤/棉纱（65/35）	3.2	2～4	苎麻纱	13	10
纯涤纶纱	0.4	1.0	锦纶纱	4.5	2.0
黏胶纱	13	10±0.5			

　　烘房温度一般依据纱线的回潮率要求确定。目前较多采用的是全烘筒式浆纱机,所以烘房温度主要指各组烘筒的温度。新型浆纱机均为双浆槽多烘筒结构,烘筒分为预烘和合并烘两个部分。预烘烘筒的温度一般较高,因为预烘部分浆纱的回潮率较大,烘筒温度偏低时,聚四氟乙烯防黏涂层的防黏作用差,纱线与烘筒容易粘连。合并烘筒完成纱线的最后烘干以达到工艺要求的回潮率,所以合并烘筒的温度依据浆纱机回潮率自动检测装置测试信号的反馈而进行自动控制。表 3-13 所示为津田驹、GA308 型双浆槽浆纱机的烘筒温度参考值。

表 3-13　津田驹、GA308 型双浆槽浆纱机的烘筒温度参考值

纱线种类	预烘烘筒温度(℃)		合并烘筒温度(℃)	
	津田驹	GA308	津田驹	GA308
棉纱	130	135	110	130
涤/棉纱	130	125	115	120
涤/黏纱	110	125	105	110
纯涤纶纱	110	120	105	110
纯黏胶纱	110	125	105	120
羊毛纱	105	—	100	—
棉/黏纱	—	130	—	120

3. 伸长率

　　经纱在上浆过程中会产生一定量的伸长,伸长率的控制要求越小越好。浆纱伸长率过大,不仅会降低浆纱的断裂伸长率,还会增加很多新的弱环,导致过多的织造经纱断头。

　　棉纱的原有伸长率在 7% 左右,上浆后浆纱的剩余伸长率降到 5%～6%。而喷气织机织造时要求浆纱的剩余伸长率不能低于 4%,故浆纱伸长过大,势必增加织造断头。如国产 GA308 型浆纱机对伸长的技术要求是:单浆槽≤1.2%;双浆槽≤1.5%;横向伸长极差≤3 cm;双浆槽的两片纱的伸长率差异≤0.3%。

　　织机速度愈高,对浆纱伸长的要求也愈高。湿浆纱的伸长或收缩因纤维种类和纱线结构而异,黏胶短纤维纱线、涤/棉纱线及股线在干燥过程中会发生收缩,而棉纱几乎不发生收缩。因此,伸长率的设定基准是:当纱线断裂伸长率≤10%时,浆纱时伸长率应控制在该值的10%～15%;当纱线断裂伸长率>10%时,浆纱时伸长率应控制在该值的30%左右。不同产

品的浆纱总伸长率的控制范围如下：

特细号棉织物：0.7％～1.0％；中号棉织物：0.9％～1.2％；粗号棉织物：1.1％～1.5％；股线棉织物：－0.1％～0.1％；涤/棉混纺织物：1.2％～1.5％；纯黏胶短纤织物：3.0％～4.0％。

（八）浆纱湿分绞与后上蜡工艺

1．浆纱湿分绞

湿分绞棒能对浆纱施以良好的抹纱作用，使浆膜完整性良好，干分绞时劈纱顺利，减少浆纱毛羽，但操作不方便，湿分绞棒易结浆皮，使用很不正常。造成湿分绞棒黏浆皮的原因，主要是湿分绞棒的表面线速度与浆纱线速度匹配不当，根据生产厂的经验，两者的比值以（0.035～0.06）：1较为适宜。以湿分绞棒直径30 mm为例，传统浆纱机速度以25 m/min计，则湿分绞棒转速应设计为17 r/min，其比值为0.06：1；新型浆纱机速度以50 m/min计，则比值为0.032：1（湿分绞棒转速仍为17 r/min）。在湿分绞棒内通冷水，由于冷水温度与环境温度的差异，使湿分绞棒的外表面处于一种水雾状的工作状态下而产生"结露"，这样可以避免湿分绞棒表面黏浆、起皮，又能保持纱线表面浆膜完整、光滑。湿分绞棒内的冷水温度在15 ℃左右，流量为2 L/min。

除了上述情，用好湿分绞棒还需注意以下几点：

（1）湿分绞棒传动必须平稳，不能有停顿、抖动现象。

（2）湿分绞棒表面要光洁，棒体要平直，不能有弯曲。

（3）湿分绞棒的位置要处在纱片的中心，如严重偏离中心，会发生黏浆现象。

2．后上蜡工艺

后上蜡能改善浆纱的平滑性能，上蜡率一般要求为0.3％左右，过高则停经片、综丝易黏蜡，过低则浆纱平滑性差。由于不能采用类似退浆的方法来求得退蜡率，因此只能用定轴定量加料的方法来稳定上蜡率，即每落一个轴，蜡槽内必须加一个轴所消耗的蜡量。影响上蜡率的工艺参数有：

（1）蜡槽液面高度。要使液面稳定，宜采用溢流的方法。一般在蜡槽的蜡辊中心水平线的侧面开一个溢流口，使自动加料量稍稍大于溢流口流出的量，这样才能保持液面稳定。

（2）蜡液温度。一般控制在75～80 ℃。

（3）纱片与上蜡辊表面接触的弧长以6～8 mm为宜，而且纱片不能跳动。

（4）上蜡辊的回转方向与纱片同向。

（5）在以上四项工艺参数固定的基础上，根据上蜡率为0.3％的要求，浆纱机蜡辊（直径110 mm）的表面线速度与纱片运行线速度之比，高速浆纱机为1：（1/50～1/150），低速浆纱机则为1：（1/150～1/200）。

二、典型织物上浆工艺实例

（一）短纤维类纱线上浆

1．纯棉纱上浆

（1）府绸类织物。其上浆工艺要求浸透与被覆并重，宜采用高浓度、低黏度、高温度、低张力、小伸长、重浸透兼被覆、回潮适中、卷绕均匀的工艺原则。

（2）斜纹、卡其织物。上浆率可低于同线密度和同密度的平纹织物，上浆工艺偏重于被覆。

（3）贡缎织物。其上浆工艺以减磨为主，兼顾浸透，以提高增强作用。

（4）麦尔纱、巴里纱织物。麦尔纱和巴里纱均为稀薄平纹织物，对浆纱要求较高。线密度小的纱应采用小张力、低伸长，并相应地降低蒸汽压力和车速，以利于织造。

（5）防羽绒织物。其浆纱工艺一般与府绸类织物相似，但比府绸类织物的经密大时，采用双浆槽浆纱机上浆较好。

（6）灯芯绒织物。其上浆工艺要求股线经纱干并或略上轻浆。在并轴过程中，要注意强力、伸长以及经纱纵横向的张力均匀。

2．涤/棉混纺纱

以涤 65/棉 35 细布和府绸类织物为例，涤纶是疏水性纤维，上浆后应成膜良好、耐磨性高、伸长率小、有一定的吸湿性、毛绒贴伏、开口清晰、光滑柔软、静电少，有利于织造。上浆工艺应符合"低张力、小伸长、低回潮、匀卷绕、浆液高浓低黏、压浆先重后轻、重浸透求被覆、湿分绞、保浆膜"的要求。

3．维/棉混纺纱

维纶的性质近似于棉纤维，强力为棉的 1.5～2 倍，耐热性较棉差，尤其在高温状态下，超过 100 ℃就会发生软化和强烈收缩，使纤维弹性损失、强力下降。另外，维纶的耐磨性较差。根据上述特性，浆纱工艺要求以被覆为主，达到耐磨、减伸的目的。维/棉混纺纱的上浆率与棉纱相似，纯维纱的上浆率应比维/棉混纺纱提高 1%～2%，适当降低张力，浆槽及烘房温度应适当降低。

4．黏胶纤维纱

黏胶纤维具有吸湿性强、湿伸长率高、强力低、弹性差、塑性变形大、纤维表面光滑、纤维间抱合力差等特性，上浆工艺中应注意保持纱的强力和弹性。

5．丙纶纱

上浆要求成膜好，弹性高，伸长小，光滑耐磨，具有一定的吸湿性，能消除静电，而利于织造。

（二）长丝上浆

长丝种类较多，如天然丝、涤纶、锦纶、醋酯纤维等。它们性质各异，必须在掌握纤维材料特性的基础上决定其上浆条件和上浆方法。

加工无捻、少捻或变形丝时，上浆设备多采用整浆联合机。将 800～1 200 根长丝从筒子架上引出，无论在浆槽内或烘房内，由于总经根数少，经纱间隔大，预烘除去约 80% 的多余水分而形成浆膜，再并合，由烘筒进行最后烘燥。所以，浆纱不会粘连，浆膜完整率高。然后，把已浆好的浆轴在并轴机上合并卷绕成织轴。整浆联合机是先上浆后并轴，而轴经浆纱机是先并轴后上浆。前者各浆轴在烘燥受热和卷绕张力等方面不可避免地存在较多差异，并轴时容易产生纱片张力不匀的缺点。

无捻长丝也可以用轴经整经机制成整经轴，采用"轴对轴"上浆，然后再并合卷成织轴。先并后浆的上浆工艺不适合加工无捻长丝纱，因为纱片密度太大，上浆时邻纱相互粘连而难以分开，浆纱质量不好。

（三）色纱上浆

色织物经纱上浆，由于经纱配色比较复杂，又和染色方法有密切的联系，所以上浆技术在某些方面落后于原色纱的上浆技术。在绞纱上浆的基础上，发展成为用轴经式浆纱机上浆和分条整浆联合机上浆。

整经时,将经纱卷绕成纱层薄而松软的经轴,进行经轴染色,脱水后将一定数量的经轴在普通轴经浆纱机上并轴和上浆。宽条纹的色织物,需在浆纱机的前筘处,按规定的配色根数将经纱排列好;如为窄条纹,穿综时,再按所规定的配色根数排列经纱。轴经式浆纱机适用于花色简单、大批量生产的色织物经纱上浆。

将分条整经轴放在轴经式浆纱机后面的轴架上,进行轴对轴上浆,这是色经上浆的常用方法。经密过高时应采用双浆槽上浆,否则邻纱互相粘连,会造成分纱困难。

采用分条整浆联合机上浆,不但能减少工序和色纱浪费,还可以使生产工艺合理化,目前在色纱上浆方面得以推广。

表 3-14　典型织物上浆工艺设计实例

项目		CJ9.7×CJ9.7 787×630 精梳纯棉贡缎	T/C11.8×T/C11.8 685×503.5 涤/棉小提花布	R13×R13 393.5×314.5 人棉府绸
工 艺	浆槽浆液温度(℃)	96	92	90
	浆液总固体率(%)	11.5	12.5	9.5
	浆液黏度(s)	11	10.5	8.5
	浆液 pH 值	8	8	7
	浆纱机型号	GA308	祖克 S432	津田驹 HS20-Ⅱ
	浸压方式	双浸双压	双浸四压	单浸双压
	压浆力(Ⅰ)kN	9	8	4.5
	压浆力(Ⅱ)kN	16	20	8
	压出回潮率(%)	<100	<100	120
	湿分绞棒根数	1	1	1
	烘燥方式	全烘筒	全烘筒	全烘筒
	烘房温度(℃) 预烘	130	130	125
	烘房温度(℃) 烘干	100	110	105
	车速(m/min)	40	50	40
	每缸浆轴数	由计算确定	由计算确定	由计算确定
	浆纱墨印长度(m)	由计算确定	由计算确定	由计算确定
质 量	上浆率(%)	13.5	14.5	10±0.5
	回潮率(%)	7±0.5	3±0.5	9±0.5
	伸长率(%)	1.0	0.8	≤3
	增强率(%)	56.5	28.5	30
	减伸率(%)	32.8	23.5	35
	毛羽降低率(%)	65	68	72

三、几种新型纤维织物的浆纱工艺要求

（一）大豆蛋白纤维织物

大豆蛋白纤维有许多优良性能，但纤维的耐热性差、易收缩、有一定的静电。上浆过程中浆液温度宜控制在 90 ℃ 左右。烘筒温度也比棉织物低，预烘烘筒温度为 110 ℃，合并烘筒温度为 100～105 ℃，以免高温时使纱线发脆，损伤其强力。浆纱回潮率以不超过 6％ 为宜。

（二）竹纤维织物

竹纤维吸放湿速度快，易吸浆，易烘燥，吸湿后相对滑移大、湿强明显降低，伸长率大，热收缩率高。因此上浆过程中，浆纱工艺应保证轻张力、小伸长、低温度、低黏度、轻加压，以被覆为主、渗透为辅。浆液温度为 85～90 ℃。预烘烘筒温度为 110 ℃，合并烘筒温度为 100 ℃ 左右。浆纱回潮率为 8％～9％。

（三）天丝织物

天丝纤维具有干湿强度高、干湿强差异小、初始模量高、在水中的收缩率小、尺寸稳定等优点。浆纱的增强不是主要问题，浸透应该减少。但是天丝纤维有吸水膨胀及原纤化缺点，遇水后横向膨胀率较高，在浆槽中纱线遇水膨胀后，纱线之间排列紧度增大，纱线的吸浆条件降低，毛羽不能很好地贴伏。即使毛羽贴伏了，如果浆液浸透少，则浆膜的附着基础差，在织造时经不起过多的摩擦，浆膜容易脱落。所以天丝上浆要求浸透与被覆并重，可采用单浸双压或双浸双压，增加浆液的浸透性，使浆膜有良好的附着基础，增加其耐磨性，减少原纤化产生。浆液温度不宜过低。浆纱回潮率控制在 9％ 左右。

四、高压上浆与预湿上浆技术

（一）高压上浆

20 世纪 90 年代中期，高压上浆技术在我国有了系统的生产实践，主要采用"两高一低"技术，浆纱过程可以降低浆料用量，降低压出回潮率，提高车速，节省能耗，提高浆纱质量。高压上浆工艺可概括为以下几个方面：

（1）高浓、高压、低黏。高浓、高压、低黏的上浆工艺要求是主压浆辊的压力为 20～40 kN，浆液含固率≥上浆率，浆液黏度较低。

（2）降低覆盖系数。高压上浆多用于高密织物，由于总经根数多，所以要使用双浆槽或多浆槽，以此来降低经纱在上浆辊工作宽度上的覆盖率，使上浆均匀，经过预烘，使浆膜完整。另外，浸没辊与上浆辊间加侧压，以增加浆液对经纱的浸透，使片纱排列与张力均匀。

（3）压力配置先轻后重，重浸透、求被覆。压浆力配置为逐渐增加，即预压浆辊（靠近引纱辊）配置轻压力进行预压，以排除纱线内的空气，利于吸浆；主压浆辊（靠近烘房）配置重压力，增加浸透量，达到重浸透、求被覆的目的，使浆膜有良好的附着基础，提高浆纱的耐磨性。

（4）高硬度压浆辊，低压出回潮率。为达到高压上浆的目的，主压浆辊肖氏硬度为 80°±5°，浆纱的压出回潮率＜100％，压出加重率≤100％，浆纱车速达到 45～80 m/min。

（5）出浆槽配湿分绞，进烘房分层预烘。浆纱出浆槽以后，首先经 1～3 根湿分绞棒分层，减少纱线之间的粘连，同时湿分绞棒进行抹纱，使毛羽贴伏。

（6）高温预烘，低温合并。经纱分层进烘房以后，首先经高温预烘，快速蒸发掉较多的水分，使浆膜形成。然后降低合并烘燥的温度，使纱线具有工艺要求的回潮率。

(二)预湿上浆

20世纪90年代初期,国外首先将预湿上浆技术用于长丝上浆,90年代后期用于短纤纱上浆。在1999年的法国巴黎国际纺机展览会上,有几家纺机制造厂商展出了预湿浆纱机样机。在2002年的北京国际纺机展上,卡尔-迈耶公司展出了预湿浆槽样机。郑州纺织机械股份有限公司是国内浆纱机的生产基地,2000年成功开发出GA308系列多单元传动浆纱机,2002年成功开发了预湿浆纱机,并参加了2004年10月的北京国际纺机博览会。预湿浆纱机从出现到应用的时间不长,在国内的应用刚刚起步。

预湿上浆有以下优点:

(1)有利于浆液的浸润和吸附。纱线上浆前首先经过高温水槽,可以将纱线上的棉蜡、油脂及杂质等去除,有利于经纱吸附浆液。

(2)节省浆料。对同一个品种,达到同样的织造效果,预湿上浆的上浆率可降低2%～3%,节省浆料15%～25%。

(3)提高上浆质量。预湿上浆可以提高浆料与纤维之间的黏着力,贴伏毛羽,表面上浆均匀,经纱耐磨性提高。浆纱毛羽贴伏率可提高10%～20%。

(4)有利于后道工序加工。经纱预湿后,芯部固有水分而上浆少,易于退浆,退浆所用成本降低。

(5)有利于环保。因上浆量少,并减少了退浆污水的排放量,从而降低了对环境的污染。

五、浆纱技术的发展

(一)浆纱机的发展趋势

新型浆纱机主要向宽幅化、适当高速、自动化和通用化方向发展。

1. 宽幅化

为了适应宽幅织物的加工需要,浆纱工作幅宽应相应增大。有的浆纱机能浆3.2 m的织轴,并且采用直径为800 mm的大卷装。一般2.2 m以上幅宽的浆纱机,设同时卷装两个织轴的双织轴设备,即宽幅浆纱机浆狭幅织轴,可提高产量约1倍。

2. 适当高速

轴经式浆纱机的设计速度多为100～120 m/min,最高可达240 m/min,但适用速度一般为50～60 m/min。发展趋势是以提高浆纱质量为主,而不是追求更高的速度。因为浆纱质量对后工序的影响很大,适当高速必须以提高自动化和提高烘干效能为前提,即提高浆纱机速度必须有相应的自动控制装置和高效能的烘燥装置。

3. 自动化

除了继续提高并完善已有的卷绕张力、浆纱伸长、压浆辊压力、经纱退绕张力、浆纱回潮率等自动控制装置外,更需要完善的上浆率自动控制装置。新型浆纱机普遍采用计算机技术,全方位控制浆纱生产。如预湿上浆和高压上浆的温度、轧压力、烘筒温度、汽压、浆纱速度、多单元传动及浆纱伸长和张力的调控、浆纱回潮率和上浆率的监控,都依靠计算机来实现,可以说浆纱技术的最新进展就在于计算机的应用。新型浆纱机的操作也充分利用计算机屏幕的人机对话,所有的生产数据、工艺参数都通过屏幕设定、显示、调整、储存。当更改品种时,可从资料库中调用储存数据,全套更换。机器运行情况、中途出现的信息和故障也都在专门的画面中逐条记载显示,可进行诊断处理。计算机显示屏一般安置在车头。贝宁格浆纱机还有掌上控制器,值车人员将其握持在手中,便可遥控操纵机器进行调节。

4．通用化

考虑到 1 台浆纱机浆出的织轴能供应 300～400 台织机,所以纺织厂配置的浆纱机台一般比较少。但织物品种在不断改变,为了适应多品种的需要,浆纱机应有较强的通用性,其轴架、浆槽、烘燥、卷绕和传动等部件均需标准化和系列化,以便根据产品种类和工艺要求选择组合,构成各种用途的浆纱机。例如,通用性的浆槽应使导纱辊、浸没辊和压浆辊的排列可随意改变,通过变更穿纱方法,得到不同的上浆效果,以适应各类型纱线的上浆。又如,通用性的烘燥装置,在拆装少量的部件后,能在烘筒式、热风式、联合式之间相互转换,以适应不同纱线的上浆。

5．联合机

缩短工序采用的联合机,可以降低成本,目前已有整浆联合机、染浆联合机。

6．节能

多烘筒的发展对节能很有利。新型浆纱机附有热能回收装置。高压上浆、泡沫上浆、热熔上浆等方面的研究,在很大程度上也是从节能出发的。

(二) 新浆料的研究与开发

浆纱技术采用的传统浆料为三大主浆料:淀粉、PVA(聚乙烯醇)和聚丙烯酸类。按照不同配方(包括相应的辅助浆料)混合调制浆液,已能充分满足各种品种及高速无梭织机的生产要求,达到优良的可织性。以棉织物为代表,经纱细度高达 5.8 tex(100^S)甚至 4.8 tex(120^S)单纱,经纬纱密度之和接近 394 根/cm(1 000 根/英寸),喷气织机速度高达 1 000 r/min,均能大面积正常生产。

从 20 世纪末至今的研究主要在于改善浆料的环保性能,也就是向绿色浆料发展。三大主浆料中,尤其是 PVA,一方面具有优良的黏附性和成膜性,有其难以代替的特点;另一方面,其浆液降解困难,化学降解需氧量 COD 值偏高,生物降解需氧量 BOD 与 COD 之比(BOD/COD)远远低于环保要求的 0.25 的水平,退浆废液污染水域,影响生物生长。世界上已有不少国家,特别是欧洲的一些国家已禁用 PVA。丙烯酸类浆料中也有一些品种存在环保问题。唯独淀粉类天然浆料符合环保要求。

淀粉类浆料以天然植物为原料,资源丰富、价格低廉,是最早采用的主浆料,约占主浆料使用量的 70%。但其不足之处是对多种纤维纱线的黏附性能不足,成膜又较脆硬,使用时浆液黏度偏高且不稳定。新的研究以淀粉为基础,研制环保的新型浆料。目前为止,研究进展包括以下方面:

1．淀粉的化学变性

这是目前最普遍的改进淀粉性能的方法。第一代变性产品降低了淀粉的聚合度和黏度,如酸解淀粉和氧化淀粉,增加了淀粉的浸透性和黏度稳定性,制造方便,价格最低,可作为高浓低黏浆料使用。

第二代变性产品是淀粉衍生物,在降解基础上使部分羟基转化为醚或酯基,如各种淀粉醚、羧甲基淀粉、磷酸酯淀粉、醋酸酯淀粉及交联淀粉、阳离子淀粉。优质的醋酸酯淀粉与PVA 浆混合使用时,可占用 60% 以上。

第三代变性产品是在淀粉分子上接枝合成高聚合物,成为接枝淀粉,兼具淀粉与合成高聚合物的优点,应该最有发展前途。但目前选用的合成高聚物局限于聚丙烯酸类,接枝工艺(主要是引发剂的使用)也尚待改进,接枝率不高,产品性能还不理想。

2．淀粉生长转基因及化学变性

在欧洲各国广泛种植转基因马铃薯,并以此为基础对淀粉进行化学变性,使其性能得到进一步改善。在市场上销售的有德国伊埃斯公司、汉高公司和荷兰艾维贝公司的产品,在黏附性和成膜性方面有显著提高,在许多经纱品种的上浆中已可全部取代PVA。

3．无机纳米助剂促使淀粉分子激活

国内有数十家工厂研制纳米级氧化硅、氧化钛的乳液,供应纺织厂在调浆时加入,促使淀粉分子激活,增强浆液对纱线的黏附性及其成膜性,取代PVA上浆,已有成效。但浆纱落浆粉尘问题尚待研究解决。

此外,市场上销售的胶粉种类繁多,但大体上是以淀粉为基础的组合浆料,掺入了聚丙烯酸酯、聚丙烯酰胺或聚酯类浆料,也有掺用PVA粉末的。经过加工,大多可作为高浓低黏浆料使用,价格上也有一定优势,因而采用的企业不少。但从浆料技术进步方面来说,还不能算是新型产品。

4．PVA浆料的改进

对PVA浆料的聚合度和醇解度进行了一系列改进。例如使用中聚合度(1300)的PVA和高聚合度(1700)的PVA与部分醇解及低聚合度的PVA205MB混合,作为高浓低黏浆料使用也很广泛。据介绍,国内外都在探索生物降解PVA的专用酶,若取得成功则PVA上浆仍然可行。但从环保及织物市场要求考虑,对PVA只能限用。

现有各种浆料包括变性淀粉类,达到了环保要求的BOD/COD的比值,但与真正的绿色浆料还有很大距离。真正的绿色浆料应能通过我国的国家标准HJBZ 30—2000《生态纺织品》(即国际标准的 *Oeko-tex Standard 100*)的检验,不含各种对人体有害的物质和异常气味等。这需要通过长时期的努力才能达到。

(三)调浆技术的发展趋势

计算机在调浆工序中的应用是调浆技术的主要发展趋势。在浆液调制过程中,每个浆料组分的称量及加入、煮浆时间和温度、搅拌速度、调煮程序都由计算机进行控制,实现全过程的自动化。同时,计算机还对浆液的调煮质量进行在线监控,及时发出相应的信号。这一措施确保了浆液配比的准确性及调制浆液的高质量。在控制台上还设有流程图显示屏和打印装置,可以随时显示调浆进程,打印各种工艺参数及浆液质量指标,为操作和管理带来很大方便。

(四)新型上浆方法

完全超越现有上浆方法的全新上浆技术,还未达到成熟实用阶段。国内外研究较多的主要有以下几种:

1．溶剂上浆

采用比热较低的有机溶剂来代替水调制浆液,可以减少浆纱烘干的能耗、提高车速,而且溶剂和浆料可以回用,从而减少废物。曾有研究采用CCl_4、CO_2等溶剂,但回收设备投资大,对环保不利。

2．泡沫上浆

采用高浓度浆液在发泡装置中形成泡沫,再由罗拉刮刀均匀涂抹在经纱上,经压浆辊轧压,对经纱做适度的浸透与被覆,节水、节能并提高速度,但各种浆料的泡沫特征、泡沫气体对泡沫稳定性的影响等工艺研究尚不成熟。

3．热熔上浆

此法采用热熔性的高分子材料作为浆料，以干粉状态喷涂于经纱上，再通过高温加热使浆料熔融而黏附在经纱上，较传统上浆节能降耗，但实用的热熔浆料尚待探索。

4．经纱表面处理

经纱从浸浆辊表面拖过而被涂抹上浆料，以改善其表面性能，使其光滑耐磨而适应织造，是一种有发展前途的冷上浆技术。据介绍，国外已在研制各种实用的浆料。

从以上简单的列举中，可见新的上浆方法大体上还处于研究阶段，特别是有待于材料方面的基础科学研究进展。

学习情境四

其他织造准备生产与工艺设计

☞ 主要教学内容

穿经生产原理与工艺设计，纬纱准备、捻线与花式线生产原理，卷纬机、花式捻线机工作原理及发展，纬纱准备和捻线质量分析控制与工艺设计。

☞ 教学目标

1. 掌握穿经工艺设计的方法和原则；
2. 掌握纬纱准备的生产原理及其发展趋势；
3. 掌握捻线与花式线的生产原理及其发展趋势；
4. 能够针对典型品种进行相关工序的工艺设计。

本学习情境单元与工作任务如下：

学习情境单元	主要学习内容与任务
单元一 穿经工艺设计	穿经生产过程及其工艺计算与设计 工作任务：完成两个典型品种的穿经工艺设计方案（小组完成）
单元二 纬纱准备生产与工艺	卷纬、热湿定形生产原理及其工艺计算与设计 工作任务：完成两个典型品种的纬纱准备工艺设计方案（小组完成）
单元三 捻线和花式线生产与工艺	捻线和花式线生产原理及其工艺计算与设计 工作任务：完成两个典型品种的捻线工艺设计方案（小组完成）

单元一 穿经工艺设计

穿经是把织轴上的经纱按工艺设计依次穿过停经片、综眼和筘齿，如图 4-1 所示。

综是织造时的开口工具，穿综是将经纱按工艺设计的示意图或文字说明穿入综丝的孔眼中，以能在织造时形成梭口，并得到所需的织物组织。筘的功能较多，穿筘也是按工艺设计的示意图或文字说明进行，以分布经纱。停经片是织机上经纱断头自停装置的探纱元件，当织造中经纱断头时,诱发织机自动停车。停经片的穿法在工艺设计中也必须说明。

对穿经的要求是:

(1) 必须符合工艺设计,不能穿错、穿漏、穿重、穿绞。

(2) 综、筘、停经片的规格正确,质量良好。

一、综、筘和停经片的规格与选用

综、筘和停经片都是织机的重要器件,其规格应正确,质量应良好。

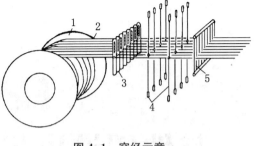

图 4-1 穿经示意

1—织轴;2—经纱;3—停经片;4—综丝;5—筘

(一)综

综由综框架和综丝组成。综框架有金属制和木制两类。金属综框的结构如图 4-2 所示。

综框架由上下金属管(或铝合金条)1、两侧边铁 2、综丝杆 3、小铁圈 4 和综夹 6 组成。综丝杆上穿有综丝 5。

每页(或每片)综框的综丝杆列数有单列的或 2～4 列的,前者称为单式综框,后者称为复式综框。复式综框用于综框页数少而经密较高的情况,可减少每列综丝杆上的综丝密度,降低织造时的经纱断头率。织造生产允许的综丝密度与纱线线密度有关,纱线愈细,允许综丝密度愈大,所用的综丝也愈细,其规格见表 4-1。

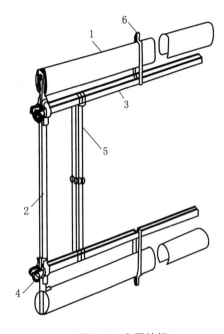

图 4-2 金属综框

1—金属管;2—边铁;3—综丝杆;
4—小铁圈;5—综丝;6—综夹

表 4-1 综丝允许密度和综丝细度规格

经纱细度		综丝允许密度	综丝号数(钢丝细度)
线密度(tex)	英制支数	(根/cm)	S. W. G.
7～14.5	80^s～40^s	12～14	28(0.35 mm)
14.5～19	40^s～30^s	10～12	27(0.40 mm)
19～36	30^s～16^s	4～10	26(0.45 mm)

综丝在综丝杆上的排列密度 P 按下式计算:

$$P = \frac{M}{B \cdot n}$$

式中:M 为总经根数;n 为综丝列数;B 为综丝上机宽度(cm,B=上机筘幅+2 cm)。

综丝分为钢丝综和钢片综两类。钢丝综由两根细钢丝焊合而成,两端有综耳,中间是综眼,分别穿入综丝杆和经纱。综眼平面对综耳平面倾斜 45°,用于高经密织物的则倾斜 30°,如图 4-3 所示。钢片综由薄钢片制成,比钢丝综耐用,而且便于机械穿经。

我国一般采用钢丝综,其主要规格是长度和细度。综丝长度由织物品种和梭口尺寸而定,其值应大于最后一页综框的梭口高度的 2 倍。综丝长度系列见表 4-2,棉织生产一般采用 280～330 mm。

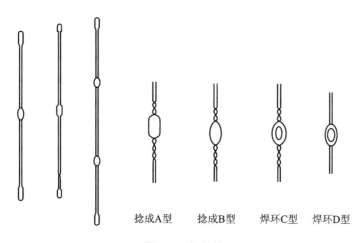

捻成A型　　捻成B型　　焊环C型　焊环D型

图 4-3 钢丝综

表 4-2 综丝长度系列

毫米	260	267	280	300	305	330	343	355	380	405
英寸	$10\frac{1}{4}$	$10\frac{1}{2}$	11	$11\frac{7}{8}$	12	13	$13\frac{1}{2}$	14	15	16

综丝的细度也应根据经纱的细度进行选择,综丝的细度用号数(S. W. G.)表示,如表 4-1 所列,棉织生产一般用 27 号。

综丝的表面及综眼应光滑,没有突瘤和锡渣,也没有锈痕、黑斑及脱焊现象。综丝应按品种统一编号后使用,不允许新旧混用。织造中,当织轴上的经纱织完(称为了机)时,应取下综丝擦干净,并将坏综丝剔除。

无梭织机都使用钢片综(图 4-4),有单眼式和复眼式两种。复眼式钢片综的作用类似于复列式综框。钢片综由薄钢片制成,比钢丝综耐用,综眼形状为四角圆滑过渡的长方形,对经纱的磨损较小。综眼及综眼附近的部位,每次开口都会和经纱摩擦,因而这个部位是否光滑是综丝质量高低的重要标志。钢片综的长度、截面尺寸、最大排列密度的选择原则与钢丝综类同。棉织生产中,瑞士 Crob 钢片综的选择见表 4-3。

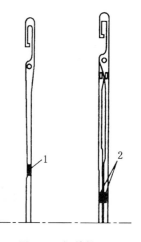

图 4-4 钢片综

1—单眼;2—复眼

表 4-3 瑞士 Grob 钢片综的选择

截面尺寸(mm)	综眼尺寸(mm)	上下两耳环顶端间距离(mm)						适用线密度(tex)	最大排列密度(根/cm)	
									直式	复式
1.8×0.25	5×1.0	260	280	300	330	—	—	14.5	16	24
2×0.30	5.5×1.2	—	280	300	330	—	—	29	12	20
2.3×0.35	6×1.5		280	300	330	380	420	58	10	17
2.6×0.4	6.5×1.8	—	280	300	330	380	—	72	9	14

　　无梭织机使用的综框也由金属制成,但其结构和材料与传统的金属综框的差异较大。如图 4-5 所示,上下综框板 1 用铝合金等轻金属或异形钢管制成,其上下分别有硬木制成的导向板 2,以避免综框升降时相互撞击。综丝杆 6 为不锈钢条,由挂钩架 4、挂钩 5 连于综框板上。综框两侧的边框 7 由铝合金,外镶硬木条,以便于与织机两侧的导槽配合,避免综框升降时晃动和碰撞。这种综框质轻、坚固、不易变形,有利于高速运转。综丝都为钢片,但不同开口机构或不同机型所用的综丝形式不同。

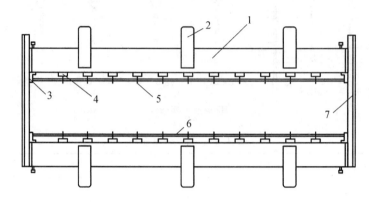

图 4-5　无梭织机使用的综框

1—综框板;2—导向板;3—定位帽;4—挂钩架;5—挂钩;6—综丝杆;7—边框

(二) 筘

　　筘的功能较多。一是分布经纱,确定经密和幅宽;二是打纬。在有梭织机上,筘还作为梭子飞行运动的导面;而在异形筘式喷气织机上,异形筘的槽筘还可作用引纬通道。

　　筘由许多筘片结合而成,按结合的方法分为胶合筘和焊接筘两类。图 4-6 中,(a)为胶合筘,(b)为焊接筘。

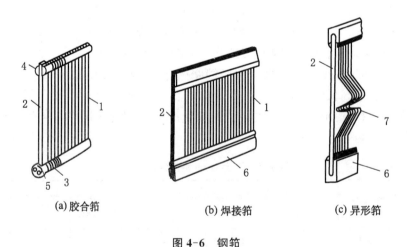

(a)胶合筘　　　　　(b)焊接筘　　　　　(c)异形筘

图 4-6　钢筘

1—筘片;2—筘边;3—扎筘线;4—扎筘木条;5—筘盖;6—筘梁;7—异形筘片

　　焊接筘比较坚固,适用于紧密织物,但维修较不方便。胶合筘由筘片 1、筘边 2、扎筘线 3、扎筘木条 4 和筘盖 5 组成。扎筘线把筘片扎于扎筘木条上,两端用筘边和筘盖固定。图 4-6

中,(c)为喷气织机使用的异形筘。

筘的规格有筘号、筘长和筘高等。

筘号表示筘片的稀密程度,指单位长度中的筘齿数(筘齿是两筘片间的空隙),有公制筘号和英制筘号之分。公制筘号 N_m 是指 10 cm 中的筘齿数;英制筘号(N_e)是指 2 英寸中的筘齿数。

公制筘号可按下式计算:

$$N_m = \frac{P_j \times (1 - a_w)}{b} (齿 /10 \text{ cm})$$

式中:a_w 为纬纱织缩率(%);P_j 为织物经密;b 为每筘齿中穿入的经纱根数。

本色棉织物的每筘齿穿入数一般为 2~4 根,经密大的织物,穿入数大些;色织布和直接销售的坯布,穿入数小些;经过后处理的织物,穿入数可大些。应注意每筘齿穿入数应尽可能等于织物组织循环经纱数或为织物组织循环经纱数的约数或倍数。小花纹织物、经二重织物、双层织物、毛织物、丝织物等,每筘齿穿入数可大些,可达 4~6 根。某些织物结构比较特殊,如稀密条织物、透孔织物等,需采用不均匀穿筘,或空筘;特别紧密的织物可采用双层筘的筘片穿入法,如图 4-7 所示。

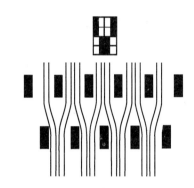

一般而言,丝织用的筘号较高,筘齿很密;毛织用的筘号低,筘齿稀;棉织用的筘号居中,常用筘号为 80~200 齿/10 cm,一般取整数,特殊情况可取小数 0.5。

图 4-7　双层筘的筘片排列及经纱穿法

筘的长度根据织机的最大工作宽度而定。有梭织机用的筘长小于织机的公称筘幅,如织机公称筘幅为 118.5 cm(44 英寸),则筘长为 108 cm,经纱穿筘幅宽(也称为筘幅)则更小些。

筘的高度有筘全高和筘面高之分。筘全高有 115 mm、120 mm、125 mm、130 mm 和 140 mm 五种。若除去上下木条或筘梁,则为筘面高,它与梭口的高度有关。

筘片由碳素钢轧制而成,其断面为扁平状,两侧成圆角。棉织用的筘片宽度有 2.5 mm 和 2.7 mm 两种。筘片的厚度与筘号有关,筘号愈大,则筘片愈薄。

常用钢筘的规格见表 4-4。

表 4-4　常用钢筘规格

公制筘号(齿/10 cm)	110	118	126	134	141.5	149.5	157.5	165	173	181
英制筘号(齿/2 英寸)	56	60	64	68	72	76	80	84	88	92
筘片厚度(mm)	0.43	0.40	0.38	0.36	0.34	0.32	0.30	0.28	0.27	0.26

筘片应十分光滑,无伤痕、毛刺、凹凸不平等现象,且密度均匀。若出现筘片松动、失去弹性、筘片弯曲及毛刺等情况,应及时检修。对在织机上造成损伤的筘片,应予以调换。此外,应及时擦去筘片上的铁锈。暂时不用的筘,应刷净后涂上滑石粉或专用油,再用防水纸包好,装箱存放。

（三）停经片

停经片由经过回火处理的 60 号碳素钢片冲压而成,其形状有两类。图 4-8 中,(a)为机械式停经片(闭口式),(b)为电气接触式停经片(开口式)。闭口式停经片穿经时,停经片先穿于停经杆上,用穿综钩将经纱引过停经片中部的孔眼。开口式停经片则在织轴穿好以后,把经纱拉直,然后再将停经片插到经纱上。国产自动换梭织机大多采用机械式停经片,其尺寸为长 120 或 80 mm、宽 11 mm,圆孔直径 5.5 mm,厚度有 0.1、0.2、0.3、0.4 和 0.5 mm 五种,根据纤维性质、纱线线密度等因素进行选择,一般棉织用停经片为 0.2 mm。无梭织机都采用电气接触式停经片。

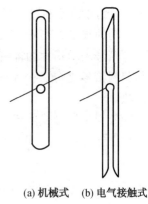

(a) 机械式 　(b) 电气接触式

图 4-8　停经片

停经片的表面及边缘应十分光洁,硬度达 HRC 48～50,有足够的弹性,纱眼圆整,不允许有毛刺裂口。停经片要求成套使用,不能新旧混用。织机了机时取下的停经片应及时清洁,并剔除坏片,按同样的新旧程度补充。

每根停经杆上停经片的排列密度不可太大,要保证停经片下落灵敏,及时停车。停经片穿在停经杆上的最大允许密度与停经片的厚度有关(表 4-5)。每根停经杆上停经片的排列密度用下式计算:

$$P = \frac{M}{m(B+1)}$$

式中:P 为停经片排列密度(片/cm);M 为总经根数;m 为停经杆排数;B 为综框上机宽度(cm)。

表 4-5　无梭织机停经片最大排列密度与停经片厚度的关系

停经片最大排列密度(片/cm)	23	20	14	10	7	4	3	2
停经片厚度(mm)	0.15	0.2	0.3	0.4	0.5	0.65	0.8	1.0

停经片的尺寸、形式和质量的选择,应依据纤维原料、纱线线密度、织机种类和车速等条件(表 4-6、表 4-7)。一般纱线线密度大,车速快,选用较重的停经片;反之,则用较轻的停经片。毛织一般用较重的停经片,丝织用较轻的停经片;长时间大批量生产的织物用闭口式停经片,经常翻改品种且批量较小的织物用开口式停经片;毛织一般用开口式,丝织有用开口式的,也有用闭口式的。

表 4-6　停经片最大排列密度与纱线线密度的关系

停经片最大排列密度(片/cm)	8～10	12～13	13～14	14～15
纱线线密度(tex)	48 以上	42～21	19～11.5	11 以下

表 4-7　无梭织机用停经片质量与纱线线密度的关系

纱线密度(tex)	<9	9～14	14～20	20～25	25～32	32～58	58～96	96～136	136～176	>176
停经片质量(g)	<1	1～1.5	1.5～2	2～2.5	2.5～3	3～4	4～6	6～10	10～14	14～17.5

纱线穿入停经片的顺序根据织物品种确定。一般品种采用顺穿,即1、2、3、4;也可采用飞穿法,即1、3、2、4。细特高密品种采用并列顺穿,即1、1、2、2、3、3、4、4或1、2、3、4、3、4、1、2。

在无梭织机的生产中,有时为避免同一根停经杆上的停经片同时上下剧烈跳动,可按图4-9所示的方法配置停经片。

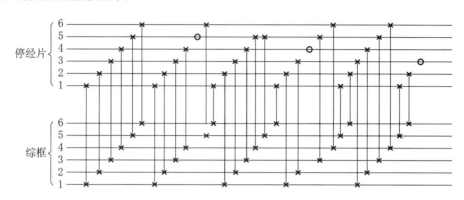

图 4-9　停经片在停经杆上的配置方式

二、穿经方法

穿经方法有人工穿经、机械穿经和结经三种。

(一) 人工穿经

人工穿经又分全手工穿经和三自动穿经。

全手工穿经在穿经架上进行,织轴、停经片、综框和钢筘都置于其上。所用的工具是穿综钩和插筘刀。

穿综钩[图4-10(a)]用以穿综和停经片,形式有单钩、双钩、三钩和四钩,按织物品种和穿综图选用。插筘刀[图4-10(b)]用来插筘,每插一次能够自动由左至右移动一个筘齿。

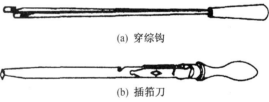

(a) 穿综钩

(b) 插筘刀

图 4-10　穿综钩和插筘刀

从浆轴上引出的经纱被整齐地夹持在穿经架上,操作工用穿综钩将手工分出的经纱按工艺要求依次穿过停经片、综丝眼,然后用插筘刀将经纱由上而下穿过钢筘的筘齿间隙,即完成手工穿经操作。手工穿经的全部操作包括取综丝和停经片,穿综钩穿入综丝眼和停经片、引纱通过,取纱及插筘都由手工进行,工人的劳动强度大而生产效率低,每小时约可穿1 000~1 500根。但手工穿经比较灵活,对任何复杂的组织都能适应。

为了提高人工穿经的生产效率,降低劳动强度,在穿经架上加装三自动装置(图4-11),即自动分纱(将纱片逐步分稀,以便取纱)、自动取停经片和旋转式自动插筘。三自动又称半机械穿经,但主要操作仍由人工进行,生产效率比全手工穿经略高,每小时可穿1 500~2 000根。

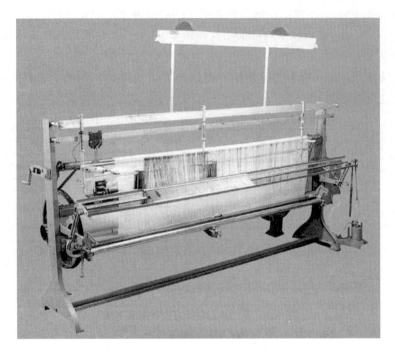

图 4-11　G177 型三自动穿筘机

（二）机械穿经

即采用自动穿经机（图 4-12），其各项动作与人工穿经类似，但都由机械执行。全自动穿经机每分钟能穿 150～200 根，操作工只需看管机器的运转状态，以及做必要的调整、维修和上下机等工作。

自动穿经是经纱从有张力的经纱层中被拉出，一根一根地被送入穿综元件，在相同方向排成一行的综丝堆中被分开，并输送到穿综位置，用塑料刀片在钢筘上打开一个间隙，钢筘根据穿经顺序逐一移动，一个穿引钩一步就把经纱穿过综丝眼和钢筘。然后，已穿有经纱的综丝被推到综丝架轨道上。共有多达 20 个综

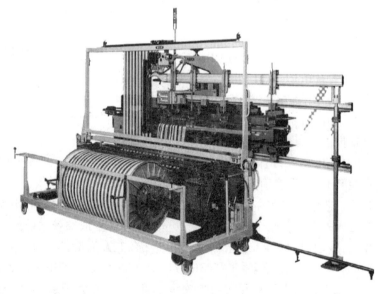

图 4-12　自动穿经机

丝架轨道并列着，当所有经纱穿好后，卸载穿经综框并放到经轴车上。如果要实现以上要求，经纱、停经片孔眼、综丝综眼、钢筘筘路必须在同一条水平线上才能保证穿引钩顺利穿经。

为保证以上工序顺利完成，自动穿经机配备了光电检测、传感器和照相系统，以避免损坏

相关部件。自动穿经机主要由纱线模组、停经片模组、综丝模组、钢筘模组及控制器等组成。以上模组相互配合穿好纱线后,按照编订的程序将综丝和停经片送入相应的位置。经纱传感器检查纱线的正确传入,钢筘的光学检测和控制系统根据钢筘密度和设定的穿筘顺序来检查钢筘的运动。由于采用了先进的计算机控制技术,自动穿经机适用于各类织物组织,用于生产织物组织结构的复杂品种时其优势更为突出,而且也适用于棉纱、混纺、毛、丝、花式纱等品种的自动穿经。

(三) 结经

结经是将织机上织剩的而其上带有综、筘和停经片的经纱尾(即了机纱)和新织轴的纱头(即上机纱)逐根打结连接起来,再拉动纱线,使上机纱通过综、筘和停经片,适用于新旧织轴为同一品种、穿法相同的情况。此法颇为简便,而且采用自动结经机,生产率较高,失误比机械穿经少。但是综、筘、停经片一直穿有经纱,不能取下清理维修,因而不能完全代替穿经,当综、筘和停经片用过几个织轴后,必须取下重穿。在棉织生产中,综、筘和停经片容易损坏,需加强清理维修,因而结经法使用不多。而丝织产品的穿经非常复杂,总经根数很多,所以广泛采用结经法。但是,当品种变更时必须重穿,不能使用结经法。

结经(不限于打结,也可采用黏合、捻接方式)可用手工操作,生产率低。现在大多采用自动结经机,分为活动式和固定式两类。活动式结经机放于织造车间了机织机的机后进行工作,织机了机、上轴停车时间较长,效率低,而且要求织机机后的通道较宽。固定式结经机置于结经室或穿经室内,将上机织轴和了机织轴运送到这里,先将上机纱和了机纱梳理整齐,再放于结经机上依次打结。自动结经机打结操作应简单、快速、不易失误,但对成结质量的要求不是很高。

自动结经机的机构较复杂,动作很多,主要由许多凸轮控制,打结速度为 $200\sim300$ 个/min。自动结经机操作如图 4-13 所示,自动结经机如图 4-14 所示。

图 4-13　自动结经机操作

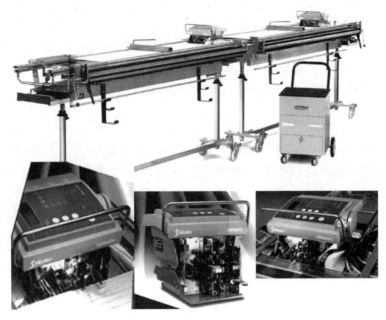

图 4-14　自动结经机

三、穿经质量控制

（一）穿经质量指标

穿经质量指标用穿经好轴率表示。

$$穿经好轴率 = \frac{抽验轴数 - 疵轴轴数}{抽验轴数} \times 100\%$$

抽验项目一般包括穿错、穿绞、综丝不良、错筘号、多头少头、油污等。

（二）穿结经疵点及成因分析

常见穿经疵点及其成因和预防措施见表 4-8。

表 4-8　常见穿经疵点及其成因和预防措施

疵点名称	疵点成因	预防措施
绞头	① 未按照织轴封头夹子上的浆纱排列顺序进行分纱 ② 浆纱机落轴时，未夹紧纱头，或胶带夹持效果不好，以致浆纱紊乱 ③ 接经前纱头梳理不良	加强管理，认真执行操作法
多头	① 织轴上有倒断头 ② 织轴封头附近的断头未接好	① 浆纱时断头应进行补头 ② 织轴封头附近的断头应先接好再穿
双经	① 浆纱并头 ② 穿经时分头不清，同一综眼内穿入 2 根经纱	① 减少浆纱并头 ② 穿经完成后应检查穿轴质量

（续表）

疵点名称	疵点成因	预防措施
错综（并跳综）	① 经纱穿入不应该穿入的综眼内 ② 不符合穿综顺序或漏穿 1 根综丝	① 穿综时要认真执行操作法 ② 穿综完成后进行质量检查
错筘（双筘、空筘）	① 插筘时插筘刀没有移过筘齿，在原筘齿内重复插筘 ② 插筘后，跳过一个筘齿	经常检查插筘刀是否失灵
绞综	① 理综时没有将绞综理清 ② 综丝穿到绞丝铁梗	① 理综时应仔细检查 ② 检查绞综，发现问题及时纠正
综丝脱落	综丝铁梗一端的铁环失落，综丝脱出	穿综完成后加强检查，铁环失落应及时补充
污染经纱	织轴上有油污、水渍	① 搞好车间清洁 ② 保持产品清洁
筘号用错	修筘工将筘放错，而穿筘工使用时又未进行检查	加强管理，认真执行操作法
漏穿停经片	操作不良	认真执行操作法
余综余片	余综：每根综丝铁梗允许前面留 1 根综丝、后面留 5 根综丝，超过算余综 余片：每列停经铁梗上不允许有多余的停经片，否则算余片 ① 理综工理综时未点数，穿经完成后也未处理 ② 织轴倒断头过多	① 严格执行工艺，多余应去除 ② 减少浆纱倒断头，提高织轴质量

表 4-9 结经疵点及其成因

疵点名称	疵点成因	预防措施
断头	① 纱线太脆 ② 全片纱张力太大	① 调整车间湿度，使纱线柔软 ② 倒摇张力摇手，使槽形板向后退，减少纱线张力
双经	① 了机纱未铺放均匀而产生并头 ② 浆轴绞头 ③ 张力器调整不正确，纱线挤在一起 ④ 结经机梳理不匀	① 先用硬毛刷梳理，再用细缝纫针分离 ② 理清绞头 ③ 校正张力圈和张力片位置，使纱线不重叠在一起
结头不紧	① 打结针张力太小 ② 打结针上有纤维塞住打结管 ③ 取结时间太迟	① 调节打结针张力 ② 拆下打结针，进行清洁工作 ③ 调节取结钩连杆位置
打不成结	① 结头的纱尾太短 ② 打结歪嘴运动不协调 ③ 打结歪嘴上的弹簧断裂或松掉 ④ 压纱时间太早 ⑤ 剪刀不锋利	① 横向移动剪刀位置 ② 检查各机构的动作是否适当或单独调整有关凸轮时间 ③ 检修打结歪嘴上的弹簧 ④ 调节压纱时间 ⑤ 研磨剪刀片

（续表）

疵点名称	疵点成因	预防措施
挑不到纱线	① 挑纱针向外伸的程度不够 ② 挑纱针的左右位置调节不当 ③ 针上的拉簧太松	① 调节挑纱针座托脚上的正面螺丝 ② 调节挑纱针座托脚上的侧面螺丝 ③ 旋紧拉簧螺丝

穿经疵点的产生，大部分是由于操作工工作不认真所致，所以应加强工作责任心。穿经前认真检查浆轴质量，检查综丝、钢筘和停经片的质量；操作时集中精力，手眼一致，穿一段查一段，穿完后全面检查一遍，以提高穿经质量，减少疵点。

单元二 纬纱准备生产与工艺

有梭织机所需纬纱的卷装形式是纡子。若纡子直接由纺厂细纱机或捻线机制得，不需重新卷绕就可供织造，这种供纬方式称为直接纬；若经过卷纬制成纡子，这种方式称为间接纬。

直接纬的纡子质量较差，容量也少，但工序短、成本低，因而在棉纺织联合厂生产中低档织物时普遍采用。间接纬卷绕紧实、成形良好、容量大，退绕顺利且张力均匀，并有机会除去纱上的杂质和疵点（卷纬前一般先络筒），所以纡子的卷绕质量、纱线质量、容量都优于直接纬，对提高织机的产质量非常有利。棉纺织厂生产高档织物或色织厂、单织厂及丝织厂、毛织厂都采用间接纬，但工序较多，成本较高。

纬纱准备除间接纬需络筒、卷纬外，还要对纬纱进行热湿处理。

无梭织机所用纬纱的卷装形式是筒子，纬纱准备是络筒和热湿处理。

一、纡子和纬管

无论是直接纬或间接纬，对于有梭织机都是把纬纱卷绕于纬管上，成为织造所需的纡子。

（一）纬管的种类

由于各种织机的特征和梭子的类型不同，所以纬管的种类很多，图 4-15 所示为常见的三种。

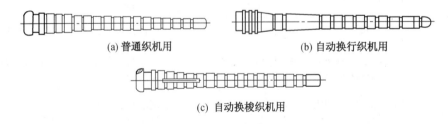

(a) 普通织机用   (b) 自动换纡织机用

(c) 自动换梭织机用

图 4-15 几种纬管

图 4-15 中，(a)为普通织机用纬管，(b)为自动换纡织机用纬管，(c)为自动换梭织机用纬管。纬管的材料可为木材或塑料等，要求材质均匀，不易变形或老化，在一定程度的热湿作用下性质稳定。

（二）对纡子卷装的要求和备纱

织造时，纡子处于剧烈的冲击条件下，做间歇性的高速退绕，很容易崩塌、脱圈和断头，加

之自动补纬的特殊需要,所以对纡子的卷装有以下要求:

(1) 层次分明,退绕顺利,不易断头和脱圈。

(2) 张力均匀,卷绕较为紧实,织造时不崩塌。

(3) 成形正确而且完整。

(4) 在不影响退绕、能顺利装入梭子的条件下,容量尽可能大。

(5) 备纱的长度和位置正确。

备纱又叫保险纱或衬纱,是在自动织机用的纡子上最先卷绕在一定位置的一段纬纱。该位置在探针槽 b 的上侧 c(称为上保险)或下侧 a(称为下保险)(图 4-16)。

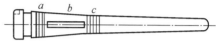

图 4-16 备纱

不仅在卷纬时纬管上应卷绕备纱,而且当细纱机或捻线机纺直接纬纱时,也应卷绕备纱。若细纱机落纱时有断头,则开机后这些锭子不能采用一般的方法生头,而必须换上有备纱的纬管进行接头。否则,这些纡子纺成后,因没有备纱,织厂又不能发现而将它们剔除,织造时就会形成缺纬疵布。

备纱的长度必须正确。若太短,则保险性差,仍会导致缺纬疵布;若太长,则回丝太多。由于采取备纱措施后,织造的纬纱回丝率较高,所以降低纬纱回丝率对节约原料、降低成本的意义很大。此外,备纱的卷绕位置也很重要,若不正确,也会降低其保险性,甚至起不到保险作用。

(三) 纡子的卷绕成形

纡子属于短程式卷绕,结构与细纱管类似,其成形由以下三个运动组成:

(1) 纬管旋转运动。

(2) 导纱往复运动,其动程较小。

(3) 导纱前进运动,每次往复逐渐向管顶前进。

这三个运动的配合,使各层纱线基本分布于圆锥面上,这有利于轴向退绕,但纱圈的稳定性较差。加之纡子处于剧烈的冲击振动工作条件下,更容易崩塌脱圈。为使纱圈稳定,每层纱圈以交叉卷绕为佳,而不宜采用稳定性较差的平行卷绕。因此一些卷纬机的导纱往复速度较快,且来回一致,无绕纱层与束缚层之分。虽然理论上交叉卷绕的空隙大,卷绕密度较小,但因卷纬的纱线张力大,所以纡子仍很紧实,既不易崩塌而且容纱量多。而直接纬纱的卷绕张力小,且存在平行卷绕结构,故纡子结构疏松且纱圈不稳定,织造时易脱圈崩塌,这也是间接纬的质量优于直接纬的原因之一。

前进运动的速度影响纡子的外径。若纱线的细度相同,前进速度快则纡子外径小,容纱量少;反之,则纡子外径大、容纱量多。为了能顺利装入梭子,卷装又要尽可能大,所以纱线细时前进应慢,而纱线粗时前进应快。

二、卷纬机

卷纬机的任务是把纬纱卷绕于纬管上,形成织造所需的纡子。其种类很多,从锭子的位置而言,大致可分为竖锭式和卧锭式两类。

(一) 半自动卷纬机

半自动卷纬机属于卧锭式,以 4 锭为一节,一台五节共 20 锭。G191 型、H191 型和 K191

型都属于此类卷纬机。其工艺过程如图4-17所示。

从筒子1引出的纬纱2，经导纱眼3、张力器4、断头自停杆5的导纱瓷眼6，进入导纱器7上的导纱钩8而卷绕于纡子9上。纡子卷满后落在纡子箱10中。

这种卷纬机的锭子没有锭杆，纬管由后端的顶尖和前端的锭夹夹持。顶尖转动使纬管一起旋转。导纱器装于导纱螺杆上，导纱螺杆做前后往复运动，使导纱器往复导纱。导纱器的下方结构相当于螺母套于导纱螺杆上，导纱螺杆除了做往复运动外，还缓慢地转动，使导纱器相对于导纱螺杆移动，形成前进运动。卷纬机每节四锭，共用一只传动油箱。顶尖的转动、导纱螺杆的往复和转动，都由油箱内的机构传动。导纱螺杆的旋转速度可以调节，即调节前进量（决定纡子的外径）。

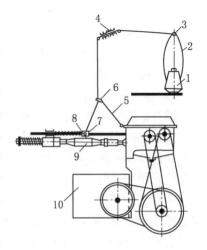

图4-17 半自动卷纬机的工艺过程

1—筒子；2—纬纱；3—导纱眼；4—张力器；5—断头自停杆；6—导纱瓷眼；7—导纱器；8—导纱钩；9—纡子；10—纡子箱

油箱中还有差微运动和备纱卷绕等机构，备纱的长度也可调节。

断头自停杆是断头自停装置的探纱元件，当一节中的一根纱断头，则一节停止运转。

这种卷纬机具有满管自动更换的功能。即当纡子绕满时，油箱停止卷绕，导纱器回到起始位置，满纡下落到纡子箱中并剪断纱尾，空纬管到工作位置被夹持并生头，油箱再开始卷绕。这些工作都是自动进行的。工人的工作是处理断头和故障，装空管于空管库中，取走满管，放置筒子和做清洁工作。

半自动卷纬机的主要工作已实现自动化，工人劳动强度较低，产品质量好，所以在棉、毛、丝织厂都得到使用。但它的机构复杂，维修麻烦，一锭断头则4锭都停止卷绕，影响效率，而且占地面积大，若大规模白织厂用它卷绕间接纬纱，则需大量的卷纬机和大面积的车间，影响成本，因而多用于色织厂或小型织厂。此外也有在每台织机上设一台单锭自动卷纬机的，称为车头卷纬，这样就不需要卷纬车间，织造车间也不设装纡工，但这种织机的价格很高。

半自动卷纬机的锭速约为3 000～4 200 r/min，纡子外径28～30 mm，适用于卷绕7～60 tex的纱线，线速度约为200～300 m/min，换管时间5～6 s，由筒子供纱。

若卷纬机除了满管自动更换功能，还具有自动理管、自动输送满管和空管等功能，就称为全自动卷纬机。

（二）竖锭式卷纬机

这种卷纬机类似细纱机或捻线机，但没有牵伸和加捻装置。图4-18所示为其工艺过程。

纱线从筒子1上引出，经张力器2、导纱杆3、做上下往复运动的导纱钩4，卷绕于纡子5上。

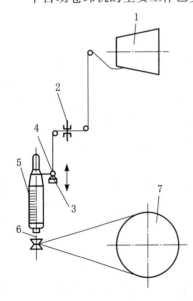

图4-18 竖锭式卷纬机的工艺过程

1—筒子；2—张力器；3—导纱杆；4—导纱钩；5—纡子；6—锭子；7—滚筒

纡子5插于锭子6上,锭子由滚筒7经锭带传动而使纡子转动。导纱钩做升降往复运动而导纱,并逐渐升高而前进。

此机一般具有满管自停、导纱钩回到起始位置、卷绕备纱等功能,但断头时不能自停,拔满管和插空管都由人工操作。由于本机的主要任务只是卷绕,因而绕成满纡耗时不多,落纱换管频繁,工人劳动强度大。但由于结构简单,锭子排列紧凑,一台卷纬机上锭子很多而占地少,因而许多白织厂乐意使用。

有的织厂则利用旧细纱机或捻线机改装,改装的内容如下:

(1) 取消牵伸装置及相应的传动系统。

(2) 用导纱钩代替钢丝圈,固装于钢领板上,也可在钢领上安装挡块,不让钢丝圈转动而作为导纱钩。

(3) 降低锭子速度至3 000 r/min左右。

(4) 改装纱架放置筒子。

(5) 加装张力器。

(三) 卷纬机产量计算

1. 理论生产率

理论生产率Q_1[kg/(锭·h)]按下式计算:

$$Q_1 = \frac{60v\mathrm{Tt}}{10^6}$$

式中:v为卷纬机线速度(m/min);Tt为纬纱线密度(tex)。

2. 实际生产率

实际生产率Q[kg/(锭·h)]按下式计算:

$$Q = Q_1 K$$

式中:K为卷纬机时间效率。

三、纬纱的热湿处理

(一) 纬纱的热湿处理目的与要求

适当的回潮率有利于提高纱线的强力,稳定纬纱捻度,增大纱层间的附着力和通过梭口时的摩擦力,从而减少纬纱断头,降低纬缩、脱纬等疵布。

通常从纺厂来的直接纯棉纬纱的回潮率只有5%～6%,而其织造时的适宜回潮率应为8%～9%,所以纯棉纬纱在织造前应进行给湿处理。但纯棉纬纱的回潮率太大会恶化其物理性能,使退绕困难、坯布上产生黄色条纹。

涤/棉混纺纬纱,因涤纶含量一般较大,而涤纶的弹性好、抗捻性强,从纡子上退解时易产生扭结和脱圈现象,从而造成大量的纬缩和脱纬疵布,所以涤/棉混纺纬纱在织造前应做定捻处理。毛纱的弹性好,也应做定捻处理。

涤/棉混纺纬纱的定捻以加热给湿的效果比较迅速而显著,但应注意加热温度绝不能超过印染时的定形温度,否则印染时定形困难且效果不良。此外,热湿处理应很均匀,否则印染加工后可能形成疵点——裙子皱,这种疵点在坯布上并不显现出来。

对于起皱织物用的强捻纬纱,无论纯棉纱、涤棉纱还是桑蚕丝,织造前也应定捻,否则将影响织造生产的顺利进行和起皱织物的质量。同样,用无捻或低捻桑蚕纬丝织造非起皱织物,也要在织前给湿。另外,毛股线织物的纬纱在织前亦需要蒸纱,以有利于织造生产和提高产品质量。

但是并不是任何纤维的纬纱都需要给湿。黏胶人造丝在织造前不仅不能给湿,相反要保持干燥。因为人造丝的吸湿性很强,而且湿态下的强力和断裂伸长率比干态下低得多,所以在织造前应先低温烘燥,再取出,用石灰和硅酸钠保燥,使其回潮率保持在12%左右。

(二) 纬纱给湿和定捻的方法

1. 堆存喷湿法

堆存喷湿法又称自然定捻(或给湿)法,把纬纱置于潮湿环境下(空气相对湿度为80%～85%)堆放12～24 h;若时间不足,可用喷雾器在空气中喷水。此法费时、占地大,纬纱储备量大,且定捻给湿效果不显著,但操作简单且不需要特殊设备,工序也短。

2. 浸水法

浸水法是将纬纱装于不锈容器(竹筐、铜丝篓等)内,浸入35～37 ℃的热水中约1 min,取出后存放在纬纱室4～5 h后再供使用;也可在热水中加入肥皂、土耳其红油、拉开粉等浸透剂,帮助水分浸入纱层。

3. 给湿机处理法

此法是将纡子倒在给湿机的给湿帘子上,帘子低速前进,将纡子送入给湿仓。给湿仓内有若干喷头,向纡子喷水,并喷蒸汽,对纬纱进行热湿处理。由给湿仓出来的纡子,从帘子上落入纱筐内,送至纬纱室存放供使用。给湿机多作给湿用,可连续进行。但给湿仓不密封,热湿浸透有限。有时也可在水中加入浸透剂。如图4-19所示。

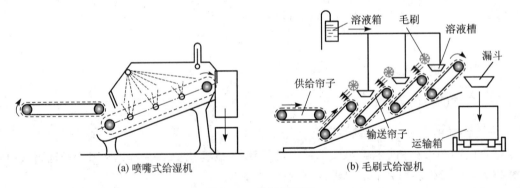

(a) 喷嘴式给湿机　　　　　　　　　(b) 毛刷式给湿机

图 4-19　纬纱给湿机

4. 密封汽蒸法

将纬纱装入密封容器——定捻锅(图4-20)中,锅内设加热器和蒸汽管,一般还有抽真空装置。抽真空后,再开蒸汽,使湿热空气容易进入纱线层,从而加快定捻过程。纬纱的卷装可为纡子或尺寸较小的筒子。

此法定捻效果显著、耗时短,一般涤/棉纱和强捻纱多用此法,但工序和设备增加。定捻时,必须注意温度、时间、蒸汽压力和真空度等定捻工艺参数。若不慎,则可能对印染加工有不良影响。对于65/35涤/棉混纺纱,定捻温度约为80～85 ℃,保温时间为45～50 min(筒子)或20～30 min(纡子),真空度为$6.7 \times 10^4 \sim 9.3 \times 10^4$ Pa。

图 4-20　纬纱定捻锅

若没有定捻锅，可采用蒸纱房蒸纱。蒸纱房具有一定密封性，将纬纱放于其中，通入蒸汽蒸一定时间，其效果不如定捻锅。

纬纱的定捻效果主要取决于定捻效率和内外层捻度的稳定情况。

定捻效率的测定方法是：将定捻后的纬纱引出一定长度 S_1（1.0 或 0.5 m），一端固定，另一端手执，缓慢平行移近，至出现扭结为止，记下两端距离 S_2，然后按下式计算：

$$定捻效率 = \left(1 - \frac{S_2}{S_1}\right) \times 100\%$$

涤/棉纱的定捻效率一般为 $40\% \sim 60\%$。

单元三　捻线和花式线生产与工艺

在机织物生产中，常采用两根或两根以上的本色纱或各色纱，经并合、加捻制成的股线或以特殊工艺加工而成的花式捻线进行织造，其产品绚丽多彩、风格独特。

用股线织成的织物称为线织物。由于股线在条干、强度、弹性、耐磨、光泽和手感等方面优于同特单纱，因此股线织物在高支高密或风格粗犷等高档织物中应用较为广泛。

花式捻线（简称花式线）的品种较多，应用也比较广泛。纺制花式线可使纱线在色彩和外形上活泼多变、新颖别致，使织物风格别致，并达到增加织物花色品种的目的。

一、股线简介

将两根或多根细纱并合加捻成股线称为并捻，它是股线织物或花式线织物的经纬纱准备工序之一。股线的捻度比较小或并合根数比较少时，可用并捻联合机一次加工完成并合和加捻两道工序；若捻度比较大，往往将并线和捻线分别完成，有利于提高股线质量和加工效率。

股线的并合根数、颜色和捻度是在织物设计时确定的。两根纱线并捻成的线称为双股线，花式捻线大多由三根纱线并捻而成,多根纱线并合的复合线称为缆线。在丝织行业,由于采用的原料大多是 2.31 tex 的蚕丝,并合加捻应用极其广泛。

为了使得股线的捻度稳定、抱合良好,股线加工时的捻向与原有纱线的捻向应相反。如单纱、桑蚕丝为 Z 捻,第一次并捻时往往加 S 捻;如无特殊要求,则第二次并捻时加 Z 捻。

(一) 棉毛型股线

由单纱制成的棉毛型股线,经过并合后,粗细不匀的现象得到改善,因而条干均匀。股线加上一定的捻度,在扭力作用下,纤维向内层压紧,相互之间的摩擦力增大,因而股线的强度一般大于各单纱的强度之和,股线的耐磨性能、弹性也优于单纱。

股线与单纱的捻向相反,使股线表层纤维与纱线轴向之间的倾角减少,使股线手感柔软、光泽良好。

(二) 真丝、合纤型股线

真丝、合纤都是长丝型纤维,单丝本身只有极小的 Z 捻(200 捻/m 以下),单丝线密度也比较小,往往通过并捻来达到织物加工对原料的要求。真丝、合纤型股线在并合时,除了同种类、同粗细的原料并合之外,也有不同粗细、不同种类的原料并合。

真丝、合纤经过并捻形成股线后,条干均匀,弹性、耐磨性提高,光泽柔和,但因其单丝基本无捻,所以股线手感变硬。股线的强度与所加的捻度有较大的关系,当所加的捻度较小时,捻度增大使股线的强度增加;但有些织物要求有较好的弹性和抗皱性,或者为使织物有良好的起绉效应,所加的捻度特别大,此时股线的强度并不增大。

此外,某些特殊风格的织物要求纱线经过反复多次的并捻,也有些股线并捻时原料粗细不同、强力不同,形成特殊的风格。

(三) 合股花式线

合股花式线常用两根或三根不同颜色的单纱经过一次或两次并捻而成。双股或多色股线广泛用于毛织和色织生产。合股花式线由于采用不同原料、捻向和捻度,以及各种色纱进行组合,所以品种很多。例如:除了普通捻度的花式线外,还有强捻花式线和弱捻花式线;有用两根具有明显的节粗节细纱,使它们的粗段对粗段、细段对细段合并,并加捻而成的云纹线;有用一根较粗的具有强捻(Z 向)的细纱做芯纱和一根或数根一般捻(S 向)的细纱并合加捻,使粗芯纱均匀退捻而成的波纹线;有用涤/棉和涤纶三角丝、涤/棉和金银丝、涤/棉混纺纱和有光人造丝、毛纱和金银丝加捻而成的闪烁匀捻线。

股线线密度等于单纱线密度乘以纱的股数。如组成股线的单纱的线密度不同,则以组成股线的各根单纱的线密度之和作为股线的线密度。股线的表示方法如下所示(若为短纤维,不注明原料种类的,指棉纤维):

14×2 指 14 tex 棉双股捻线;

T/C 14×2 表示 14 tex 涤/棉混纺双股捻线;

14+R13 指 14 tex 棉纱和 13 tex 人造丝的并线;

14+14 指异色的 14 tex 棉纱的并线。

二、并捻与倍捻的工作原理

(一) 并捻机

棉型股线和合股花线都可在并捻联合机上加工而成。图 4-21 所示为普通捻线机的工艺过程。从并纱筒子 2 引出的纱线,先绕过水槽 16 中的玻璃导杆 4,然后穿过横动导杆 5,绕过下罗拉 6 和上罗拉 7,再经导纱钩 8 进入卷绕和加捻区。

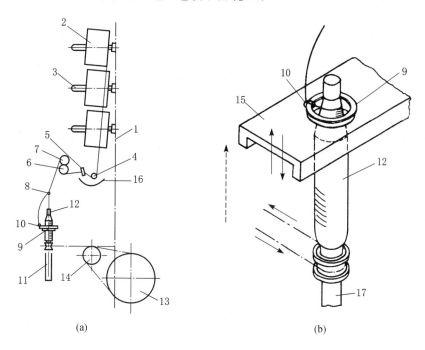

图 4-21 普通捻线机的工艺过程

1—纱架;2—筒子;3—筒管锭子;4—玻璃导杆;5—横动导杆;6—下罗拉;7—上罗拉;8—导纱钩;
9—钢领;10—钢丝圈;11—锭子;12—线管;13—滚筒;14—导轮;15—钢领板;16—水槽;17—锭子

普通捻线机的卷绕和加捻区同细纱机一样,由锭子 11、钢领 9 和钢丝圈 10 等组成。锭子的转速为 8 000～10 000 r/min。两根并列的单纱自导纱钩引入加捻区后,穿过钢丝圈而卷绕在线管上。锭子转一转,在两根单纱上加上一个捻回。钢丝圈以钢领为轨道,引导纱线卷绕在线管上。钢丝圈的质量和对纱线的摩擦阻力给纱线以卷绕张力。钢领固装在钢领板上,钢领板由成形机构传动做升降动作和卷绕层级的升层动作,使已加捻的合股线一层层地卷绕在线管上。

股线捻度取决于罗拉转速和锭子转速的配置。当罗拉输出速度一定时,锭子速度愈快,对纱线加的捻回数愈多;当锭子速度一定时,罗拉输出速度愈快,对纱线加的捻回数愈少,但产量增加。

捻线机锭子的旋转方向可以有不同选择。通常合股线的加捻方向与原单纱的加捻方向相反,而普通单纱多数为 Z 捻纱,故一般合股线的捻向为 S 捻。

捻线工艺分为湿捻和干捻两种。湿捻时,水槽中注水,纱线通过水槽后,回潮率提高,有利于稳定纱线的捻度,并贴伏一部分毛羽,改善织物质量。大多采用干捻法,即捻线机不设水槽。用干捻法纺出的合股线,在络筒前需经一定时间的自然定捻,纱线在浆纱工序需经浸水或上轻浆,经烘干后,股线回潮率得到提高、毛羽减少,可以获得与湿捻法相同的效果。

普通捻线机只对纱线进行加捻,而捻合前的单纱并合由并纱机完成。另有一种捻线机,除对纱线进行加捻外,同时具有并纱作用,这种捻线机称为并捻联合机。

（二）倍捻机

倍捻机是倍捻捻线机的简称。倍捻机的锭子转一转,可在纱线上施加两个捻回,加捻后的纱线可直接络成股线筒子。与环锭捻线机(普通捻线机)相比,可省去一道股线络筒工序。由于倍捻机不用普通捻线机的钢领和钢丝圈,锭速可以提高,加之具有倍捻作用,因而产量较普通捻线机高。如倍捻机的锭速为 15 000 r/min,相当于普通捻线机的 30 000 r/min。倍捻机制成的股线筒子的容纱量较普通纱管大得多,故合成的股线结头少。倍捻机还可给纱线施加强捻,最高捻度可达 3 000 捻/m。

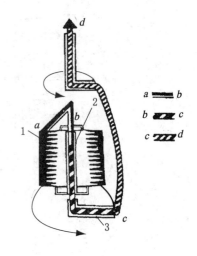

图 4-22 倍捻机加捻原理

1—筒子；2—空心管；3—贮纱盘

图 4-22 所示为倍捻机加捻原理。筒子(并纱筒子)纱从静止不动的筒子 1 上引出,自筒子顶端进入空心管 2。这区段的两根纱尚未加捻,如线段 ab 所示。纱线进入空心管后,先随锭子和贮纱盘 3 的每一回转加上一个捻回,如线段 bc 所示。这区段的加捻作用与环锭捻线机相同。当这段加了捻回的线从贮纱盘 3 的横向孔眼中穿过并引向上方时,随锭子和贮纱盘的每一回转又加上一个捻回,纱线在锭子和贮纱盘一转间共获得两个捻回,如线段 cd 所示。

倍捻机按锭子安装方式不同分为竖锭式、卧锭式、斜锭式三种,按锭子的排列方式不同分为双面双层和双面单层两种。每台倍捻机的锭子数随形式不同而不同,最多达 224 锭。

图 4-23 所示为一种竖锭式倍捻机。纱线从筒子 1 上退解下来,先穿过锭翼 2。锭翼为活

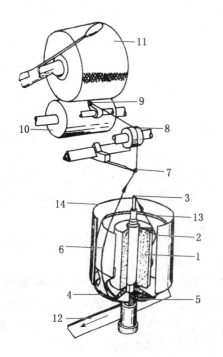

图 4-23 竖锭式倍捻机

1—并纱筒子；2—锭翼；3—空心管；4—贮纱盘；5—横向穿纱眼；6—气圈；7—导纱钩；
8—超喂罗拉；9—往复导纱器；10—滚筒；11—股线筒子；12—传动龙带；13—盛纱罐；14—气圈罩

套在空心管 3 上的一根钢丝,上有导纱眼,随退绕张力慢速转动。纱线自锭翼的导纱眼中引出,进入静止的空心管 3,再穿入高速旋转的中央孔眼,并从贮纱盘 4 的横向穿纱眼 5 中穿出。纱线在贮纱盘的外围绕行 90°～360° 后进入空间,形成气圈 6,经导纱钩 7、超喂罗拉 8、往复导纱器 9,卷绕到筒子 11 上。筒子由滚筒 10 摩擦传动。倍捻机的锭子则由传动龙带 12 集体摩擦传动。图中 13 为盛纱罐,14 为气圈罩。纱线在盛纱罐和气圈罩间旋转加捻。

倍捻机在棉纱、化纤混纺纱、毛纱生产中的应用日益增多。倍捻机的缺点是锭子结构比较复杂,接断头比较麻烦(需用引纱钩),耗电量较大,对易擦伤起毛的纤维(如蚕丝),使用受到限制。

三、花式线及其生产原理

花式线由三个系统的纱,即芯纱、饰纱和加固纱组成。芯线一般用 1～2 根纱或长丝组成;饰线是起环圈或结子的纱;加固纱是包绕在饰纱外面的纱或长丝,起稳定环圈或结子形态的作用。花式线生产除了运用单纱的原料、粗细、捻向、颜色、光泽等特征外,还采用变化的送纱速度,故品种很多。由于花式线表面有结子或环圈,通过综眼特别是穿钢筘时容易断头,所以除个别品种能做经纱外,绝大多数花式线只能做机织物的纬纱。

(一) 花式线的种类和特点

花式线的种类非常繁多,还没有统一的命名和分类标准,现按照成纱原理,重点介绍主要的几种分类方法。

1. 细纱机生产的花色纱和花式纱

(1) 花色纱。花色纱主要表现为纱线外表色彩的变化,常用的有以下几种:

① 色纺纱。色纺纱是利用不同色彩的纤维原料,使纺成的纱不经过染色处理即可直接用于针织或机织,如用黑白两种纤维纺成的混灰纱、用多种有色纤维纺成的多彩纱等。

② 多纤维混纺纱。多纤维混纺纱是由染色性能不同的纤维混合纺纱,再经过不同染料的多次染色,使纱具有和色纺纱相似的外观效果。采用这种纱先制成各种织物,然后经过染色处理,就显示出其独特的效果。

③ 双组分纱。双组分纱是采用两种不同颜色或不同染色性能的纤维单独制成粗纱,再在细纱机上将两根不同颜色的粗纱同时喂入,经牵伸加捻而纺成的纱,外观效果与以上两种又有不同。

(2) 花式纱。花式纱是指具有结构和形态变化的单股纱,其纺制方法是在梳棉、粗纱、细纱等工序采用特殊工艺或装置来改变纱线的结构和形态,使纱线表面具有"点""节"状的花型,如结子纱的表面呈颗粒状的点子,竹节纱表面呈间断性的粗细节。这种粗细节按后道加工要求可长可短、可粗可细,间距也可稀可密,有规律和无规律任意调节。具体介绍以下几种:

① 氨纶包芯纱。氨纶包芯纱是在普通细纱机的中罗拉和前罗拉之间送入一根经过拉伸的氨纶长丝(一般拉伸 3～4 倍),与牵伸后的须条汇合,通过前罗拉使原来带子状的纤维须条包缠在氨纶丝的外面而形成。这种纱的细度一般为 12～30 tex(83～33 公支),可用于针织或机织,使织物富有弹性、穿着舒适。大多为棉包氨,也有涤包氨。还可在双罗拉捻丝机或专用的包覆机上,在氨纶丝的外面包上一层棉纱或锦纶长丝。也有的包上蚕丝用于制作真丝 T 恤衫的领子,由于氨纶丝的收缩性,可使针织衣领硬挺。

② 涤纶包芯纱。涤纶包芯纱是在普通细纱机上，用一根高强涤纶长丝从中罗拉和前罗拉之间喂入，再通过前罗拉使棉纤维包缠在涤纶长丝的表面而形成的。用这种纱再经过合股可制成高强涤纶缝线，不但强力高，而且表面包一层棉纤维后在高速缝纫机的针眼处通过时不易发热。也可用这种纱织成高强帆布作为运输带，不但强力高，而且表面包棉纤维后与橡胶的黏合性能好，克服了涤纶与橡胶亲和力差的缺点。

③ 竹节纱。竹节纱是在普通细纱机上另加装置，使前罗拉变速或停顿，从而改变正常的牵伸倍数，使正常的纱上突然产生一个粗节而形成的。同理，使中后罗拉突然超喂，同样使牵伸倍数改变而生成竹节。

④ 大肚纱。这种纱与竹节纱的主要区别是粗节处更粗，而且较长，细节反而较短。竹节纱的竹节较少，1 m中只有两个左右的竹节，而且很短，所以竹节纱以基纱为主，竹节起点缀作用。而大肚纱以粗节为主，撑出大肚，且粗细节的长度相差不多。常用大肚纱为100～1 000 tex(10～1 公支)，使用原料以羊毛和腈纶等毛型长纤为主体见图4-24。

图4-24　大肚纱

⑤ 彩点纱。在纱的表面附着各色彩点的纱称为彩点纱。有在深色底纱上附着浅色彩点，也有在浅底纱上附着深色彩点。彩点一般用各种短纤维先制成粒子，经染色后在纺纱时加入。不论棉纺设备还是粗梳毛纺设备，均可搓制彩色毛粒子。由于加入了短纤维粒子，所以纱纺得较粗，细度为100～250 tex(10～4 公支)。

2. 花式捻线机生产的花式线

(1) 花式平线。在众多花式线中，虽然花式平线也有很多产品，但却是最为人们所忽略的产品。这一类产品必须在花式捻线机上，用两对罗拉以不同速度送出两根纱，然后加捻，才能得到较好的效果。如用一根低弹涤纶长丝和一根 18 tex(56 公支)的棉纱交并，由于低弹丝是由多根单丝集束而成的，没有捻度，经过罗拉输送时，它会向四周延伸而成为扁平状。此时如果用普通的单罗拉并线机合股并线，压辊只能压住棉纱，对低弹丝没有控制力，又由于在加捻过程中两根纱的张力不同，所以效果较差。因此，必须用双罗拉并线机，使两根纱各由一对罗拉送出，才能控制好每股纱的张力，得到理想的花式线，这就是花式平线，见图4-25、图4-26。

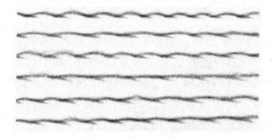

图4-25　棉/锦花式平线

图4-26　腈/涤/锦花式平线

① 金银丝花式线。金银丝是由涤纶薄膜经真空镀铝染色后切割成的条状单丝，由于涤纶薄膜的延伸性大，实际使用时往往要包上一根纱或线，这就是金银丝花式线。

② 多彩交并花式线。这类花式线采用多根不同颜色的单纱或金银丝进行交并而形成。

也有采用不同色彩的纱,再用多彩的段染纱进行包缠,使表面呈现多彩的结子或段,或一根线中具有多种色彩。

③ 粗细纱合股线。若用两色以上的纱合股,外观更显得漂亮。若前后罗拉速比不同,则制成的合股线显得立体感更强。

(2)超喂型花式线。

① 圈圈线。圈圈线是指在线的表面生成圈圈而制成的。圈圈有大有小,大圈圈线的饰纱用得极粗,成纱也粗,小圈圈线则可纺得较细。适纺线密度为 67~670 tex(15~1.5 公支)。生产大毛圈时,饰纱必须选择弹性好、条干均匀的精纺毛纱,而且单纱捻度要低。也有采用毛条(或粗纱)经牵伸后直接作为饰纱的,称为纤维型圈圈线。这类圈圈线由于纤维没有经过加捻,所以手感特别柔软。这种花式线在环锭花式捻线机和空心锭花式捻线机上均能生产,在环锭花式捻线机上生产必须经过两道工序,而在空心锭花式捻线机上生产可以一次成形。这类花式线最突出的特点为圈圈,所以饰纱应用较好的原料,如羊毛、腈纶、棉、麻等,用于针织、机织及手工编结,见图 4-27、图 4-28。

图 4-27 单色圈圈线　　　　　　图 4-28 多色段染圈圈线

② 波形线。若饰纱在花式线表面生成左右弯曲的波纹,这种花式线称为波形线。它在花式线中用途最广,生产量也最大。它的饰纱在芯纱和固纱的捻度夹持下向两边弯曲,形成扁平状的波纹。适纺线密度为 50~200 tex(20~5 公支),原料大多选用柔软均匀的毛纱、腈纶纱、棉纱等,见图 4~29、图 4~30。

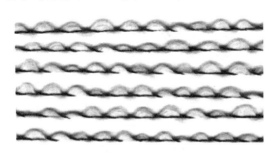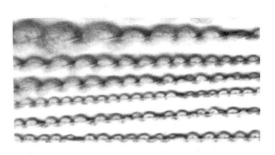

图 4-29 纤维型波形线　　　　　　图 4-30 纤维型大肚波形线

③ 毛巾线。毛巾线的生产工艺和波形线基本相同。通常喂入两根或两根以上的饰纱,由于两根饰纱不是向两边弯曲,而是无规律地在芯纱和固纱表面形成较密的屈曲,好似毛巾的外观,所以称为毛巾线。它的使用原料往往以色纱为主,如用大红 13 tex(77 公支)的涤/棉纱做芯纱和固纱,用 13 tex(120 旦)的有光人造丝做饰纱,所得成纱做纬纱制成织物,在深红色的底色上会形成一层白色的小圈,像雪花似的,因此称为"雪花呢",见图 4-31。

④ 辫子线。这类花式线采用一根强捻纱做饰纱,在生产过程中,由于饰纱超喂,当其处于松弛状态时因回弹力而发生扭结,生成不规则的小辫子,而附着在芯纱和固纱中间。辫子线可用化纤长丝加捻而成,也可用普通毛纱加强捻适纺范围为 100～300 tex(10～3 公支)。由于辫子线为强捻纱,所以手感比较粗硬,见图 4-32。

图 4-31 毛巾线 图 4-32 辫子线

(3)控制型花式线。

① 结子线。结子线是在花式线的表面生成一个个较大的结子而制成的。结子由一根纱缠绕在另一根纱上而形成。结子有大有小,结子与平线的长度可长可短,两个结子的间距可大可小。结子线可在双罗拉环锭花式捻线机上生产。结子的间距以不相等为好,否则会使织物表面的结子分布不均匀。结子所用的原料广泛,各种纱线均能应用。由于结子线在纱线表面形成节结,所以原料不宜用得太粗,适纺范围为 15～200 tex(67～5 公支)。它广泛应用于色织产品、丝绸产品、精梳毛纺产品、粗梳毛纺产品及针织产品等,见图 4-33。

② 双色结子线。这类结子线没有芯纱和饰纱之分,它是由两对罗拉送出两根不同颜色的纱,在纺制过程中两对罗拉交替停顿,使芯纱和饰纱互相交换,从而在一根纱上生成两种不同颜色的结子,即双色结子。由于结子线表面有节结而且捻度较高,所以手感较粗糙,在实际使用中只能用于点缀,见图 4-34。

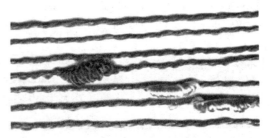

图 4-33 结子线 图 4-34 双色结子线

③ 鸳鸯结子线。这类结子线与双色结子线不同,它的一个结子中有两种颜色,是采用特殊工艺生产的,能使结子的一半是一种颜色,另一半是反差较大的另一种颜色。用这种结子线制成的织物外观非常华丽。

④ 长结子线。长结子线又称毛虫线,是由一根饰纱连续地一圈挨一圈地卷绕在芯纱上而形成一段粗节,有时利用芯纱罗拉倒转可反复包缠多次而产生较粗的结子。长结子线与结子线不同,结子线是以点状分布在花式线上,而长结子是以段状分布在线上,好像一条虫子一般,所以又称毛虫线。

（4）复合花式线。

随着产品的深入开发，对花式纱线的要求也日益提高，单一的花式线已不能满足产品开发的需要，因此出现了用两种或两种以上花式线复合的产品，效果良好。

① 结子与圈圈复合。它是用一根圈圈线和一根结子线，通过加捻或用固线捆在一起，使毛茸茸的圈圈中间点缀着一粒粒鲜明的结子。如用草绿色的小圈加上红色的结子，好比绿草丛中的朵朵小花，鲜艳夺目。这类花式线由两根原来较粗的花式线复合而成，所以更粗，一般用于针织及手工编结装饰织物，能显出多色彩的效果，见图4-35。

② 粗节与波形复合。这是一种应用较广的复合花式线。它是先用一根大肚纱，在花式捻线机上做饰纱纺成花式线。大肚纱一般用中长型仿毛腈纶，芯纱和固纱用锦纶或涤纶长丝，常用的有455 tex和222 tex两种。由于粗节处生成如爆米花状，所以国外称为popcorn。这类产品已广泛用于针织物和粗纺呢绒，收到了较好的效果，见图4-36、图4-37。

③ 绳绒与结子复合。绳绒线也称雪尼尔线。由于其外观效应非常平淡，因此在其外面再用一根段染彩色长丝包上结子或长结子，使其外观丰富多彩。一般包结子的饰纱应与底线（绳绒线）形成鲜明的对比，以便突出结子的效果，见图4-38。

图4-35　结子与圈圈复合线

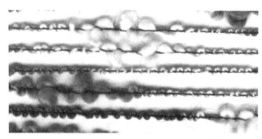

图4-36　双色大肚与波形复合线

图4-37　波形大肚复合线

图4-38　绳绒与结子复合线

（5）断丝花式线。

断丝花式线是在花式线上间隔不等距地分布一段段另一种颜色的纤维，也有的在生产过程中把黏胶长丝拉断而一段段地附着在花式线上。断丝花式线一般有两种类型，分述如下：

① 纤维型断丝花式线。这种断丝花式线所用粗纱条色彩与底线（芯纱和固纱）色彩成鲜明的对比，由于纤维长度较长，所以断丝也较长。还有的用一种粗的黑色扁平状纤维，在纺纱时加入，使白色纱的表面包缠少量的黑色纤维，风格独特。这类产品在针织及机织中均有应用，见图4-39。

171

② 纱线型断丝花式线。先用两根细支涤棉纱或纯棉纱包缠在一根 13.3 tex(120 旦)人造丝上,然后浸泡于热水中;再把两根缠绕在人造丝上的纱拉直,利用人造丝湿强低的特性,将人造丝拉断成不等长的一段段而附着在芯纱上;最后加上一道固纱,把断丝固定,就成为断丝花式线,见图 4-40。

图 4-39　纤维型断丝花式线

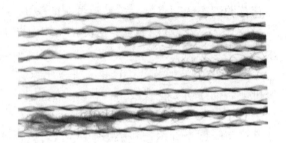

图 4-40　纱线型断丝花式线

3．绳绒机生产的花式线

(1) 单色绳绒线。绳绒线又称雪尼尔线,由芯纱和绒毛线组成。芯纱一般用两根强力较高的棉纱合股线组成,也有用涤/棉线或腈纶线的。为了降低成本,有的用四根单纱作为芯纱,但效果较差。顾名思义,绳绒线的外表像一根绳子,在上面布满了绒毛。用于绳绒线的原料有棉、麻、腈纶、涤/棉,还有蚕丝。用蚕丝生产的绳绒线,国外称为丝绒线,常用其制作高档针织衫。绳绒线的适纺范围为 167～1 000 tex(6～1 公支),常用的是 455 tex(2.2 公支)和 222 tex(4.5 公支)两种,可用于机织或针织及手工编结。

(2) 双色绳绒线。它是用对比度较强的两根不同颜色的纱做绒纱,使绳绒线的绒毛中出现两种色彩。也有用段染纱做绒纱的,使绳绒线出现多种彩色绒毛,绚丽多彩,见图 4-41。用印成彩色的绳绒线,在固定筘幅的织机上做纬纱织成毛巾,使分段染的色段相互重合,极具立体感。

(3) 珠珠绳绒线。珠珠绳绒线(乒乓线)用高弹锦纶丝作为绒纱,生产时先将锦纶丝在有张力的情况下拉直,将它割断时因张力消失而使其

图 4-41　双色绳绒线

弹力回复,收缩成球状夹持在两根芯纱之间,好似珠子穿在线上,制成服装非常美观,独具风味。见图 4-42、图 4-43。

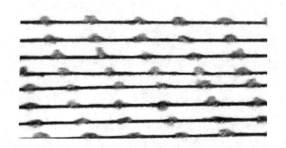

图 4-42　腈/锦乒乓线

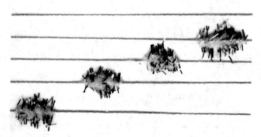

图 4-43　金珠线

花式捻线的种类除由上述方法形成的以外,还有由钩编机生产的羽毛线、牙刷线、松树线、毛虫线、蜈蚣线、带子线等,由小针筒织带机生产的常规带子线、圈圈线、羽毛线、包芯带子线,以及由绞纱印染而成的印节纱、段染纱、扎染纱等。

(二)花式线的表示方法

由三种纱线系统纺制的花式捻线,前列代表芯纱,中列代表饰纱,末列代表固纱;若由两种纱线系统纺制的,前列代表芯纱,后列代表饰纱。若采用短纤维而未注明原料种类,一般指棉纤维。例如:

14)14)14 表示 1 根 14 tex 棉芯纱、1 根 14 tex 棉饰纱和 1 根 14 tex 棉加固纱纺制成的花式捻线。

14×2)14)14 表示 1 根 14 tex 棉双股线做芯线、1 根 14 tex 棉饰纱和 1 根 14 tex 棉加固纱纺制成的花式捻线。

$\genfrac{}{}{0pt}{}{13}{13}$)R13)13 表示 2 根 13 tex 棉并纱做芯纱、1 根 13 tex 黏纤丝做饰丝和 1 根 13 tex 棉纱做加固纱纺制而成的花式捻线。

$\genfrac{}{}{0pt}{}{36}{36}$)$\genfrac{}{}{0pt}{}{13}{13}$)表示 2 根 36 tex 棉并纱做芯纱和 2 根 13 tex 棉并纱做饰纱纺制成的花式捻线。

(三)花式捻线机及其应用

1.双罗拉花式捻线机

(1)工艺流程。双罗拉花式捻线机多数由普通捻线机改装而成,其工艺流程如图 4-44 所示。1 为芯纱筒子,2 为芯纱筒子插锭。芯纱 3 从筒子上引出后,经过一对前罗拉 4、导纱杆 5,进入梳栉 6 的对应导槽内。7、8 为装饰纱,从筒子上引出后,经一对后罗拉 9、导纱杆 10 与 11,被引入梳栉 6 的导槽。芯纱与装饰纱并合后,经过导纱钩 12、钢丝圈 13,最后绕到纱管 14 上。由成形凸轮通过连杆机构控制梳栉 6 及导纱杆 11 做升降运动。当梳栉以正常速度上升时,装饰纱与芯纱捻合并包卷在芯纱上;当梳栉慢速下降时,装饰纱的导纱杆随之下降,放出适当长度的装饰纱,使之紧密地绕在原来由芯纱和装饰纱捻合而成的线上,形成结子。前罗拉 4、后罗拉 9 的回转速度可以调节,以满足不同送纱量的要求。一般后罗拉速度远远大于前罗拉速度。

(2)饰线的导纱机构。饰线的导纱运动来自导纱杆和梳栉的升降运动,如图 4-45 所示。成形凸轮 1 经转子 2 推动杠杆 3 以支点轴 4 为中心摆动,经连杆 5 与 6,使双臂杆 7 以摆动轴 8 为中心摆动。由于导纱杆 9 和梳栉 10 都装在双臂杆的摆动臂上,因而导纱杆和梳栉产生上下升降运动。调节连杆 5 和 6 与杠杆 3、双臂杆 7 的连接位置,或调节导纱杆 9、梳栉 10 在摆动臂上的连接位置,可以确定导纱杆 9 和梳栉 10 的升降动程。

梳栉形似梳子,右侧有一导钉 a,如图 4-46 所示。饰线引入梳栉时,先绕过导钉 a,然后穿过梳齿,喂入导纱钩和加捻区。

(3)用双罗拉捻线机纺制结子线。结子线是花式线中的大类品种。备有升降梳栉的双罗拉花式捻线机可制成多种结子线。

纺制结子线的头道工序是制成具有结子的半成品花式线。如图 4-44 所示,前罗拉输出芯线,后罗拉输出饰线。当芯线的输出速度不变时,梳栉携带饰线喂入芯线并做升降运动。梳栉上升时,加大饰线与芯线间的速度差异,饰线便稀疏地包卷在芯线上。梳栉下降时,其下降速度与芯线输出速度相近或一致,饰线便集中包卷在芯线的一点,形成结子般的外观。

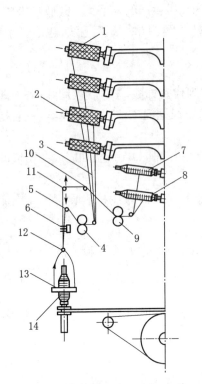

图 4-44 双罗拉花式捻线机工艺流程

1—筒子；2—筒管插锭；3—芯纱；4—前罗拉；
5,10,11—导纱杆；6—梳栉；7,8—装饰纱；
9—后罗拉；12—导纱钩；13—钢丝圈；14—纱管

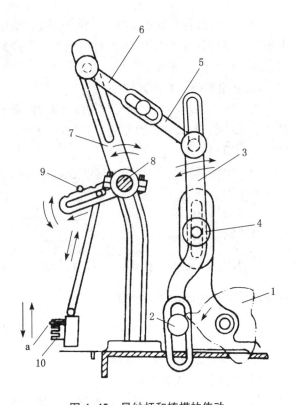

图 4-45 导纱杆和梳栉的传动

1—成形凸轮；2—转子；3—杠杆；4—支点轴；
5,6—连杆；7—双臂杆；8—摆动轴；9—导纱杆；10—梳栉

结子成形时，图 4-45 中的导纱杆 9 对饰纱的输出起调节作用。由于导纱杆的升降动程略大于梳栉的升降动程，当梳栉上升时，导纱杆以比梳栉更快的速度上升(有较大的摆动半径)，减少了饰线的输出量，并贮存了一部分饰线；当梳栉下降时，导纱杆以比梳栉更快的速度下降，把上升时贮存的纱线同时放出，增加了饰线的喂入量，因而增大了结子的体积。

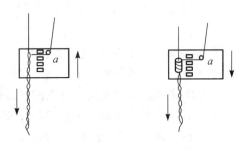

图 4-46 梳栉

纺制结子线的第二道工序是在头道工序纺成的半成品结子线上，外加一根加固线，制作方法为：在双罗拉捻线机上，以半成品结子线为芯线，以加固线为"饰线"，同时改装捻线机的梳栉使之不做升降动作，加固线便稀疏地包卷在结子线的周围。

结子线按结子的间距可分为等节距结子线和不等节距结子线。不等节距结子线较等节距结子线在布面上不易形成规律性分布，花型较活泼。图 4-47 所示为等节距和不等节距结子线。结子线的结子距离取决于成形凸轮的设计。

(4) 用双罗拉捻线机纺制环圈线。用双罗拉捻线机纺制环圈线时，梳栉导纱装置不升降，只起喂入饰线或喂入加固线的作用。

如图 4-48 所示，将饰线 1 喂入快速旋转的前罗拉 3，芯线 2 喂入慢速旋转的后罗拉 4，速

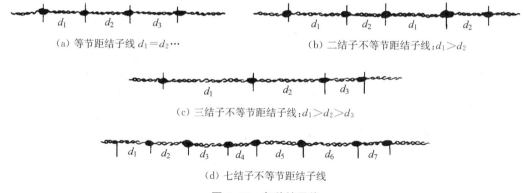

(a) 等节距结子线 $d_1=d_2\cdots$　　　　　(b) 二结子不等节距结子线：$d_1>d_2$

(c) 三结子不等节距结子线：$d_1>d_2>d_3$

(d) 七结子不等节距结子线

图 4-47　各种结子线

比约 $(2\sim2.5):1$。环圈线的形成过程如下：

（1）先在双罗拉捻线机上，制成饰线包卷在芯线周围的环线。前后罗拉的速度差愈大，包卷的饰线愈多。

（2）将已制成的环线在普通捻线机上反向退捻，捻度减少后，饰线在芯线周围形成松弛纱圈。

（3）将已制成的带有松弛纱圈的环线作为芯线，在双罗拉捻线机上加一根加固线。加固线的绕纱圈数较稀，加捻方向与第一次加捻方向相同。

经过上述三道工序后，环圈线便制成了。显然，所形成的纱圈大小可以调节。饰线的输送速度愈快，制成的纱圈愈大；当饰线速度稍慢时，形成纱圈较小，透孔不明显，即成为毛巾线。纺制毛巾线时，可把第三道工序与第二道工序合并进行，即将环线退捻的同时加一根加固线。

2．三罗拉断丝线捻线机

断丝线捻线机的作用有二：一是将作为饰线的黏纤纱或低捻毛纱拉断；二是把刚拉断的黏纤纱或毛纱夹持在两根正在并合加捻的股线中。

断丝线捻线机由三对罗拉组成，如图 4-49 所示。图中(a)为三对罗拉的侧视图，(b)为三对罗拉的俯视图。

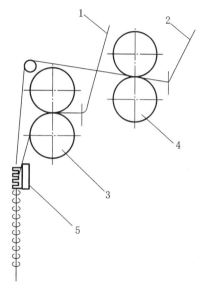

图 4-48　环圈线的形成过程

1—饰线；2—芯线；3—前罗拉；
4—后罗拉；5—梳栉

强捻纱 4 和 5 分别从中罗拉(沟槽罗拉)7 的沟槽中通过，两条沟槽的间隔距离为 $6\sim8$ mm。作为饰线的低捻毛纱或黏纤纱则由中罗拉的中间控制输出。这三根纱在前罗拉 3 相遇。中罗拉的传动为间歇性传动，当中罗拉停转时，前罗拉并不停转。前罗拉将低捻毛纱或黏纤纱拉断，但断丝迅速地被近旁的两根正在前进的强捻纱所夹持，并一起输送至加捻区，加捻成断丝线 8。加固线 2 则由转速较快的后罗拉 1 经导纱棒输送至加捻区，卷绕在刚形成的断丝线上。

中罗拉的间歇传动机构如图 4-50 所示。前罗拉齿轮 1 经齿轮 2 传动成形凸轮的齿轮 3，成形凸轮 4 获得转动，经转子 5、双臂杆 6、调节连杆 7 和 8，使杠杆 9 产生摆动，导纱杆 15 和 16 获得运动。杠杆 9 的下端推动棘爪杆 10，棘爪间歇地撑动棘轮 12 回转，再经齿轮 13 和 14，中罗拉获得间歇转动。

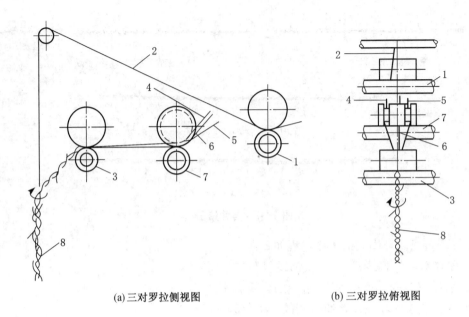

(a)三对罗拉侧视图　　　　　　(b)三对罗拉俯视图

图 4-49　断丝线捻线机

1—后罗拉；2—加固线；3—前罗拉；4,5—强捻纱；6—低捻毛纱或黏纤纱；7—中罗拉；8—断丝线

中罗拉的转动与静止时间的比例,由成形凸轮的外形确定。间歇回转时的送纱长度可改变调节连杆 7 和 8 在两个双臂杠杆长槽中的位置。

纺制断丝线除了使用三罗拉捻线机外,还可用双罗拉捻线机结合浸泡工艺,顺序如下:

（1）先在双罗拉捻线机上,以黏纤纱为芯线,棉纱或涤/棉纱为饰线,制成棉纱包卷在黏纤纱外面的环线。

（2）将已制成的上述半成品在水中浸泡约 20 h,用特制脱水机去水后,在具有牵伸装置的拉伸机上进行拉伸,经过浸泡的黏纤纱因强度降低而断裂,但仍被夹持在棉纱上。

（3）再在双罗拉捻线机上,以夹持断丝的棉纱为芯线,包卷一根加固线,即形成断丝线。

如采用具有牵伸装置的捻线机,可把上述第二、三道工序合并进行。

3.双色花式捻线机

双色花式捻线机由一对输送罗拉和一副摆动杆组成,如图 4-51 所示。两根颜色不同的单纱 Ⅰ 和 Ⅱ 均由罗拉 1 和压辊 2 以相同速度输出。单纱 Ⅰ 经摆动杆 3 的 A 端输至叶子板 4,纱 Ⅰ 经

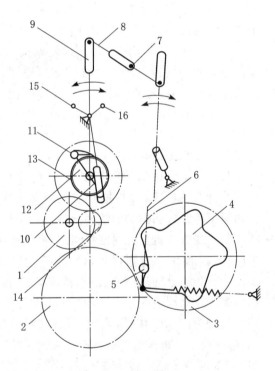

图 4-50　中罗拉的间歇传动机构

1—前罗拉齿轮；2,3,13—齿轮；4—成形凸轮；
5—转子；6—双臂杠杆；7,8—调节连杆；9—杠杆；
10—棘爪杆；11—棘爪；12—棘轮；14—中罗拉齿轮；
15,16—导纱杆

摆动杆3的B端输至叶子板4。两根纱在叶子板处汇合后进入加捻区，并卷绕在线管上。

当摆动杆静止不动时，两根纱合并加捻成普通花式线，与普通捻线机相似。当摆动杆以O为中心向上摆动时，纱I张力增大，纱II张力减小，形成I紧II松的状态；进入加捻区后，松纱卷绕在紧纱上，纱线的外层由纱II包围，呈现纱II的色。当摆动杆向下摆动时，纱II张力增大，纱I张力减小，形成II紧I松的状态；加捻后，纱线的外层由纱I包围，呈现纱I的色。当摆动杆不停地摆动时，两种颜色交替地在纱线上出现，形成双色花式线。

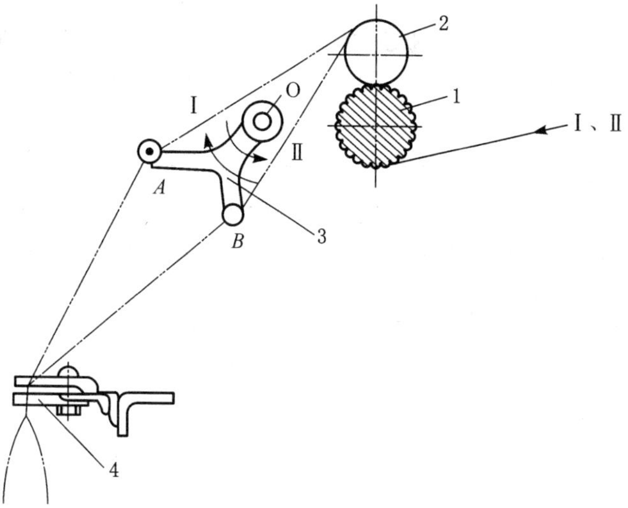

图 4-51　双色花式捻线机

1—罗拉；2—压辊；3—摆动杆；4—叶子板

若改变传动摆动杆的成形凸轮的外形，使向上摆或向下摆占有不同时间，两种色纱所间隔的距离就不等。当摆动角增大时，纱线外观呈双色结子线。

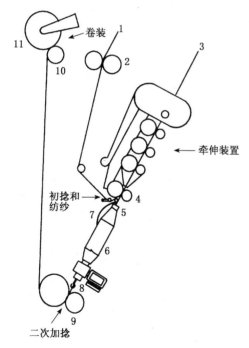

图 4-52　空心锭花式捻线机成纱工艺流程

1—芯纱；2—芯纱罗拉；3—饰纱；4—前罗拉；
5—空心锭；6—固纱管；7—固纱；8—加捻钩；
9—输出罗拉；10—卷绕滚筒；11—花式线筒

4．空心锭花式捻线机

空心锭花式捻线机是20世纪70年代末、80年代初发展起来的花式捻线机，它将传统的四道加工工序合并为一道，锭速最高可达30 000 r/min，出纱速度可达150 m/min，而且翻改品种简便，只需按动旋钮，即可改变花型。由于空心锭花式捻线机具有效率高、速度高、流程短、卷装大、花型多、变化快等特点，引起了国际纺织界的普遍重视，将在较大程度上取代传统的环锭花式捻线机，其结果是大大降低花式线的成本，促使花式纱线能够应用到纺织产品的更多领域，前景可观。

空心锭花式捻线机是利用回转的空心锭子以及附装于其上的加捻器（加捻钩），将经过牵伸的饰纱以一定的花式包绕在芯纱上而形成花式线。其工艺流程如图4-52所示。

饰纱3经牵伸装置从前罗拉4输出后，与芯纱罗拉2送出的芯纱1以一定的超喂比在前罗拉出口处相遇而并合，一起穿过空心锭5。空心锭回转所产生的假捻将饰纱缠于芯纱外面，初步形成花型，叫作一次加捻。固纱7来自套于空心锭外的固纱管6上。固纱与由芯纱、饰纱组成的假捻花线平行穿过空心锭,并且都在加捻钩 8 上绕一圈。这样,在加捻钩以前,固纱与饰纱、芯纱为平行运动;而在加捻钩以后,经过加捻钩的加捻作用,即所谓的二次加捻,固纱才与芯纱、饰纱捻合在一起由输出罗拉 9 输出,最后被卷绕滚筒 10 带动而卷绕成花式线筒 11。由于一次加捻与二次加捻的捻向相反,所以芯纱和超喂饰纱在加捻钩以前获得的假捻和花型,在通过加捻钩后完全退掉,形成另一种花型,再由在加捻钩处获得真捻的固纱包缠固定,形成最终花型。所以,花式线最后的花式效应是饰纱的超喂量、固纱的包缠数及芯纱的张力等因素的综合反映。芯纱张力是影响锭子上下气圈大小的决定性因素,也直接影响饰纱在其上的分布。

四、捻线工艺设计

(一) 选用锭子速度(n_s)与罗拉速度(n_1)

股线的捻度与锭速、罗拉速度有关,其关系式为:

$$T = \frac{n_s}{\pi D_1 n_1}; \quad \alpha_t = \frac{n_s \times 100}{\pi \times 45 \times n_1}; \quad n_1 = 0.7073 \times n_s \times \frac{\sqrt{Tt}}{\alpha_t}$$

式中:T 为股线捻度;D_1 为罗拉直径;α_t 为捻系数;Tt 为股线线密度。

上式说明罗拉转速与股线的捻系数成反比,与锭速及股线线密度的平方根成正比。锭速高、股线线密度大,均可加快罗拉转速。

表 4-10 所示为不同线密度的股线使用不同的捻系数时采用的罗拉转速和锭子转速的参考值,适用于反向加捻(ZS 或 SZ)的经股线。纺纬线时,为了减少股线疵点,宜采用较低的锭速。如同向加捻(ZZ 或 SS),则锭速应降低。使用湿纺时,因纺线张力较大等因素,锭速应偏低掌握。

表 4-10 罗拉转速与锭子转速参考值(括号内为英制捻系数)

股线线密度		罗拉转速			
		19×2	16×2	14×2	10×2
锭速		8 500~11 000	8 500~11 000	9 000~12 000	9 000~11 000
股线捻系数	400(4.21)	93~120	85~110	84~112	71~87
	425(4.47)	87~113	80~104	79~106	67~82
	450(4.74)	82~107	76~98	75~100	63~77
	475(5.00)	78~101	72~93	71~95	60~73
	500(5.26)	74~96	68~88	67~90	57~70
	525(5.57)	71~91	65~84	64~86	54~66
	550(5.79)	67~87	62~80	61~82	52~63
	575(6.05)	64~83	59~77	59~78	50~61

注:罗拉直径为 45 mm。

(二) 确定股线的股数和捻向

股线的股数必须根据股线的用途而定。一般衣着用的股线,双股线已能满足要求。股线股数太多,制成的衣服粗厚,服用性能差。对强力及圆整度要求高的,如缝纫线等,可用三股。

初捻股线最好不要超过五股,因为股数过多会使其中某些单纱形成芯线,使各根单纱受力不匀而降低并捻效果。对于有特殊要求的,如帘子线等,可再进行复捻而制成缆线。

合股线的捻向对股线性质的影响很大。初捻反向加捻,可使纤维的变形差异小,能得到较好的强力、光泽与手感,捻回亦较稳定,捻缩小,所以绝大多数初捻股线为反向加捻。初捻同向加捻时,股线坚实,光泽与捻回的稳定性均较差,伸长大。股线外紧内松,具有回挺性高及渗透性差的特点,可用于编织花边、结网及一些装饰性织物。同向加捻股线的强力增加很快,所以捻系数较小,锭速可以低一些,故对要求不高的股线,可采用同向加捻方法。

一般单纱为 Z 捻,所以初捻股线大多采用 ZS 这种捻向配置方法。缆线的捻向配置基本上有 ZZS 和 ZSZ 两种。根据实践,复捻捻度较少时,用 ZZS 的捻向配置方式,纤维强力利用系数和断裂长度较好;捻度较大时,ZSZ 的配置方式较好。但 ZSZ 方式不论在初捻或复捻时,捻度都比 ZZS 方式大,因而机器生产率较低。

(三) 选择捻系数

股线捻系数与股线性质的关系密切。捻系数必须根据股线的用途而选用。股线捻系数 α_t 必须与单纱捻系数 α_0 综合考虑。

在考虑股线强力的同时,要兼顾股线的光泽、手感、耐磨、渗透等性能,所以通常并不选用股线的最高强力。如生产双股经股线时,α_t/α_0 可在 1.2~1.4 之间选用。

如要求股线的光泽与手感良好,则股线捻系数的配合应使股线表面纤维与轴向的平行度高。这样不仅有较好的光泽,而且耐磨性较好。股线结构外松内紧,手感柔软,对液剂的渗透性好。为了考虑股线的强力,根据经验取 $\alpha_t/\alpha_0 = 0.7 \sim 0.9$。

对不同用途的股线,还应考虑工艺要求,如股线用作纬线,虽然也要求手感好,但为了保证织物的纬向强度,α_t/α_0 可选用 1.0~1.2。

(四) 确定干捻或湿捻

如股线要求光洁,强力高,弹性好,并需经过烧毛,为减少烧毛量,可以采用湿捻。但湿捻如管理不当,会产生水污、泛黄或发霉等问题。干捻时锭速可以提高,产量增加,纺纱张力偏小,但断头率与湿捻相比,差异不大。

(五) 选用钢丝圈质量

在捻线工艺中,需根据股线在钢丝圈与线管之间的卷绕张力、锭速、钢领直径、筒管直径等因素选用钢丝圈质量。适当的钢丝圈质量可保证线管具有一定的卷绕密度与容量。钢丝圈过重,会增加动力消耗与断头率;反之,气圈与隔纱板过多地碰击摩擦,从而使气圈不稳定,股线容易发毛。同时,卷绕密度太小,容量减少,在后道工序退绕时,会造成脱圈和换管次数增多。

影响钢丝圈质量的因素相当复杂,但股线强力、锭子速度及钢领直径尺寸是决定钢丝圈质量 G_t 的主要因素。G_t 可用下列近似公式进行计算:

$$G_t = K \frac{Q}{Rn_s^2}$$

式中:K 为常数(对非加油钢领且使用钢丝圈时,$K = 0.27 \sim 0.30$;对加油钢领且使用钢丝圈时,$K = 1$);R 为钢领半径(mm);Q 为股线强力(N);n_s 为锭子转速(以 1 000 r/min 计)。

上式说明,股线强力高,钢丝圈可以加重;钢领直径大,锭速高,应使用较轻的钢丝圈。钢丝圈质量除与股线强力、钢领直径、锭速平方有关外,还与钢领板升降动程、筒管直径等因素有关。

五、捻线操作管理与质量控制

(一) 操作要点

(1) 按规定的巡回路线巡回,在巡回过程中做好清整洁、防疵捉疵、换筒、接头等工作。

(2) 检查上一工序的筒子质量,发现错号或纱疵时追踪检查。

(3) 注意预备筒子的储存量与堆放高度及先来先用的原则。

(4) 打结符合规定,并力求节约回丝。

(5) 没有得到通知,不能自作主张调换钢丝圈质量。

(6) 做清洁工作要注意方法,避免重打重拍。清除回丝切忌用扎钩猛击机件表面。

(7) 巡回过程中应随时消除空锭和摇头锭子,自己不能解决时,要立即通知有关方面检修。

(8) 拿筒、拿管、接头时手要保持清洁。

(9) 发现股线飘头、多股或缺股时,应除去不合格的股线。

(10) 如发现钢领板抖动或停顿、线管卷绕直径异常或机器发生异响,应马上停车,并告知有关人员检查和维修。

(二) 巡回操作

巡回有单、双面巡回之分。捻线工始终沿着自己区域内每台机器的一面进行接头、换筒和做清洁工作,叫单面巡回,如图 4-53 所示。如挡车工一方面在机台间巡回,做清洁工作,同时又照顾左右两面的接头、换筒工作,叫双面巡回,如图 4-54 所示。

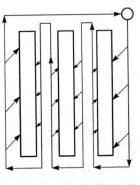 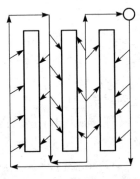

图 4-53 捻线机单面巡回   图 4-54 捻线机双面巡回

一般只有在捻制高线密度(低支)纱线和车弄宽度超过 800 mm 时,才采用单面巡回。巡回时必须注意以下几个方面:

(1) 要照顾上下左右,察看筒子架、锭子、钢领板等的工作是否正常,发现问题应及时纠正或通知有关人员。

(2) 在巡回过程中,一般不应打乱自己的巡回路线,除非有特殊情况,否则不要后退。

(3) 出车弄时,应向后看一下,如发现碰钢领等坏纱时,必须进行处理。车子上断头太多时,应该设法缩短后一车弄的巡回时间,以减少回丝。

(4) 如发现锭带断裂应马上取出,如锭带缠绕在滚筒上应关车取出,避免发生火灾。

（5）小纱及大纱时可多做接头工作，中纱时可多做清洁工作。各项清洁工作，应合理安排在各个巡回中。

（6）巡回时如发现某个锭子的断头次数特别多，应做好记号，通知相关人员修理。

（7）看到什么地方缺少预备筒子时，应主动在巡回过程中运输筒子，以防止因筒子用完而造成空锭，减少产量。

（8）必须均匀地进行巡回，使每次巡回所用的时间基本一致。

因此，每次巡回，在每台车上处理断头以一两次为限；如同时有几处断头，可先将其他几处拔出，先处理最后的一、二只。这样，就不会纠缠在一个车弄内而影响全局。

并纱筒子在捻线机上合理分段，可使筒子用完的时间前后交错，消除工作中的忽忙忽松现象，主动掌握巡回。分段方法以一排多段为好。其特点是将一排筒子分为若干段，每段筒子质量相同，用完的时间也相差不多。如分段太少，换筒的时间仍比较集中。图 4-55 为每排分 10 段的示意图。相邻两段筒子的质量相差 1/10，每段有六个筒子。很明显，首先用完的是质量为 1/10 的筒子，而后是 1/5、3/10 …，换筒工作较均匀地分配在整个作业时间内，劳逸均衡。

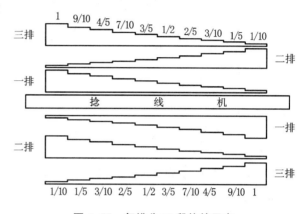

图 4-55　每排分 10 段换筒示意

另有一种宝塔分段法，即每排所分段数等于该排的筒子数。每排筒子按质量顺次由重到轻（或由轻到重）排列。要保证宝塔分段法有效地执行，并纱筒子等长是必要条件。但由于并纱筒子还不能做到等长，故实行宝塔分段法不能过细。

（三）清整洁工作

挡车工必须在规定时间内，按照一定的图表，完成自己所看管机台的清整洁工作。清整洁工作，直接影响生产率、产品质量和断头率，每个挡车工必须十分重视清整洁工作。

（四）防疵捉疵

1.防疵

为了防止疵品产生，必须注意：

（1）防止使用不同号数的并纱筒子，发现筒子袋中有异号筒子时，应追究络纱工（并捻联合机）或并纱工的责任。

（2）防止换筒、生头、落线及清洁工作中夹入回丝或飞花，把疵点带入纱线。

（3）防止筒子换上插锭后回转不灵活，或将筒子插入弯曲的插锭上，这样会造成紧捻股线。

（4）防止钢领加油（湿捻）时油液碰触钢丝圈而形成油纱，操作过程中应保持手臂干净。

（5）操作时，防止纱条断裂而飘入邻锭而造成多股线。

2.捉疵

（1）察看纱线通道，捉通道挂花。

（2）察看筒子回转是否灵活，捉紧捻股线。

（3）察看并手摸股线粗细（在罗拉与导纱钩间），捉错号筒子。

（4）察看线管表面，捉油污、粗细股线。

（5）察看气圈形态，捉飞花包入股线、多股线等。

（6）察看断头自停装置，捉辫子股线。

（7）察看筒子顶部（立式筒子架），捉飞花卷入的粗节纱。

（8）察看钢领板的运动情况，捉成形不良的线管。

（五）交接班

1．交班

交班工应及早做好交班准备工作，发现机器有毛病时，立即设法予以排除或通知保养部门。交、接班工应一起巡视机器，交班工把机器上没有完全消除的故障告诉对方，如本班有何重大事件或工艺改变，也应向对方交代清楚。交班工应收清自己班中所产生的一切废料、油坏回丝，并将公用工具如数交给接班工。

2．接班

接班工应提前到达工作地，做好准备工作。接班工必须仔细检查工作地的清洁程度和机械状态，主动向交班工了解上一班有无重大工艺变动或事件，还应检查筒子、筒管的储存量、筒子分段及空锭数（一般交班时不允许有空锭）。

如交班工的交班工作做得有缺点，要善意地与对方交换意见，并和对方一起把工作做好，既要发扬风格，又要分清责任。机器上的重大故障，不论是接班时还是接班后，应立即要求有关部门予以配合解决。

（六）捻线疵点与成因

1．松捻线

股线捻度少于所需的捻度，强力降低，结构松散。产生原因如下：

（1）锭子缺油、锭胆损坏或锭子与锭胆配合过紧。

（2）筒管内有飞花，锭子与筒管间产生滑动或筒管跳动。

（3）锭带过分伸长、锭带张力重锤过轻或锭带张力盘缺油。

（4）钢领生锈（特别是湿捻）或钢丝圈回转不正常。

（5）锭盘肩胛或锭盘销子磨灭及生头不良等。

2．紧捻线

股线捻度大于所需的捻度，结构过于紧密，不仅影响光泽和手感，而且吸液不匀，染色时会造成色花。产生原因如下：

（1）横动导纱动程不正，股纱滑出小压辊或滑入压辊沟槽中。

（2）并纱筒子直径过大，相邻筒子在筒子架上相碰，或筒子插锭生锈、弯曲，筒子回转不灵活。

（3）罗拉表面起槽，股纱由槽中通过，罗拉直径减小，单位时间内罗拉送出的股纱长度减少，或工字架安装不正、小压辊回转不灵活。

（4）导纱瓷牙起槽或股纱滑出瓷牙，以及接头动作太慢，或车未停妥即将小压辊搁起等。

3．多股线

股线的股数多于规定根数，织物表面形成粗经或粗纬。产生原因如下：

（1）隔纱板选用不当，而气圈过分凸出时，隔纱板碰气圈而相互缠绕。

（2）断头瞬间纱头飘入相邻气圈内。

（3）并纱筒子多股及并纱筒子插锭安装位置不当，当股纱在筒子架上断头时纱头并入相邻筒子。

4．腰鼓线管

线管呈腰鼓形，影响卷装容量。产生原因如下：

（1）羊脚套筒内有飞花，钢领板运动有顿挫现象。

（2）成形凸轮或小转子表面磨损。

（3）传动成形凸轮的有关齿轮啮合松动。

（4）凸轮销子因脱开或松动而回转不正确。

（5）锯齿轮缺齿，或撑动锯齿轮的掣子受阻，以及钢领板下降时受到其他物件的阻碍。

5．冒头线管

线管顶部股线冒出，影响后道工序退绕。产生原因如下：

（1）落线时钢领板位置过高。

（2）个别钢领起浮。

（3）个别筒管与锭子配合过松，筒管位置较低。

（4）钢领板平衡重锤调整不良或碰地面及落线超过规定时间等。

6．冒脚线管

情况与冒头线管相反，同样影响后道工序退绕。产生原因如下：

（1）落线后钢领板始绕位置过低。

（2）个别筒管与锭子配合过紧，或筒管内积有飞花或回丝，筒管位置较高及跳筒管等。

7．油污线

股线上沾有油污，既影响外观，并增加了漂染过程的困难。产生原因如下：

平、揩车加油时沾污罗拉表面，用油手接线，湿捻中钢领加油时油液沾污铜丝圈纺线直径过大。

8．毛线和螺旋线

股线发毛，结构蓬松，毛羽增多，影响光洁度，称为毛线；某根单纱包绕股线表面，而成麻皮状，称为螺旋线。它们的产生原因如下：

（1）纱线通道上的零件破损，造成股线发毛。

（2）单纱张力不匀或单纱"混号"，即单纱线密度不同或线密度相差悬殊的单纱相并，形成螺旋线。

为了减少捻线疵点，日常工作中必须密切注意以下几点：

（1）捻线间要建立检查并纱筒子品质的制度，追求造成疵品的责任。

（2）拣除跳筒管，锭脚内定期加油。

（3）锭带工不可穿错锭带，定期检查锭带张力。

（4）配专人定期检查捻度齿轮齿数。

（5）加油工加油不可过量，绝对禁止机器运转时在钢领上加油。

（6）捻线机上的接头位置应在罗拉的水平线上，使靠近接头部分的纱线能得到应有的捻度。

捻线过程中所产生的废料有有形废料和无形废料两种。由于车间内空气湿度不足，纱线中失去的水分(指干捻)以及散失在空气里的灰分和溶解在水里的尘屑(指湿捻)等,都属于无形废料。有形废料是指单纱回丝和股线回丝。单纱回丝可以经过粗纱头机打松,回用到高线密度纱的配棉成分中;而股线回丝只可用作擦锈抹油。有形废料应控制在 0.5%~1.5%。

必须说明一点,经湿捻后的股线,其质量会增加,所增加的质量如超过纱重的 5%,为了防止股线霉坏,应有湿捻干燥措施。如无湿捻干燥设备,可以调节纱线在水槽中的吸水量。

有梭织机生产与工艺设计

☞ 主要教学内容

有梭织机的生产原理,开口、投梭、打纬、送经、卷取等机构的工作原理及发展,有梭织造及织物质量控制与工艺设计。

☞ 教学目标

1. 掌握有梭织机的生产原理及其发展趋势;

2. 掌握开口、打纬、送经、卷取等机构的工作原理及其发展趋势;

3. 掌握织造质量分析与工艺设计的方法和原则;

4. 能够针对典型品种进行工艺设计并上机调整到位;

5. 能够针对典型机构正确画出工作原理简图;

6. 提高学生的团队合作意识、分析归纳能力与总结表达能力。

学习情境单元	主要学习内容与任务
单元一 开口运动机构及其工艺设计	开口运动原理、典型开口机构的工作原理与发展、工艺设计的方法和原则 工作任务一:画出某品种的开口循环图与开口凸轮外廓图(小组完成) 工作任务二:总结并比较不同类型的简单组织开口机构特点(小组完成) 工作任务三:完成两个典型品种的开口工艺设计方案,并在织机上按工艺要求调整到位(小组完成) 工作任务四:总结开口机构的发展趋势(个人完成)
单元二 打纬机构与织物形成	打纬机构的运动原理与发展、织物形成过程 工作任务一:画出典型四连杆打纬机构的工作简图(小组完成) 工作任务二:总结开口运动与打纬运动的配合关系(小组完成) 工作任务三:总结织物形成过程分析对织造工艺设计的指导意义(小组完成)
单元三 投梭运动机构与工艺调整	投梭机构的工作原理、投梭运动工艺参数设计与调整 工作任务一:画出投梭机构的运动原理简图(小组完成) 工作任务二:总结投梭、打纬与开口时间的配合及其与织造生产质量的关系(小组完成) 工作任务三:完成两个典型品种的投梭工艺设计方案,并在织机上按工艺要求调整到位(小组完成)

(续表)

学习情境单元	主要学习内容与任务
单元四 卷取送经机构及其张力控制	卷取与送经机构的工作原理与发展趋势、相关工艺计算与设计及织造张力分析与控制 工作任务一:画出卷取与送经机构的工作原理简图(小组完成) 工作任务二:对织造张力进行分析,并总结控制方法(小组完成) 工作任务三:完成两个典型品种的卷取与上机张力工艺设计方案,并在织机上按工艺要求调整到位(小组完成)
单元五 织造参变数与工艺设计	织造参变数与织造生产质量分析、织造工艺设计方法与原则 工作任务:完成两个典型品种的整体织造工艺设计方案(小组完成)
单元六 织物质量检验与分析	织物整理的工作内容、典型产品的质量检验标准与检测方法、织疵分析 工作任务一:1993版与2008版国家标准对《本色棉布》进行对比分析(小组完成) 工作任务二:对所给实际坯布进行织疵检验,分析产生原因,给出解决措施(小组完成)

认识织机

织造是把具有一定质量和卷装形式的经纬纱按设计要求交织成织物的工艺过程,是在织机上进行的。

一、机织物在织机上的形成过程

经纬纱线在织机上进行交织的过程,是通过以下几个运动来实现的:

(1) 开口运动:将经纱按织物组织要求分成两层。两层纱之间的空间称为梭口。

(2) 引纬运动:将纬纱引入梭口。

(3) 打纬运动:将引入梭口的纬纱推至织口。织口是经纱和织物的分界。

经过一次开口、引纬和打纬,这根纬纱就和经纱进行了一次交织。此后,经纱又分成两层,再次形成梭口,并进行一次引纬和一次打纬。这样反复进行,就逐渐形成了织物。

但是,若织成的织物不随时拉走,织口就会随新纬纱的织入而逐渐后移,最后导致交织不能进行。所以要使交织连续进行,还应有以下两个运动:

(4) 卷取运动:随着交织的进行,将织物牵引而离开织口,卷成圆柱状布卷。每次交织所牵引的长度,还确定了织物的纬密。

(5) 送经运动:随着织物向前牵引,送出所需长度的经纱,并使经纱具有一定张力。

开口、引纬和打纬三个运动是任何一次交织都不可缺少的,称为三个主运动;而送经和卷取两个运动是交织连续进行所必要的,称为副运动。它们合称五大运动。图5-1是有梭织机上的织物形成示意图。

平行排列成片状的经纱从织轴上退解出来,经过后梁改变方向,再经过绞杆和停经片进入综框上的综丝眼,穿过钢筘的缝隙(筘齿),到达织口,已形成的织物经过胸梁改变方向,绕过卷布辊、导辊而卷于布辊上。

绕有纬纱的纡子装于梭子内。

综框是常用的开口部件。每一页综框中有若干根综丝,经纱穿于综丝眼中。几页综框按

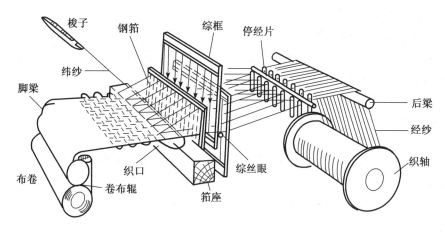

图 5-1 经纬纱在有梭织机上形成织物示意

织物组织要求分别做上下运动,从而将经纱分开,形成梭口。

梭子是常用的引纬部件,做左右往复运动,将纬纱引入梭口。

还有许多其他的引纬方法,如用往复运动的杆件、喷射的气流等将纬纱引入梭口,已广为采用。不用梭子引纬的织机称为无梭织机。

二、织机的组成

如前所述,织物在织机上的形成是由开口、引纬和打纬三个主运动和送经、卷取两个副运动实现的,与之对应,织机上有五大机构。此外,为了提高产品质量,增加花色品种,提高机器效率和劳动生产率,并考虑到生产的安全性等原因,织机上还有其他组成部分。

织机的各组成部分及作用如下:

(1)开口机构:按织物组织依次分开经纱,形成梭口,以供引纬。

(2)引纬机构:把纬纱引入梭口。

(3)打纬机构:把引入梭口的纬纱推到织口,形成织物。

(4)卷取机构:把织物引离织口,卷成一定的卷装,并使织物具有一定的纬密。

(5)送经机构:按交织的需要供应经纱,并使经纱具有一定的张力。

(6)其他机构:机架和起动、制动、传动机构。

(7)保护装置:保护产品、设备和工作人员安全,提高产量和质量。

(8)自动补纬装置:当梭子里的纬纱用完时,可自动补给纬纱,以提高生产率。

(9)多色供纬装置:为了增加产品的花色,织机可自动地交替供给不同的纬纱进行交织,而无需停车装置。

前五个部分,任何织机都须具备,是织机的基本组成部分。保护装置从工艺而言,虽不如前五个部分重要,但仍是非常必要的,因而大多数织机上都有。至于自动补纬和多色供纬,是根据具体情况而定的,如生产本色织物的有梭织机一般应有自动补纬装置,而生产色织的织机应有多色供纬装置。

三、织机的分类

为适应不同纤维材料、不同品种的织物的生产,织机的种类很多,分类方法也较复杂。一般可按以下主要特征进行分类：

1. 按构成织物的纤维材料分

按构成织物的纤维材料分，有棉织机、毛织机、丝织机、黄麻织机等。

2. 按所织织物的轻重分

（1）轻型织机。用来织制轻薄型织物，如生产一般丝织物所用的织机。

（2）中型织机。用来织制中等质量的织物，如生产一般服用棉布、亚麻布、精纺毛织物所用的织机。

（3）重型织机。用来织制厚重织物，如生产帆布、粗纺毛织物所用的织机。

3. 按织物的幅宽分

按织物的幅宽分，有宽幅织机和窄幅织机。

4. 按开口机构分

按开口机构分，有踏盘织机、多臂织机和提花织机。它们分别适用于不同复杂程度的织物组织。

5. 按引纬方法分

（1）有梭织机。用装有纡子的梭子作为引纬工具的传统织机。

（2）无梭织机。有多种，主要有以下几种：

① 用流体喷射引纬的喷气织机和喷水织机。

② 用钢性杆或挠性带引纬的刚性剑杆织机和挠性剑杆织机。

③ 用夹持纬纱飞越梭口的片梭做引纬工具的片梭织机。

6. 按有梭织机纬纱补给情况分

（1）普通织机。不能自动补给纬纱。

（2）自动织机。能够自动补给纬纱，又分为以下两种：

① 自动换梭织机。

② 自动换管织机。

无梭织机由大筒子供纬，不存在自动补纬问题。

7. 按多色供纬能力分

（1）单梭织机。不能多色供纬。

（2）混纬织机。只能用两三种纬纱做简单交替，而不能任意供纬。

（3）多梭织机和多色供纬无梭织机。

8. 按生产的特种产品分

有绒织机、毛巾织机、带织机、帘子布织机等。

9. 按交织单元分

一台织机只有一个交织单元（开口、引纬、打纬），称为单相织机。绝大多数织机属于这一类。

若一台织机同时有多个交织单元，则称为多相织机。多相织机的生产率高，但还存在较多的问题，因而使用还不多。织塑料编织袋的圆型织机即属于这一类。

此外，为了工人操作方便等原因，有的织机（如 GA615 型棉织机）还按开关位置分为左手织机和右手织机，它们相互对称，但许多零件不能互换。

四、主要国产织机的型号和规格

(一) 织机的主要规格

1. 最大工作宽度

指钢筘范围内经纱片最大可织宽度(mm)。由于所织织物的纬缩率不同,因此可织织物的最大宽度小于最大工作宽度,并且因缩率不同而略有差异。这样,通过此规格可粗略地知道相应织机的可织最大布幅。以前,有梭织机常采用公称筘幅来表示最大工作宽度,它指织机的走梭板长度,略大于筘内经纱片最大可织宽度。

2. 车速

一般指织机的主轴——曲柄轴的转速(r/min),即织机每分钟的交织次数,它反映织机的生产能力。由于织机的公称筘幅、所织品种和实际经纱穿筘幅宽等因素不同而不便于比较,所以又采用入纬率,即每分钟织入的纬纱长度(m/min)来反映织机的生产能力。无梭织机常采用这种表示方法。

3. 开口能力

指织机的开口机构最多可控制多少页综框做独立运动,它反映可织织物组织的复杂程度。

4. 外形尺寸

指织机的长、宽、高尺寸,反映织机占地和空间的尺寸。

此外还有多色供纬能力(有多少颜色)、自动补纬情况、织轴边盘直径、梭子尺寸等。

(二) 国产机织设备(主机)型号规则

目前采用的形式为:

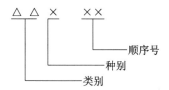

类别:GA—棉织;GN—毛织;GC—麻织;GD—丝织。

种别:0—络筒;1—整经;2—卷纬;3—浆纱;4—穿结经;5—管纱定捻;6—有梭织机;7—无梭织机;8—折布验布。

顺序号为两位数字。

地方(部门)生产的设备可在最前面加上该省市部门的符号,如上海 SH、江苏 AS 等。

若该型号有子系列产品,则在该型号后加 A、B、C 等符号。例如:GD001 型络丝机;GA301 型浆纱机;GA615 型有梭织机;GD602 型丝织机;GA741 型剑杆织机;GA801 犁验布机;GD761 型喷水织机;GA471 型结经机。

但应注意,有的国产设备型号尚未按以上规则命名。另有一些引进国外技术生产、组装的设备,往往仍采用国外型号。

(三) 国产织机型号

1. 棉织机

棉织机用以织造棉织物和棉型化纤纯纺、混纺织物。苎麻织物也用棉织机制织。国产棉织机中有梭织机主要是 GA611 型和 GA615 型(图 5-2)两个系列,前者为窄幅,后者为宽幅,结构上只有较小的差异。它们分别由原 1511 型和 1515 型改进而来。

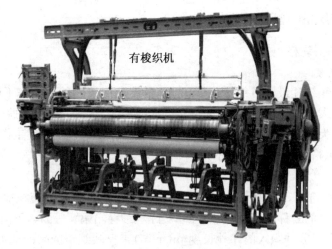

有梭织机

图 5-2 GA615 型自动换梭织机

这两个系列分别有子系列,如 GA615B 型为自动换梭毛巾织机,GA615A 型为多梭箱织机。

2. 丝织机

丝织机有 K 系列的 K251 型及 K72 型等机型,它们也有子系列机型。GD 系列设备在丝织准备机械中已广为使用,在织机方面的使用还不多。

3. 毛织机

毛织机有 H 系列的 H212 型及 HZ72 型等机型,GN 系列尚少使用。由于毛织物价格较高,用无梭织机生产的也很多。

4. 无梭织机

由于许多无梭织机具有较好的通用性,因此往往对加工纱线的种类区分不严格,如剑杆织机在棉、毛、丝、麻及化纤领域都可使用,但具体机型仍有一定的分工。国产无梭织机有的已按国产设备型号规则命名,如 GA731 型剑杆织机、GA708 型喷气织机等。但仍有许多机型按国外型号命名,如 ZA205i 型喷气织机、P7100 型片梭织机等。

单元一　开口运动机构与工艺设计

在织机上,如要实现经纬纱的交织,必须按一定的规律将经纱分成上下两层,以形成能通过纬纱的通道,即梭口。待纬纱引入梭口后,两层经纱再根据织物交织规律上下交替位置,形成新的梭口。如此反复循环的运动就称为开门运动,简称开口。它是由开口机构来完成的。开口机构应当具备两个基本作用:一是使综框(或综线)做升降运动,将全幅经纱分开而形成梭口;另一个作用则是根据织物组织所要求的交织规律,控制综框的升降顺序。

开口机构要适应多品种和高速化生产的需要,应具有结构简单、性能可靠、调节方便和管理容易的特点,并能做到"清、稳、准、小"四个字,即要做到梭口开清、综框运动平稳、开口时间与梭口高度准确、经纱摩擦与张力小。

开口机构主要由提综机构、回综机构及选综机构组成。如果提综机构及回综机构均由机构积极控制,则称为积极式开口机构;若提综机构及回综机构之一由弹簧控制,则称为消极式开口机构。

常用的开口机构有以下三类：

（1）凸轮开口机构。开口机构的两项任务都由凸轮担任,但开口能力小,最多为8页综,一般为2~5页综,只能织简单组织。如图5-3所示。

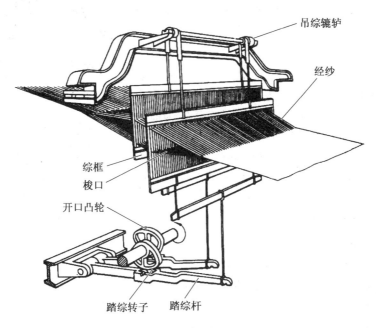

图5-3 凸轮开口机构

（2）多臂开口机构。又称为多臂机,开口的两项任务由该机构的不同部件分别担任,仍具有综框。其开口能力较大,最多达32页,一般在16页以内,可织小花纹组织。如图5-4所示。

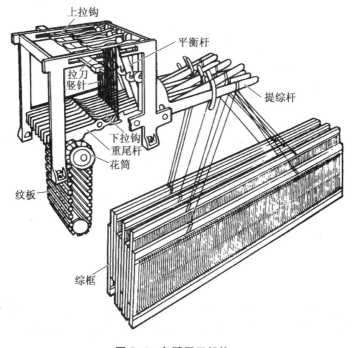

图5-4 多臂开口机构

（3）提花开口机构。又称为提花机,开口的两项任务也是由不同的部件分别担任,并且各综丝可以独立运动而不需要综框。所以,其开口能力很大,一般少则几百根综丝,多则可达数千根综丝,可织大花纹织物。如图5-5所示。

一、梭口

梭口是织机开口时经纱上下分开所形成的引纬的通道,即图5-6所示的菱形BC_1DC_2。其中,BC_1C_2为前部梭口,DC_1C_2为后部梭口,B点为织口(即经纱和织物的分界线),D点为织机上挂停经片的绞杆位置,A点为织物经过胸梁时的支撑点,C点为综平时纱线在综眼的位置点,E点为经纱从织轴上退绕后经过后梁的点。

（一）梭口形状的工艺意义

1. 梭口高度H

指开口时经纱随综框上下运动的最大位移C_1C_2。梭口高度主要取决于引纬器的体积,其大小显著影响经纱开口时的张力伸长。

2. 梭口深度

指织口B到停经架中绞杆D之间的水平距离($l_1 + l_2$)。其大小影响经纱开口时的相对伸长,以及织机占地和操作的便利性。

3. 经纱位置线

指经纱处于综平位置时,经纱由织口至后梁所构成

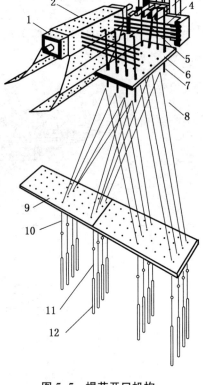

图5-5 提花开口机构

1—花筒;2—纹板;3—提刀;
4—横针;5—竖钩;6—底板;
7—首线;8—通丝;9—目板;
10—综线;11—综丝;12—重锤

的一条曲折线$BCDE$(又称上机工艺线)。经纱位置线的各点位置决定了梭口的工艺特点,包括工艺设计的重要参数。当生产不同品种时,经位置线需要进行调整,其位置变化将影响开口时梭口上下层纱线的张力差异。

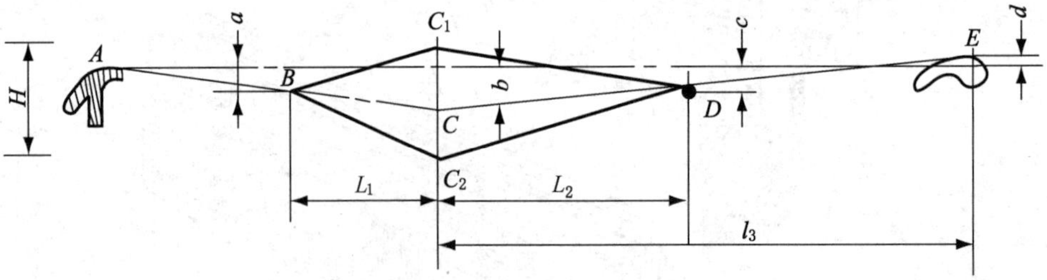

图5-6 梭口示意图

4. 经直线

如果D、E两点在BC直线的延长线上,则经纱位置线是一根直线,称为经直线。此时,形成梭口的上下层经纱的张力相等。经直线是衡量梭口上下层经纱张力差异的参考线。

5. 经平线

沿胸梁表面作水平线,衡量 $ABCD_1$ 各点的高低位置。一般情况下,经平线是调整后梁高低的重要参考线。

在实际生产中,胸梁高低、织口位置、综平时的综眼位置一旦确定一般不再改变,经纱位置线的调整主要是改变后梁的高低位置。

(二) 梭口的形成方式

梭口的形成方式是指开口过程中经纱的运动方式,由开口机构中传动综框的机构运动决定。不同类型的开口机构,在开口过程中形成梭口的方式不完全相同,按开口过程中经纱的运动特征共分为三种方式,分别是中央闭合、全开和半开梭口,如图 5-7 所示。

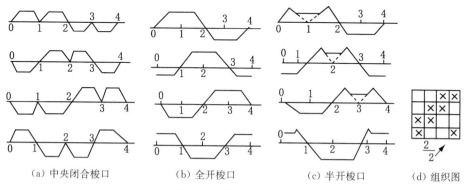

|　(a) 中央闭合梭口　|　(b) 全开梭口　|　(c) 半开梭口　|　(d) 组织图　|

图 5-7　梭口形成方式

1. 中央闭合梭口

每完成一次开口运动时,所有经纱都要回到中央经位置线,然后再上下分开,形成梭口,如图 5-7(a)所示。

中央闭合梭口的特点有:在形成梭口的各个时期,上下层经纱所受张力相同;从平综到梭口满开,经纱的位移仅为梭口高度的一半,形成梭口所需的时间较少;平综时,所有经纱均处于同一层面,便于处理经纱断头后穿入综筘。同时也存在经纱运动频繁、摩擦增多、断头机会增加、所有经纱都处在移动状态、下层经纱变位机会多、引纬时对载纬器通过梭口不利等缺陷。

一般平纹织物织造采用的一定是中央闭合梭口。

2. 全开梭口

每形成一次梭口时,重复原位的综框(经纱)保持不变,需变位的综框(经纱)上下移动,如图 5-7(b)所示。

全开梭口的特点包括:开口时经纱运动次数少;梭口比较平稳,有利于梭子飞行;经纱摩擦损伤少,动力节省。同时也存在开口运动中各片经纱处于不同状态、各片综框的经纱张力不一致、全幅经纱没有同时综平的机会(除平纹外)、不便于操作、需另设平综机构等缺陷。

3. 半开梭口

半开梭口的开口方式与全开梭口基本相似,不变位的上层经纱在开口过程中略微下降,而后再随同其他上升的经纱一起回升到原来的位置。

半开梭口的特点包括:与全开梭口基本相似,但不变位的上层经纱在开口过程中略微下降,降低了该层经纱张力的差异。

半开梭口实际上是早期多臂开口机构设计缺陷所造成的,现代高速多臂开口机构已改进这一缺陷,实际形成的都是全开梭口。

选择何种开口方式视织机速度、纱线性质和织物结构等因素而定。对于速度较高的织机,宜采用梭口比较稳定、引纬条件比较好、经纱间摩擦比较小的全开梭口。对于毛茸多、表面不光滑的经纱,为避免因经纱相互黏结而引起开口不清所产生的织疵和经纱断头,宜采用中央闭合梭口。对于经纬密较大,但织物表面平整度要求较高的织物,宜采用经纱张力差异较小,同时可通过摆动后梁来调整经纱张力,使打纬在经纱张力较大的情况下进行的中央闭合梭口。

(三) 梭口的清晰度

采用多页综框织造时,各页综框到织口的距离各不相等,不同的动程配置将形成不同清晰程度的梭口。

1. 清晰梭口

梭口满开时梭口前部的上下两层经纱各处在一个平面内,这种梭口叫作清晰梭口,如图5-8所示。

欲形成清晰梭口,须使各页综框的动程与它们到织口的距离成正比关系,即:

$$H_1 : H_2 : H_3 : H_4 : H_n = l_1 : l_2 : l_3 : l_4 : l_n$$

式中:H_1、H_2、H_3、H_4、H_n为各页综框的动程;l_1、l_2、l_3、l_4、l_n为各页综框到织口的距离。

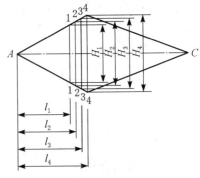

图 5-8　清晰梭口

在其他条件相同的情况下,清晰梭口的前部具有最大的有效空间,引纬条件最好,适合于任何引纬方式,尤其对喷射引纬更为重要。但是当综片较多时,前后综的综框动程差异较大,后综的经纱张力大于前综的经纱张力,纱线易断头。因此,穿综时应将上下运动次数较多或弹性和强力较差的经纱穿在前综,以减少经纱断头。

2. 非清晰梭口

梭口满开时上下层经纱均不处于同一平面内,为非清晰梭口,如图5-9所示。很明显,这种梭口前部的有效空间最小,梭口不清晰,对引纬极为不利,易造成经纱断头、跳花、轧梭及飞梭等织疵或故障。但由于各页综框的动程差异小,故经纱张力比较均匀。同时,由于上下层经纱都不在同一平面内,对防止经纱相互粘连有利。

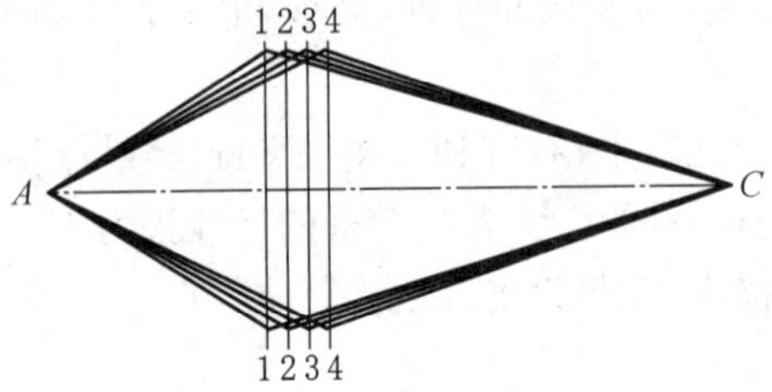

织制细特高经密平纹织物(如府绸、羽绒布)时,通常采用小双层梭口,如图5-10所示。在形成小双层梭口的过程中,第三、四页综的经纱总是分别高于第一、二页综的经纱,使第一、二页综的综平时间与第三、四页综的综平时间错开,经纱交错时密度减少一半,有利于开清梭口。

图 5-9　非清晰梭口

小双层梭口属于非清晰梭口,用于织制细号高密织物。因为采用四页综,分两次平综,经纱的相互摩擦和由于静电引起的粘连减少,以利于开清梭口,减少织疵。

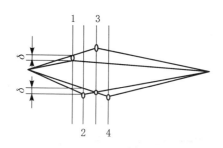 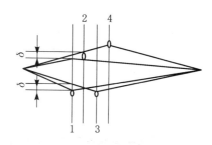

图 5-10　小双层梭口

3. 半清晰梭口

梭口满开时梭口前部的下层（或上层）经纱处在同一平面内，而上层（或下层）经纱不在同一平面内，这样的梭口称为半清晰梭口，如图 5-11 所示。半清晰梭口由于有一层经纱完全平齐，因而比不清晰梭口更有利于引纬；由于各页综框的动程差异较小，因而经纱张力比清晰梭口均匀。

梭口的清晰程度对于能否顺利引纬及经纱断头等都有密切的影响。在织造实践中，梭口的清晰程度还受到经纱毛羽、经纱密度以及开口和引纬时间配合的影响。

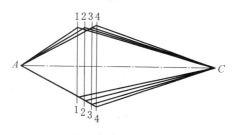

图 5-11　清晰梭口

（四）梭口大小对经纱拉伸变形的影响

经纱在形成梭口的过程中要承受反复多次的拉伸、摩擦和弯曲等机械作用。织机每一次回转，随着开口和打纬等运动的进行，经纱张力呈现周期性的变化。随着织造的不断进行，梭口一次一次地形成，经纱反复受拉伸作用而产生变形，如开口张力处理不当，则会导致经纱疲劳而断头。

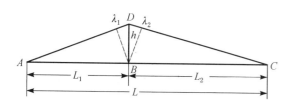

图 5-12　开口时经纱变形示意图

在伸长率不太大，而作用时间又很短暂的情况下，可以把经纱视为理想的弹性体；并假定织口和中绞棒的位置不变，而经纱在织口和中绞棒处固定，经位置线为一直线，梭口为上下对称。因此只取梭口的上半部观察其伸长变形，如图 5-12 所示。

若不考虑送出经纱和卷取织物的影响，则上层经纱的拉伸总变形 λ 为：

$$\lambda = \lambda_1 + \lambda_2 = AD + DC - L$$

$$\lambda = \frac{h^2}{2}\left(\frac{1}{L_1} + \frac{1}{L_2}\right) = \frac{H^2}{8}\left(\frac{1}{L_1} + \frac{1}{L_2}\right)$$

其中：H 为梭口高度，$h = \dfrac{H}{2}$。

此时经纱的相对伸长率 ε 为：

$$\varepsilon = \frac{\lambda}{L} \times 100\% = \frac{\lambda}{L_1 + L_2} \times 100\% = \frac{\frac{H^2}{8}\left(\frac{1}{L_1} + \frac{1}{L_2}\right)}{L_1 + L_2} \times 100\% = \frac{H^2}{8L_1 L_2} \times 100\%$$

从上述公式可以看出,开口时经纱的伸长与梭口高度及梭口各部长度有关。适当地选定这些尺寸及它们的配合关系,可将经纱在开口时的相对伸长减至最小。图5-13为有梭织机上梭口的形成状况。

图5-13 有梭织机梭口

1. 梭口高度对经纱拉伸变形的影响

由公式 $\varepsilon = \frac{H^2}{8L_1 L_2} \times 100\%$ 可看出,当梭口的前后部长度保持不变时,经纱的拉伸变形和梭口高度 H 的平方成正比,梭口高度的少量增加会引起经纱变形的明显增大,从而造成经纱张力的增大。梭口高度应根据引纬器的尺寸来决定。在保证引纬器顺利通过的前提下,应尽量减少梭口高度。

以有梭织机为例。确定梭口高度要考虑梭子的高度和宽度,同时要注意在筘座摆动到最后位置时梭子正通过梭口这一条件。如图5-14所示,梭子前壁处上层纱线距筘座底面的距离 h_0,一般稍高于梭子的前壁高度 h_s,高出的距离为 x。这是由于梭子并不是在筘座位于最后位置这一瞬间通过梭口的,实际上梭子开始进入梭口时筘座还没有到达最后位置,而当筘座由最后位置向前方摆动时,梭子也还没有完全飞出梭口。因此,在梭子进梭口和出梭口时,梭子前壁处的梭口高度都要比筘座在最后位置时的梭口高度小。所以当筘座位于最后位置时,经纱与梭子前侧顶面间留有一定余量 x,目的在于避免经纱同梭子发生过大的挤压摩擦,保证梭子顺利通过梭口。

梭口上层经纱对梭子的挤压程度用挤压度 P (%)表示:

$$P = \frac{h_s - h_0}{h_s} \times 100\%$$

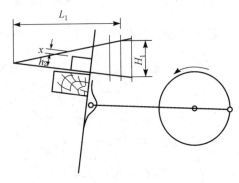

图5-14 梭口高度的确定

196

若挤压度大,则梭子飞行困难,易造成边经断头,产生织疵;若挤压度小,则梭口较大,经纱拉伸变形大。对于棉织物,梭子进梭口时 $P=25\%\sim30\%$,出梭口时 $P=60\%\sim70\%$ 。

2. 梭口对称度对经纱拉伸变形的影响

梭口对称度 m 为梭口前部与后部的长度之比, $m=L_l/L_2$ 。当 $m=1$,即为对称梭口时,经纱的伸长最小;但在梭口高度和筘座摆动动程不变的条件下,会使筘前梭口有效高度减小,因而对梭子顺利通过不利。因此,在实际生产中,往往采用 $m<1$ 的梭口,即后部梭口较长(在早期的丝织机上常见)。由图 5-15 可看出,当 $m>0.5$ 时,它对经纱伸长的影响并不大。实际织造时多采用 $0.5<m<1$ 的对称度。

3. 梭口长度对经纱拉伸变形的影响

由前述经纱拉伸变形公式可推导出:

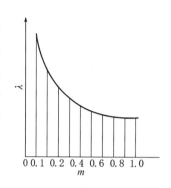

图 5-15 梭口对称度 m 与经纱
伸长量 λ 的关系

$$\varepsilon = \frac{\lambda}{L} \times 100\% = \frac{H^2}{8L^2}\left(2+m+\frac{1}{m}\right) \times 100\%$$

其中: m 为梭口对称度; L 为梭口总长度。

当梭口高度 H 和梭口对称度 m 恒定时,经纱的伸长率 ε 与梭口长度 L 的平方成反比。因此,为减少经纱开口时的伸长和张力,织机上应采用较长的梭口。对于具体织机来讲,梭口的前部长度主要由筘座的摆动动程决定,不能改动,可以改变的只有梭口后部长度,但受织机结构尺寸的限制。在实际生产中,应根据纱线性质和织物品种灵活调整梭口后部长度。丝织机上为减少经丝的伸长和张力,可将梭口后部适当放长;在织制高密织物时,为开清梭口,可将梭口后部长度适当缩短。

4. 后梁高低对经纱拉伸变形的影响

在一般织机上,为了使梭口满开时的下层经纱与曲柄在后死心时筘座上走梭板的倾斜角度一致,总是使综平时的综眼位置比胸梁的水平线低。因此,即使后梁处于胸梁水平线上,经位置线也是一条折线。

参见图 5-6,当梭口满开时,上下层经纱的伸长变形之差为:

$$\Delta\lambda = \lambda_x - \lambda_s = \frac{H}{L_1 L_2}\left[L_2(b-a) + \frac{L_1 L_2}{L_3}(c+d)\right]$$

其中: λ_x 为梭口下层经纱的伸长; λ_s 为梭口上层经纱的伸长; b 为综平时综眼到胸梁水平线的距离; a 为织口到经平线的距离; c 为综杆到胸梁水平线的距离; d 为后梁到胸梁水平线的距离。

当后梁在经直线上时,上下层经纱的变形差 $\Delta\lambda=0$,上下层经纱张力相等,形成等张力梭口。

当后梁在经直线上方时,上下层经纱的变形差 $\Delta\lambda>0$,下层经纱张力>上层经纱张力,形成不等张力梭口。生产中常采用这种方式。不等张力梭口有助于打紧纬纱、消除筘痕。

当后梁较高时(一般高于经平线),上层经纱张力较小,下层经纱张力较大。这种张力配置一般视品种而定,如粗特高密织物常用。

当后梁过低时,下层经纱张力不足,下层经纱易分层,对引纬运动不利。生产中通常不采用这种张力配置。

二、开口工艺设计

(一) 开口工艺相关概念

1. 开口周期

织机主轴每一回转,综框运动使经纱上下分开,形成一次梭口,织入一根纬纱所用的时间,称为一个开口周期。在一个开口周期中,经纱随时处于不同的位置和状态。由此可将梭口的形成分为三个时期,即开口时期、静止时期和闭合时期。

(1) 开口时期。经纱离开综平位置,上下分开,直到梭口满开为止。

(2) 静止时期。使纬纱有足够的时间通过梭口,经纱有一段时间静止不动。

(3) 闭合时期。经纱从梭口满开位置返回到综平位置。

形成一次梭口的三个阶段的总时间为织机主轴转过 360°。之后形成另一次梭口,完成另一次开放、静止、闭合的循环。第一次梭口的闭合阶段与第二次梭口的开放阶段相连续,其分界即为综平对应的时间,由此可见综平是瞬时状态;而满开状态有一段时期,即静止阶段;但有的开口机构,满开也是瞬时状态,即没有静止阶段。

2. 开口工作圆图

(1) 织机工作圆图。织机各主要机构的运动,都是在主轴回转一周的时间里循序完成的,各运动之间应有严格的时间协调关系,必须合理配合,才能使织机正常运转。由于织机各主要机构的运动都是由主轴传动的,因此,各机构的作用时间常以主轴回转角度来表示,即形成织机的工作圆图,并以此来分析和调整织机各运动的相互关系,达到各机构协调运动的目的。对某种织机而言,其打纬时间基本是固定不变的,而开口、引纬运动的时间随织物风格特征、布幅、织机车速等因素的变化而有所不同。这是在确定织造工艺参数时必须考虑的问题。

一般织机主轴的转向是按前死心→下心→后死心→上心→前死心的顺序,称为下行式。也有个别织机按前死心→上心→后死心→下心→前死心的顺序,称为上行式,如 H212 型毛织机,其投梭在上心附近,综平在下心附近。

织机打纬终了的瞬间主轴所在位置称为前止(死)心,一般设定该点的主轴位置角为 0°,以此作为度量基准,如图 5-16(a)所示。

(2) 开口工作圆图。把一次开口运动的三个时期按织机主轴所在位置标志在织机工作圆图(曲柄圆图)上,即为开口运动的工作圆图,如图 5-16(b)所示。

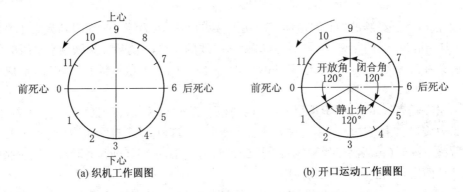

(a) 织机工作圆图　　　　(b) 开口运动工作圆图

图 5-16　织机工作圆图与开口运动工作圆图

3. 开口周期图

以织机主轴回转角为横坐标,以梭口在形成过程中的高度为纵坐标,描绘而成的曲线图称为开口周期图,如图5-17所示。

4. 综平时间

即开口时间,它是开口运动的主要工艺参数,指开口过程中上下交替运动的经纱达到综平位置的时刻,即梭口开启的瞬间,亦即上下交替运动的综框闭口与开口的交接点。

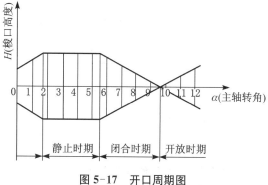

图5-17 开口周期图

5. 开口循环与开口循环图

在若干次开口之后,重复出现综框位置相同的梭口的过程,为一个开口循环。

把开口周期图的时间坐标延长为织成一个完全组织的织机主轴转数,就可以表示一个开口循环中经纱运动情况,参见图5-7。

(二) 开口运动的时间配合

开放角、静止角和闭合角的分配,随织机筘幅、织物种类、引纬方式和开口机构形式等因素而异。开口运动的时间配合应遵循以下原则:

按时开清梭口,有利于梭子飞行;综框运动平稳,避免震动、晃动、跳动;经纱损伤小,断头率低。

在有梭织机上,为使梭子能顺利地通过梭口,要求综框的静止角大些,但增加静止角势必缩小开放角和闭合角,从而影响综框运动的平稳性。因此,对一般平纹织物来说,为了兼顾梭子运动和综框运动,往往使开放角、静止角和闭合角各占主轴的三分之一转,即120°。随着织机筘幅增加,纬纱在梭口中的飞行时间也增加,因此,综框的静止角应适当加大,而开放角和闭合角则相应减小,采用3页以上综框织制斜纹和缎纹类织物时,为了减少开口凸轮的压力角、改善受力状态,常将开放角和闭合角扩大。在喷气织机上采用连杆开口机构时,由于这种机构的结构关系,开放角和闭合角较大,而静止角为零。在设计高速织机的开口凸轮时,考虑到在开口过程中开口机构所受载荷逐渐增加,而在闭合过程中开口机构所受载荷逐渐减小,为使综框运动平稳和减少凸轮的不均匀磨损,常采用开放角大于闭合角的配置。

(三) 开口时间的表达与工艺设计

开口时间的表达方式主要有以下两种:

(1) 角度法。角度法以综平时织机主轴(有梭织机为弯轴)转离前死心的角度来表示开口时间。此法便于在工作圆图上表示与其他运动的时间配合。数值小表示开口时间较早,反之则开口时间迟。

(2) 距离法。距离法以织机主轴(有梭织机为弯轴)转至上心附近,综平时筘到胸梁内侧的距离来表示开口时间。此法便于机上测量。数值小表示开口时间较迟,反之则开口时间早。

1. 开口时间对引纬器进出梭口的影响

当开口运动的静止时间一定时,开口时间与引纬器通过梭口有很大关系。若开口时间过早,梭口闭合时间也较早。设引纬时间和纬纱飞行速度不变,引纬器出梭口时挤压严重,在出纬侧易出现跳花(有梭织机上还会发生夹梭尾甚至轧梭现象)。若开口时间过迟,则引纬器入梭口时梭口中的经纱尚未完全分清,易在入口侧产生跳花,有梭织机上甚至会发生断边或飞梭事故。由图 5-18 所示,可看出开口迟或早则引纬器进出梭口时的梭口高度不同。

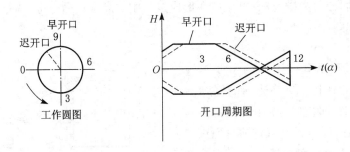

图 5-18 开口时间与梭口高度

2. 开口时间对织造的影响

采用早开梭口对织造的影响为:

(1) 打纬时织口处的梭口角大,经纱对纬纱的包围角也大,打纬之后纬纱不易反拔后退,有利于把纬纱打紧,使织物紧密厚实,如图 5-19(a)所示。

(2) 打纬时经纱张力较大,有利于开清梭口,而且可使张力较小的经纱充分伸直,使布面平整。

(3) 钢筘对经纱的摩擦及打纬过程中经纬纱之间的摩擦加大,经纱易起毛茸;若再配以不等张力梭口,则可使高密织物消除筘痕,并获得丰满的外观效应。所以织制比较紧密的平纹类织物时,宜采用早开口。

当然,因为开口早,闭口也早,这对梭子飞出梭口不利,而且打纬时经纱张力大,易产生断头。

采用迟开梭口对织造的影响为:

如图 5-19(b)所示,打纬时织口处梭口角小,经纱对纬纱的包围角小,纬纱易反拔,对构成紧密织物不利;但开口迟,打纬时经纱张力较小,打纬阻力也小,可降低经纱断头,使织物表面纹路清晰,而且对梭子飞出梭口有利。因此,在织制斜纹及缎纹类织物时,宜采用迟开口。当然,开口时间不能太迟,否则张力过小,会影响织物的纹路匀直,而且会造成开口不清和由于打纬时织口移动过大使经纱的磨损加重,从而造成经纱断头增加。

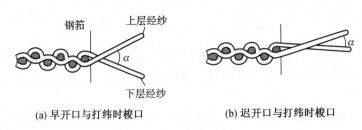

(a) 早开口与打纬时梭口   (b) 迟开口与打纬时梭口

图 5-19 开口迟早与打纬时梭口尺寸变化

开口时间对经纱缩率也有很大影响。开口早,则打纬时经纱张力大,经纱屈曲小,而纬纱屈曲大;同时,梭口中经纱夹持的纬纱长度较迟开口时长,因而经纱缩率小,而纬纱缩率大。迟开口则与之相反。

综上所述,确定开口时间的依据(针对有梭织机)为:

（1）平纹和比较紧密的织物宜用早开口,容易打紧纬纱,并使布面丰满。

（2）斜纹和缎纹织物宜用迟开口,以降低打纬时的经纱张力。此外,也可减少筘对经纱的摩擦长度,以减少经纱断头,并使布面纹路突出。

（3）在经纱强力低、条干不匀、浆纱质量差、细度较细的情况下,宜采用迟开口,以减少打纬时的经纱张力,减少断头。

（4）筘幅宽的织机用迟开口,以利于梭子通过。

（5）车速高的织机开口应迟些,以利于梭子通过。

（6）当所织织物的幅宽比织机筘幅窄得多时,开口时间可以迟些。

（7）当经密很大或经纱毛糙、梭口不易开清时,开口时间要早些。

（四）经位置线调整

经位置线也是开口运动的重要工艺参数,指综平时织口、综眼、停经架中导棒和后梁握纱点所连成的折线。改变经位置线,梭口的上下层经纱的张力将发生变化。当前部梭口位置确定后,主要通过调整后梁高度来改变经位置线,停经架高度与后梁的高度相适应。

1. 后梁在经直线上

形成等张力梭口,经纱在综眼处无曲折,如图 5-20(a)所示。

2. 后梁在经直线上方

形成上松下紧的不等张力梭口,后梁位置越高,上下层经纱的张力差异越大,如图 5-20(b)所示,棉织生产中多采用这种配置。

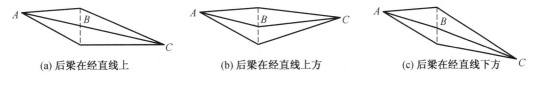

(a) 后梁在经直线上　　　(b) 后梁在经直线上方　　　(c) 后梁在经直线下方

图 5-20　经位置线的三种配置

3. 后架在经直线下方

形成上紧下松的不等张力梭口,对引纬不利,实际生产中一般不采用,如图 5-22(c)所示。

后梁高度对织物形成有较大影响。当后梁位置较高时,下层经纱张力大于上层,打纬时引纬器沿较紧的下层经纱向前运动,对引纬有利;而较松的上层经纱容易产生屈曲,打纬阻力小,易打紧纬纱,可获得较大纬密。打纬时张力较小的上层经纱可产生一定程度的横向移动,有利于减少筘路疵点。

确定后梁高度的原则为:

（1）织制纬向紧度大或打纬阻力大的织物,后梁位置宜高,以增加经纱的张力差异,取得较好的打纬条件。

（2）织制容易出现筘痕的织物(如平纹织物,经纱密度较小),宜抬高后梁,使上下层经纱的张力差异增大,张力较小的上层经纱可做少许的横向移动,以求经纱排列均匀,避免由于筘齿厚度而形成的筘痕。

（3）府绸织物的布面有突起的颗粒,要求后梁位置高,使张力较小的上层经纱能屈曲成颗粒状而突起于布面。

（4）对于经密大、梭口不易开清的织物,后梁不宜太高,应略低些,因为松弛的上层经纱不易开清梭口。

（5）原纱纱支细、条干不匀或强力低时，后梁可低些，以减少织机断头率。

（6）对于斜纹类织物，可适当降低后梁，以减少经纱张力差异，使梭口清晰，减少经纱断头，织疵少，效率高。斜纹类织物往往经密较大，基本上不存在要使经纱排列均匀、消除筘痕的问题。

（7）对于涤/棉织物，后梁应略低，以减少上下层经纱张力差异，开清梭口。

有梭织机的经位置线的调节：采用机后定规（八用定规）来调整后梁的托脚高低。

三、开口机构

开口机构一般由提综装置、回综装置和控制综框（综丝）升降次序的装置组成。织制不同类型的织物和织机速度不同时，应采用不同的开口机构。如织制平纹或斜纹织物，一般采用凸轮或连杆开口机构。其中凸轮开口机构能使用8列综框，能适合较高的织机转速；连杆开口机构则专用于高速织制平纹织物；织制较复杂的小花纹织物，则要采用多臂开口机构，一般使用16页以内的综框，最多可达32页；如织制更复杂的大花纹织物，则要采用提花开口机构，直接控制每根经纱做独立的升降运动。

（一）用于简单组织的开口机构

简单组织结构的织物常采用凸轮开口机构织制。凸轮开口机构可分为两大类：一类是综框的升与降均依靠凸轮驱动，被称为积极式凸轮开口机构，它的从动件转子和凸轮之间的锁合是依靠凸轮的轮廓线来实现的，属于形锁合；另一类是仅综框的升或降由凸轮驱动，而综框的降与升（回程）依靠与综框相连的吊综皮带联动或回综弹簧的作用，被称为消极式凸轮开口机构，它的从动件转子与凸轮之间的锁合是依靠作用于从动件的力来实现的，属于力锁合。

另外，采用凸轮开口时，凸轮转一转，完成一个完全组织所需的各次开口，因此凸轮轴与织轴的速比为 $1：R_w$（R_w 为一个完全组织的纬纱循环数）。如 $\frac{3}{1}$ 斜纹组织的踏盘轴转1转，织机主轴转4转，形成4次梭口，引入4纬。因此，凸轮轴与织机主轴的速比需根据织物组织进行调整，只要变换相应的齿轮即可。

1. 消极式凸轮开口机构

（1）联动式凸轮开口机构。图5-3所示为传统有梭织机织制平纹织物时的凸轮开口机构。图5-21为联动式凸轮开口机构工作简图。综框下降由凸轮积极驱动，综框上升依靠吊综皮带带动2页综框的关联作用而完成，此时对应的凸轮对上升综框只起约束作用，因此是消极式凸轮开口机构。这种开口凸轮习惯上被称为踏盘。

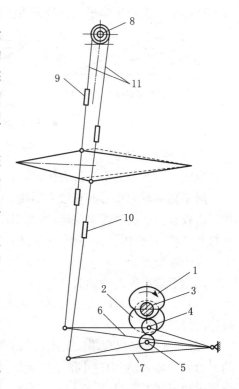

图5-21 联动式凸轮开口机构工作简图

1，2—凸轮；3—凸轮轴；4，5—转子；
6，7—踏综杆；8—吊综辘轳；
9，10—综框；11—吊综皮带

综框联动式凸轮开口机构简单,安装维修方便,制造精度要求不高,但吊综皮带会在使用过程中逐渐伸长,必须按期检查梭口位置;踏综杆挂综处做圆弧摆动,使综框在运动中产生前后晃动,增加经纱与综丝摩擦,容易引起经纱断头,不适应高速织机。这种开口机构的极限速度为 230 r/min 左右,同时凸轮轴与织机主轴的传动比为 1:R_w,因此,当所织产品的 R_w 较大时,凸轮回转很小的角度便要完成一次开口动作,势必使凸轮表面的压力角增大,导致其外缘迅速磨损。故这种开口机构一般只适合织制 $R_w \leqslant 5$ 的织物。此外,由于吊综辘轳装在织机的上梁上,影响了机台的采光,不利于挡车工检查布面。因此,新型织机上不采用这种联动式凸轮开口机构。

(2) 弹簧回综式凸轮开口机构。无梭织机上的消极式凸轮开口机构如图 5-22 所示。对应每页综框,在开口凸轮轴 1 上有一只开口凸轮 2。当开口凸轮转向大半径时,通过凸轮杆 3、钢丝绳 4 使综框向下运动。在这个过程中,回综弹簧 6 因拉伸而储能。而当开口凸轮转向小半径时,在回综弹簧的作用下,通过吊综杆 5 使综框向上运动。该机构所用的回综弹簧的刚度和初始拉伸量应根据织物品种加以选择,经纱上机张力越大,所选用的弹簧刚度也越大,使经纱能上升到所规定的位置,满足开口要求。

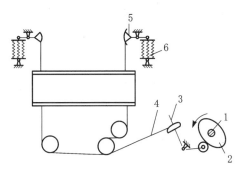

图 5-22　弹簧回综式凸轮开口机构

这种开口机构的转子受弹簧作用而与凸轮保持良好的接触,可适应的织机最高转速超过1 000 r/min,在喷气和喷水织机上应用较多,但对回综弹簧的要求较高,长期使用后易疲劳,回复力减弱,容易造成开口不清,产生三跳织疵,影响织物质量与织造的顺利进行。

2. 积极式凸轮开口机构

(1) 共轭凸轮开口机构。无梭织机常采用共轭凸轮开口机构,它分别由主、副凸轮驱动综框升降,且凸轮机构位于织机墙板之外,又称为外侧式共轭凸轮开口机构。共轭凸轮开口机构利用双凸轮积极地控制综框的升降运动,不需要吊综装置。如图 5-23 和图 5-24 所示,在共轭凸轮轴 1 上最多可装 14 组共轭凸轮 2、2′,每组的两只凸轮控制一页综框,凸轮转动方向如图中箭头所示。

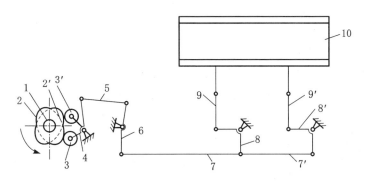

图 5-23　共轭凸轮开口机构

1—凸轮轴;2,2′—共轭凸轮;3,3′—转子;4—摆杆;5—连杆;
6—双臂杆;7,7′—拉杆;8,8′—传递杆;9,9′—竖杆;10—综框共轭凸轮 2 从小半径转至大半径时（此时共轭凸轮 2′从大半径转至小半径）推动综框下降，共轭凸轮 2′从小半径转至大半径时（此时共轭凸轮 2 从大半径转至小半径）推动综框上升，两只共轭凸轮依次轮流工作，因此综框的升降运动是积极的。由于共轭凸轮装在织机外侧，可以适当加大凸轮基圆直径和缩小凸轮大小半径之差，以达到减小凸轮压力角的目的。此外，共轭凸轮开口机构从摆杆一直到提综杆都是刚性连接，综框运动更为稳定和准确，以适应无梭织机的高速生产。

图 5-24 共轭凸轮开口机构内部结构

（2）沟槽凸轮开口机构。沟槽凸轮开口机构为另一种积极式凸轮开口机构，其传动过程如图 5-25 所示。当凸轮从小半径转向大半径时，综框上升，此时沟槽内侧受力；反之，当凸轮从大半径转向小半径时，综框下降，此时沟槽外侧受力。此类机构的综框的升降运动是积极的。

积极式开口与消极式开口相比，其缺点是价格贵，能源消耗较大，品种翻改时工作量较大；其优点，一是有利于引纬（280 mm 门幅以上很明显），二是有利于织造粗厚型织物，三是综框运动精度高、平稳性好，四是积极凸轮可以正反织通用（非对称型凸轮不可），五是可以实现消极凸轮无法实现的自动综平功能。

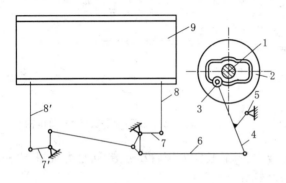

图 5-25 沟槽凸轮开口机构

1—凸轮轴；2—沟槽凸轮；3—转子；4—摆杆；5—支点；6—连杆；7，7′—提综杆；8，8′—传递杆；9—综框

自动综平功能是指织造斜纹或缎纹织物时，在停车后可将各页综框自动置于基本相同的高度，从而大幅度消除各片经纱的张力差，有利于减少织物停档的产生。

从理论上讲，共轭凸轮开口机构和沟槽凸轮开口机构都是较为理想的开口机构，结构简单，故障较少，综框运动准确而平稳，凸轮的外廓可按需要进行设计，能适应高速。但共轭凸轮和沟槽凸轮的材料和加工要求均很高，使用日久会产生磨损问题。而磨损一旦产生，将会导致开口过程中综框运动不稳定，机构的震动和噪声增大。另外，其开口能力小，只能织简单组织，改变组织时一般要更换凸轮及相关的机构。

（3）连杆开口机构。凸轮开口机构能按照要求的综框运动规律进行设计，所以工艺性能好，但凸轮容易磨损，制造成本高。因此织造平纹类织物时，需要更为简单的高速开口机构。连杆开口机构正好满足这种需求。

如图 5-26 所示，由织机主轴按 2∶1 的速比传动的辅助轴 1 的两端装有相差 180°的开口曲柄 2 和 2′，通过连杆 3 和 3′与摇杆 4 和 4′连接；摇杆轴 5 和 5′上分别装有提综杆 6 和 6′（错开安装），而提综杆 6 和 6′又通过传递杆 7 和 7′与综框 8 和 8′相连。当辅助轴 1 回转时，提综杆 6 和 6′便绕各自轴心做上下摆动,两者的摆动方向正好相反,因此综框 8 和 8′便获得平纹组织所需要的一上一下的开口运动。

在连杆开口机构中,综框处于上下位置时没有绝对静止时间,相对静止时间则由曲柄和连杆的长度以及各结构点的位置而定,不能像凸轮开口机构那样按需要进行设计,而只能在一定的范围内进行选择。这种开口机构仅适用于生产平纹织物的高速喷气织机和喷水织机。

3. 凸轮开口机构工艺调整时需注意的问题

（1）凸轮的外形轮廓。以联动式凸轮开口机构的平纹凸轮为例,凸轮的轮廓曲线由若干段弧线和曲线组成,它们分别是上升曲线、下降曲线、小半径圆弧、大半径圆弧。上升曲线和下降曲线都应当符合综框的运动规律,而大半径圆弧和小半径圆弧则于梭口满开后使综框在梭口下线或梭口上线静止。如图 5-27 所示,各段弧线和综框运动的关系如下:

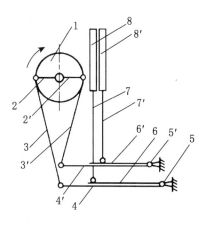

图 5-26　六连杆开口机构

1—辅助轴；2, 2′—开口曲柄；
3, 3′—连杆；4, 4′—摇杆；
5, 5′—摇杆轴；6, 6′—提综杆；
7, 7′—传递杆；8, 8′—综框

图 5-27　平纹开口凸轮外形

大半径圆弧 AB——综框在梭口下线静止；上升曲线 BC——综框由下方升至上方；小半径圆弧 CD——综框在梭口上线静止；下降曲线 DA——综框由上方降到下方。

由于针对某一织物的一个开口凸轮控制对应综框开口 R_w 次梭口（即一个开口循环所需要的开口次数）,其每次开口所对应的综框升降规律各异,因此不同织物所用的开口凸轮外形不同。图 5-28 所示为常见组织及其凸轮外形。

（2）凸轮的转向。识别凸轮的转向可以看凸轮小半径两侧的运动弧线。因为每一次开口运动都是先闭合后开放,所以小半径右侧的弧线是闭合曲线,左侧的是开口曲线。它们的形状是不对称的,开口曲线比较缓和,闭合曲线比较平直,因为设计凸轮时采用从动件做弧线运动的大圆作图法。它们的运动规律实际上是相同的。把凸轮装上织机时,凸轮设计时的回转方向必须与凸轮轴的回转方向一致。如果转向装错,将破坏原设计的综框运动规律。有些制造厂在凸轮上印有指示转向的标记。

（3）凸轮的安装相位角。每一组凸轮在凸轮轴上的配置,均应使相邻的两个凸轮的相位沿与凸轮轴回转方向相反的方向错开一定的角度,即安装相位角如下式:

$$\varphi = \frac{360°}{m} \times 经向飞数$$

其中:φ 为相位角;R_w 为一个完全组织的纬纱循环数。

（4）凸轮的传动。如前所述,开口凸轮转一转,织机主轴转 R_w 转（R_w 为一个完全组织的纬纱循环数）,即开口凸轮与织机主轴的传动比为 1:R_w。因此,在织机上更换品种时要注意调整开口机构中开口凸轮与织机主轴的传动比符合工艺要求。

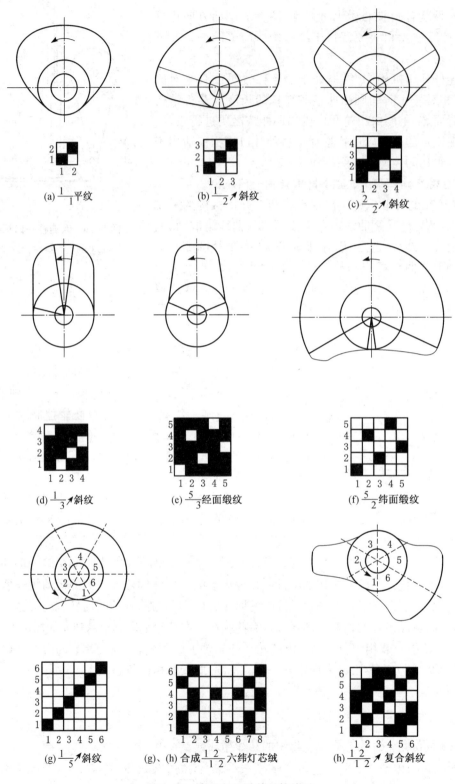

图 5-28　常见组织及其凸轮外形

(二) 多臂开口机构

如前所述,凸轮开口机构只能用于织制纬纱循环数较小的简单织物。当纬纱循环数大于 8 时,就需要采用多臂开口机构,其控制的综框数目一般在 24 页以内,多的可达 40 页。

多臂开口机构之所以可以控制二三十页综框,主要是将综框的升降运动与每次开口时相应综框的升降顺序选择(即织物的花纹控制)分别以不同的机构装置进行控制。因此,多臂开口机构主要由纹板、阅读装置、提综和回综装置组成。纹板的作用是储存综框的升降顺序信息,一般在机下根据织物纹板图的要求预先设计和制备。阅读装置用于将纹板信息转化为控制提综动作,从而完成每次开口时相应综框的升降顺序选择。提综和回综装置则分别执行提综和回综动作。

1. 传统多臂开口机构的工作原理

图 5-4 所示为传统拉刀拉钩式多臂开口机构。拉刀由织机主轴上的连杆或凸轮传动,做水平方向的往复运动。拉钩通过提综杆、吊综带与综框连接。由纹板、重尾杆控制的竖针,按照织物组织所规定的顺序做上下运动,以决定拉钩是否为拉刀所拉动,从而决定与该拉钩连接的综框是否被提起。环形纹板链的每一块纹板可按要求植纹钉或不植纹钉,当植纹钉纹板转至工作位置时,竖针下降,则下一次开口为综框上升;反之,综框维持在下方位置。为保证拉刀、拉钩的正确配合,纹板翻转应在拉刀复位行程中完成。

纹板的结构如图 5-29 左图所示,每块纹板上有两列纹钉孔,互相错开排列,第一、二列纹孔分别对准相应的重尾杆。每列纹孔控制一次开口,纹板上的纹孔列数应为组织纬纱循环数的整数倍,如果组织纬纱循环数为奇数,则应乘上一个偶数,以得到整数块纹板。此外,因为花筒呈八角形,纹板总数应不小于 8 块(16 纬)。

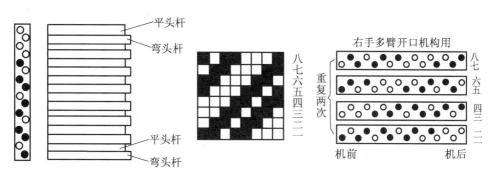

图 5-29　复合斜纹组织图与纹板植纹钉图

纹板制备是指根据织物组织图的要求在纹板上植纹钉的操作。图 5-29 中图和右图所示分别为复合斜纹组织图和纹板纹钉植法,图中黑点表示孔眼植有纹钉,圆圈表示孔眼不植纹钉。虽然用 4 块纹板即可以进行织造,但织机上的纹板总数至少需要 8 块,故排列 2 个纬纱循环。

传统拉刀拉钩式多臂机的特性如下:

(1) 综框运动在最高位置时无静止阶段,但运动速度很慢;而在最低位置时有静止阶段,因为拉刀和拉钩之间存在空隙。

(2) 综框运动的速度是两端慢、中间快,即梭口满开时速度慢,综平前后速度快,符合开口引纬的要求。

(3) 综框在开始提升或下降至最低位置时,速度发生突然变化,此时加速度很大,会引起冲击和震动。这是因为拉刀钩取和脱离拉钩时,已具有或仍具有相当的速度。

（4）当织机速度提高时，拉刀和拉钩往往配合不当，造成应该向上提升的综框没有提升或不应该向上提升的综框反而被提升，出现全幅性的跳花织疵。形成这两种情况都是由于拉钩在进入拉刀之前两者有撞击的缘故。

（5）综框静止时间短，一般不适合织制阔幅织物。

2. 多臂开口机构的分类

（1）按拉刀往复一次所形成的梭口数，多臂开口机构分为单动式和复动式两种类型。

单动式多臂开口机构的拉刀往复一次仅形成一次梭口，每页综框只需配备一把拉钩，拉动拉钩的拉刀由织机主轴按 1∶1 的速比传动，因此主轴转一转，拉刀往复一次，形成一次梭口。由于拉刀复位是空程，造成动作浪费。

在复动式多臂开口机构上，每页综框配备上、下两把拉钩，由上、下两把拉刀拉动。拉刀由主轴按 2∶1 的速比传动，因此，主轴转两转，上、下拉刀相向运动，各做一次往复运动，可以形成两次梭口。

单动式多臂开口机构的结构简单，但动作比较剧烈，织机速度受到限制，因此仅用于织物试样机以及织制毛织物和工业用呢的低速织机。相对而言，复动式多臂开口机构的动作比较缓和，能适应较高的速度，因而获得了广泛的应用。

（2）按纹板形式和阅读装置的组合不同，多臂开口机构分为机械式、机电式和电子式三类。

机械式多臂开口机构采用机械式纹板和阅读装置，纹板有纹钉方式和穿孔带方式。纹钉能驱动阅读装置工作；使用穿孔带时，阅读装置的探针主动探测纹板上纹孔信息。

机电式多臂开口机构采用纹板纸作为信号存储器，阅读装置通过光电系统探测纹板纸上的纹孔信息（有孔、无孔）来控制电磁机构的运动。而该电磁机构与提综装置连接，于是电磁机构的运动转化成综框的升降运动。

在电子式多臂开口机构中，储存综框升降信息的是集成芯片——存储器（如 EPROM 等），作为阅读装置的逻辑处理及控制系统则依次从存储器中获取纹板数据，控制电磁机构乃至提综装置的运动。

电子多臂开口机构简单、紧凑，适合高速运转，存储器的信息储存量大，更改方便，为织物品种翻改提供了极大便利，是多臂开口机构的发展方向。

（3）按提综装置的结构不同，多臂开口机构分为拉刀拉钩式和回转式两类。前者历史悠久，但机构复杂，较难适应高速运转；后者采用回转偏心盘原理，机构简单，适合高速运转。

表 5-1 复动式多臂开口机构的主要装置特点比较

类型 装置	信号存储器	阅读装置	提综装置	回综装置
机械式	纹钉	重尾杆	拉刀、拉钩式	消极式
	穿孔带	探针	拉刀、拉钩式	积极式、消极式
			偏心盘回转式	积极式
机电式	穿孔纸	逻辑处理与控制系统	拉刀、拉钩式	消极式
电子式	存储芯片	逻辑处理与控制系统	拉刀、拉钩式	消极式
			偏心盘回转式	积极式

（4）按回综方式不同，多臂开口机构分为积极式和消极式两种。前者的回综由多臂机构积极驱动，后者则由回综弹簧装置完成。拉刀、拉钩式提综装置可配积极式回综装置，也可配消极式回综装置；而回转式多臂均采用积极式回综装置。

3. 积极式拉刀拉钩多臂开口机构

织机上使用较多的是如图5-30所示的积极复动式全开梭口高速多臂机，由提综、选综和自动找纬三个部分组成。

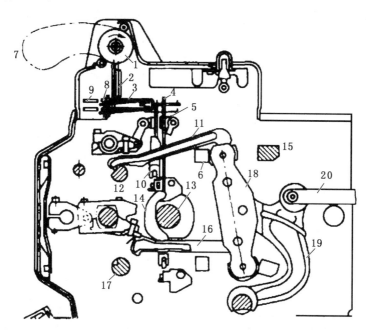

图5-30　史陶比利2232多臂开口机构

1—花筒；2—探针；3—横针；4—竖针；5—竖针提刀；6—复拉杆；7—塑料纹纸；
8—横针抬起板 9—横针推刀；10—上连杆；11—上拉钩；12—上拉刀；13—主轴；
14—下连杆；15—定位杆；16—下拉钩；17—下拉刀；18—平衡杆；19—提综杆；20—连杆

（1）提综装置。综框的提升由上拉刀12、下拉刀17与上拉钩11、下拉钩16控制，综框的下降运动由复位杆6推动平衡杆18而获得。拉刀与复位杆等组成一个运动体。两副共轭凸轮装在凸轮轴的两边，主、副凸轮分别控制上、下拉刀和复位杆做往复运动。当上拉刀从右向左运动时，上拉钩落下，与上拉刀的缺口接触而被上拉刀拉向左边，与拉钩连接的平衡杆18即带动提综杆19绕轴芯以逆时针方向转动，通过连杆20等使综框上升。如上拉钩未落下，拉钩与拉刀不接触，则综框下降或停于下方。下拉刀与下拉钩等的工作情况亦然。

拉刀在带动拉钩之前，能做一定的转动，消除其与拉钩之间的间隙。拉刀的这种转动避免了拉钩受到的冲击，因而使织机的转速有较大幅度的提高。

（2）选综装置。选综装置由花筒、塑料纹纸、探针和竖针等组成。塑料纹纸7卷绕在花筒1上，靠花筒两端圆周表面的定位输送凸钉进行定位和输送。纹纸上的孔眼根据纹板图而定，有孔表示综框提升，无孔表示综框下降。当纹纸的相应位置上有孔时，探针穿过纹纸孔伸入花筒的相应孔内，每根探针2均与相应的横针3垂直连接。当横针抬起板8上抬时，相应的横针随之上抬。在横针的前部有一小孔，对应的竖针4垂直穿过。在竖针的中部有一突钩，钩在竖针提刀 5 上。当横针推刀 9 向右作用时,推动抬起的相应的横针向右移动,此时竖针上的突钩与竖针提刀脱开,同竖针相连的上连杆 10 或下连杆 14 就下落,穿在上、下连杆的下中部长方形孔中的上、下拉钩即落在上、下拉刀的作用位置上,拉钩 11 或 16 随拉刀 12 或 17 由右向左运动,从而提起综框。反之,纹纸上无孔时,探针、横针和竖针随即停止运动,此时竖针上的突钩与竖针提刀啮合,于是上、下拉钩脱离上、下拉刀的作用位置,综框停在下方不动。

4. 回转式多臂开口机构

新型拉刀拉钩式多臂开口机构虽然有了很大的改进,但基于拉刀拉钩原理的多臂开口机构都存在以下共同的本质性缺陷:

(1) 拉钩靠自身质量下落而与拉刀啮合,因此进一步提高织机运转速度比较困难。

(2) 当综框升降时,开口负荷全部集中于拉刀与拉钩啮合处,局部应力过大,导致拉刀刀口变形、磨损。当织物向厚重型发展时,只能采取加固局部零件的方法。

(3) 机构较复杂,维护保养困难。

为了适应织机的高速化需要,国外于 20 世纪 70 年代发明了偏心轮回转式多臂开口机构,并于 20 世纪 80 年代中期投入使用。回转式多臂开口机构采取回转变速装置和偏心轮控制装置联合作用的方式,使综框获得变速升降运动。

如图 5-31 所示,回转式多臂开口机构的主轴 1 由织机主轴传动,其转速为织机转速的 1/2。偏心轮 3 通过滚珠轴承安装在圆环 2 上,圆环用键固定在主轴上。偏心轮上设有供导键 5 进出的长方形滑槽。曲柄盘 4 安装在偏心轮上,它的另一端连接提综臂 11。控制系统由花筒 9、纹纸 10、分度臂 6、导键和偏心轮组成。综框运动取决于花筒上纹纸的信号。纹纸信号通过拉杆 7、分度臂,控制导键运动。导键的作用是将圆环的运动传递给偏心轮,再传到曲柄盘和提综臂,使综框运动。当导键嵌入圆环上两个槽口中的任意一个时,即可传动偏心轮,此时综框运动;若导键脱开圆环槽口,则综框不动。

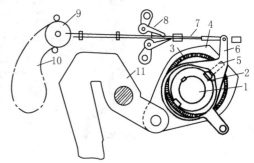

图 5-31 回转式多臂开口机构

1—主轴;2—圆环;3—偏心轮;
4—曲柄环;5—导键;6—分度臂;
7—拉杆 8—棘爪;9—花筒;
10—纹纸;11—提综臂

回转式多臂开口机构用回转式部件取代往复式多臂开口机构的拉刀、拉钩等往复式部件,因而运行平稳、可靠,能适应现代织机的高速运转。在开口运动时,综框不产生震动和冲击,经纱受损减少,不易断头。

5. 电子式多臂开口机构

如果所织织物的纬纱循环数较大或经常更换织物品种,纹纸(纹板)的制备是一项既费时又繁琐的工作。此外,机械式选综装置的结构比较复杂,不利于对选综信号进行高速阅读,一定程度上影响了整个机构的高速运转。事实上,纹纸(纹板)状态(有孔、无孔或有钉、无钉)是典型的二进制信号,非 0 即 1,选综装置读入该二进制信号,放大后输出二进制控制逻辑(如突钩与提刀啮合或脱开)。因此,选综装置可等效成逻辑信号处理和控制系统。电子多臂开口机构正是基于这种思路,随着计算机控制技术的发展而发展起来的。各种电子多臂开口机构的提综装置可以不同,但电子控制基本原理是完全一样的。

图 5-32 所示为可装在复动式多臂开口机构上的电子式选综装置。图中电磁铁 2 为得电状态,推动横针 1 向左,使竖针 3 离开升降刀 6 而不被提起,因而拉钩 4 落在最低位置,被提综刀 5 驱动而提起综框。相反,电磁铁失电时,磁场消失,由于横针上的弹簧作用,把竖针推向右而与升降刀相啮合,因而被升降刀提起,使拉钩与提综刀脱离接触,于是综框不被提起而停留在下层位置。

图 5-33 所示为回转式多臂开口机构上的电子式选综装置。提综臂 9 随偏心盘 5 运动,盘形连杆 11 活套在偏心盘上,偏心盘通过控制钩 7 与驱动盘 6 作用,提综臂是否与偏心盘一起运动则由选综机构控制。驱动盘以花键连接并装配在花键轴上,而花键轴的转动规律由一个变速传动系统控制。摆臂 10 在共轭凸轮作用下做上下摆动,并带动吸铁臂做上下运动。提综臂的运动规律由电磁铁 1 的吸与不吸两种状态控制。若电磁铁吸,则吸铁臂 2 顶住左角形杆 3 向下移动,使左角形杆以顺时针向外摆动。控制钩与驱动盘之间有两种可能:若上一纬综框不提升,控制钩在左边,由于拉簧 12 的作用而将控制钩上的凸头压入驱动盘,使偏心盘与驱动盘作为一个刚体转动,带动提综臂,使综框做上下运动;若上一纬综框提升,控制钩转至右边,受右角形杆 4 的作用,后凸头嵌入驱动盘的凹处,右角形杆则由于受拉簧 13 的作用而将控制钩上的凸头从驱动盘 6 的凹处顶出,偏心盘与驱动盘分离,综框保持提升状态。电磁铁不吸,则吸铁臂顶住右角形杆向下移动,右角形杆沿顺时针向外摆动,则控制钩与驱动盘之间有电磁铁吸与不吸两种可能。

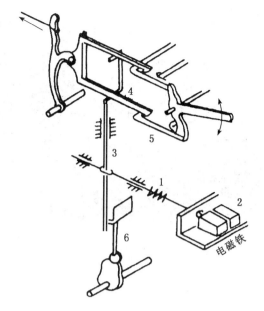

图 5-32 复动式多臂开口机构的电子式选综装置

1—横针;2—电磁铁;3—竖针;
4—拉钩;5—提综刀;6—升降刀

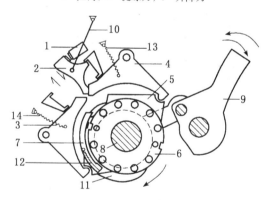

图 5-33 回转式多臂开口机构的电子式选综装置

1—电磁铁;2—吸铁臂;3—左角形杆;4—右角形杆;
5—偏心盘;6—驱动盘;7—控制钩;8—花键轴;
9—提综臂;10—摆臂;11—盘形连杆;12—拉簧;
13—右角形杆拉簧;14—左角形杆拉簧

电子多臂开口机构(图 5-34)能够控制多达 28 页综框,在织机主控系统的操作面板上,可输入织物花纹的数据信息,并随时可以调用或改变织物的花纹图形。

6. 电子开口机构

电子开口机构采用一台伺服电动机控制一页综框,通过减速齿轮、连杆带动综框运动,如图 5-35 所示。该机构最多可控制 16 页综框,不仅可自由设定每页综框的运动方式,还可自由设定每页综框的综平时间和静止时间,品种适应性大大提高。电子开口机构一般用于高端织机,造价较高,维修、保养技术要求高,运行成本也很高。

图 5-34　国产 GT417A 型回转式
电子多臂开口机构

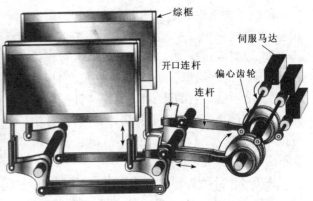

图 5-35　电子开口机构

(三) 提花开口机构

织制复杂的大花纹组织(如花卉、风景、人物等图案)织物时,必须采用提花开口机构。提花开口机构的主要特点是取消了综框,而由综线控制经纱,可实现每根经纱独立的上下运动。如图 5-36 所示,提花开口机构由提综执行机构和提综控制机构两大部分组成。前者与提刀、刀架一起传动竖钩,再通过与竖钩相连的综线,控制经纱升降,形成所需梭口;后者是对经纱提升次序进行控制,有机械式和电子式两种。机械式是由花筒、纹板和横针等来实现对竖钩的选择,进而控制经纱的提升次序;而电子式是通过微机、电磁铁等来实现对竖钩的选择。

提花开口机构的容量(即工作能力)以竖钩数目进行衡量。竖钩数也称口数。提花开口机构的常用公称口数有 100, 400, 600, 1 400, …, 2 600 等,实际口数较公称口数略多。100 口的提花开口机构常用于织制织物的边字。

与多臂开口机构一样,提花开口机构也有单动式和复动式、单花筒和双花筒之分。复动式双花筒提花开口机构的运动频率较低,因此能适应织机的高速运转。

采用提花开口机构,三种开口方式均可形成。低速提花开口机构多采用中央闭合梭口和半开梭口,而高速提花开口机构多采用全开梭口。

(1) 单动式提花开口机构。如图 5-36 所示,经纱穿过综线 1 的综眼,重锤 2 吊于综丝下端,综丝上端与通丝 3 相连,通丝穿过目板 4 与首线 5 相连,首线上端通过底板 6 的孔眼而挂在竖钩 7 下端的弯钩上。提综运动由刀箱 8、提刀 9 和竖钩等完成。刀箱是一个方形框架,由织机的主轴传动而做垂直升降运动。刀箱内设置了若干把平行排列的提刀,对应于每把拉刀,配置有竖钩。当刀箱上升时,如果竖钩在提刀的作用线上,就被提刀带动而一同上升,从而把综丝和经纱提起,形成梭口上层。当刀箱下降时,在重锤的作用下,综丝和经纱一起下降(重锤兼有使通丝和综丝保持伸直状态的作用),其余未被提升的竖针仍停在底板上,与之相关联的经纱则处在梭口的下层。

经纱的升降信息在纹板上记录,一块纹板对应织一纬的经纱上下运动。纹板 14 环绕在花筒 13 上,提花开口阅读装置由花筒 13、横针 10、横针板 12 等组成。横针同竖钩呈垂直配置,数目相等,一一对应,每根竖钩都从对应横针的弯部通过。横针的一端受小弹簧 11 的作用,穿过横针板上的小孔,伸向花筒上的小纹孔。花筒与刀箱的运动相配合,做往复运动。当刀箱降

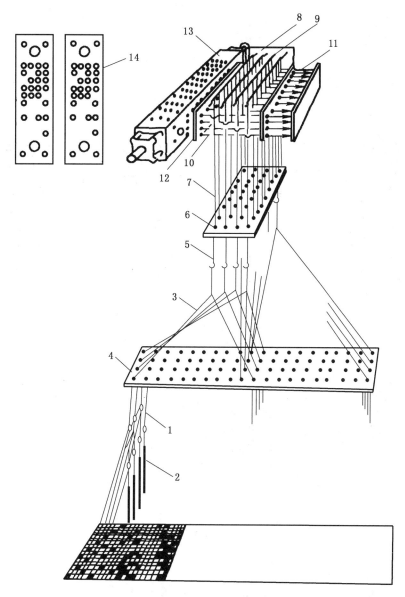

图 5-36　单动式提花开口机构

1—综线；2—重锤；3—通丝；4—目板；5—首线；6—底板；7—竖钩；
8—刀箱；9—提刀；10—横针；11—小弹簧；12—横针板；13—花筒；14—纹板

至最低位置时，花筒摆向横针板，若纹板上对应横针的孔位上没有纹孔，纹板就推动横针和竖钩向右移动，使竖钩的钩部偏离提刀的作用线，与该竖钩相关联的经纱在提刀上升时则不被提起。反之，纹板若冲有纹孔，纹板就不能推动横针和竖钩，则与该竖钩对应的经纱被提起。刀箱上升时，花筒摆向左方并顺转 90°，翻过一块纹板。由于阅读装置的横针与竖钩是靠纹板的冲撞而做横向移动的，纹板受力较大，影响纹板的使用寿命(纹板一般用硬纸板制作)。

这种开口机构中，刀箱在主轴一转内上下往复一次，同时底板与刀箱做相向运动，也做一次上下往复，在每次提综完成后，梭口的上、下层经纱在中间位置合并，形成新的梭口。因此，提刀的运动较为剧烈，不适合高速运转。

（2）电子提花开口机构。电子提花机是机电一体化的提花装置，它的发展及应用大大降低了劳动强度，提升了产品的开发及应用能力。

电子提花开口机构中废除了机械式纹板和横针等装置，而采用电磁铁来控制首线的上下位置。图 5-37 为以一根首线为提综单元的电子提花开口机构的工作原理示意图。

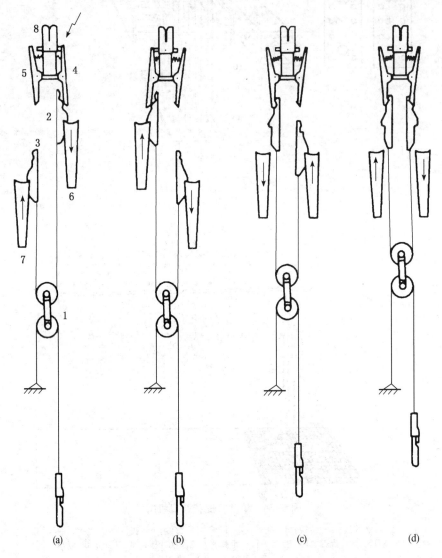

图 5-37 电子提花开口机构的工作原理示意

1—双滑轮；2，3—提综钩；4，5—保持钩；6，7—提刀；8—电磁铁

提刀 6、7 受织机主轴传动而做速度相等、方向相反的上下往复运动，并分别带动用绳子通过双滑轮 1 而连在一起的提综钩 2、3 做升降运动。如上一次开口结束时，提综钩 3 在最高位置处被保持钩 4 钩住，提综钩 3 在最低位，首线在低位，相应的经纱形成梭口下层。此时，若织物的交织规律要求首线维持低位，电磁铁 8 得电，保持钩 4 被吸合而脱开提综钩 2；提综钩 2 随提刀 6 下降，提刀 7 带着提综钩 3 上升，相应的经纱仍留在梭口下层，如图 5-37（a）所示。图 5-37（b）表示提刀 7 带着提综钩 3 上升到最高处，提刀 6 带着提综钩 2 下降到最低处，首线

仍在低位。图 5-37(c)表示电磁铁 2 不得电,提综钩 3 上升到最高处并被保持钩 5 钩住,提刀 6 带着提综钩 2 上升,首线被提升。图 5-37(d)表示提综钩 2 被升至保持钩 4 处时,电磁铁 8 不得电,保持钩 4 钩住提综钩 2,使首线升至高位,相应的经纱到达梭口上层位置。由于提综单元中运动件极少,由这种提综单元组成的提花开口机构最高可适应 1 000 r/min 的织机转速。

图 5-38 为电子提花纹板制备系统框图,由图案输入、处理和纹板数据输出等三个部分组成。由于提花图案较为复杂,该系统提供了四种输入手段:如果图案原稿为彩图、意匠图和投影放大图等纸质载体,一般通过高分辨平板扫描仪将图案输入主机内存;若为实物,则借助 CCD 摄像系统输入;当需将穿孔带连续纹板转制成电子纹板(如 EPROM)时,则可通过纹板阅读机将纹板信息输入;设计人员可用电子笔在数字化仪上进行徒手绘画,现场创作提花图案。在实际生产中,第一种手段最为常用。

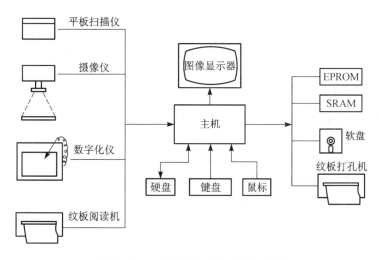

图 5-38 电子提花纹板制备系统框图

读入主机内存的提花图案(数据),由 CAD 软件经人机交互处理后,产生纹板数据输出。输出方式取决于纹板制备系统与提花控制系统的接口方式,共有四种选择:(1)EPROM;(2)SRAM 卡(静态随机存储器);(3)软磁盘;(4)连续纹板。第三方式对应的提花控制系统必须配备磁盘驱动器,而第四种方式则用于为机械式提花开口机构制作纹板。

单元二 打纬机构与织物形成

引入梭口的纬纱,距离织口还有一段距离,为了织制具有一定纬密的织物,纬纱需要在打纬机构的推动下移向织口,并与经纱交织。打纬机构是织机的主要机构之一,它的作用主要有以下三个:

(1)用钢筘将引入梭口的纬纱打入织口,使之与经纱交织。

(2)由钢筘来确定织物幅宽和经纱排列密度。

(3)钢筘及筘座兼有导引纬纱的作用。如有梭织机上钢筘与走梭板组成梭道,作为梭子稳定飞行的依托;在一些剑杆织机上,借助钢筘控制剑带的运行;在喷气织机上,异形钢筘起到防止气流扩散的作用。

对打纬机构的要求主要有以下几个方面：

（1）钢筘及筘座的摆动动程，在保证顺利引纬，即在提供一定的可引纬角的情况下，应尽可能减小。筘座的摆动动程一般是指筘座从后止点摆动到前止点，钢筘上的打纬点在织机前后方向的水平位移，也称为打纬动程。打纬动程越大，筘座运动的加速度也越大，不利于高速。在保证引纬器顺利通过梭口的条件下，筘座的摆动幅度要尽量小，以减少对经纱的摩擦和织机振动。

（2）在具有足够打纬力的条件下，应尽量减轻筘座机构的质量，以减少动力消耗和织机振动。

（3）筘座运动应当是平稳的，其速度变化应符合工艺要求。在打纬过程中，筘座的速度应当逐渐减小，即打纬终了时速度为零，平稳地把纬纱推向织口，而不是突然冲击，以防止打纬时使经纱张力骤然增加。

（4）引纬运动和开口运动应当与打纬运动配合协调，前者是为了保证引纬器飞行稳定，正常通过梭口；后者则是织物形成时的一个重要条件，对所形成织物的内在质量和外观及织物结构都有很重要的影响。

（5）打纬机构的构造应当简单坚固。

常用的打纬机构按其结构形式的不同，可分为连杆式打纬机构、共轭凸轮打纬机构及圆筘片打纬机构。打纬机构还可按其打纬动程变化与否分为恒定动程的打纬机构、变化动程的打纬机构。常用的主要有连杆式打纬机构和共轭凸轮打纬机构，圆筘片打纬机构主要用于多梭口织机。恒定动程的打纬机构主要用于普通织机，变化动程的打纬机构主要用于毛巾织机。

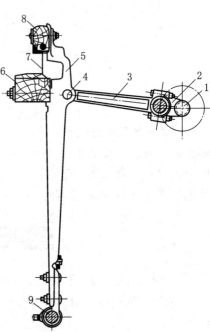

一、连杆式打纬机构

（一）四连杆打纬机构

四连杆打纬机构是有梭织机广泛采用的打纬方法。如图5-39所示，织机主轴（曲柄轴）1转动，其上的曲柄2带动牵手3，通过牵手栓4，使筘座脚5和其上的筘座6、钢筘7以摇轴9为支点做前后摆动而进行打纬。

曲柄、牵手、筘座脚和机架（图中指主轴中心和摇轴中心）构成四连杆。根据四连杆机构的运动性质，筘座的运动规律类似简谐运动，而且筘座在主轴一转中没有静止时期。当筘座运动至最后方附近时，其速度较慢，而且钢筘距离织口最远，梭口高度较高，此时筘座上的梭子受筘座运动惯性力的作用而紧贴于钢筘，因此这段时间适于梭子飞行引纬。当筘座运动至最前方时，具有很大的惯性力，将纬纱打紧。由于四连杆打纬机构具有这些特性，结构亦较简单，所以得到了广泛的运用。

图 5-39 四连杆打纬机构

1—主轴；2—曲柄；3—牵手；4—牵手栓；
5—筘座脚；6—筘座；7—钢筘；
8—筘帽；9—摇轴

　　四连杆打纬机构的曲柄半径确定取决于筘座动程的要求,而筘座动程又根据梭子尺寸等因素而定。当梭子较小或采用无梭引纬时,曲柄半径和筘座动程应小些,不仅有利于织机高速运转,而且也减少了钢筘对经纱的损伤。

　　曲柄半径与牵手长度的比值对筘座运动性质有所影响。当该比值愈小,即牵手长度愈长时,筘座运动性质就愈接近简谐运动,震动小,但打纬力较弱,一般在丝织机上采用。当该比值愈大,即牵手长度愈短时,筘座运动性质愈偏离简谐运动,振动愈大,打纬力亦大,允许梭子飞行的时间(角)也较大,适于宽幅重型织机(如毛织机)。棉织机采用的该比值则以居中为佳。

　　另外,在有梭织机上,为了防止轧梭对织物和相关机构件的损伤,往往采用游筘方式,即当轧梭发生时,梭子在梭口中迫使钢筘下部绕上支点向机后翻转,尽管筘座继续向机前运动,但钢筘无法打纬,以有效地保护经纱,避免大量的断头;若筘座向前运动,梭子在规定时间内进入对侧梭箱,游动式钢筘的下部被相应的构件张紧,以承受打纬过程中作用于钢筘的力。

(二)现代喷气织机上的四连杆与六连杆打纬机构

　　为了适应高速运转时的强打纬,织制高质量的高密度织物,一些喷气织机的摇轴采用实心轴带中支撑的装置,提高了打纬机构的刚性,保证织机在高速运转中具备准确有力的打纬力。实践证明,四连杆打纬机构具有高速适应性,因此,某些现代喷气织机的窄幅织机采用四连杆打纬机构,而宽幅织机采用引纬时间充裕的六连杆打纬机构,实现了高速时的引纬稳定(图5-40)。

(三)有梭毛巾织机打纬机构

　　有梭毛巾织机打纬机构实际上是一种四连杆打纬机构,但打纬时钢筘的动程做有规律的变化。在形成一次毛圈的过程中,钢筘在前2~3次打纬时,只把纬纱打到距织口还有一定距离的地方,称为短打纬;最后一次(即第三或第四次)再将这几根纬纱一起打至织口,称为长打纬。毛圈的形成过程如图5-41所示。在长打纬时,几根纬纱夹持毛经纱 A 和 B,一起沿紧张的地经纱 Ⅰ 和 Ⅱ 前进,使毛经纱形成毛圈。

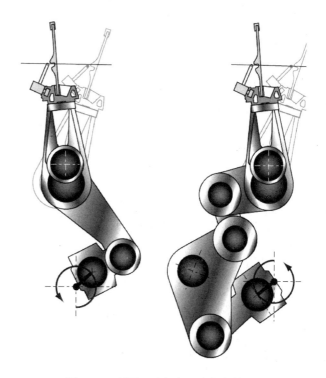

图5-40　新型四连杆与六连杆打纬机构

　　毛巾织机的打纬机构有钢筘前倾式、钢筘后摆式和织口移动式三种。图5-42所示为钢筘前倾式毛巾打纬机构,又称小筘座脚式毛巾打纬机构。该打纬机构中,增设了起毛曲柄转子和小筘座脚等构件。制织三纬毛巾的工作过程如下:

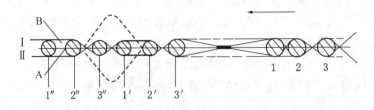

图 5-41 毛巾织物的毛圈形成

1，2，3—纬纱；A，B—毛经纱；Ⅰ，Ⅱ—地经纱

织机主轴 1 回转时，曲柄 2 通过牵手 3 带动筘座脚 4 以摇轴 5 为中心做往复摆动，并用钢筘 8 推动纬纱，这与普通的四连杆打纬机构相同。通过这种短动程打纬，将图 5-43 中的第一、二根纬纱 1 与 2 推到离织口一定距离的位置。织第三根纬纱 3 时，在起毛曲柄转子 9 的作用下，摆杆 10 上抬，经摆杆轴 11 将起毛撞嘴 12 抬起，撞击小筘座脚 13 的下端，使小筘座脚除了随箱座脚一起摆动外，同时又以转轴 14 为中心，克服弹簧 15 的作用，相对于筘座 7 转过一个角度。此时，装在小筘座脚顶部的筘帽 6 使筘的上端向机前倾斜，将 1、2、3 三根纬纱一道推向织口。由于毛巾织物中有地经纱Ⅰ、Ⅱ和起毛经纱 A、B，它们绕在各自的织轴上，因此长动程打纬时，纬纱 2、3 夹住张力较小的起毛经纱 A、B 沿着张力较大的地经纱Ⅰ、Ⅱ滑行，使起毛经纱卷曲而形成毛巾的毛圈，突出于织物表面。

二、共轭凸轮打纬机构

共轭凸轮打纬机构的组成如图 5-43 所示。主轴 1 上装有共轭凸轮 2（主凸轮）和 9（副凸轮），与它们分别相配对的转子 3 和 8

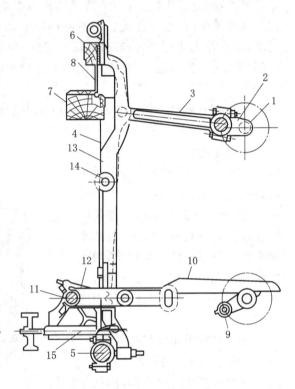

图 5-42 毛巾织机打纬机构

1—主轴；2—曲柄；3—牵手；4—筘座脚；5—摇轴；6—筘帽；7—筘座；8—钢筘；9—起毛曲柄转子；10—摆杆；11—摆杆轴；12—起毛撞嘴；13—小筘座脚；14—转轴；15—弹簧

装在筘座脚 4 上，筘座脚 4 支撑着筘座 6 和钢筘 7。主凸轮回转一周，凸轮推动转子，带动筘座做一次往复摆动。主凸轮 2 使筘座向前摆动，实现打纬运动；副凸轮 9 使筘座向后摆动，使钢筘撤离织口。凸轮机构可以通过精确设计凸轮廓线而得到理想的从动件（筘座）运动规律。在无梭织机上，由于工艺上和机构上的原因，要求在引纬阶段筘座有较长时间的静止，以提供足够的时间让引纬器穿过梭口，因而采用共轭凸轮打纬机构。

共轭凸轮打纬机构能与开口、引纬运动形成良好的配合，但制造精度要求很高，同时要求共轭凸轮有良好的润滑。

采用共轭凸轮打纬机构可以使引纬装置不随筘座前后摆动,即形成所谓的分离式筘座。在引纬期间,筘座静止不动;待引纬结束后,筘座才开始向机前摆动而完成打纬;在引纬开始之前,筘座回到最后方位置静止,从而能提供最大的可引纬角。

在共轭凸轮打纬机构中,筘座的运动性能取决于主、副凸轮的轮廓线。该打纬机构的主要特点在于:

（1）打纬机构可按引纬工艺要求和适应织机高速化进行设计。

（2）为了适应不同幅宽织物的生产需要,可采用不同轮廓的凸轮,工艺调整方便。

（3）加工精密,材质优,机构间隙很小,不会因非惯性打纬而产生稀弄,只要提供足够动力就能打紧厚重的织物。

三、圆筘片打纬机构

连杆式与共轭凸轮式打纬机构的筘座均做往复运动,不利于进一步提高织机速度。因此,在高速织带机上常采用圆筘片打纬机构,将筘座的往复运动打纬转变为圆筘片的旋转运动打

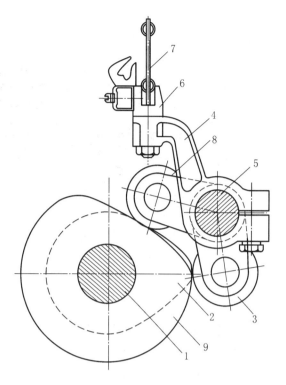

图 5-43　共轭凸轮打纬机构

1—主轴；2—主凸轮；3—转子；4—筘座脚；5—摇轴；
6—筘座　7—钢筘；8—转子；9—副凸轮

纬,如图 5-44 所示。织机主轴 1 上直接装有圆筘片 2,圆筘片与圆筘片之间由垫圈隔开,经纱 3 嵌在圆筘片之间的缝隙中,纬纱 4 在圆筘片大半径的作用下被推向织口。圆筘片打纬机构中,圆筘片转一转,打纬两次,可降低圆筘片的转速,并以较小的力将纬纱打紧。

图 5-45 所示为另一种形式的螺旋式圆筘片打纬机构,与上述机构的区别在于,圆筘片转一转,打入一根纬纱。圆筘片 1 螺旋形地固装在筘片轴 2 上,中间由垫片隔开。经纱 3 穿过相邻圆筘片之间的空隙,并形成梭口 4。每个圆筘片上有打纬凸部 5,在开口运动连续进行中,纬纱 6 被圆筘片的第一个打纬凸部 5 推到织物 7 的织口 8 处。当筘片轴继续旋转时,第二个打纬凸部再打纬一次。为了接纳纬纱,每个圆筘片上有一个凹槽 9,筘片轴上所有圆筘片的相对位置角

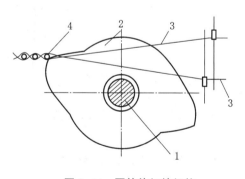

图 5-44　圆筘片打纬机构

1—主轴；2—圆筘片；3—经纱；4—纬纱

相互逐渐偏转,筘片当轴转动时,打纬凸部就形成一个运动着的螺旋面 10,而圆筘片上的凹槽则形成一个运动着的螺旋槽 11。在两个圆筘片之间还装有纳纬片 12,纳纬片上有凸部 13,其作用也是接纳纬纱。该打纬机构主要用在多梭口织机上。

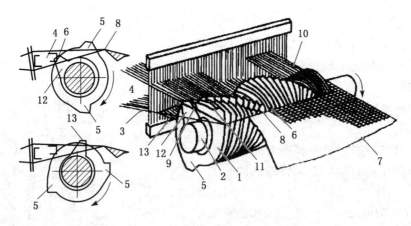

图 5-45 螺旋式圆筘片打纬示意图

1—圆筘片；2—筘片轴；3—经纱；4—梭口；5—打纬凸部；6—纬纱；
7—织物；8—织口；9—凹槽；10—螺旋面；11—螺旋槽；12—纳纬片；13—凸部

四、毛巾打纬机构

(一) 织口移动式打纬机构

无梭织机所配用的毛巾打纬装置一般采用钢筘位置不变的打纬机构，但另有一套机构周期性地改变胸梁和边撑的位置，即改变织口的位置，从而周期性地控制打纬终了时钢筘与织口的距离，达到起毛圈的目的，即通常所说的布动式打纬机构。

如图 5-46 所示，主轴通过变换齿轮传动织口位移凸轮 1 回转，当凸轮的大、小半径作用于转子 2 时，经双臂杆 3 上的拉杆 4、拉钩 5、连接器 6、连杆 7、胸梁托架 8 和胸梁 9，使织口位置周期性地移动。经纱不起毛圈时，由凸轮大半径推动转子、双臂杆产生顺时针方向的回转，拉杆向左拉动拉钩，使活动胸梁及边撑 10 右移，织口位置靠向机前，实现短打纬；经纱需要起毛圈时，由凸轮小半径推动转子、双臂杆产生逆时针方向的回转，拉杆向右拉动拉钩，使活动胸梁及边撑左移，织口位置靠向机后，实现长打纬。调节螺丝 11 可调节活动胸梁的移动动程，从而控制毛圈高度。织制普通织物时，只需将起毛控制杆 12 抬起。该机构没有附加活动部分，机构简单，钢筘稳定，比较适合宽幅和高速织机。现在的设备采用

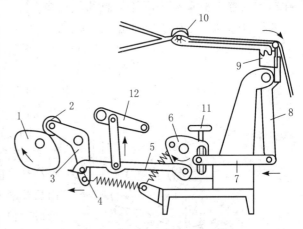

图 5-46 无梭织机织口移动式打纬机构

1—织口位移凸轮；2—转子；3—双臂杆；4—拉杆；
5—拉钩；6—连接器；7—连杆；8—胸梁托架；9—胸梁；
10—边撑；11—调节螺丝；12—起毛控制杆

伺服系统，直接控制凸轮转动，不需要起毛控制杆，也不需要通过主轴传动。

(二) 筘动式打纬机构

某些无梭织机亦采用筘动式毛巾打纬机构。这类机构一般采用共轭凸轮来控制打纬动作，另设一套由伺服电动机控制、调节打纬动程的变化机构。如图 5-47 所示，主轴通过共轭凸

轮 7、连杆 1、滑杆 3,带动筘座轴 9 转动。需要起毛圈时,在伺服电机的作用下,与伺服电机相连的蜗轮 6 将扇形齿轮 8 转动一定的角度,带动套在筘座轴上的控制凸轮 10 产生旋转,使轴上的摆动臂 11 转动一定的角度,导致筘座轴的转动角度发生变化,最终使钢筘的动程产生差异,从而实现钢筘的长打纬和短打纬。

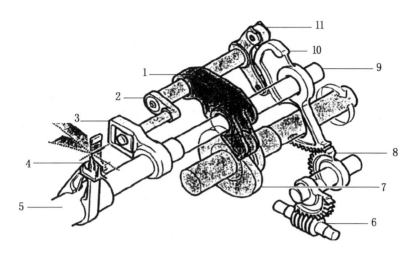

图 5-47 无梭织机筘动式打纬机构

1—连杆;2—弯轴;3—滑杆;4—钢筘;5—筘座;6—蜗轮;
7—共轭凸轮;8—扇形齿轮;9—筘座轴;10—控制凸轮;11—摆动臂

五、打纬与织物的形成

用钢筘将新引入的纬纱推向织口,使之与经纱交织,形成织物,是一个极其复杂的过程。在打纬过程中,经纱的上机张力、后梁高度、开口时间等工艺条件,对织物形成过程有决定性的影响。

(一) 打纬过程对织物形成的影响

1. 打纬开始时间

综平后的初始阶段,经纬纱相互屈曲抱合而产生摩擦和挤压,形成阻碍纬纱运动的阻力。但由于此时钢筘与织口还有一段距离,这种阻力并不明显。当新引入的纬纱被钢筘推到离织口一定距离(上一纬所在位置)时,会遇到显著增长的阻力,这一瞬间被称为打纬开始。对于不同的织物,因经纬纱交织时作用剧烈程度不同,其打纬开始时间不同。

2. 打纬力与打纬阻力

在打纬开始以后,打纬作用波及织口,随着钢筘继续向机前方向移动,织口被推向前方。同时,新纬纱在钢筘的打击下,将压力传给相邻的纬纱,如图 5-48(a)所示,使织口处原来的第一根纬纱 A 向第二根纬纱 B 靠近,而第二根纬纱又向第三根纬纱 C 靠近……依此类推,相对于经纱略做移动。与此同时,经纬纱之间产生急剧的摩擦和屈曲作用,当钢筘到达最前方位置时,这些作用最为剧烈,因而产生最大的阻力,称为打纬阻力。此刻,钢筘对纬纱的作用力也达到最大,称为打纬力。打纬力与打纬阻力是一对作用力与反作用力。

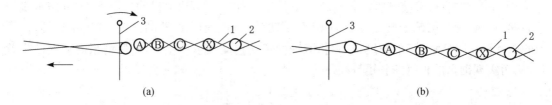

图 5-48 织物形成区的纬纱变化

1—经纱；2—纬纱；3—钢筘

打纬力的大小表示某一织物可设计的经纬密度与打紧纬纱的难易程度。一定的织物在一定的上机条件下，打紧纬纱并使纬密均匀所需的打纬力是不变的。在织机开车和运转过程中，打纬力的变化会引起织物纬密发生改变而产生稀密路织疵。由于影响织口位置变化的因素比较复杂，如经纱的缓弹性变形等，以及机构间隙的存在，对机件连接间隙较大的刚性打纬机构而言，在织造过程中尤其是开车过程很难保证打纬状态不变化。在原来的打纬机构上增设弹性恒力装置，使其能在一定范围内根据织口位置变化调节打纬动程，以维持恒定的打纬力，是解决织物稀密路织疵的一种可尝试的有效途径。

打纬阻力是由经纬纱之间的摩擦阻力和弹性阻力合成的。在整个打纬过程中，摩擦阻力和弹性阻力所占比例不断地变化。在打纬的开始阶段，摩擦阻力占主要；随着打纬的进行，经纱对纬纱的包围角越来越大，纬纱之间的距离越来越近，弹性阻力迅速上升，对于大多数织物而言，此时的弹性阻力往往超过摩擦阻力。

打纬阻力在很大程度上取决于织物的紧密程度、织物组织及纱线性质等因素，具体分析如下：

（1）织物紧度。织物的经纬向紧度越大，打纬阻力越大。纬向紧度对打纬阻力的影响尤为明显，织物的纬向紧度大，则打纬阻力大；反之，打纬阻力则小。

（2）织物组织。经纬纱平均浮长小的织物组织，打纬阻力大；经浮多而交织次数少的组织，打纬阻力小。因此，平纹组织的打纬阻力较斜纹、缎纹组织大。

（3）纱线性质。纱线的表面摩擦系数大，打纬阻力大；抗弯强度大的纬纱，打纬阻力大；刚性系数小的经纱，打纬阻力大。

3. 打纬过程中经纬纱运动

自打纬开始至打纬终了，经纬纱的移动也是一个复杂的过程，可用图 5-49 所示模型来说明。

在打纬开始之前，纬纱与经纱的摩擦阻力可忽略，则经纱张力 T_w 等于织物张力 T_f。在打纬开始以后，随着纬纱向前移动，打纬阻力显著增加。当 $R>(T_w-T_f)$ 时，经纱和纬纱一起移动（图中向右移动），使经纱被拉伸而伸长，经纱张力增大。而这期间，因为经纱被拉伸，织物产生松弛，张力减

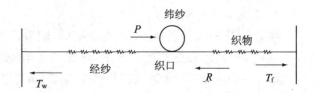

图 5-49 打纬时经纱与纬纱的移动

小,使(T_w-T_f)增大。随着打纬的进行,会出现$R<(T_w-T_f)$的状态,这时纬纱沿经纱做相对滑移。这样,经纱在其本身的张力作用下回缩,而织物伸长,(T_w-T_f)随即下降。同时,随着纬纱相对于经纱向前运动,打纬阻力显著增大,又出现$R>(T_w-T_f)$的状态,经纱便又与纬纱一起移动,引起经纱张力的增加和织物张力的减小,随后又出现纬纱相对于经纱的运动。

　　上述现象在整个打纬过程中不断交替重复出现。因此,在打纬过程中,经纬纱的运动性质不断发生变化,即经纱和纬纱一起运动与纬纱相对于经纱做相对移动是交替出现的,纬纱相对于经纱的移动最终使织物达到规定的纬密。在这个过程中,经纱呈多次伸长和回缩的循环状态,且每次循环的回缩量渐减、伸长渐增,其累积伸长导致打纬过程中织口的移动。自打纬开始至打纬终了时织口被推动的距离,称为打纬区宽度。织机上织口的位移情况如图5-50所示,图中:1—2的纵坐标距离就是打纬区的宽度;2—3是打纬后织口随钢筘后退而向后退的位移量;3—4是综框处于静止时期,因送经而产生的织口的波动;4—5为梭门闭合时期,经纱张力减小,织口前移。由此可见,织口的位移表示了经纱和织物张力的变化情况。

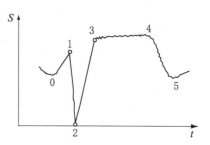

图5-50　打纬时织口位移状况

　　另外,当筘座到达最前方以后,便向机后移动。在最初阶段,织口随着钢筘向机后移动。这种移动直到经纱张力和织物张力相等时为止,然后钢筘便离开织口。在钢筘停止对织口作用后,织口处的纬纱,在经纱的压力作用下,离开已稳定的纬纱而向机后方向移动,如图5-48(b)所示。刚打入的新纬纱移动距离最大,原织口中第一根纬纱A次之,第二根纬纱B再次之,依此类推。待以后逐次打纬时,纬纱紧密靠拢,逐渐依次过渡为结构基本稳定的织物的一部分。

　　由此可见,织物的形成并不是将刚纳入梭口的纬纱打向织口即告完成,而是在织口处一定根数纬纱的范围内,继续发生着因打纬而使纬纱相对移动和经纬纱相互屈曲的变化。也就是说,每一根纬纱是在几次打纬之后到达离织口一定距离才能获得稳定的位置,即织物的稳定结构是在一定区域内逐渐形成的。

　　当钢筘离开织口至平综时,自最后打入的一根纬纱到不再做相对移动的那根纬纱为止的一个区域,称为织物形成区。织物形成区一般用纬纱根数来表示。织物形成区的存在加剧了经纬纱之间的摩擦,从而有利于织物的布面丰满和纬纱的均匀排列。

(二)织机工艺与织物形成的关系

1. 经纱上机张力与织物形成的关系

　　经纱上机张力是指综平时的经纱静态张力。上机张力大,打纬时织口处的经纱张力也大,经纱屈曲少,纬纱屈曲多,使交织过程中经纬纱的相互作用加剧,打纬阻力增大,因经纱不易伸长,打纬区宽度减小。反之,上机张力小,打纬时织口处的经纱张力也小,经纱屈曲多,纬纱屈曲少,使交织过程中经纬纱的相互作用减弱,因经纱易伸长,打纬区宽度增大。

　　经纱上机张力大,有利于打紧纬纱和开清梭口,适应经纬密较大的织物的生产。生产中要选择适宜的上机张力:若上机张力过大,经纱因强力不够,断头将增加;若上机张力过小,打纬时使织口移动量过大,同时经纱与综眼作用加剧,断头也会增加。另外,在织制斜纹组织织物时,要考虑其特有的纹路风格,不宜采用过大的上机张力;而生产平纹织物时,在其他条件相同的情况下,为打紧纬纱,应选用较大的上机张力。

2. 后梁高低与织物形成

后梁高低决定着打纬时上下层经纱间的张力差异的大小。在织机上,一般是上层经纱张力小于下层经纱张力,故后梁位置越高,上层经纱张力越小,而下层经纱张力越大,上下层经纱间的张力差异也就越大。下层经纱张力大,有利于引纬时作为一个支撑通道。上下层经纱间的张力差异大,纬纱易与紧层经纱做相对移动,受到的弹性阻力小,故打纬阻力小,且因紧层经纱的作用,织口移动也小,即打纬区小。

后梁位置高,上下层经纱间的张力差异大,造成经纬纱交织过程中松层经纱屈曲较大,打纬后易发生横向移动,有助于消除由筘齿厚度造成的筘痕。

在生产中应视具体情况来确定后梁高低。除从织物外观质量考虑要求上下层经纱张力有不同的比例外,还应顾及这种比例是否影响织造生产的顺利进行。制织中线密度中密织物时,宜采用较高的后梁位置,以消除筘痕;对于低线密度高密织物,后梁位置可略低些,以免上层经纱张力过小而引起开口不清,造成跳花等织疵和下层经纱断头增加。织制斜纹织物时,宜采用较低的后梁工艺,使上下层经纱张力接近相等,这是由于斜纹织物的外观质量(即纹路的匀、深、直)决定的。织制缎纹和小花纹织物时,一般将后梁配置在上下层经纱张力相等的位置上,即后梁更低而处于经直线位置上,使经纱的断头率减小,花纹匀整。但制织较紧密的缎纹织物时,后梁应略微抬高。

3. 开口时间与织物形成

开口时间的迟早决定着打纬时梭口高度的大小,而梭口高度的大小又决定着打纬瞬间织口处经纱张力的大小。开口时间早,打纬时梭口高度大,经纱张力大,钢筘对经纱的摩擦作用增强,且上下层经纱张力差异大。因此,开口时间早相当于增加上机张力和提高后梁高度。开口时间早,打纬时经纱张力增大,其作用大于上下层经纱张力差异的影响,故打纬阻力增加,对构成紧密织物有利。同时,开口时间早,因打纬时经纱张力增大,而上下层经纱张力差异也增大,故有利于减小织口的移动,即打纬区减小。

但是,开口时间对织造能否顺利进行有独特的影响,由于打纬时梭口高度不同,织口处下层经纱的倾斜角就不一样,因此,经纱层受到的摩擦作用长度也就不同。开口时间越早,摩擦作用长度增大,使纱线更容易遭受破坏而产生断头。所以,开口时间迟或早,经纱将有不同的断头率。由于打纬时梭口高度不同,打纬时两层经纱对纬纱的包围角也就不一样,造成打纬阻力和打纬后纬纱产生的反拨量不同。开口时间早,打纬阻力小,纬纱反拨量就小,易形成厚实紧密的织物;反之,则相反。另外,开口时间还将影响引纬器进出梭口的挤压程度。

在实际生产中,应根据不同品种的要求,选用合适的开口时间,使开口时间与引纬、打纬运动相协调。

单元三 投梭运动机构与工艺调整

引纬的目的是把纬纱引入梭口,引纬的方法有多种。传统的方法是投射内装纡子的梭子,将一根纬纱留于梭口中。这种引纬又称为投梭,相应的织机称为有梭织机。凡不用上述引纬方式的织机,称为无梭织机。

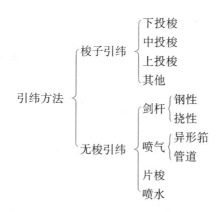

引纬是织机五大运动中非常重要的组成部分,对它的要求是:

(1)与开口、打纬运动配合协调。

(2)运动准确,机构安全可靠。

(3)尽量避免或减轻噪音、冲击和振动。

(4)动力和机物料消耗少。

(5)有利于提高生产率。

(6)对各种纱线的适应性强,布边良好。

一、梭子

梭子是传统织机的引纬工具,由坚硬细密的木材或塑料制成。其外观呈流线型且表面光洁,以减少运动阻力。它的两端镶有钢制梭尖,使其能耐受冲击,并便于分开经纱而穿越梭口。梭子的中段为胴体部分,内有空腔,用以容纳纡子,要求空腔大小适当且内壁光滑,以免挂断纬纱。

梭子的重心一般偏于两梭尖连线的后下方,这样有利于梭子运动稳定,防止和减少飞梭。

梭子的尺寸取决于经纱原料性质和纬纱细度。毛织的纬纱粗,经纱弹性好,因而梭子的尺寸大;丝织的纬纱细,经纱不耐伸长,梭子尺寸小;棉织用的梭子则尺寸居中,但帆布、制毯等情况下,纬纱粗,经纱强度高,因而其梭子尺寸较大。纡子的尺寸则由梭子的尺寸确定,它的直径比梭腔的宽度小1~3 mm,以能使纬纱顺利退绕,又尽可能增大卷纱长度。

梭子的种类很多,随织机的种类而异,常见的几种如图5-51所示。

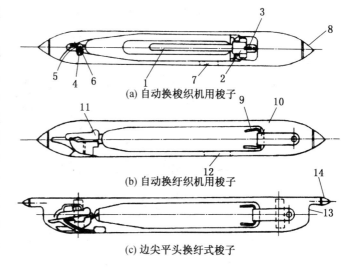

图 5-51　常见的梭子种类

1—梭芯;2—尼龙套;3—纡子座;4—导纱瓷眼;

5—导纱槽;6—导纱钢丝;7,12—探针孔;8—梭尖;

9—弹簧夹;10—导纡片;11—导纱头;13—边尖;14—平头

225

图 5-51 中,(a)为自动换梭织机用的梭子。梭腔内有梭芯,用以插纤子。由人工将纤子插上梭芯,并把纬纱头穿过导纱眼。

图 5-51 中,(b)为自动换纤织机用的梭子。梭腔内没有梭芯,而用强硬的弹簧夹夹持纤子。弹簧夹的内侧有几道凹槽,而每只纬管的根部有几圈钢环,钢环与凹槽相啮合,使纤子的位置固定。梭子的一端有自动导纱头。相应的纤子由织机自动装入,纬纱亦自动穿过导纱眼。

图 5-51 中,(c)为边尖平头换纤式梭子。其梭尖很小,偏于后侧,用来分开经纱。它的端部的大部分为平面,作为投梭时皮结的打击处,这样,梭子和皮结的使用寿命都较长。

二、投梭与制梭机构

(一) 投梭机构

梭子是凭其惯性穿过梭口而进行引纬的,在进入梭口之前,梭子必须具有足够的速度和动能。投梭机构的作用就是给予梭子足够的动能和正确的飞行方向。当梭子穿过梭口后,必须迅速停止于一定位置,以便于下次投梭。制梭机构就是将引纬后的梭子制动和定位的机构。

织机的投梭机构有多种类型,最常见的是侧板式下投梭机构,如图 5-52 所示。织机底轴 1 的两侧有投梭盘 2,当底轴转动时,装于投梭盘上的转子 3 转至下方,将侧板 4 上的投梭鼻 5 往下压,使侧板以其后端为支点转过一个角度而前端压投梭棒脚帽 6,使投梭棒 7 向织机内侧摆动;投梭棒的上方穿过筘座的长槽,并于其上套有皮结 8,此时皮结向织机内侧移动而打击梭子 9,梭子从梭箱投出。当转子转过投梭鼻后,由投梭棒脚帽上的扭簧 10,使侧板、投梭棒和皮结等复位。

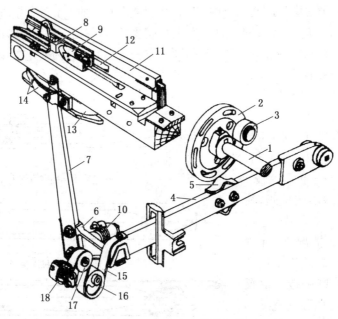

图 5-52 侧板式下投梭机构

1—底轴;2—投梭盘;3—转子;4—侧板;5—投梭鼻;6—投梭棒脚帽;
7—投梭棒;8—皮结;9—梭子;10—扭簧;11—梭箱后板;12—制梭板;13—皮圈;
14—皮圈弹簧;15—缓冲带;16—偏心盘;17—中间盘;18—弹簧盘

底轴的两侧各有一个投梭盘,两者的转子位置相差 180°,底轴转半转,投梭一次,两侧交替进行,底轴与主轴的速比为 1:2。

由于这种投梭机构的投梭动力来自投梭棒的下部,所以称为下投梭。下投梭也有多种形式,侧板式仅是下投梭的一种。

侧板式下投梭机构的结构简单,调整容易,为 GA611 型和 GA615 型织机所采用。但是其投梭动作急促,机构变形大,故障较多。而且,投梭棒以其下端为支点,上部做圆弧运动,因而皮结不能固于其上,不仅影响皮结和梭子运动的稳定,而且容易损坏皮结和投梭棒。

此外,还有投梭动力来自投梭棒中部的中投梭(K251 型丝织机、H212 型毛织机及国外大多数有梭织机采用)以及投梭棒处于织机上方的上投梭(J211 型黄麻织机采用)等,它们的结构与侧板式下投梭有较大的差异。

(二)制梭机构

制梭是对引纬后的梭子进行制动,并使梭子停在正确位置,为下次投梭做准备。从能量观点而言,制梭是把梭子的剩余动能转化为其他形式而消耗掉。制梭可分为两个阶段。

1. 制梭板制梭

梭子带着大量剩余动能而进入梭箱。梭箱后板 11 上有制梭板 12,弹簧使制梭板压向梭子,梭子处于梭箱前板与制梭板之间做摩擦移动而消耗部分动能。同时梭子碰撞制梭板,使弹簧变形和制梭板运动而变位,也消耗掉梭子的部分功能。

2. 缓冲制梭

梭子经制梭板制梭后,冲击皮结和投梭棒,使其继续向梭箱外侧运动受到缓冲阻力,消耗了梭子的剩余动能,使梭子减速并在一定位置停止运动。缓冲装置主要有以下两种:

(1)皮圈。如图 5-52 所示,皮圈 13 装于筘座的下部,投梭棒 7 穿于其中。当投梭棒被梭子冲向梭箱外侧时受到皮圈的阻碍,一方面使皮圈产生弹性伸长,另一方面皮圈在两侧弹簧 14 的紧压下沿皮圈架做摩擦移动,从而消耗了梭子的剩余动能,并使梭子定位。

(2)三轮缓冲器。如图 5-52 所示,在侧板 4 的头端有缓冲带 15 与弹簧盘 18 相连,其间还绕过偏心盘 16 和圆盘 17,当投梭棒被梭子冲向织机外侧运动时,投梭棒脚帽将侧板抬高,使缓冲带张紧在两个圆盘表面而做摩擦移动,并使弹簧盘中的弹簧扭转,从而对梭子进行缓冲,吸取梭子的剩余能量,并使梭子停止定位。投梭时,侧板向下,缓冲带松弛,因弹簧盘内的弹簧作用而复位。

三、梭子的运动

梭子在筘座上做左右往复运动,进行引纬,但是筘座因打纬又做前后摆动,所以梭子的绝对运动是两者的合成。筘座的运动对梭子运动有一定影响,但是从引纬而言,更重要的是梭子左右往复运动。

梭子左右往复运动可分为三个阶段,如图 5-53 所示。

(1)击梭阶段。梭子从投梭机构获得能量,速度从零开始迅速增高,最后脱离投梭机构,凭借其惯性而飞行。击梭阶段约占织机主轴转角 30°~40°。

(2)自由飞行阶段。梭子离开投梭机构,凭借其惯性做自由飞行,穿过梭口,开始进入对侧梭箱。本阶段是梭子引纬运动的主要阶段,约占织机主轴转角 90°~170°。

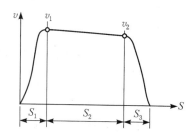

图 5-53　梭子往复运动阶段
及其速度变化

S_1—击梭阶段;
S_2—自由飞行阶段;
S_3—制梭阶段

227

（3）制梭阶段。梭子进入对侧梭箱，并受到制动，速度急剧下降至零。制梭阶段约占织机主轴转角 $40°\sim 50°$。

四、梭子自由飞行简析

梭子在自由飞行途中受空气、经纱、钢筘和走梭板等的摩擦阻力。这些阻力较为稳定，所以梭子的运动可以当作匀减速运动。但是这些阻力都很小，梭子降速幅度也很小，随具体情况而不同，约下降 $10\%\sim 35\%$。

（一）梭子飞行速度

梭子只有在梭口较大而且筘离织口大于一定距离时才能飞行，这段时期占织机主轴转角 $90°\sim 170°$。由于允许梭子飞行的时间很短，所以梭子速度必须很高，因而投梭机构和织机的负荷很大。另一方面，当梭子自由飞行结束，由于自由飞行时减速很少，因此梭子的剩余动能仍然很大。这时，如此大的能量不仅无用，反而有害，必须在制梭阶段的极短时间内（一般不足 0.033 s）消耗掉，即转化为噪声、热量、零部件的磨损或变位及弹性或塑性变形等。弹性变形是最无害的能量转换方式，所以织机的制梭机构采用了大量的弹性件。同样，击梭时也会造成噪音、发热、零件变形或变位。有梭织机的噪声非常大，主要来自于投梭和制梭。同时，有梭织机的机物料消耗多，主要也在投梭和制梭机构。

若梭子的实际速度不够，就不能按时越过梭口。轻则梭子不正常穿越梭口，形成跳花织疵或使边部经纱断头；重则因筘离织口已很近，将梭子轧于梭口内造成轧梭，使经纱受损或产生大量断头。由于织机的冲击振动剧烈，投梭和制梭机构容易变形、变位或螺丝松动，导致梭子速度不足而造成故障，所以对织机的投梭、制梭机构必须经常检查，及时维修，更换损坏零件，保证工艺规格和安装质量。

若梭子速度太高，不仅投梭机构负荷太大而易损坏，而且剩余动能也相应增大，导致更严重的噪声、发热和零件损坏，故障亦显著增加。更重要的是制梭机构难以承受更大的负荷，将造成梭子回跳，致使第二次投梭时投梭空程大而得不到应有的动能，导致速度达不到要求而产生轧梭。

（二）梭子飞行的稳定性

梭子做自由飞行时，下方和后方有走梭板和钢筘支持，而前方和上方没有受到限制，若稍不慎，梭子就会离开正确的路线而飞出，这就是飞梭。飞梭不仅会影响织机的产质量，而且还可能伤及工作人员。因此在机构设计和工艺上采用了多种措施，使梭子尽量贴着走梭板和钢筘运动，保持正确的运动方向，防止飞梭的发生。

五、有梭引纬工艺参数与调节

有梭引纬工艺参数主要有投梭动程和投梭时间。

（一）投梭动程

又称投梭力，它可以确定梭子的飞行速度，使梭子按时出梭口。生产中有多种表示方法，这些方法都直接或间接地反映了静态位移规律中梭子（或皮结）最大动程 S_{max}。因而，投梭力一般是指击梭时皮结的静态位移，如图 5-54 中所示的 x 值。

梭子在达到最大速度 v_{max} 并与皮结脱离之后，在梭道中滑行一个很短的距离再进入梭口。梭子滑行阶段中梭子速度略有下降，故梭子进梭口的速度 v_j 略小于 v_{max}。投梭动程调整得越大，则 S_{max} 越大，从而 v_{max} 和 v_j 也大。投梭动程增加必然使机物料消耗、机台振动、噪声也增加。因此,在满足梭子自由飞行对速度要求的前提下,应尽量减小投梭动程,以缓和击梭过程。

如图 5-54 所示,在击梭过程中,投梭棒推动皮结的一侧与皮结的接触点,自其静止位置至击梭阶段终了时的位移,在机构上表示为投梭鼻自开始击梭至被投梭转子压至最低位置时皮结的移动距离 x。x 值在实际生产中不便于测量,因此常使用以下方法:

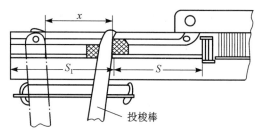

图 5-54 投梭动程调整

一种是用投梭终了时投梭棒推动皮结的一侧到梭箱底板内端的距离 S 表示,S 大时投梭力小。这种方法可以防止因投梭棒接触皮结处磨损而造成的误差。另一种是用投梭终了时投梭棒作用侧到梭箱底板外端的距离 S_1 表示,S_1 大时投梭力大。采用此法时要注意筘座两侧的梭箱底板的长度不同。在生产实际中,投梭力主要通过调整投梭侧板(图 5-52 中部件 4)的后支点的高度来进行调节。

在自动换梭织机上,新梭换入之后,梭尖与皮结孔眼之间存在一定间隙,造成换梭后第一纬击梭无力,容易引起轧梭。所以,换梭侧的投梭动程要调节得大于开关侧。GA615 型织机上,两者差值约为 12 mm。

确定投梭力时应综合考虑投梭棒的质量、皮结的新旧程度、织物特点、车速,以及织机的筘幅、投梭时间和开口时间等因素,与现有资料比较后选择,再通过试织观察梭子出梭口时受经纱挤压的情况,并观察梭子定位是否准确,用手摸皮结、皮圈,以判断投梭力大小。在保证梭子正常飞行的情况下,投梭力宜偏小,以减少动力消耗和投梭机件的损坏。

调整投梭机构时,必须先调整投梭力,然后调整投梭时间。因为调整投梭力会影响投梭时间,如将投梭力调大,则投梭转子与投梭鼻的接触时间提前。但调整投梭时间不会引起投梭力的变化。

(二) 投梭时间

投梭时间是指投梭鼻与投梭转子开始接触的时间及开始发动投梭的时间。投梭时间可以用两种方法表示:一种是用开始投梭时主轴曲柄的转动位置表示,即投梭转子与投梭鼻开始接触时曲柄转离前死心的角度,一般在 80°左右;另一种是用开始投梭时钢筘至胸梁内侧的距离表示,即曲柄在下心附近、投梭转子与投梭鼻接触时钢筘到胸梁内侧的距离,其值越小,则投梭时间越早。后一种方法便于测量,故实际生产中多用此法。

投梭时间早,梭子进入梭口早,梭子入梭口时钢筘至织口的距离近,钢筘处的梭口高度较小,梭子入梭口时受到的挤压度较大,梭子对边部经纱的摩擦大,容易引起边部经纱断头,也容易引起梭子降速。投梭过早,梭子进梭口时经纱尚未完全分开,梭口的清晰度较差,容易在进口侧出现边部跳花等疵点。另外,投梭过早,底层经纱离走梭板较高,梭子入梭口时其前壁被经纱上托,因此运行不稳定。投梭过迟时,梭子出梭口的时间推迟,出梭口时受到的挤压度较大,在出口侧容易出现断边、跳花、夹梭尾等疵点。

确定投梭时间应当综合考虑开口时间、织物种类(织物幅宽、经密、纱线性质等)、织机转速、筘幅等因素,还应当考虑投梭系统的弹性变形和投梭力的影响。在进口侧不出现跳花、断边且走梭平稳的条件下,宜采用较早的投梭时间,以延长梭子通过梭口的时间,因而可以相对地减少投梭力和配件损失。确定投梭时间的具体原则如下:

(1) 织机速度较低时,可以迟一些投梭;织机转速较高时,梭子通过梭口的时间短,投梭机构的变形较大,为了不过大地增加投梭力,应将投梭时间适当提早。

(2) 筘幅宽的织机,投梭时间可较早;筘幅窄的织机,投梭时间可稍迟。

(3) 经纱的穿筘幅度小于织机的筘幅很多时,投梭时间可以提早。

(4) 经密大、梭口不易开清时,投梭时间要迟些。

(5) 在自动换梭织机上,换梭侧的投梭时间要迟些,但不能早于 216°。

(6) 多梭箱织机的多梭箱侧,投梭时间要迟些。对于跳换梭箱,其投梭时间应比顺序变换梭箱迟,如推迟至 240°。

六、自动补纬装置简介

当纬纱即将用完时,需及时地对纬纱卷装进行补充。此项工作由自动补纬装置完成。自动补纬装置分为自动换纡和自动换梭两大类。国产有梭织机上普遍使用自动换梭装置,由梭库中的满梭子去替换梭箱中的空梭子而完成补纬,它由探纬诱导和自动换梭两大部分组成。

七、有梭织机多色纬织造简介

有梭织机织制多色(种)纬纱产品时,需采用多梭箱织机。按多梭箱的安装位置和梭箱数量,可以分为单侧多梭箱和双侧多梭箱两类:前者有单侧两梭箱、单侧四梭箱形式,称为 1×2、1×4 多梭箱织机;后者有双侧两梭箱、双侧四梭箱形式,称为 2×2、4×4 多梭箱织机。多梭箱织机在上机准备时,应根据色纬循环及梭箱安排(也称梭子配位)编制钢板链,正确地实现梭箱变换。

单元四 卷取送经机构与张力控制

在织造过程中,当纬纱被推向织口形成织物后,织物必须不断地被引离织口,卷绕到卷布辊上;这个过程称为卷取运动。同时,织轴需不断送出相应长度的经纱,并保持一定的经纱张力,以保证织造生产正常进行;这个过程称为送经运动。完成卷取运动与送经运动的机构分别为卷取机构和送经机构。

一、卷取运动及其机构

卷取的目的是将经纬纱交织所形成的织物牵引而离开织口,卷于布辊上(个别情况除外),每次交织所牵引的织物长度(即卷取量)决定了织物的纬密。

对卷取的要求是:

(1) 纬密均匀,并符合工艺规定。

(2) 纬密调节方便,可调的纬密范围广而分布密。

(3) 结构简单,操作方便,可根据需要进行退布或卷布。

(4) 卷装良好。

有的织机还具有因断纬等原因停车时能够自动退布的功能。

卷取包括牵引和卷布两个内容。牵引一般是由筘座脚或织机主轴,通过一些杆件和轮系传动牵引辊而进行的。为防止织物与牵引辊之间发生滑移,牵引辊表面较毛糙(俗称刺毛辊),而且织物对牵引辊的包围角很大。卷布时可以利用牵引辊与卷布辊直接接触之间的摩擦作用传动布辊,也可由传动机构通过摩擦离合器传动布辊。前者称为接触式卷布;后者称为分离式卷布,它的布辊卷装可以较大。牵引和卷布的方法如图 5-55 所示,(a)为接触式卷布,(b)为分离式卷布。

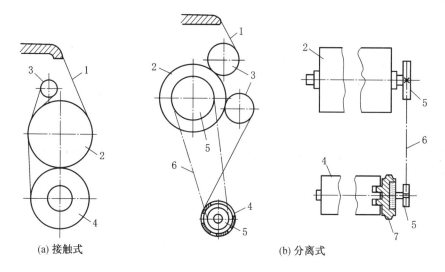

(a) 接触式　　　　　　　　　　　　(b) 分离式

图 5-55　牵引和卷布的方法

1—织物；2—刺毛辊；3—导辊；4—布辊；5—链轮；6—链条；7—摩擦离合器

卷取装置有几种分类方法,按传动性质分为间歇式和连续式,按卷布方法分为接触式和分离式,按纬密调节方法分为齿轮式、连杆式、无级变速式、联合调节式和电动式。

（一）七轮间歇式卷取机构

这种卷取机构为间歇性工作,传动轮系共有七个齿轮。采用这种卷取机构的织机较多,如 GA615 型棉织机、K251 型丝织机,后者采用分离式卷布。

如图 5-56 所示,筘座脚 1 向前摆动时,通过卷取指 2、卷取杆 3、主动棘爪 4(又叫卷取钩),使棘轮 5 转动,再经过几个齿轮传动,最后使刺毛辊齿轮 11 转动而牵引织物。GA615 型采用刺毛辊直接摩擦传动布辊卷取织物。

这种卷取机构的轮系包括棘轮在内,共有七个齿轮,其中两个齿轮可以更换齿数,以调整轮系的速比,从而调整纬密。每交织一次,一般引入一纬,筘座脚摆动一次,棘轮转动一齿。

纬密的计算方法如下：

设刺毛辊周长为 L(cm),则刺毛辊一转

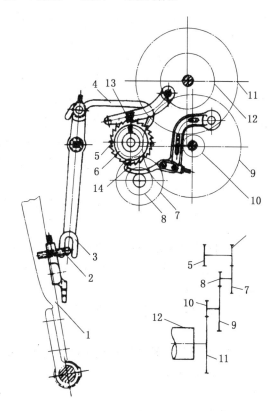

图 5-56　七轮间歇式卷取机构

1—筘座脚；2—卷取指；3—卷取杆；4—主动棘爪；
5—棘轮6,7—变换齿轮；8,9,10,11—齿轮；
12—刺毛辊；13—保持钩；14—防退钩

231

棘轮转过的齿数,即投纬次数 N 为:

$$N = \frac{Z_{11} Z_9 Z_7 Z_5}{Z_{10} Z_8 Z_6}$$

式中: $Z_5 \sim Z_{11}$ 为从棘轮至刺毛辊的各齿轮的齿数(其中 Z_6 和 Z_7 为变换齿轮齿数)。

织物在织机上的纬密 P'_w(根/10 cm)为:

$$P'_w = \frac{N}{10L}$$

织物从织机上取下后,因经向张力逐渐消失,布长缩短,纬密有所增大。机下纬密即织物的工艺纬密 P'_w(根/10 cm)为:

$$P_w = \frac{P'_w}{1-a} = \frac{Z_{11} Z_9 Z_5}{10L(1-a) Z_{10} Z_8} \times \frac{Z_7}{Z_6} = \frac{c}{1-a} \times \frac{Z_7}{Z_6}$$

$$c = \frac{Z_{11} Z_9 Z_5}{10L Z_{10} Z_8}; \quad a = \frac{L_1 - L_2}{L_1} \times 100\%$$

式中: c 为常数(GA615 型, $c=141.3$;K251 型, $c=215.3$); a 为下机缩率; L_1 为机上布长; L_2 为机下布长。

下机缩率与织物品种有关,一般情况下,平布、半线卡其、半线华达呢、细府绸约 3%,哔叽、贡缎 2%～3%,细平布约 2%,麻纱 1%～1.5%,紧密纱卡其约 4%。

这种卷取机构有以下特征:

(1) 棘轮上有三个棘爪。一是主动棘爪(又叫卷取钩)4,使轮系转动,牵引织物。二是保持钩 13,用来保持棘轮每次转动的齿数,防止当主动棘爪回复时轮系因织物张力而反转,使卷取失效。当发生断纬或其他原因使织机自停时,可由机械将这两个棘爪抬起,离开棘轮,这时棘轮和轮系因织物张力而反转,进行自动退布。三是防退钩 14,用以限制退布量。能够自动退布是这种卷取机构的特征之一。

(2) 有两个变换齿轮,改变其齿数即改变纬密。

(3) 棘爪对棘轮和轮系的间歇性工作有冲击作用,容易使机件松动和磨损,造成纬密不匀,并且不宜用于重型织物。

(4) 织物有前后游动现象,容易使边部经纱断头。

(二) 以无级变速器调节织物纬密的卷取机构

这种卷取机构为积极式连续工作,如图 5-57 所示。

织机由齿形带传动主轴 1,经链轮 Z_1、Z_2(或 Z'_1、Z'_2)传动 PIV 无级变速器 3 的输入轴 2。无级变速器的输出轴 4 再经过齿轮 Z_3、Z_4、Z_5、Z_6 及蜗杆 Z_7、蜗轮 Z_8,使卷取辊 5 转动,从而卷取织

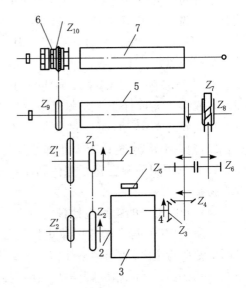

图 5-57 PIV 无级变速器调节纬密的卷取机构

1—主轴;2—输入轴;3—PIV 无级变速器;4—输出轴;5—卷取辊;6—摩擦离合器;7—卷布辊轴

物。卷取辊轴对卷布辊轴7的传动则是通过一对链轮 Z_9、Z_{10} 和摩擦离合器6实现的。

在这套卷取装置中，首先由一对链轮将纬密分成高、低两档，高纬密时用链轮 Z_1、Z_2 传动，低纬密时用 Z'_1、Z'_2 传动。低纬密的范围为 25～150 根/10 cm，高纬密的范围为 130～780 根/10 cm，高、低档、纬密的切换通过操作手柄实现。纬密的细调由 PIV 无级变速器完成，其可调速比为6，上机时将 PIV 无级变速器的指针指在相应的读数上即可。采用无级变速器调节纬密，不仅使纬密的控制精确程度得以提高，而且不需储备大量的变换齿轮，翻改品种时改变纬密也很方便，但翻改品种后要对织物纬密进行验证。

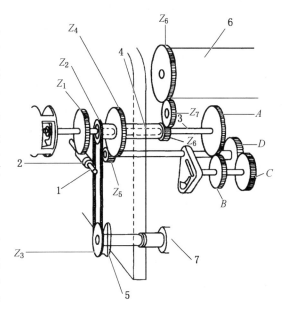

（三）连续式卷取机构

这种卷取机构由织机主轴经轮系等机构传动卷取辊而连续地进行卷取，其运动平稳无冲击，故障较少。有的机型还设正反转及停转离合装置，可根据需要使其做反转退布，还可让织机的其他机构运动而卷取停止。如片梭织机采用积极式卷取机构，配有分离式卷布装置，卷布辊由摩擦力矩带动工作，如图 5-58 所示。

图 5-58　片梭织机的卷取机构

1—传动轴；2—蜗杆；3—轴；4—套筒；
5—摩擦离合器；6—卷取辊；7—卷布辊轴；
Z_1—蜗轮；A，B，C，D—变换齿轮

传动轴1与蜗杆2的头端固装成一体。蜗杆2回转，带动蜗轮 Z_1 转动。蜗轮 Z_1 与变换齿轮 A 固装在轴3上，变换齿轮 A 与变换齿轮 B 啮合，与变换齿轮 B 同轴的变换齿轮 C 与变换齿轮 D 啮合，与变换齿轮 D 同轴的齿轮 Z_5 与齿轮 Z_4 啮合，齿轮 Z_4 与齿轮 Z_6 固装在套筒轴4上，Z_6 通过过桥齿轮 Z_7 带动卷布辊齿轮 Z_8。同时，套筒轴4链轮 Z_2 通过链轮 Z_3 的回转传动摩擦盘5，传动力矩带动卷布辊。调节摩擦盘上的弹簧力可改变卷布辊卷布的松紧程度。

卷取蜗轮 Z_1 与蜗杆 Z_2 的配比有四组：传动比为 2∶60 的标准齿，纬密为 36～907 根/10 cm；传动比为 4∶60 的粗齿，纬密为 18～453 根/10 cm；传动比为 8∶55 的特粗齿，纬密为 8.2～207 根/10 cm；传动比为 1∶60 的细齿，纬密为 72～1 813 根/10 cm。卷取装置的纬密变换，除选用适当的蜗轮、蜗杆配比外，还要选定四个变换齿轮 A、B、C、D 组合在轮系中，且四个齿轮可以互换。这样，只需配备少量不同齿数的齿轮，从中选择四个进行搭配，就可达到纬密范围广、分布密的效果，如图 5-59 所示。

图 5-59　P7100 型片梭织机的卷取机构

（四）电子式卷取装置

电子式卷取装置一般应用在无梭织机上。图 5-60 为喷气织机上的电子卷取装置的原理框图。控制卷取的计算机与织机的主控制计算机双向通信,获得织机状态信息,包括主轴信号。该卷取装置根据织物的纬密(织机主轴一转的织物卷取量)输出一定的电压,经交流伺服电动机驱动器驱动交流伺服电动机转动,再通过变速机构传动卷取辊,按预定纬密卷取织物。测速发电机实现伺服电动机转速的负反馈控制,其输出电压代表伺服电动机的转速,根据它与计算机输出的转速给定值的偏差,调节伺服电动机的实际转速。卷取辊轴上的旋转轴编码器用来实现卷取量的反馈控制。旋转轴编码器的输出信号,经卷取量换算后,可得到实际的卷取长度,与根据织物纬密换算的卷取量设定值进行比较,根据两者偏差,控制伺服电动机启动和停止。由于采用了双闭环控制系统,该卷取机构可实现卷取量精密的无级调节,适应各种纬密变化要求,多尼尔剑杆织机的电子卷取机构如图 5-61 所示。

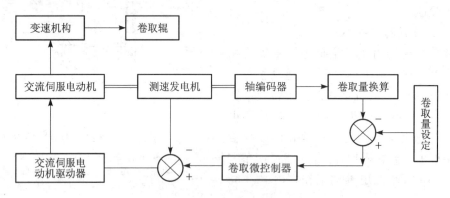

图 5-60　电子卷取的原理框图

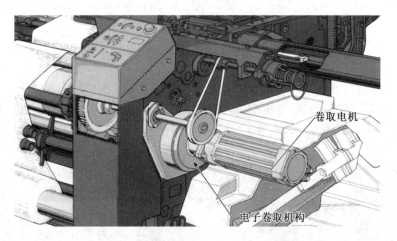

图 5-61　多尼尔剑杆织机的电子卷取机构

电子卷取装置可以通过织机上的键盘和显示屏十分方便地进行纬密设置。根据屏幕提示,同时输入纬密值及相应的纬纱根数,一个循环中可设置 100 种不同的纬密。电子式卷取机构的优点在于:

（1）不需要变换齿轮,省略了大量变换齿轮的储备和管理工作,同时翻改品种时改变纬密变得十分方便。

（2）纬密的变化是无级的，能准确地满足织物的纬密设计要求。

（3）织造过程中不仅能实现定量卷取和停卷，还可根据要求随时改变卷取量，调整织物的纬密，形成各种织物外观，如在织纹、产品颜色、织物手感及紧度等方面产生独特的效果。

二、送经运动及其机构

送经的目的是根据交织的需要送出相应长度的经纱，并使经纱具有一定张力。

对送经的工艺要求是：

（1）能根据交织的需要，送出相应长度的经纱。

（2）经纱张力符合需要，张力均匀稳定，且不随织轴直径的逐渐减小而变化。

送经在织造中一直受到重视，因为它决定了经纱的张力，而且对开口、引纬和打纬有重要的影响。此外，送经对某些严重织疵如横档的产生有重要影响，对织物的结构风格也有明显的影响。随着人们对织物的质量要求愈来愈高，对经纱张力问题更加重视，新型的送经方法和机构愈来愈多。

送经机构大致可分为以下形式：

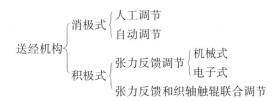

（1）消极式。它是由经纱张力拖转织轴而送（放）出经纱。为了达到所需张力，对织轴须施以制动力矩。但随着交织的进行，织轴直径越来越小，为了使张力稳定，制动力矩的大小也应做调节，最简单的方法是人工移动或增减重锤。此法不仅费人力，而且调节不能连续进行，张力也难以稳定。为此可采用织轴触辊来探测织轴直径变化而自动调节，也可以将经纱张力的变化反馈给该机构进行自动调节，如 H212 型毛织机。但这些方法取得的效果并不理想，经纱张力的波动仍然很大。因此，消极式虽然结构简单，但已趋于淘汰，目前仅在需要经纱张力很大的厚重织物织机上采用。

（2）积极式。此类机构传动织轴使其主动退绕（有时仍有拖出的成分）而送出经纱。织轴可以由织机上的某个运动部件传动，也可由单独电机传动。由于经纱张力受多种因素影响，织造中必然有波动。为此，这类送经机构一般都设有张力反馈系统，用机械或电子方法获得张力变化信息，并通过执行装置（或叫织轴回转装置）来改变织轴的转速或转角等传动量，使送出的经纱长度和张力符合需要。还可将张力反馈和织轴触辊装置结合，进行联合调节，以改变织轴的传动量，后者直接探测织轴直径的变化（逐渐减小）。至于不考虑张力波动、只有固定送出长度的积极式送经，除个别情况以外，如长毛绒织机上绒经的送经装置，其他很少采用。

（一）联合调节积极式送经机构

这类机构的种类较多。国内广泛采用的外侧式送经机构即为其中之一（图 5-62），它用于 GA611、GA615 等机型，也可用于 1511、1515 系列织机的改造。

1. 织轴传动装置

织机主轴 O_1 的一端有偏心盘1，它使摆杆2做摆动。通过摆杆另一端的槽子中的销子 A，使拉杆3及其上的挡圈4做往复运动，推动三臂杆6上的挡块5及三臂杆6、连杆7、棘爪杆8，使棘爪推动棘轮23转动。再经蜗杆24、蜗轮25、齿轮26传动织轴边盘齿轮27，使织轴28转动而送出经纱。

棘轮每次的回转量 m（齿）由挡块5的动程 S 确定，而

$$S = L - L'$$

式中：L 为摆杆2及挡圈4的动程；L' 为挡圈4及挡块5的初始距离，为空程。

可见，只要改变 L 或 L'，就可改变 m 值。

拉杆3做回复行程时，三臂杆6由其上的弹簧作用而复位，直到另一臂上的挡块12被调节杆10上的紧圈11挡住为止，可见紧圈11的位置确定了空程 L'，紧圈11的位置升高则 L' 变小。

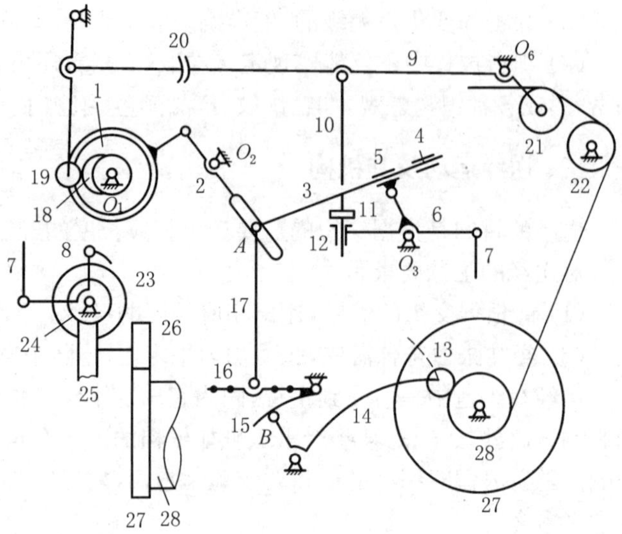

图 5-62 外侧式送经机构

1—偏心盘；2—摆杆；3—拉杆；4—挡圈；5—挡块；
6—三臂杆；7—连杆；8—棘爪杆；9—扇形杆；
10—调节杆；11—紧圈；12—挡块；13—织轴触辊；14—双臂杆；
15—曲面杆；16—纬密分挡杆；17—棘杆；18—凸轮；
19—转子；20—制动器；21—后梁；22—导辊；23—棘轮；
24—蜗杆；25—蜗轮；26—齿轮；27—织轴边盘齿轮；28—织轴；
A—销子；B—转子

2. 调节装置

（1）织轴触辊及其调节。本机构设有织轴触辊，以探测织轴直径 D 的变化，使棘轮转过齿数 m 随之改变，从而达到 $mD=C$ 的要求。C 为与送经量成正比的常数。该装置的工作原理如下：

织轴触辊13由弹簧作用而贴于织轴表面，随织轴直径 D 逐渐减小，触辊上的双臂杆14顺时针转动，短臂上的转子 B 使曲面杆15、杆16、拉杆17下降，将销子 A 向下拉，从而使拉杆3的动程增大，导致挡块5的动程 S 和棘轮转过齿数 m 增加。由于曲面杆按需要设计成一定曲线，使 m 和 D 之积为常数，从而使送经量 l 基本固定。杆16上有5个孔，使棘杆17与杆16的连接点有5处，若将连接点移向杆16的端部，则棘杆17和销子 A 下降距离更大，送经量更多，以满足不同纬密的需要。若纬密小，送经量应大；反之，纬密大，送经量应小，连接点应靠近杆16的固定点。因此杆16又叫纬密分挡杆。

（2）张力反馈调节。该机构仍采用力矩平衡系统。当经纱张力波动作用于后梁21时，以轴 O_6 为中心的力矩平衡被破坏，使扇形杆9绕轴 O_6 转动，调节杆10和紧圈11升降，三臂杆绕 O_3 转动，改变挡块5的位置，即改变空程 L'，使棘轮转过齿数 m 和织轴转过角度改变，最终改变送出经纱长度，使经纱张力得到调节，力矩系统又获得新的平衡。与经纱张力平衡的是上机弹簧力（图中未画），改变其弹力就可调节所需要的经纱张力。

织机主轴一转中，因开口、打纬等因素的影响，张力变化很大，使张力反馈调节装置难以正常工作，故该机构设有调节时间的控制装置，利用主轴上的凸轮18及转子19来控制制动器20的启闭。选择主轴一转中经纱张力较稳定的一段时间，即梭口满开时期作为张力反馈调节装置的工作时间，而其他时间通过制动器对力矩系统制动。

综上所述，这种送经装置有以下特点：

（1）设有织轴触辊调节装置与张力反馈调节配合。它通过直接探测织轴直径 D 的变化来调节棘轮转过齿数 m，以达到 $mD=C$（常数）的要求，而不是仅靠因织轴直径 D 的减小来使送经量不足，导致经纱张力变化的间接方式调节，从而减轻了张力反馈系统的负担。由于织轴直径逐渐减小是必然的，调节执行机构的传动量的任务主要由触辊系统承担，在此基础上，张力波动由反馈系统调节，因而调节更准确。

（2）设有纬密分档选择。按所织织物的纬密不同，在纬密分挡杆上选择相应的连接点，而且蜗杆 24 也有三种选择，使送经量更符合工艺需要。

（3）从棘轮至织轴的传动路线短，只有两级（1511M 型为三级）；棘爪有 5 只（1511M 型为 3 只），彼此相差 1/5 齿，使棘轮棘爪的传动误差小。两者综合，提高了传动精度。有的类似机构上棘爪更多，传动误差更小。

（4）用弹簧代替重锤，与经纱形成张力平衡。这不仅减小了力矩平衡系统的转动惯量，而且有阻尼补偿作用，从而减小了该系统工作时的动态干扰，有利于张力稳定。

（5）送经动力来自织机主轴上的凸轮，送经时间可调节。有的类似机构上，其送经凸轮的外廓可根据送经运动规律的需要进行设计。

应当指出，经纱并不是完全由传动机构主动传动而送出的。实际情况是，由于蜗杆、蜗轮的自锁作用，经纱张力虽有拖转织轴放出经纱的趋势，但不能实现。只有在织轴传动机构的作用下，解除自锁，送与放结合才能放送经纱。两者的比例根据具体情况而定，一般大张力织造以拖放为主，小张力织造以送为主。

（二）机械式连续送经机构

无梭织机常用机械式连续送经机构，其结构如图 5-63 所示。主轴转动时，通过传动轮系（图中未画出）带动无级变速器的输入轴 9，然后经锥形盘无级变速器的输出轴 20、变速轮系 21、蜗杆 19、蜗轮 18、送经齿轮 17，使织轴边盘齿轮 22 转动，允许织轴在经纱张力作用下放出经纱。这是一种连续式的送经机构，在织机主轴回转过程中始终发生送经动作，避免了间歇送经机构的零件冲击等弊病，因此适用于高速织机。

该送经机构的经纱送出量可以变化，变速轮系 21 的四个齿轮为变换齿轮，改变变换齿轮的齿数，可以满足不同送经量的要求。在变速轮系所确定的某个送经量范围内，通过改变无级变速器的速比，还可以在这一范围内对送经量做出细致、连续的调整，确保机构送出的每纬送经量与织物所需的每纬送经量精确相等。

图 5-64 所示为另一种类似的送经机构，是一种感触辊式的送经装置。感触辊 1 在弹簧 2 的作用下紧压在织轴的经纱表面，当织轴直径逐渐减小时，感触辊摆臂 3 及短臂 4 按逆时针方向转过相应的角度，通过连杆 5 和差动杆 6，使双臂杆 7 按逆时针方向转过一定的角度，从而将主动轮上的可动锥盘 8 推向固定锥盘 9 一段距离。与此同时，从动轮的可动锥盘 10 在同步齿形带 11 的作用下，克服弹簧 12 的作用力，与固定锥盘 13 分离一段距离。这样便改变了无级变速器的传动比，使织轴转速随绕纱直径的减小而增加，以满足工艺的要求。这种送经机构由于采用了织轴直径感触机构，能根据不同的绕纱直径，对织轴转速进行积极的控制，从而减轻了活动后梁的负担。但是由于经纱对后梁的合力在织造过程中为变量，因此从满轴到空轴，经纱张力必然有差异。

连续式送经机构具有送经运动平稳、无冲击的特点，满足了高性能剑杆织机在高速运转条件下对机构运动平稳性的要求，但是对设计及材料的要求较高，结构也较复杂。

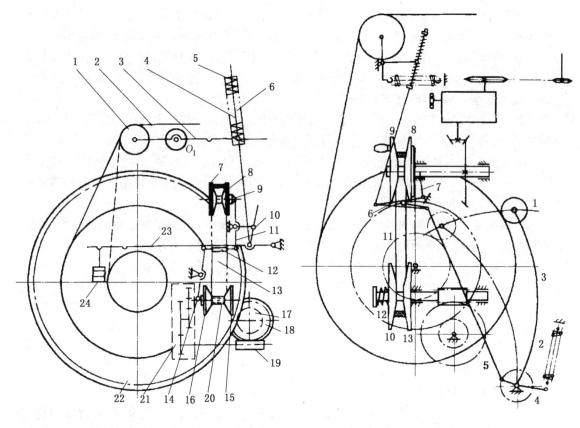

图5-63 机械式连续送经机构(带无级变速器)

1—后梁；2—摆杆；3—感应杆；4—弹簧杆；5—螺母；
6—弹簧；7，8—锥形轮；9—输入轴；10—角形杆；
11，14—拨叉；12—连杆；13—橡胶带；15，16—锥形轮；
17—送经齿轮；18—蜗轮；19—蜗杆；20—输出轴；
21—变速轮系；22—织轴边盘齿轮；23—重锤杆；24—重锤

图5-64 感触辊式的送经装置

1—感触辊；2—弹簧；3—感触辊摆臂；4—短臂；
5—连杆；6—差动杆；7—双臂杆；8，10—可动锥盘；
9，13—固定锥盘；11—同步齿形带；12—弹簧

(三) 电子送经机构

机械式送经机构的结构复杂，经纱张力的感测、调节的灵敏度和精度都不够理想，导致经纱张力不匀。因此，许多新型织机采用电子送经机构。电子送经机构一般由经纱张力信号采集系统、信号处理和控制系统、织轴驱动装置三个部分组成。

电子送经机构的形式有多种。一般来说，无论是哪种电子送经机构，其织轴驱动装置的变化不大，通常织轴用一台伺服电动机经减速器传动，减速器一般包括蜗杆、蜗轮、轮系及阻尼器等，而伺服电动机由电子信号采集系统和有关处理电路来控制其运转状态。

图5-65所示为某织机的织轴驱动装置。电动机1通过一对齿轮2和3、蜗杆4、蜗轮5，起减速作用。装在蜗轮轴上的送经齿轮6，与织轴边盘齿轮7

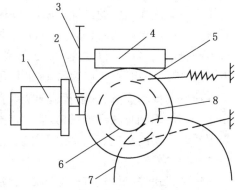

图5-65 电子送经织机构织轴驱动装置

啮合,使织轴转动,送出经纱。在蜗轮轴上装一个制动盘8,通过制动带的作用,使蜗轮轴的回转受到一定的阻力矩,当电动机一旦停止转动,蜗轮轴也立即停止转动,从而不出现惯性回转。

信号采集主要有三种方式,都是采集张力信息。由于无梭织机的活动后梁是经纱张力的感应元件,它的位移变化量(或受力状况)直接反映经纱张力的变化,因而通常在后梁上安装位移检测传感器(接近开关)或拉力传感器及应变片式传感器来进行张力检测。由于电子系统的灵敏度及抗干扰性能强于机械式,所以不必设置织轴触辊系统。以下介绍三类典型机型的电子送经机构:

1. P7100 型片梭织机的电子送经机构

(1)简介。如图 5-66 所示,该机构采用轻型摆动后梁和扭力杆系统来平衡经纱张力。织轴的传动来自电子控制的伺服电动机。送经电动机1通过减速齿轮2和主齿轮传动装置3传动织轴4,并使之向机前转动而送出一定量的经纱。该装置依靠固定在扭力管6上的开关叶片7和固装于固定托架上的传感器8,将信号通过电缆9送至控制箱10。开关叶片7的弧形面相对于摆动中心是偏心的,当经纱张力大时,开关叶片7向箭头方向摆动,使弧形面与传感器8的间距减小,增加送经量;当经纱张力小时,开关叶片7逆箭头方向摆动,使弧形面与传感器8的间距增大,送经电机停止送经。

当织机不运转时,可通过控制箱10上的按钮 A 和 B 张紧或放松经纱。当同时揿动按扭 A 和 B 时,送经机构可自动调节经纱张力,使摆动后梁5被调整到预调的位置上(预调值预先贮存在控制箱内)。

(2)工作原理分析。图 5-67 所示为 P7100 型片梭织机的送经后梁系统的机构简图。图中将实际机构中的扭力杆作用简化为弹簧作用,则该机构实质上是一种弹簧消极式活动后梁系统,并以模拟量接近开关作为经纱检测元件。活动后梁2放置在摆杆3上,在弹簧4的作用下,它始终与经纱1相接触。在织造过程中,各织造循环中经纱张力的变化是以综平时的经纱张力为基础上下波动的,经纱的上机张力由弹簧4和活动后梁2所产生的作用力矩来决定。综平时使经纱张力达到设定张力,由此确定弹簧4的压缩量和后梁位置。此时后梁的位置即为张力力矩与弹簧和活动后梁力矩的平衡位置。

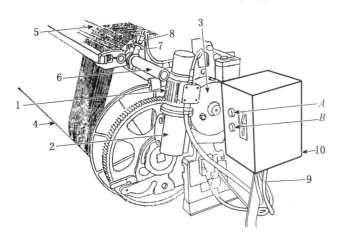

图 5-66　P7100 型片梭织机的电子送经机构

1—电动机;2—减速齿轮;3—主齿轮传动装置;4—织轴;5—摆动后梁;
6—扭力管;7—开关叶片;8—传感器;9—电缆;10—控制箱

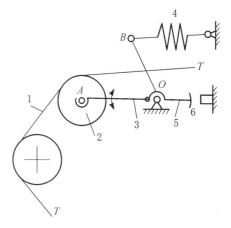

图 5-67　P7100 型片梭织机的送经后梁系统

1—经纱;2—后梁;3—摆杆;
4—弹簧;5—弧形面;6—传感器

当经纱张力力矩变化时,后梁 2 就以平衡位置为中心做摆动。如经纱张力增大,则后梁 2 绕 O 点做逆时针摆动,其弧形面与传感器 6 之间的间隙减少,当检测片进入接近开关的敏感区时,接近开关即发出一电平信号,微处理器根据这一张力信号和主轴位置信号,启动马达驱动织轴送出经纱,经纱张力即降低,活动后梁又回到原来位置;反之,若经纱张力变小,则后梁绕 O 点做顺时针摆动,其弧形面与传感器 6 之间的间隙增大,检测片离开感应传感器,接近开关不发出电平信号,此时马达停止转动,织轴不送出经纱。随着卷取辊不断卷取,经纱张力又逐渐增大,进而重复上一过程,以调节经纱张力。图 5-68 所示为 P7300 型片梭织机的电子送经机构。

张力检测与控制

伺服电机

送经机构

图 5-68　P7300 型片梭织机电子送经机构

2. 天马-11 型剑杆织机的送经机构

天马-11 型剑杆织机的送经机构采用电子送经,由几个部分组成,包括:送经电动机和传动轮系构成的织轴回转机构;测力辊和测力传感器构成的张力感应机构;专用电箱构成的 EWC 电脑控制系统。

织轴回转机构的动力来自送经电动机。该机构由一台直流永磁电动机、一台测速电动机、一台风扇电动机组成。直流永磁电动机接受 EWC 送来的脉冲信号而转动,通过一变速箱和一对蜗轮、蜗杆传动织轴,使经纱送出。直流电动机的转速范围为 $100 \sim 200 \ r/min$。在送经电动机和送经齿轮之间有一变速箱,变速箱内有四个齿轮,可以改变使用的齿数,以获得不同的传动比(0.5,1,2,4,8,16)。

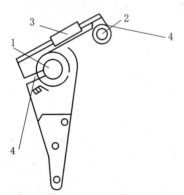

图 5-69　天马-11 型剑杆织机的送经机构的测力传感器

1—后梁;2—测力辊;
3—测力传感器;4—经纱

张力感应机构由一根张力感测辊和一个测力传感器组成,如图 5-71 所示。后梁 1 的前面增加一根测力辊 2,其与张力感测辊之间由一测力传感器 3 相连接。当经纱 4 有一定张力时,传感器 3 受力而发生变形;当经纱张力变化时,传感器的变形也发生变化,并转换成电信号,并将该信号输送给 EWC。EWC 将这一电动机讯号处理后与事先设定的张力值做比较,然后做出送经电动机正转或反转、转速快或慢的指令,使经纱张力稳定在设定值附近。

以计算机为核心的电子送经控制系统由电阻应变片式经纱张力传感器、送经控制微机系统、伺服放大器、送经伺服电动机、测速发电机及相关电路组成。图 5-70 为电子送经的工作原理框图。

测力传感器方式的张力信息不是通过后梁系统的运动采集的,动态干扰很小,而且非常灵敏和准确,适用于对经纱张力均匀性要求很高的织物及高速织机的织造。

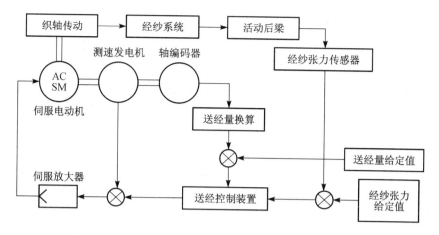

图 5-70　电子送经的工作原理框图

3. 丰田与津田驹喷气织机常用的电子送经机构

该类喷气织机的电子送经机构的后梁系统的经纱张力检测采用应变片方式。与接近外关方式相比,应变片方式的经纱张力采集系统的工作原理有明显改进。一种较简单的结构如图5-71(a)所示,经纱 8 绕过固定后梁 9 及活动后梁 2,经纱张力通过后梁摆杆 2、杠杆 3、拉杆 4,施加到应变片传感器 5 上。这里采用了非电量电测方法通过应变片微弱的应变来采集经纱张力变化的全部信息,但经纱张力变化不引起后梁系统的摆动。

曲柄 6、连杆 7、后梁摆杆 2 组成适用于平纹织物织造的经纱张力补偿装置,改变曲柄长度,可以调节张力补偿量。

图 5-71(b)所示为一种结构稍显复杂的应变片方式的经纱张力信号采集系统。经纱张力通过活动后梁 1、后梁摆杆 2、弹簧 12、弹簧杆 10,施加到应变片传感器 5 上。其电测原理与前一种方式完全相同。它们都不必通过后梁系统的运动来反映经纱张力变化,从而避免了后梁系统的运动惯性对经纱张力采集频率响应的影响,保证送经机构能对经纱张力的变动做出及时、准确的调节。这有利于对经纱张力要求较高的稀薄织物加工。

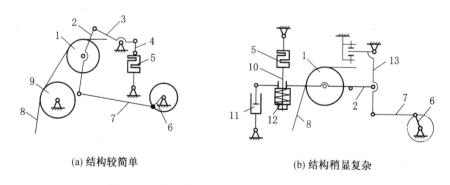

(a) 结构较简单　　　　　　　　　(b) 结构稍显复杂

图 5-71　应变片方式的经纱张力信号采集系统

在经纱张力快速变化的情况下,阻尼器 11 对后梁摆杆起握持作用,阻止后梁上下跳动,使后梁处于固定的位置上。但是,当经纱张力发生意外的较大幅度的慢速变化时,后梁摆杆通过弹簧 12 的柔性连接,可以对此做出反应。弹簧会发生压缩或变形回复,后梁摆杆会适当地上下摆动,对经纱长度进行补偿,避免了经纱的过度松弛或过度张紧。

电子送经机构与机械式送经机构相比,具有如下特点:

(1) 机构简单,能适应高速。电子送经机构采用电动机直接传动,简化了经纱张力和织轴直径探测部分,使机构紧凑、简单。

(2) 经纱张力均匀。采用微电子技术监测经纱张力,对经纱张力的变化响应迅速,消除了机械机构中因惯性造成的滞后现象,使送经量与经纱张力及时得到调整。另外,机械式送经机构受本身结构的限制,对经纱张力的微小变化感应不灵敏,调节送经量易产生偏差;而电子送经机构可对送经量实现精确调节,所以经纱张力比较均匀。

(3) 新型电子送经机构有较强的防稀密路功能。电子送经机构可以与电子卷取机构实现同步联动,并可根据织物特点和设定的要求自动调节经纱张力,避免和减少稀密路的出现,确保产品质量。

如图5-72所示,津田驹ZAX-N型喷气织机的ELO电子送经装置利用设置在张力辊处的测力传感器检测出实际的经纱张力,通过计算机处理及其指令,驱动反应速度超群的交流伺服电动机,控制织轴送出经纱,同时对织轴直径的变化进行自动补偿,因此送经精度极高,可以恒定地保持均匀的经纱张力,确保出色的织物产品质量。ELO电子送经装置还可以根据织机停台时间,由计算机进行伸长控制,通过织轴的反转(倒转)功能和织口控制功能,控制织口的最合适的位置。利用这一功能,可以消除停车档,进行高质量的织造。

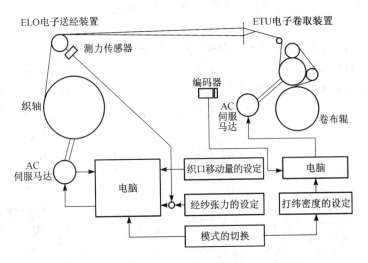

图5-72 津田驹喷气织机的电子送经与卷取装置

(四) 双织轴送经机构

在某些情况下,织机上的经纱需要分别卷绕在两个织轴上,实现双织轴送经。双织轴送经机构,按织轴放置方式分为两类:上下分布式和并列式。

1. 上下分布式双织轴送经机构

上下分布式双织轴送经机构(图5-73)的使用情况有以下几种情形:

(1) 织制花纹织物时,由于地经与花经的浮长不同,造成花、地经的织缩率不同:地经交织次数多,织缩率大;花经交织次数少,织缩率小。如果花、地经共用一个织轴,将引起经纱张力不匀,从而开口不清,影响正常生产,所以必须采用双织轴送经。有时地组织和花组织虽相同,或花、地经的交织次数相差不大,但由于经纱的线密度相差较大,因而织缩率也不相同,所以也只能采用双织轴送经。

（2）织制泡泡纱织物时，泡、地经组织虽相同，或泡、地经交织次数相差不大，但由于泡经要起泡，其送经量要比地经大，通常为地经的 1.2～1.3 倍，所以泡经张力小、地经张力大，也要采用双织轴送经。

（3）织制毛巾织物或其他经绒类织物时，毛经纱由于起毛的需要，送经长度要大得多，因此也需分卷两个织轴，采用

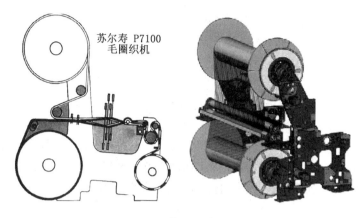

苏尔寿 P7100 毛圈织机

图 5-73 上下分布式双织轴送经机构

双织轴送经。毛经纱一般张力很小，其织轴一般采用摩擦制动的消极送经，它的供应长度要比地经纱大。

2. 并列式双织轴送经机构

在阔幅织机上，由于受到整经机和浆纱机幅宽的限制，一般采用并列式双织轴送经机构，有机械式和电子式两种，结构形式有如下几种：

使用一套机械式送经机构，通过周转轮系来控制和协调两个织轴的经纱放出量；使用两套电子式送经机构，分别控制两个织轴，常用于厚重织物的织造；使用一套电子式送经机构，通过周转轮系差速器来控制两个织轴的经纱放出量，用于加工轻薄、中厚织物。

图 5-74 所示为道尼尔织机采用的伺服电动机控制的送经系统，它采用两套电子式送经机构，分别独立地驱动两个织轴的送经方式，避免了周转轮系差速器及其传动系统造成的两个织轴的余纱长度差异。

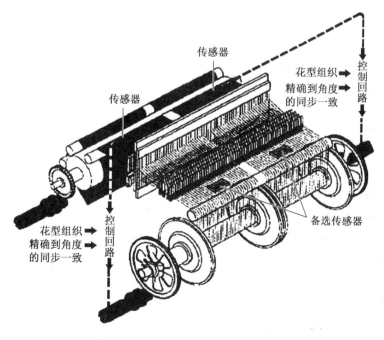

图 5-74 并列式双织轴电子送经机构

该送经系统采用直径为 800～1 100 mm 的织轴,也可以配用直径高达 1 600 mm 的织轴;可以配用左右织轴或上下织轴,全部采用伺服电动机控制,确保左右织轴的或上下织轴的张力一致,从而保证织物的质量。

道尼尔织机采用的张力检测系统,可根据品种不同选择合适的张力检测器。张力检测器可以采用安装在胸梁处的传感器,也可以采用安装在后梁上的传感器,张力检测精度达到 9.8 N。张力检测系统检测张力差异,并反馈给计算机,然后通过调整送经电动机的转速来补偿张力差异。一旦左右两侧织轴存在张力差异,计算机则分别调整两台伺服电动机的速度,使两侧一致,确保织物质量。停车时,张力检测器经计算机计算出的经纱释放量,使经纱张力自动松弛到设定值;开车时,则自动张紧经纱,使其张力达到预定值,防止出现开车横档。

单元五 织造参变数与工艺设计

织造参变数指织机上一些主要机件的相对位置,直接影响织物的外观和内在质量,也影响织机的生产率。织造参变数包括固定参变数和可调参变数两类。前者在设计织机时已经确定,在运转和生产中不做调整,如打纬动程、胸梁高度等,它们确定了织机性能和适用范围;可调参变数是随织物品种、纱线和半成品条件等具体情况而变化,上机时可做调整的参数,如各运动的时间配合、经纱上机张力、经位置线、纬密齿轮和投梭力等。

一、织机各运动时间配合的表达方法

织机的开口、引纬和打纬三个主运动是三个不同方向的往复运动,其他运动一般也是往复间歇性的,因而它们相互的时间配合极为重要。为此,必须考虑它们如何配合及如何表达各运动的时间。

这里所谓的时间,不是绝对的分秒,因为这需要随织机的车速变化而变化,织机各运动的时间都是相互比较、相对而言的,因此应有一个基准,这就是织机的主轴——曲柄轴。织机主轴一转,完成经纬纱交织一次,许多运动完成一个周期。织机的各种运动都以曲柄轴为准,以曲柄所转到的位置表示相对的时间。

各运动的时间和配合的表示方法有下列几种:

(一)曲柄圆法

以曲柄轴中心为圆心,以曲柄轴中心至曲柄中心为半径(实际上可用任意适当的长度为半径)画圆,称为曲柄圆,也就是曲柄中心的运动轨迹。用曲柄在该圆上的位置(角度),即可表示各运动的时间,将各运动的起止时间或状态用文字标注在该圆上,能够很清楚地表达各运动的时间配合(图 5-75)。

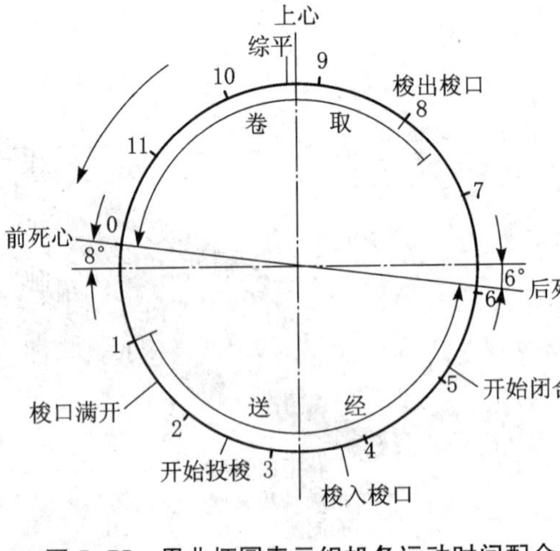

曲柄圆上有四个特殊点。

1. 前死心

指筘在最前方时的曲柄位置,也是打纬的终点。表示织机各运动的时间,都以前死心即

图 5-75 用曲柄圆表示织机各运动时间配合

$0°$作为起点。

2. 后死心

指筘在最后方时的曲柄位置。此时,筘离织口最远。引纬运动应在其附近区域完成。

前死心和后死心是曲柄连杆运动的两个端点,因而是两个特殊点。

3. 下心

此时曲柄垂直向下。从曲柄连杆运动而言,此点并不特殊,但在织机上进行工艺配置时颇为重要,一般织机在下心偏前开始投梭。

4. 上心

此时曲柄垂直向上。上心对织机的工艺配置也很重要,一般织机在上心附近综平。

以上四个位置合称四心,但除上心下心在同一铅垂线上之外,前、后死心并不一定在水平位置,即此时曲柄并不一定呈水平状态,而水平状态并没有什么工艺意义。一般织机的前死心略高于水平位置,如 GA611 型偏上 $8°$;而后死心略低于水平位置,如 GA611 型偏下 $6°$。因而,从前死心计算,上心和下心并不在 $90°$ 和 $270°$。

一般织机的主轴转向按照前死心→下心→后死心→上心→前死心的顺序,称为下行式。也有个别织机的主轴转向按照前死心→上心→后死心→下心→前死心的顺序,称为上行式,如 H212 型毛织机,其投梭在上心附近、综平在下心附近。

(二)水平坐标法

水平坐标法是以曲柄转角为横坐标、以前死心为 $0°$,将各个运动时间分别用曲线折线表示,如图 5-76 所示(图中所示为 GA611 型织机织造细平布时的各运动时间配合)。

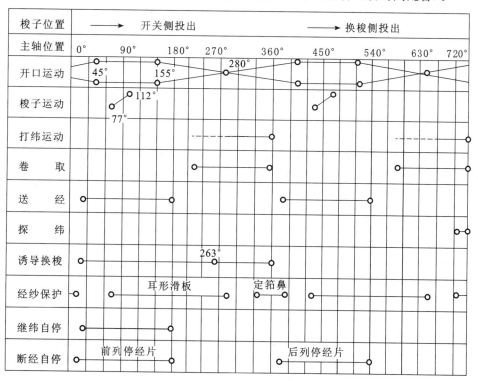

图 5-76　用水平坐标法表示织机各运动时间配合

这种方法实际上为曲柄圆法的展开,对于表达多种运动,而且有的运动周期不限于曲柄轴一转,如开口运动、自动补纬、投梭运动、多梭箱运动等,比曲柄圆法更加清晰,且可粗略表示运动状态。

二、有梭织机的主要织造参变数选择与设计要点

(一)上机张力

上机张力是指织机综平时经纱的静态张力,是经纱在织造各个时期所具有的张力的基础。适当的上机张力是开清梭口和打紧纬纱而形成织物的必要条件。上机张力必须根据机型、车速、织物品种要求等因素确定,既要考虑到织造加工顺利进行,也要考虑到半成品质量(如经纱断头率)。

若上机张力太小,则打纬困难,纬纱难以相对于经纱向前运动,当筘后退时,则经纱与纬纱一起后退,因而得不到预期的纬向紧度。这种现象在织物的纬向紧度大、打纬阻力大时更为显著。此外,上机张力太小会造成开口不清而影响引纬,容易造成跳花织疵甚至轧梭。上机张力太小还会使织物中纱线排列不匀整,布面不丰满,条影显著。

上机张力太大时,纱线易疲劳、伸长太大而易断裂,同样也会造成布面条影和不匀整、不丰满等现象。过大的上机张力还会使经纱断头率增加,同时会造成织物经向撕裂。

上机张力对织物的物理机械性能也有很大的影响。在一般情况下,上机张力大则经织缩率小,纬织缩率大,布长增加而布幅变窄,经密增大而纬密减小,布面较匀整而纹路不清晰,耐磨性和经向强度都有所增加;上机张力小,则相反。

上机张力应根据织物品种和织机类型等具体情况确定。

若织物紧度高(尤其是纬向),经纬纱交织次数多,纱线粗,则上机张力应大些。若纱线细而弱,织物结构稀疏,经纬纱交织次数少,上机张力应小些。

有梭织机的梭口高度大、速度低,可采用较小的上机张力。无梭织机的引纬方法不同,梭口高度小而引纬速度快,对梭口清晰度的要求很高,上机张力应大。

织造经密大的织物时,为开清梭口和打紧纬纱,上机张力应适当加大;织造稀薄织物时,考虑到原材料的性能,上机张力不宜过大。

织造平纹织物时,在其他条件相同的情况下,应采用较大的上机张力;织造斜纹、缎纹类织物时,由于实物的外观要求,应选用较小的上机张力。

上机张力的调节方式有两种:重锤式、弹簧式。

(二)经位置线

经位置线是织机在综平时经纱从织口经综眼、综杆到后梁切点连成的折线(图5-77)。

经位置线表示经纱的上机位置,其工艺意义在于反映了梭口开放时上下层经纱张力的差异程度。调整经位置线就改变了这种差异程度。

开梭口时上下层经纱的张力差异有三种情况:一是上松下紧;二是上下接近;三是上紧下松。由于经纱上紧下松的梭口不利于梭子引纬(梭子沿下层经纱飞行),所以一般不采用。

若梭口的上松下紧有适当的差异,如图5-77(a)所示,则织物外观丰满匀整,不易出现筘痕,而且打纬较顺利。但是若差异过大,上层太松易使梭口不清而影响引纬,下层太紧则断头多,织物强度低。此外,上松下紧的梭口会使织物花纹不清楚。

若梭口的上松下紧不显著或接近相等,如图5-77(b)所示,则织物容易出现筘痕、布面稀

疏,但织纹清楚、断头较少,梭口亦较清晰。

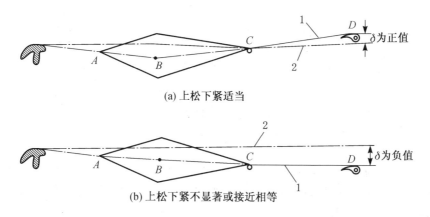

(a) 上松下紧适当

(b) 上松下紧不显著或接近相等

图 5-77　经位置线与梭口上下层张力差异

A—织口；B—综眼；C—综杆；D—后梁切点；
1—经位置线；2—胸梁水平线；δ—后梁至胸梁水平线的距离

筘痕是织物上经纱分布不匀的一种现象,若每一筘齿穿入 2 根以上的经纱,则它们在织物上集中在一起,形成纵向空档。

经位置线一般通过改变后梁高低来进行调节,升高后梁,上松下紧的差异愈显著；降低后梁,则上松下紧的差异逐渐不显著。确定经位置线时,在考虑织物形成和外观时一定要兼顾原纱条件和经纱断头率等因素,同时还要注意开口时间,只有早开口,提高上下层经纱张力差异才有意义。

平纹类及纬向紧度较高的织物宜用高后梁、上松下紧的梭口,这样有利于打紧纬纱、消除筘痕,使布面丰满匀整。

斜卡类织物则采用低后梁、上下层经纱张力差异较小的梭口,以减少断头,使织纹清楚。至于筘痕,斜卡类织物因经向紧度较大等而不易产生。

棉、毛平纹织物,常见的轻型和中厚型织物,后梁高度应适中。

丝织物或装饰织物,如巴厘纱、纱罗织物等,应采用较低的后梁。

各类高密度的重型织物,如劳动布、帆布及高密度的府绸和防羽绒布等,宜采用高后梁。

(三) 开口时间

开口时间是指综平的时间,用曲柄在曲柄圆上的位置(角度)表示,此角度小则开口早,反之则开口迟。也可用筘距织口(或胸梁内侧)的尺寸表示,但意义相反,此距离大则开口早,距离小则开口迟。

由于打纬过程与梭口变换一同进行,因此开口时间的早迟与打纬的关系非常密切。如图 5-78 所示,(a)为迟开口,(b)为早开口。开口时间早,则打纬过程中经纱交叉角大,经纱张力大,纬纱容易相对于经纱前进且不易反拨,因而容易打紧纬纱。如果经位置线的配置采取高后梁,应配以早开口,使打纬过程中梭口的上松下紧差异明显而达到布面丰满的效果。但是早开口时打纬阻力大,纬纱前进时与经纱的摩擦剧烈且摩擦距离长,不仅使纱线起毛,而且容易断头；开口时间迟则相反。

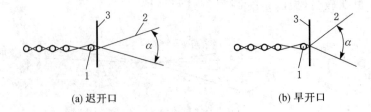

图 5-78　开口时间与打纬的关系

1—纬纱；2—经纱；3—钢筘

开口时间也影响引纬。开口早，有利于梭子早入梭口，但由于闭口也早，梭子出梭口时易磨损经纱或出现故障；开口时间迟则相反。适当推迟开口时间，可使允许梭子飞行的时间角扩大，织机高速运转时常采用。

随织物品种等具体情况不同，对开口时间的选择也不同。平纹类织物、纬向紧度高、纱线耐磨性好和要求布面丰满等情况下，开口时间应较早。斜卡类织物、纱线细弱、要求织纹清楚或车速较高等情况，开口时间宜较迟。另外，过早综平，梭口闭合也早，载纬器出梭口的挤压度大；过迟综平，进梭口的挤压度增加。

确定综平时间的基本原则：在保证运动配合的情况下，兼顾织物种类、幅宽、车速等因素，以迟开口为宜。

（四）投梭时间

投梭时间指开始发动投梭运动的时间，也用曲柄转角表示，一般在80°附近，即在下心偏前。

投梭时间早，有利于梭子及时出梭口，但进梭时梭口尚未开清，筘离织口也较近，不仅梭口的有效高度较小，而且下层经纱离走梭板的距离较大，可能造成入口侧边部经纱断头，产生跳花织疵，甚至轧梭、飞梭。而投梭时间迟，则有利于梭子进梭口，但不利于出梭口。

投梭时间应根据织物种类、幅宽、车速及其与开口时间配合等因素，并结合投梭力综合考虑，总的原则是在入口侧不出现织疵和断头、梭子飞行稳定的条件下，以适当早些为好。这样可以加大允许梭子飞行的时间角，避免梭子速度太高而产生的各种恶果，并减少动力和机物料的消耗。

（五）投梭力

投梭力指投梭机构给予梭子的初始动能，反映了梭子的速度，在工艺调整上指投梭时皮结的动程，该动程大则梭速高，但它们并不成正比。

投梭力大则梭速高，梭子容易按时穿过梭口，但投梭机构和制梭机构的负荷大，不仅故障多、消耗多、噪音大，而且可能造成下次引纬时轧梭。

投梭力的确定根据织物种类、幅宽、车速、开口时间等因素，并结合投梭时间综合考虑，总的原则是在梭子飞行正常、制梭定位良好、织物边部不断边、不产生织疵的条件下，以小些为宜。

三、有梭织机的生产率

（一）织机的生产率（单产）计算

织机的生产率一般用每台织机每小时所生产的织物长度表示。

织机的理论生产率 Q_1[m/(台·h)]：

$$Q_1 = \frac{60n}{10P_w}$$

式中：n 为织机车速(r/min)；P_w 为织物纬密(根/10 cm)。

织机的实际生产率 Q[m/(台·h)]：

$$Q = Q_1 K$$

式中：K 为织机的时间效率。

由于不同幅宽的织物不便于比较，有时采用每台织机每小时生产的织物面积[m²/(台·h)]表示。

(二) 织机折合单产计算

由于织物品种、织机机型和生产难易程度不同，为了比较各品种之间、各厂之间的生产水平，采用了折合单产的概念。

1. 折合单产的计算

折合单产是将某品种的实际单产乘以一个系数(即折合率)而得。将该品种的单产折合成标准品的单产，再进行比较。

2. 标准品

棉布以 91.4　29/29　236/236 中平布为标准品，即幅宽为 91.4 cm(36 英寸)、经纬纱线密度均为 29 tex(20ˢ)、经纬密度均为 236 根/10 cm(60 根/英寸)的中平布。计算折合单产时，其他品种都折合成这个标准品再进行比较。

3. 折合率

折合率的意义是生产某品种的织物 1 m，相当于生产标准品多少米。它与品种规格、织机特征和生产难易程度有关，因而各品种不同。

$$某品种的折合率 = \frac{标准品的计算单产}{某品种的计算单产}$$

上式中，标准品和某品种的计算单产分别是规定值，而不是实际值。

4. 标准品的计算单产

规定标准品的计算单产，按车速 205 r/min、时间效率 92.5% 进行计算：

$$标准品的计算单产 = \frac{60 \times 205 \times 92.5\%}{10 \times 236} = 4.821\ [m/(台·h)]$$

5. 某品种的计算单产

按下式计算：

$$某品种的计算单产 = \frac{60 \times 某品种规定车速 \times 某品种规定时间效率}{10 \times 某品种纬密} \times 影响单产系数$$

某品种的规定车速和时间效率，可查表确定，而不是该品种实际生产的车速和时间效率。

影响单产系数是根据织物的品种规格、织机特征、原料、生产难易程度与采用 GA611 型织机生产标准品比较，分别考虑这些项目对单产的影响程度，规定各项的影响单产系数，并取其连乘积而得，具体可查表确定。

讨论：宽幅府绸、窄幅哔叽、中幅麻纱（三个产品均为纯棉）的织机工艺参数设计有何特点？

单元六 织物质量检验与分析

织机上形成的织物卷在卷布辊上，卷到几个联匹后，卷布辊从织机上取下后，由于机械或操作上的原因，布面留有疵点和棉粒等杂质，织物尚未整齐折叠。为了改善织物外观、保证织物质量，必须将织物送整理车间进行检验、修补、折叠、定等和成包等一系列工作。这个工序称为下机织物的整理，它是织厂生产织物的最后一道工序。织物整理的任务包括：

（1）按国家标准和用户要求，保证出厂的产品质量和包装规格。

（2）在一定程度上消除产品疵点，提高质量。

（3）通过整理，找出影响质量的原因，便于分析追踪，并落实产生疵品的责任。

（4）测量织机和织布工人的产量。

织物整理的工艺过程随织物的种类和要求而不同，一般棉型织物的整理工序是验布、折布、定等、成包。某些疵点还可通过整修予以消除。对有特殊要求的织物，还要在验布后进行烘布或刷布，再进行折叠、成包。

对织物整理的要求有：

（1）检验、评分和定等应力求准确，减少和避免漏验、错评、错定。

（2）计长正确，避免差错，成包合格。

（3）在有关标准的允许下，尽可能提高产品质量，但不应给用户和印染厂带来不利因素。

一、原布整理工艺和设备

（一）验布

验布的目的是按标准的规定逐匹检查织物的外观疵点并评分，在布边做各种标记，同时对部分小疵点（如拖纱、杂物织入等）在可能的条件下予以清除。若遇上匹印、班印等，亦要在布边做标记，以便后工序掌握。

验布设备为验布机（图 5-79）。织物从布辊 1 上退解出来，绕过踏板 2 的下方，经导辊 3 和呈 45°倾斜的验布台 4，进入拖布辊 5 和橡胶压辊 6 之间，再经导辊 7 和摆布斗 8，送入运布车 9。

织物的前进由拖布辊带动，速度为 15～20 m/min。拖布辊可顺转、反转或停转。反转的目的是使织物倒回，以便复查。

验布工人站在踏板上，用目光对验布台上缓慢前进的织物进行检查，宽幅织物则由两人共同检查。由于验布是用目光进行的，所以应有良好的光线，且不能直接照射工人的眼睛。为避免工人疲倦而产生漏验，织厂的验布工一般不做夜班。

用目光检验运动的织物上的疵点，不仅影响视力、工作效率低，而且准确性很不稳定。传统人工验布中，验布工在 1 h 内最多发现 200 个疵点。人工验布时，人的注意力集中最多维持20～30 min，超过这个时间会产生疲劳；验布速度仅为 5～20 m/min，超过这个速度会出现漏验。

20 世纪 80 年代国际上开始研究电子自动验布机以取代人工验布，1987 年在巴黎展览会上展出了乌斯特 Visotex 自动验布机。但由于自动验布机的价格昂贵、织物检验范围有限，发

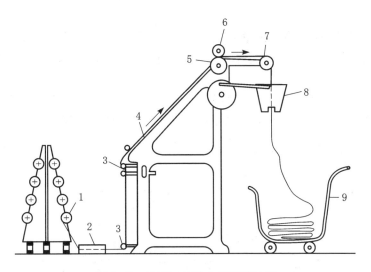

图 5-79 GA801 型验布机工艺过程

1—布辊；2—踏板；3—导辊；4—验布台；5—拖布辊；6—压辊；7—导辊；8—摆布斗；9—运布车

展受到限制。自动验布机扩大了对各类疵点的识别能力,可在很大范围内得到应用。此外,由于电子计算机技术、微电子的发展,纺织企业通过应用高性能可并联工作的微机处理机减少了对一些硬件的需求,费用大大降低。自动验布机应用场景见图 5-80。

现代自动验布机的主要功能体现在以下方面:

(1) 原色布经过两个照射光源,即反射光或传导光。光源类型的选择主要考虑织物密度、疵点种类及生产过程中发生疵点的环节。依据被检验织物的宽度,在光源上方放置 2~8 台专用 CCD

图 5-80 自动验布机应用场景

高清晰度在线摄像机。织物宽度 110~440 cm,摄像机对织物进行连续扫描检测,其间距为 1 m,可高清晰度地检验通过的布面。

(2) 对新出现的疵点,自动验布机通过对最初的 1 m 织物的初始认识阶段,记录并储存疵点的外观,使织物通过自动识别程序。

(3) 正常的检验速度为 120 m/min。自动验布系统可对布面外观的局部问题进行检验和分析,判断是否属于疵点,并根据判断结果,在布面上做出标记,进行分级。自动验布系统由计算机终端控制系统进行控制,特殊疵点的检验标准及分级依据均被记录、储存或以条形码输出,由终端器进行报告。

(4) 被检验出的疵点在荧光屏上即时显示,既快捷又简便。对发生频率高的疵点或很少发生的新的特殊疵点,自动验布系统都能适应,获得直观显示、正确评定和纠正性的检验结果。

（二）折布

折布的任务是按规定的折幅折叠织物,并按班印标记测量、计算织机和织布工人的下机产量。一般折幅的公称长度为1 m,考虑出厂后织物长度会继续缩短,所以应适当加放,加放长度根据品种等因素而定。

折布在折布机上进行,如图5-81所示。织物1从运布车或贮布斗中引出,沿倾斜导布板2上升至折布机中部,再往下穿过往复折刀3,通过折刀的往复运动及压布运动、折布台下降运动的相互配合,将织物一层层地折叠于折布台4上。因此,折布是由下列三个运动实现的:

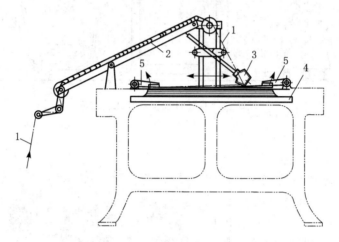

图5-81 折布机工艺过程

1—织物;2—导布板;3—折刀;4—折布台;5—压布针板

1. 折刀往复运动

折刀往复运动是折叠织物的主要运动。由往复运动的链条拉动折刀3做往复运动,其往复动程决定了织物的折幅。根据所需的加放长度,往复动程可调节。

2. 压布运动

压布运动是在织物折幅的两端用压布针板5压住,以保证折叠进行。当折刀到达折幅端部时,压布针板上抬而开放,以便折刀送入织物。折刀返回时,压布针板迅速下压,防止织物随之返回。

3. 折布台下降运动

由于压布针板下压的高度一定,随着织物的折叠层数增加,折布台自动地逐渐下降。

有的折布机上还有自动出布装置。

（三）刷布和烘布

刷布的目的是除去织物上的棉结、杂质,使织物表面光洁。一般市销布或出口布,可根据需要,在出厂前经刷布处理;而需印染加工的坯布,一般不必刷布。

刷布在刷布机上进行,如图5-82所示。织物1受拖布辊2的牵引,经过几根导辊,进入刷布箱3。先经过两根砂辊4、5,再经过四根毛刷辊6、7、8、9。织物经过这些辊的磨刷,把棉结、杂质除去。织物与这些辊的包围角及相对速度应适当,否则过度磨刷,将降低织物的强度。

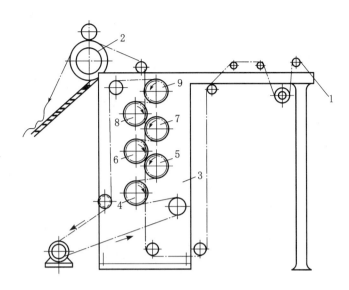

图 5-82 G321 型刷布机工艺过程

1—织物；2—拖布辊；3—刷布箱；4，5—砂辊；6，7，8，9—毛刷辊

为防止在潮湿环境中或潮湿季节织物长期贮存而发霉，可进行烘布处理。若织物贮存期短或直接供印染厂加工，则不必烘布。烘布既费蒸汽又易使织物伸长。

烘布机主要由两个烘筒构成，内通蒸汽，织物绕其表面被熨烫而烘干。烘布机一般与刷布机相连，两者都置于验布机与折布机之间。

（四）定等

1. 复验

根据验布工在布边做的标记，逐匹检查其检验结果是否正确，最后确定该织疵的评分。

2. 定等

根据布面疵点的评分数，按国家标准的分等规定，确定每匹织物的品等。

3. 开剪定修

按国家标准的开剪规定和修织洗范围，对某些织疵进行开剪，并确定应进行整修的织疵。

4. 分类

准确地按品种、品等、已开剪或未开剪、需整修或不需整修等差别将织物分开，定点堆放，以便整修或成包。

定等工序由人工在布台上进行。

开剪是将织物上的某些织疵剪开或剪下，不仅可以提高织物的质量和品等，更主要的是避免了这些织疵给消费者和印染厂造成的损失。但是开剪之后，规走长度的整段布被剪成不规则的零段布，给剪裁、销售和印染加工带来不便。为了方便运输及印染连续加工，不在印染厂将零段布进行缝头连接，因为缝头不仅减少布的长度、增加印染厂的工作量，而且有损印染质量。所以，对一些不影响印染加工的织疵可做"假开剪"处理，即为了对消费者负责，这些织疵必须开剪，但暂时不在织厂开剪，而是做上标记，待印染加工之后再进行开剪。

（五）整修

为了减少降等布，提高出厂织物的质量，在不影响使用牢度和印染加工的条件下，可对某些织疵进行修、织、洗,以消除这些织疵。国家标准对织物的修、织、洗范围和方法做了规定。

整修的内容包括:

1. 修织补

如织补跳花和断经、更换粗经、修除粗竹节、刮匀小经缩等。

2. 洗涤

如洗除油污、铁锈等。

(六) 打包

这是织厂的最后一道工序。凡作为商品销售的市销布或运往印染厂加工的坯布,都要打包。对于织染联合厂,用绳捆紧即可。

国家标准对织物的成包方法做了规定,并在包装外部刷上厂名、商标、布名、规格、长度、日期等标志。供印染厂加工的坯布还需标明漂白坯、染色坯、印花坯等。

打包一般用油压打包机进行,有的还配有自动上包装置。

(七) 原布成包方法

织物成包的方法和包装标志按国家标准的规定进行。现行的本色棉布的有关规定大致如下:

1. 件重、件长

每件(包)布应是同品种、同品等。件重不超过 90 kg;每件布总长度由织物的厚度而定,有 360 m、450 m、480 m、540 m、600 m 和 720 m 几种;回潮率不超过 9.5%。

2. 成包方法

成包方法分为市销布和印染加工坯布两大类。

(1) 市销布一般以 40 m 为一匹。不同长度的布允许拼件成包,包内附段长记录单。拼件布每包段数为规定匹长段数的 110%,其中允许一段为 10~19.9 m,其余各段应为 20~80 m。

例:若一包布的总长度为 600 m,规定匹长段数为 600÷40=15 段,拼件布段数为 15×110%≈17 段,其中允许一段为 10~19.9 m。

(2) 印染加工坯布按其性质分为四种类型进行成包。

① 联匹定长成包:为了便于印染加工,可根据加工要求确定采用双联匹、三联匹以至更多的联匹数分段,再进行成包。如每包布长 600 m,每匹 40 m,三联匹 120 m 为一段,一包布共五段。

联匹长度允许有一定的公差,双联匹为 ±1 m,三联匹为 -1~2 m。

联匹定长成包是最理想的成包方式,各段长度长且整齐、段数少,有利于印染加工和销售。

② 联匹拼件成包:联匹拼件的段数,为联匹落布段数的 200%,允许一段为 10~19.9 m,其余各段为 20 m 以上。成包总长度与联匹定长成包相同,包内附段长记录单。如一件布总长 600 m,每匹 40 m,三联匹 120 m,则拼件段数为(600÷120)×200%=10 段,其中允许一段为 10~19.9 m。

③ 联匹假开剪成包:国家标准对假开剪做了规定,假开剪疵点的长度不超过 0.5 m,双联匹落布者允许做假开剪两处,三联匹落布者允许做假开剪三处,处与处之间不短于 20 m,距布头不短于 10 m。假开剪后的各段布都应为一等品,假开剪处应做出明显标记。假开剪布必须另行成包,包内附有假开剪段长记录单,包外注明"假开剪"字样。

④ 零布及其成包:织物开剪后形成许多段或长或短的零段布,按其段长分为大零、中零、小零和零疵四种。

大零:段长为 10 m 至不足单匹的长度。若单匹长度为 40 m,即大零为 10～39.9 m,其中大多数可在拼件成包时搭配出去。但是若大零太多,搭配不完,就必须按一等、二等、三等和等外单独成包。

中零:段长为 5～9.9 m。

小零:段长为 1～4.9 m。

零疵:段长为 0.2～0.9 m(疵布长度不受限制)。

0.2 m 以下者为布头回丝。

中零、小零、零疵亦分别成包,但不分品等。

3. 类别

印染加工坯布应桉不同的加工方法,标明加工类别,如漂白、染色、深色、印花等,以示区别。

二、织物质量

织物的质量包括多方面内容,如外观疵点、物理指标、棉结杂质、风格特征等,因此对织物的质量评价应从多方面考虑,而且要视其用途和种类而定。各类织物质量的评价因素、方法、术语、标准的差异很大,现只从棉型本色织物而言,织物质量的评价由以下因素而定:

(一) 布面疵点

布面疵点简称织疵,是影响织物质量、决定织物品等的主要因素。

织疵的种类很多,其形成原因也是多方面的,有纺部的责任,有织前准备的责任,也有织造本身的责任。表5-2所示为部分品种的织疵成因百分比的综合分析,可以看出,随品种和各厂的具体情况不同,三个部门造成织疵的比例不同。虽然织造本身造成的比例一般较大,但纺部造成的比例亦不少,有时甚至达 2/3 以上。因此,要提高织物的质量,不仅是织厂的任务,而是在形成织物的全过程中各工序、各环节的共同职责。纺织厂各工序、各环节的工作质量,最终都将反映在织物上。因此应进行工序控制,防止本工序产生疵品,并防止疵品流入下工序,从而积极地防止织疵的产生。另一方面,整理车间检验所得的织疵亦将通过信息反馈,进行质量追踪,找出形成该织疵的责任工序、机台和个人。这样不仅落实了责任,而且也有利于改进技术和工作,提高产品质量。

表 5-2　织疵的综合分析

项目 \ 品种	棉府绸	细平布	棉府绸	中平布	涤/棉府绸	丙/棉细平布	涤/腈中长平纹呢	黏胶中平布	涤/棉卡其
经/纬纱线密度(tex)	14.5/14.5	19.5/16	19.5/14.5	28/28	13.1/13.1	18.3/18.3	18.5×2/18.5×2	24.6/36.2	13.1×2/28
经密/纬密(根/10 cm)	523.5/283	283/271.5	393.5/236	236/228	523.5/283	287/271.5	216.5/204.5	169/161	511.5/275.5
纺部疵点(%)	31.3	65.1	38.8	33.5	28.7	74.3	70.8	45.0	39.0

（续表）

项目 ＼ 品种	棉府绸	细平布	棉府绸	中平布	涤/棉府绸	丙/棉细平布	涤/腈中长平纹呢	黏胶中平布	涤/棉卡其
准备疵点（%）	3.2	1.25	4.0	4.0	15.0	1.9	1.7	0.8	9.0
织造疵点（%）	65.5	33.7	57.2	62.5	56.3	23.8	27.5	54.2	52.0
织部合计（%）	68.7	34.9	61.2	66.5	71.3	25.7	29.2	55.0	61.0

棉型织物的布面疵点分为四大类，即：经向明显疵点、纬向明显疵点、横档、严重疵点。图 5-83 和图 5-84 所示为某些疵点的形状。

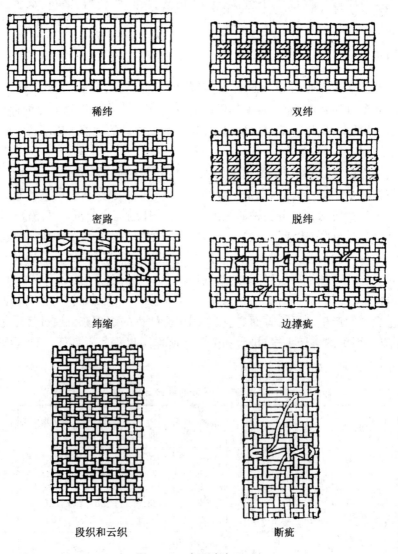

稀纬　　　　　　　　　　双纬

密路　　　　　　　　　　脱纬

纬缩　　　　　　　　　　边撑疵

段织和云织　　　　　　　断疵

图 5-83　布面疵点之一

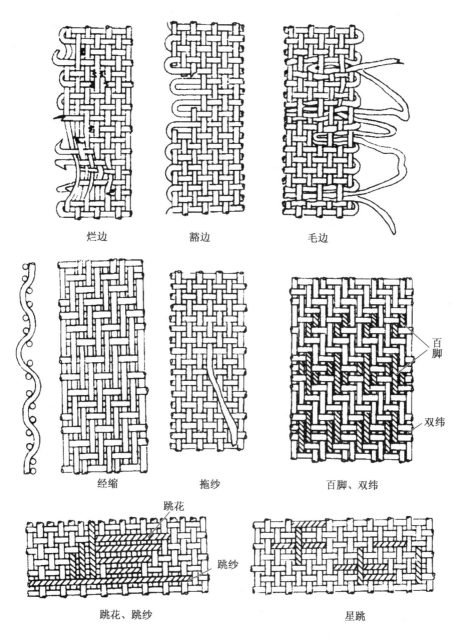

烂边　　　　豁边　　　　毛边

经缩　　　　拖纱　　　　百脚、双纬

跳花、跳纱　　　　星跳

图 5-84　布面疵点之二

下面对部分疵点及其主要形成原因进行说明：

1. 经向明显疵点

（1）竹节：纱线上短片段粗节。纺厂造成。

（2）粗经：直径偏粗、长 5 cm 以上的经纱织入布内。纺厂造成。

（3）断经：织物内经纱断缺。主要由织机断经自停装置不良所致，也与原纱和织轴质量、经纱排列太密等因素有关。

（4）断疵：经纱断头、纱尾织入布内。

(5) 经缩:由于部分经纱受意外张力后松弛等原因,使织物表面呈块状。轻度者称为经缩波纹,重度者称为经缩浪纹(属严重疵点类)。主要由织轴片纱张力不匀、梭口内有回丝、杂物纠缠和轧梭后处理不当等原因造成。

(6) 跳纱:1～2 根纱线脱离组织,跳过另一方向的纱线 5 根以上者。主要由开口不清、运动时间配合不当造成。

(7) 星跳:1 根纱线脱离组织,跳过另一方向的纱线 2～4 根而呈星点状。产生原因同跳纱。

(8) 结头:布面上结头密集而影响后工序加工或外观者。一般由轧梭轧断处理不当等原因而造成。

(9) 边撑疵:边撑或卷取刺辊不良,将织物中的纱线钩断或起毛。

(10) 烂边:边组织内只断纬纱。一般由梭子不良或边经穿错和穿绞造成。

(11) 拖纱:拖于布面或布边的纱头。由工人处理断经、断纬未及时剪去所致。

此外,还有松经、紧经、筘路、穿错、沉纱、错特、错纤维、凹边、油渍、锈渍等经向明显疵点。

2. 纬向明显疵点

(1) 双纬:单纬织物一个梭口内有 2 根纬纱。

(2) 脱纬:一个梭口内有 3 根及以上的纬纱或连续双纬。主要由纡子太松、投梭制梭不良和纬纱回潮率不足所致。

(3) 百脚:斜纹、缎纹类织物上因缺纬而造成的组织破坏(平纹缺一纬则成双纬)。由织造时纬停不良、备纱和诱导不良造成。

(4) 纬缩:纬纱扭结织入布内或起圈而呈现在布面。由纬纱张力不足或投梭力不当所致。

(5) 云织:纬密不匀、稀密相间,并呈规律性的段稀段密现象。由送经、卷取不良所造成。

(6) 毛边:由于边剪不良等原因,纬纱不能正常带入织物内。

(7) 错纬:直径偏粗或偏细、捻度太大或太小的纬纱织入布内。纺厂造成。

此外,还有杂物织入、油纬、锈纬等纬向明显疵点。

应注意竹节、跳纱等织疵,经纬向都存在,其分类虽属经向明显疵点,但评分时按经向或纬向分别计算。

3. 横档

(1) 拆痕:拆布后布面上留下的起毛痕迹。

(2) 稀纬:纬密少于工艺标准规定。由送经和卷取故障、打纬部件磨损及开车操作不良造成。

(3) 密路:纬密大于工艺标准规定。产生原因同稀纬。

4. 严重疵点

(1) 破洞:3 根及以上的经纬纱共断或单断(包括隔开 1～2 根好纱),经纬纱起圈,高出布面 0.3 cm,反面形似破洞。主要由意外的机械故障或工人操作不慎造成。

(2) 豁边:边组织内 3 根及以上的经纬纱共断或单断经纱(包括隔开 1～2 根好纱),造成布边豁开。一般由梭子不良、开口装置不良所致。

(3) 跳花:3 根及以上的经纬纱相互脱离组织(包括隔开一个完全组织)。一般由开口不清或三个主运动配合不良所造成。

(4) 稀弄:稀纬严重,形成空档。

（5）不对接轧梭：轧梭时断头较多，处理时未按要求对接。

（6）经缩浪纹：经缩严重者（三根起开始计算）。

此外，还有1 cm烂边、金属杂物织入、严重的吊经和松经、损伤布底的修整不良、经向5 cm内整幅满10个结头和边撑疵等。

（二）织物分等

各类织物的综合质量，可由其品等反映。织物品等按国家标准进行评定。但国家标准在执行一段时间后，通常会根据具体情况进行修订。各类织物的标准和评等方法也不一定相同。现行《棉本色布》标准（GB/T 406—2008）的主要分等规定如下：

棉本色布的品等分为优等品、一等品、二等品，低于二等品为等外品。评等以匹为单位，由织物组织、幅宽、密度、断裂强力、棉结杂质疵点格率①、棉结疵点格率和布面疵点七项指标综合评定。其中，织物组织、幅宽和布面疵点逐匹评定，其他四项按批②评定，以最低一项作为该匹织物的品等。

1. 织物组织、幅宽、密度和断裂强力的评等规定

（1）织物组织。符合设计要求评为优等或一等，不符合设计要求评为二等。

（2）幅宽（cm）。按产品规格，偏差－1.0%～1.2%及以内评为优等，－1.0%～1.5%及以内评为一等，－1.5%～2.0%及以内评为二等。

（3）密度（根/10 cm）。按产品规格，经密偏差－1.2%、纬密偏差－1.0%及以内评为优等，经密偏差－1.5%、纬密偏差－1.0%及以内评为一等，经密偏差超过1.5%、纬密偏差超过－1.0%评为二等。

（4）断裂强力。按计算值，经纬向断裂强力偏差均在－6.0%及以内评为优等，均在－8.0%及以内评为一等，均超过－8.0%评为二等。

2. 棉结杂质疵点格率、棉结疵点格率的评等规定

按检验结果，对照国家标准的规定值，不大于优等值者评为优等品，不大于一等值者评为一等品，大于一等值者评为二等品。

3. 布面疵点的评等规定

（1）表5-3所示为布面疵点评分限度，单位是每平方米允许评分的平均分数。

（2）各品等每匹织物允许总评分＝各等每平方米允许平均分（分/m²）×匹长（m）×幅宽（m）（计算至一位小数，四舍五入取整）。

（3）一匹实际织物的所有疵点评分之和超过某品等每匹织物的允许总评分，降为下一等。

（4）1 m内严重疵点评4分为降等品。

（5）每百米内不允许有超过3个不可修织的评4分的疵点。

（6）1 m中累积评分最多评4分。

---

① 疵点格率的检验方法是：用15 cm×15 cm的玻璃板（上面刻有225个方格，每格1 cm²）放在布面上点计疵点格，凡格中有棉结和杂质者即为一个棉结杂质疵点格，只有棉结者即为一个棉结疵点格。将所有取样的疵点格相加，再与所有取样的总格数相比的百分率，即为棉结杂质疵点格率和棉结疵点格率。

② 批的定义：以同一品种、整理车间一个班或一昼夜生产的入库量为一批。按批评定的四项指标由试验室取样并试验。

表 5-3 布面疵点评分限度 （平均分每平方米）

优等	一等	二等
0.2	0.3	0.6

表 5-4 布面疵点评分规定

疵点分类		评 分 数			
		1	2	3	4
经向明显疵点		8 cm 及以下	8 cm 以上~16cm	16 cm 以上~50 cm	50 cm 以上~100 cm
纬向明显疵点		8 cm 及以下	8 cm 以上~16 cm	16 cm 以上~50 cm	50 cm 以上
横档		—	—	半幅及以下	半幅以上
严重疵点	根数评分	—	—	3 根	4 根及以上
	长度评分	—	—	1 cm 及以下	1 cm 及以上

三、有关的质量指标和技术经济指标

(一) 入库一等品率[①]

织物经整理车间整理后入库，入库的一等品量(m)与入库总产量(m)之比为入库一等品率：

$$入库一等品率 = \frac{入库一等品米数}{入库总米数} \times 100\%$$

入库一等品率反映了织厂的入库产品中一等品所占比例。它是织厂最重要的质量指标，也是很重要的技术经济指标。

(二) 下机一等品率

该指标反映织物从织机上取下后，未经开剪和整修的产品中一等品所占比例。这项指标采取抽样检验，由人工或在低速验布机上进行检验。

$$下机一等品率 = \frac{抽验符合一等品匹数}{抽验匹数} \times 100\%$$

由于下机一等品率是从未经开剪和整修的产品中检验而得的，是织物真实的原始质量指标，反映了织厂的技术管理水平。要使入库一等品率高，必须以高的下机一等品率为基础，而不应依赖于整理车间的开剪和整修。因开剪和整修仅仅是消极的弥补手段，既会增加整理车间的工作量，并造成段长不齐和大量零布，更主要的是它不利于织厂技术管理水平的提高。下机一等品率主要用于企业内部或行业间的考核评比。

---

① 包括优等品，以下各指标均如此。

（三）下机匹扯分

一等品是按一定的布长中疵点评分不超过规定值而评出的（只从布面疵点而言），但并不是没有疵点。为了更准确地反映下机产品的质量，采用平均至每匹的疵点评分（即匹扯分）进行评价，也便于分解质量指标，落实到有关部门。

$$下机匹扯分 = \frac{抽验下机织物各疵点总评分}{抽验数量（匹）} \times 100\%$$

下机匹扯分越高，织物质量越差。

（四）纱织疵率

为了了解主要的纱疵或织疵引起的织物降成非一等品的情况，以便有针对性地改进工作和提高质量，采用纱织疵降等率（简称纱疵率或织疵率）这一指标。

$$纱疵率（或织疵率） = \frac{纱疵（或织疵）引起降等米数}{总检验米数} \times 100\%$$

这里引起降等的纱疵或织疵，是指一次性或一处性的重要疵点，如纱疵中的条干、三梭以上的粗纬、满星竹节等，以及织疵中的破洞、大跳花、豁边等。

纱疵率和织疵率分别计算。

（五）漏验率

由于验布与分等工作可能失误，将一些疵点或疵品漏验或错定品等，所以从已定为一等品的产品中抽查进行复验，从而算出漏验率。

$$漏验率 = \frac{抽查降等匹数}{抽查总匹数} \times 100\%$$

漏验率反映检验的可信程度，即各质量指标（主要是入库一等品率）的真实可信程度。其值愈低，则质量指标愈可信。

漏验率由织厂的质量监督部门抽查，采取手工检验的方法，以对验布、定等等工种和整理车间进行考核。同时，漏验率又作为对用户负责、避免以次充好的一项指标。而用户也要对织厂的出厂产品进行抽查复验，检查织厂的产品质量是否符合每件布所标注的品等，进行监督。复验的结果也用漏验率表示。若用户复验所得的漏验率高于规定值，则有权向织厂索赔。

（六）联匹一等品拼件率

由于拼件布是长短不齐的若干段布拼件成包，每段长度短而段数多，对用户不利，故应予以限制，力求减少。

$$联匹一等品拼件率 = \frac{本月联匹拼件产量（包）}{本月总产量（包）} \times 100\%$$

（七）假开剪率

假开剪是指应该开剪的布，为了印染加工方便，暂不在织厂开剪，而在印染加工之后开剪。假开剪太多，会增加印染厂的负担，也会增加印染厂的零布，也应予以限制，力求减少。

$$假开剪率 = \frac{本月假开剪产量（包）}{本月总产量（包）} \times 100\%$$

四、织物的实物质量

织物的质量包括多方面的内容,仅按布面疵点及密度、强力等物理指标而评定的品等,并不能全面、深入地反映织物的质量。即使是同一品种的一等品,各织厂间也存在明显差异。由于国内外对织物质量提出了更高的要求和不同厂家之间的同种产品进行评比的需要,采用实物质量作为考评织物质量的另一种方法,它能更深入地反映织物质量和织厂的技术管理水平。

织物的实物质量还没有确切的定义,各时期、各品种所指的内容也不一定相同,但都着眼于织物的外观,包括五个方面:(1)纱线条干;(2)棉结杂质;(3)织物风格;(4)布面平整程度;(5)布边平直程度。其中以织物风格最为重要。

这五项指标的检验评定方法分别为:纱线条干用仪器检查原纱;棉结杂质用原纱黑板棉结杂质数和布面疵点格率检验;织物风格、布面平整程度和布边平直程度由评定人员通过感官鉴别评定。

学习情境六

无梭织机织造生产与工艺设计

☞ 主要教学内容

剑杆、喷气、片梭、喷水织机的生产原理,无梭引纬机构及其辅助机构的工作原理及发展趋势,无梭织造生产及织物质量控制与工艺设计。

☞ 教学目标

1. 掌握无梭织机的生产原理及其发展趋势;
2. 掌握无梭织造质量分析与工艺设计的方法和原则;
3. 能够针对典型品种进行工艺设计,并上机调整到位;
4. 提高学生的团队合作意识、分析归纳能力与总结表达能力。

学习情境单元	主要学习内容与任务
单元一 剑杆织机生产与工艺设计	剑杆织机的生产原理、剑杆引纬机构及其辅助机构的工作原理 与发展趋势、剑杆织造生产及织物质量控制与工艺设计 工作任务一:总结、比较两种典型机型的剑杆引纬机构特点(小组完成) 工作任务二:完成两个典型品种的剑杆织造工艺设计方案,并在织机上按工艺要求调整到位(部分工艺参数)(小组完成) 工作任务三:总结剑杆织造的发展趋势(个人完成)
单元二 喷气织机生产与工艺设计	喷气织机的生产原理、喷气引纬机构及其辅助机构的工作原理 与发展趋势、喷气织造生产及织物质量控制与工艺设计 工作任务一:总结、分析喷气引纬易发生引纬故障的原因及解决措施(小组完成) 工作任务二:完成两个典型品种的喷气织造工艺设计方案,并在织机上按工艺要求调整到位(部分工艺参数)(小组完成) 工作任务三:总结喷气织造的发展趋势(个人完成)
单元三 片梭、喷水织机生产与 工艺设计	片梭和喷水织机的生产原理、片梭和喷水引纬机构及其辅助机构的 工作原理与发展趋势、片梭和喷水织造生产工艺设计 工作任务一:画出片梭投梭机构的运动原理简图(小组完成) 工作任务二:总结、比较喷气与喷水织造的特点(小组完成)

单元一 剑杆织机生产与工艺设计

剑杆织机是无梭织机的一种,利用往复移动的剑状杆将梭口外固定筒子上的纬纱引入梭口(图 6-1),与有梭织机相比,它的入纬率高、织物质量优、机器噪声低、劳动生产率高。

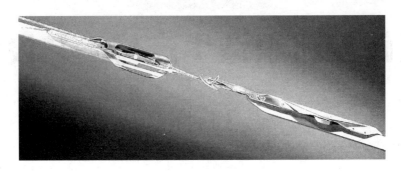

图 6-1　剑杆引纬

剑杆织机引纬时剑头夹持纬纱,引纬过程中纬纱完全处于受控状态,属于积极引纬方式,可适应强捻纬纱的织造,不会产生纬纱的退捻和纬缩疵点。大多数剑杆织机的剑头的通用性很强,能适应不同原料、不同粗细、不同截面形状的纬纱,而无需调换剑头。剑杆引纬具有极强的多色纬纱织造功能,能十分方便地进行 8 色任意换纬,最多可达 16 色,并且选纬(换色)运动对织机速度不产生任何影响,在装饰织物、毛织物和棉型色织物的加工中得到了广泛使用,能适应小批量、多品种织物的生产。

自 20 世纪五六十年代以来,各种剑杆织机相继投入使用,现已发展成为数量较多的一种无梭织机。特别是在提高纬纱交接的可靠性及尽可能减小剑头对经纱的摩擦等方面取得突破性进展之后,其竞争力大大提高。剑杆织机的制造厂家众多,机器形式繁杂,但各类剑杆织机的最大区别仍是其引纬机构形式和原理的差异,包括剑杆数量配置、纬纱交接方式、剑杆的刚挠性、传剑机构位置等。图 6-2 为典型现代剑杆织机全貌示意图。

一、剑杆织机分类

剑杆引纬的形式很多,可按以下几个特征进行分类:

(一) 按剑杆的配置分

按剑杆的配置,剑杆织机可分为为单剑杆织机、双剑杆织机和双层剑杆织机三种。

1. 单剑杆织机

单剑杆引纬时,仅在织机一侧装有比布幅宽的长剑杆及其传剑机构,由此将纬纱送入梭口至另一侧,或由空剑杆伸入梭口到达另一侧握持纬纱后,在退剑过程中将纬纱拉入梭口而完成引纬。

单剑杆织机引纬时,纬纱不经过梭口中央的交接过程,故不会出现纬纱交接失误以及由交接过程造成的纬纱张力峰值,剑头结构简单,但剑杆尺寸大,其动程也大。因其机器速度低,占地面积大,多数已被双剑杆织机代替。

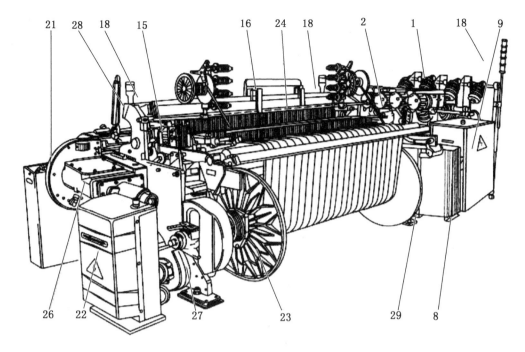

图 6-2　现代剑杆织机全貌示意图

1—锥形筒子架；2—储纬器；3—纬纱检测器；4—选纬器；5—上横梁；6—胸梁；7—电动机；
8—主电控箱；9—主开关；10—电脑操作盘；11—绞边纱、废边纱筒子架；12—电子绞边装置；
13—卷布辊；14—综框；15—综框侧导板；16—综框中央导板；17—钢箔；18—警示灯；
19—按钮板；20—卷取辊；21—废边箱；22—送经与卷取驱动控制箱；23—织轴；24—停经装置；
25—卷取变速箱；26—剑带驱动箱；27—送经装置；28—安全保护装置；29—电动机驱动控制箱

2. 双剑杆织机

双剑杆引纬时,织机两侧都装有剑杆和相应的传剑机构。这两根剑杆分别称为送纬剑和接纬剑。引纬时,送纬剑和接纬剑由机器两侧各自向梭口中央运动,纬纱首先由送纬剑握持并送至梭口中央,两剑在梭口中央相遇,然后送纬剑和接纬剑各自退回,在开始退回的过程中,纬纱由送纬剑转移到接纬剑上,由接纬剑将纬纱拉过梭口。

双剑杆引纬时,剑杆轻巧,结构紧凑,便于达到织机幅宽和高速度运转的要求。双剑杆织机织造时,梭口中央的纬纱交接已十分可靠,一般不会出现失误。因此,剑杆织机现广泛采用双剑杆引纬。

3. 双层剑杆织机

双层剑杆织机织造时,经纱形成上、下两个梭口,每一梭口内由一组剑杆完成引纬,上、下两组剑杆由同一传动源传动。双层剑杆织机通常用于双重和双层织物的生产。织机采用双层梭口的开口方式,每次引纬同时引入上、下各一根纬纱。在加工双层起绒织物的专用剑杆绒织机上,还配有割绒装置。双层剑杆织机不仅入纬率高,而且生产的绒织物的手感和外观良好,无毛背疵点,适宜于加工长毛绒、棉绒、天然丝和人造丝的丝绒、地毯等织物。

(二) 按纬纱交接方式分

按纬纱交接方式,剑杆织机可分为叉入式引纬与夹持式引纬两种。

1. 叉入式引纬

叉入式引纬的特征是送纬剑与接纬剑之间以纱圈交接纬纱。叉入式又可分为单纬叉入式和双纬叉入式。

（1）单纬叉入式引纬。单纬叉入式引纬过程如图 6-3 所示。纬纱从筒子上引出，经过张力器 1 和导纱器 2、6 后，纬纱头端夹持在供纬夹纱片 3 中。送纬剑 4 和接纬剑 5 在梭口开启时相向进入梭口，当送纬剑头经过导纱器 6 时，纬纱便挂在送纬剑的叉口中，但纬纱纱端仍夹持在夹纱片 3 中，如图 6-3(a) 所示。在梭口中央交接时，接纬剑 5 勾住纬纱纱圈，纬纱纱端则从夹纱片 3 中释放，接下来随接纬剑退出梭口，纬纱不再从筒子上退绕，接纬剑将纬纱拉成单根留在梭口中，打纬后已织入的一纬仍与筒子相连，如图 6-3(b) 所示。待送纬剑 4 将下一纬的纬纱纱圈交给接纬剑时，导纱器 6 已将纬纱纳入刀刃并剪断。与筒子相连的纬纱纱端又由夹纱片 3 夹持，做下次供纬准备，引入的纬纱由接纬剑拉过梭口，如图 6-2(c) 所

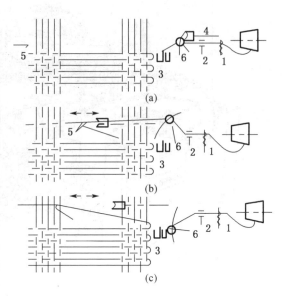

图 6-3　单纬叉入式引纬过程

示。至此，引纬过程经历了两纬一个循环，刚引入到织物中的两纬相连但处于两个接口中，如"发夹"状，每一梭口中仅有一根纬纱，故称单纬叉入式。单纬叉入式引纬时，纬纱与送纬剑头叉口和接纬剑剑头钩端之间有摩擦，接纬剑将纬纱拉出时纬纱稍有退捻且处于无张力状态，不易形成良好的布边；还有，纬纱从筒子上退绕时的速度为剑杆速度的 2 倍，附加的纬纱张力过大，不利于高速。

（2）双纬叉入式引纬。双纬叉入式引纬过程如图 6-4 所示。纬纱经张力器 1、导纱器 2 后，穿入送纬剑 4 的孔眼中，被送纬剑送入梭口，两剑在梭口中央交接，接纬剑钩端 6 伸入送纬剑中勾住纬纱，如图 6-4(b) 所示。接纬剑 5 已勾住纱圈并退出梭口，在打纬的同时由撞纬片 3 使纱圈从接纬剑钩头上脱下并套到成边机构的舌针上，由舌针将它与上一个纬纱纱圈套变成针织边，如图 6-4(c) 所示。送纬剑退剑时，纬纱仍穿在剑头的孔眼内，接纬剑退回时，纬纱继续从筒子上退绕，这样每次引入梭口的纬纱为双根纬纱。双纬叉入式引纬只适用于织制双纬织物，且无法换纬，故只能用于单色纬纱织制，有很大的局限性。

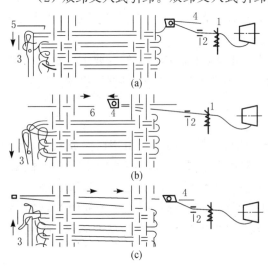

图 6-4　双纬叉入式引纬过程

2. 夹持式引纬

夹持式引纬的特征是送纬剑与接纬剑之间

以纱端形式交接纬纱。夹持式引纬过程如图6-5所示，当送纬剑4向梭口中进剑时将梭口外处于引纬路线上的纬纱夹持住，同时纬纱剪刀3将与上一纬相连的纬纱剪断，送纬剑便夹持住纬纱的头端进入梭口引纬。送纬剑与接纬剑5在梭口中央相遇，纬纱便自动转移到接纬剑上，当接纬剑退出梭口时，剑头与开夹器相碰，使接纬剑夹纱钳口打开，释放纬纱纱端，完成引入一纬。

夹持式引纬时纬纱无退捻现象，且纬纱与剑头之间无摩擦，不损伤纬纱，纬纱始终处于一定的张力作用下，故有利于其在织物中均匀排列；但两侧布边均为毛边，需设成边装置，剑头结构也较复杂。

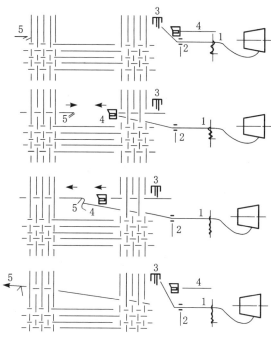

图6-5　夹持式引纬过程

（三）按剑杆类型分

按剑杆类型，剑杆织机可分为刚性剑杆与挠性剑杆。

1. 刚性剑杆

刚性剑杆由剑杆和剑头组成。剑杆为一刚性的空心细长杆，截面呈圆形或长方形，它的最大特点是无需使用导剑器材，在引纬的大部分时间里，剑杆、剑头可悬在梭口中运动，不与经纱接触，从而减少了对经纱的磨损，对于不耐磨的经纱织造十分有利，如玻璃纤维等。但刚性剑杆的长度为织机筘幅的1倍以上，引纬之前刚性剑杆必须从梭口中退出，因此机台宽度方向占地面积较大，而且剑杆笨重、惯性大，不利于高速。

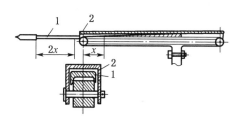

图6-6　伸缩剑杆引纬

为解决这一问题，产生了伸缩剑杆引纬和双向剑杆引纬。伸缩剑杆引纬如图6-6所示。剑杆由相互活套的内杆1和外套2组成。进剑时，外套前移距离x，内杆从外套中伸出，前伸距离为$2x$；退剑时，外套后移，内杆缩回到外套之中。伸缩剑杆的使用大大减小了织机的占地面积。

双向剑杆引纬如图6-7所示。一根剑杆的两端各装一个剑头，剑杆从织机中央开始轮流地向两侧引纬，向一侧的进剑行程是另一侧的退剑行程。双向剑杆引纬时，左、右两侧织物的生产是相互关联的，当某一侧出现断头、工艺操作失误、机械故障时，会影响另一侧的生产，因此生产效率较低，这种引纬方式没有得到推广和发展。

2. 挠性剑杆

挠性剑杆织机的剑头装在弹簧钢或复合材料制成的扁平条带上，靠挠性剑带的伸卷使剑头做往复运动而完成引纬，挠性剑带退出梭口后可卷绕在传剑轮盘上或到达机架下方。挠性剑杆织机占地面积小，剑带质量轻，有利于高速，能达到的幅宽也大（图6-8）。

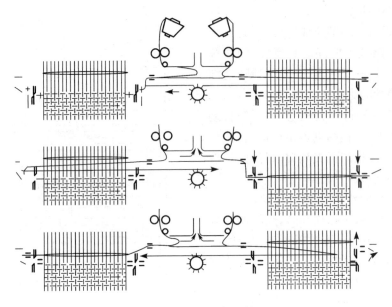

图 6-7 双向剑杆引纬

（四）按传剑机构位置分

按传剑机构位置,剑机织机可分为分离式筘座与非分离筘座剑杆引纬两种方式。

剑杆织机的传剑机构或固装在机架上,或固装在筘座上,前者因引纬部分与打纬部分的运动分开而称为分离式筘座,而后者称为非分离式筘座。

1. 分离式筘座引纬

在分离式筘座的剑杆织机上,传剑机构不随筘座前后摆动,筘座由共轭凸轮驱动,引纬时筘座静止在最后方,而当筘座运动时剑头不能在筘的摆动范围内,因而钢筘的剩余长度有限制,超过时应将其截短。分离式筘座的剑杆织机由于引纬时筘座静止在最后位置,因而所需梭口高度较小,打纬动程也小,加之筘座质量轻,有

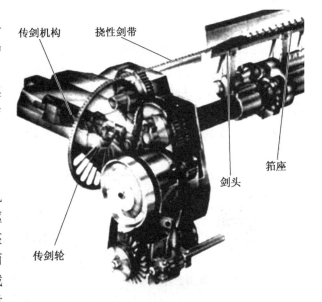

图 6-8 挠性剑杆引纬

利于提高车速。因而,高速剑杆织机普遍采用分离式筘座引纬。

2. 非分离式筘座引纬

在非分离式筘座的剑杆织机上,剑杆及其传剑机构随筘座一齐做前后摆动,同时剑杆相对于筘座做左右运动,从而完成引纬。此机型可采用普通的曲柄连杆打纬机构,但打纬动程较大,以配合剑杆在梭口中的运动,且要求梭口高度较大,以避免剑头进出梭口时对经纱产生过分挤压,加之筘座的转动惯量也大,从而影响车速的进一步提高。

二、剑杆引纬机构

(一)剑杆引纬机构的主要器件

1. 剑头

(1)夹持式剑头。剑杆织机上使用的夹持式引纬的两个剑头,实质上都是用来握持纬纱的夹纱器。送纬剑的剑头较大,但夹持力较小;接纬剑的剑头细长,但夹持力比较大。在交接纬纱时接纬剑伸入送纬剑的剑头中,在交接过程中纬纱能够顺利地从送纬剑传递给接纬剑。

夹持力的大小可根据纱线品种做适当的调整。夹持式剑头可分为积极式和消极式两种。

如图6-9所示,积极式夹持式剑头是指送纬剑头2在拾取纬纱时,送纬剑头2和接纬剑头3在梭口中央位置交接纬纱时,以及接纬剑头出梭口后释放纬纱时,都由积极式开闭装置1完成。对于各种粗细和花色的纬纱,该装置均能实现

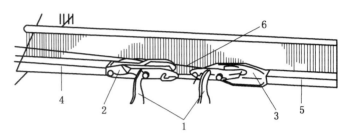

图6-9　刚性剑杆积极夹持式剑头
1—积极式开闭装置;2—送纬剑头;3—接纬剑头;
4—送纬剑杆;5—接纬剑杆;6—纬纱

顺利交接,不容易出现脱纬和交接失败现象,引纬质量好。图6-10所示的德国多尼尔(Dornier)刚性剑杆织机即采用这种方式。

挠性剑杆织机一般使用消极式夹持剑头。在梭口中央位置,接纬剑头将纬纱从送纬剑剑头的钳口中拉出(图6-11),交接时纬纱受到较大的附加拉力,所以不利于加工结子纱等花式线,也不适用于条干相差较大的纱线,通常用于常规纱线的织造。

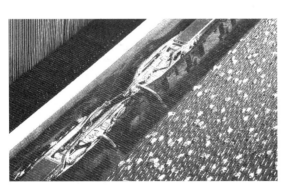

图6-10　多尼尔(Dornier)刚性剑杆织机的
积极式夹持式剑头

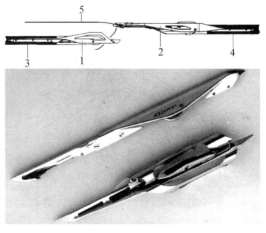

图6-11　挠性剑杆织机的消极式夹持式剑头
1—送纬剑头;2—接纬剑头;
3—送纬剑带;4—接纬剑带;5—纬纱

(2)叉入式剑头。图6-12所示为单纬叉入式剑头结构,图6-13所示为双纬叉入式剑头结构。如图6-13所示,送纬剑头上有一个导纱孔1,纬纱2穿入其中,再经过下叉口从下面引

出;接纬剑头是一个简单的钩子。

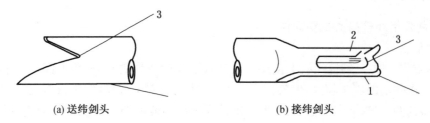

(a) 送纬剑头   (b) 接纬剑头

图 6-12 单纬叉入式剑杆头

1—上叉口;2—下叉口;3—纬纱

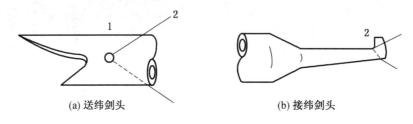

(a) 送纬剑头   (b) 接纬剑头

图 6-13 双纬叉入式剑杆头

2. 剑带或剑杆

刚性剑杆由轻而强度高的材料制成,一般采用铝合金、碳素纤维或复合材料。挠性剑杆多采用多层复合材料制成,一般以多层高强长丝织物为基体,浸渍树脂层和碳素纤维压制而成。它的表面覆盖耐磨层,厚度为 2.5~3 mm。多冲有齿孔,工作时齿孔与剑带轮上的齿啮合。剑带轮往复转动,使剑带进、出梭口并引纬。剑带退出梭口、绕过剑带轮后,可以弯曲而引伸到织机下方,占地相对减少(图 6-14)。

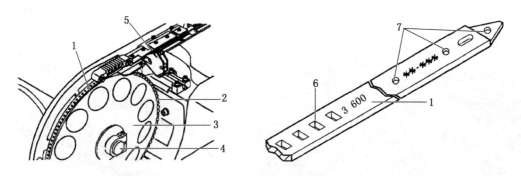

图 6-14 剑带与剑带轮

1—剑带;2—剑带轮齿;3—剑带轮;4—剑带轮传动轴;5—剑带轮润滑装置;6—齿孔;7—剑带与剑头连接孔

剑带工作时要经受反复的弯曲变形,要求其弹性回复性能好、耐磨且有足够的强度。在工作寿命期内,剑带表面要求光滑、不起皮,带体不分层、不断裂。

3. 剑带轮

剑带轮齿与剑带上的齿孔啮合,啮合包围角通常为 120°~180°。高速引纬时要求剑带轮轻,而且有足够的强度,可用铝合金或高强复合材料制成。剑带轮的直径一般为 250~

450 mm，轮齿与剑带孔两者的节距应相互配合。

4. 剑带导向器件

　　剑带导向器件有导剑钩和导向定剑板（图6-15，图6-16）。导剑钩分为单侧导剑钩和双侧导剑钩。为了减少剑带与经纱的摩擦，多采用悬浮式导剑钩。这种导剑钩稍稍托起剑带，"浮"在下层经纱之上约1～3 mm。导向器件起到两方面的作用：一是稳定剑头和剑带在梭口中的运动；二是托起剑带，减少剑头、剑带与经纱的摩擦。

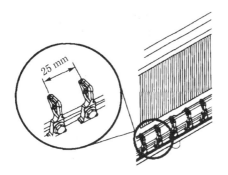 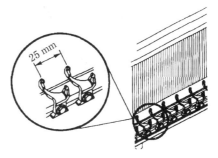

（a）单侧悬浮式导剑钩　　　　　　　　（b）双侧悬浮式导剑钩

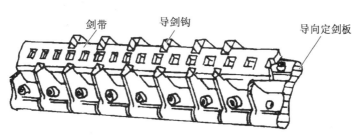

图 6-15　剑带导向器件示意图

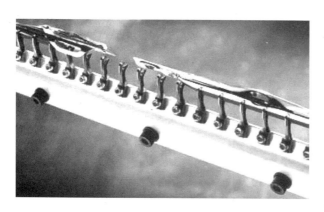

图 6-16　剑带导向器件局部

（二）典型剑杆织机的传剑机构

1. 普及型剑杆织机的传剑机构

　　普及型剑杆织机的传剑机构为连杆式传剑机构，主要应用在国产小剑杆织机上（图6-17）。

　　图6-17(a)所示为扇齿轮式，曲柄1、连杆2、筘座脚3与机架组成打纬机构。在筘座上的传剑箱上装有小齿轮9及同轴的大圆锥齿轮10，进而带动小圆锥齿轮11及同轴的剑轮12做传剑运动；小齿轮9由扇形齿轮7的相对摆动传动。扇形齿轮的运动由筘座的摆动与小偏心轮6的回转运动合成而得，是一个自由度为2的机构；其引剑动程主要由筘座摆动所产生，转速比曲柄轴高1倍的小偏心轮6的作用是改善前一个运动的特性，以减少剑头在布边外侧运动的空程，缩短织机的横向尺寸。该形式结构简单，引剑动程可调（扇齿轮上有长槽），但传动链较长，交接时过冲量偏大。

图 6-17(b)所示为齿条式,由曲柄轴上的齿轮 4 直接传动小偏心轮 6,经扇形齿条 8 和小齿轮 9 产生改善运动特性的附加运动,进而由圆锥齿轮 10、11 传动剑轮 12;其传剑运动也是由筘座运动与小偏心运动在小齿轮 9 处合成而得。该形式的特点是结构紧凑、传动链短、过冲量小、动静态均能实现交接,但剑杆动程不能调节。

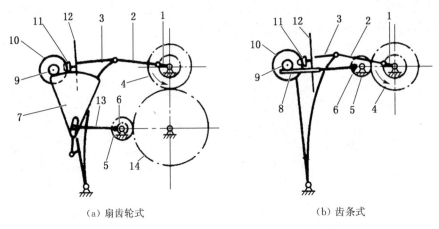

（a）扇齿轮式 　　　　　　　　　（b）齿条式

图 6-17　普及型剑杆织机传剑机构

1—曲柄；2—牵手；3—筘座脚；4—曲轴齿轮；5—小偏心齿轮；6—小偏心轮；7—扇齿轮；
8—齿条；9—小齿轮；10—大圆锥齿轮；11—小圆锥齿轮；12—剑轮；13—连杆；14—中心轴齿轮

2. 意大利 SOMET 公司的剑杆织机的传剑机构

意大利 SOMET SM92/93 型剑机织机的传剑机构的工作原理如图 6-18 所示。该机型采用分离筘座,故打纬和引纬不存在直接的传动关系,引纬机构为一个自由度,由共轭凸轮和连杆机构组合而成。筘座在后心位置完全静止时引纬运动开始。共轭凸轮 1 使刚性角形杆 H_1AH_2 做往复摆动,摆杆 AB 与杆 H_1AH_2 刚性连接,通过四连杆机构 ABCD,驱动与摇杆 CD 刚性连接的扇形齿轮 2 做往复摆动。最后,经过定轴轮系 Z_1、Z_2、Z_3 和剑带轮 3 的放大,使得与剑带轮啮合的剑带 4 获得往复直线运动。图 6-19 所示为 SOMET SM92193 型剑杆织机的传剑机构。

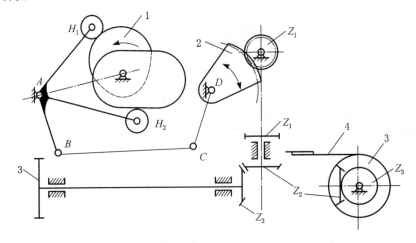

图 6-18　SOMET SM92/93 型剑杆织机的传剑机构的工作原理

1—共轭凸轮；2—扇形齿轮；3—剑带轮；4—剑带

图 6-19　SOMET SM92/93 型剑杆织机的传剑机构

3. 比利时 PICANOL 公司的剑杆织机的传剑机构

PICANOL 公司的 GAMMA 型剑杆织机的传剑机构为空间球面四连杆传剑机构，工作原理如图 6-20 所示。其传动路线为：由打纬共扼凸轮轴传动曲柄 AB、空间连杆 BC 和摇杆 CD 组成的球面曲柄摇杆机构，平面双摇杆机构 DEFG 中的扇齿轮经小齿轮和剑轮的放大作用，使剑杆获得往复的直线运动。GAMMA 型剑杆织机的引纬机构如图 6-21 所示。

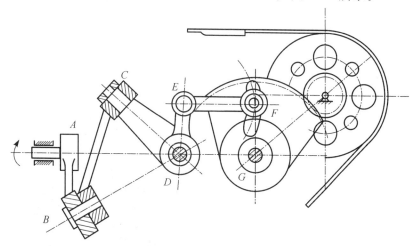

图 6-20　空间球面四连杆传剑机构的工作原理

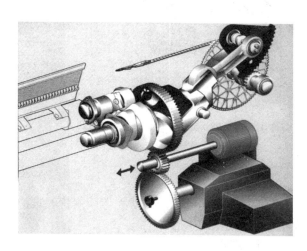

图 6-21　GAMMA 型剑杆织机的传剑机构

4. 意大利 VAMATEX 公司的 C401 型剑杆织机的传剑机构

意大利 VAMATEX 公司的 C401 型剑杆织机的传剑机构采用的是一种变螺距螺杆的传剑机构。这种传剑机构适用于分离式筘座剑杆织机，它固定在机架上，其工作原理如图 6-22 所示。

这种传剑机构由曲柄滑块机构和变螺距螺杆机构组合而成。织机主轴通过同步齿轮和同步齿轮带传动曲柄轮轴 1 转动，曲柄 2 经连杆 3 传动滑块 4 做往复运动。装在滑块 4 上的转子 5 与变螺距螺杆 6 啮合，从而推动变螺距螺杆 6 绕自身轴线做正反

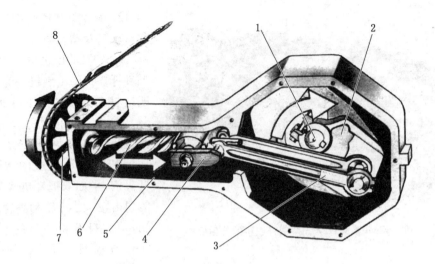

图 6-22　C401 型剑杆织机的传剑机构的工作原理

1—曲柄轮轴；2—曲柄；3—连杆；4—滑块；5—转子；6—螺杆；7—传剑齿轮；8—剑带

向旋转。螺杆末端装有传剑齿轮 7，由它传动剑带 8 伸缩，使剑头进出梭口，完成引纬动作。剑杆动程可以通过调节曲柄 2 的长度来调整。

因螺杆是不等距的，故螺杆做变速回转运动，变速回转的规律是按剑头的运动规律要求设计的。这种传剑机构的传动链短，没有中间齿轮，结构紧凑，运动精确，但滑块和不等距螺杆的设计与制造难度较大。图 6-23 所示为 VAMATEX 公司的 R9500 型剑杆织机的传剑机构。

图 6-23　R9500 型剑杆织机的传剑机构

三、剑杆织机的多色纬织制

剑杆织机在多色纬织制方面有其优越性，选色时只要使相应的纬纱处于送纬剑将经过的引纬路线上，故选色容易，选纬动作准确，装置简单，可使用的色纬数多。

剑杆织机在织制多色纬时可以用以下两种形式的选纬装置：

（1）采用多臂开口（或提花开口）机构来控制选纬的机械式选纬机构。它又有两种方式：一种是由提综臂直接驱动选纬杆，称为直接控制方式；另一种是用多臂开口机构驱动一个中间装置，再由中间装置间接地驱动选纬杆，称为间接控制方式，这种方式已很少使用。

（2）采用独立的电磁式选纬装置，如剑杆织机上采用的各种类型的电子选纬器。

另外，对于单一纬纱品种而布面质量要求高的织物，要使用混纬机构。在大多数剑杆织机上，混纬工作可借助选纬机构来完成，但也有一些机型采用独立的混纬机构。

（一）机械式选纬机构

由多臂机(或提花机)直接控制的选纬机构是一种常见的机械式选纬机构。如剑杆织机配置的是多臂开口机构，由于选纬运动规律与开口运动基本相同，故可将多臂机上的最后几页综的提综臂作为选纬杆的原动件，用带护套的传动钢丝绳连接两者而实现选纬动作，每一提综单元控制一根选纬杆，如图 6-24 所示。上机时，只要将选纬信号和开口提综信号一并输入(电子多臂机)或打在纹纸上(机械多臂机)。如剑杆织机配置的是提花开口机构，则可利用提花开口的提综绳来控制选纬。

选纬动作时间安排大致为：在综平至 0° 前这段时间内，选纬杆均可开始动作；在主轴 30°～40° 左右，选纬杆运动至最低位置，带动所选的纬纱到达给送纬剑头喂纱的工作位置，并做一定时间的停止，等候送纬剑；当送纬剑经过喂纱工作位置时，纬纱滑入剑头，完成喂纱，于是选纬杆上抬，回到上方位置，等待下一次动作。

这种机械式选纬机构的特点是结构简单、机构工作可靠，但要占用相应数量的综框位置，只能用于织物组织不太复杂的品种，对增大织物花型不利，同时不适应织机高速。

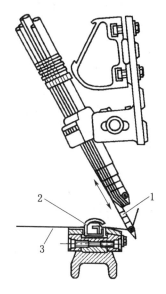

图 6-24　由多臂带动的引纬装置
1—选纬杆；2—送纬剑头；3—纬纱

（二）电子选纬器

不管是何种形式的电子选纬器，都由选纬信号和选纬执行两个部分组成。

1. 选纬信号部分

电子选纬器可配用多种选纬信号发生装置，常用的有光电式和微处理器式。光电式采用红外线发光二极管和光电管及其相关电路，以代替选纬纹针等机件，作为信号作用部分，红外光照在纹纸上，有孔处透光而发出电磁铁通电指令，无孔处不透光则无指令。这套信号装置不必与选纬机构做在一起，只要用电线连接，一般放在近多臂处。

用微处理器控制电磁铁的通电或断电，不仅使信号装置极大简化，纬色循环更改十分方便，而且控制程序可以在织机上直接输入，也可由中央控制室经电缆和双向通讯接口输入织机电脑。用微处理器控制选纬信号，能实现更多的操作功能，一般有花样代号显示、纬序显示、当前作用显示、进退纬、停选、与寻纬装置联动等，这为实现织造车间生产现代化的集中管理创造了条件。

图 6-25 所示为光电选纬信号装置。它由光电管 1、红外发光二极管 2、纹板纸 3、纹板间歇运动机构及开关电路组成。纹板纸上若有指令孔，则红外发光二极管发出的光束穿过指令孔而被光电管所接收，经开关电路处理后使电磁铁导通；相反，无指令孔则不导通。纹板纸上

共有八列(纵向)指令孔,每列控制一根选纬杆的工作状态,而每行(横向)指令孔对应一纬的选纬动作,指令孔的行、列间距要准确,以保证选纬信号装置正常工作。

2. 选纬执行部分

图6-26所示为一种典型的电磁式选纬装置。每一色纬的选纬指均有一套相同的执行单元,选纬指的孔眼中穿有所控制的纬纱。当选纬指得到一组选纬信号后,电磁铁1根据选纬信号装置发出的指令信号执行断电或通电,通过电磁力作用使撑头2上翘或下摆。凸轮3回转时,经转子4使杠杆5绕O_1轴摆动。由于压缩弹簧6的作用,O_1轴暂时保持静止。如果撑头下摆,顶住杠杆上端a时,凸轮的转动便迫使其下端O_1轴向右移动,从而克服压缩弹簧6的作用力,使横动杆7右移,带动选纬指8绕O_2轴转动而下降到引纬路线上,等待送纬剑将其上的纬纱引入梭口;而其他单元的选纬指仍在引纬路线的上方,不参与引纬。使用电磁铁作为选纬驱动机构,起到机电结合的桥梁作用,使光电选纬或电脑选纬得以实现,从而简化了机构,改善了选纬机构的工作性能。

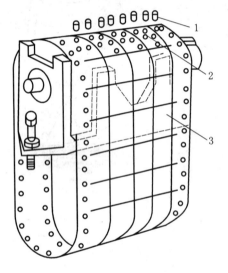

图6-25 光电选纬信号装置

1—光电管;2—红外发光二极管;
3—纹板纸

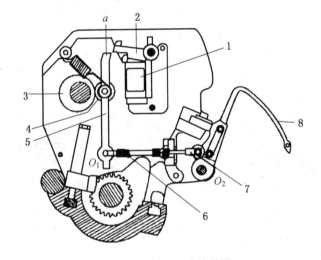

图6-26 电磁式选纬装置

1—电磁铁;2—撑头;3—凸轮;4—转子;
5—杠杆;6—压缩弹簧;7—横动杆;8—选纬指

随着剑杆织机技术的不断发展,除上述选纬机构外,还有多种形式。这些选纬机构都具有任意纬纱配色循环的功能。使用中,频繁引入的纬纱应穿在靠近剪纬装置的选纬杆导纱孔中。为避免纬纱之间相互纠缠,织物中相邻的不同纬纱尽可能穿入相隔的选纬杆导纱孔。图6-27所示为典型剑杆织机选纬机构。

图6-27 典型剑杆织机选纬机构

3. 混纬机构

剑杆织机上常使用专门的混纬机构来进行混纬工作,一种典型的混纬机构如图 6-28 所示。混纬凸轮 1 旋转时,其大小半径控制滑动杆 2 左右移动,经连杆 3,使两根穿有同种纬纱的选纬杆 4 绕轴 O_1 做交替的上、下摆动,从而轮流带引各自的纬纱进入或退出引纬工作位置,达到混纬目的。

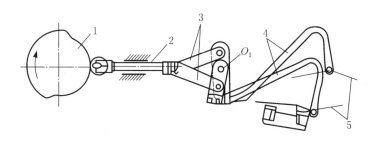

图 6-28　混纬机构

1—混纬凸轮；2—滑动杆；3—连杆；4—选纬杆；5—纬纱

四、剑杆织机工艺设计

(一)引纬工艺设计

1. 纬纱交接条件

在双剑杆织机上,送纬剑和接纬剑通常在织机的中央交接纬纱,为使纬纱顺利交接,需满足两个基本条件:一是两剑有一段交接冲程 d(即送纬剑和接纬剑进足时两剑头钳纱点的重叠距离),一般 d 为 30～70 mm;二是送纬剑的进足时刻较接纬剑的进足时刻晚,两时刻的主轴位置角的差值为 $\Delta\alpha$,即交接转角差,一般为 0°～10°。

为了改善交接的条件,部分双剑杆织机采用接力交接的方法,其原理如图 6-29 所示。

由上图可见,接纬剑自 J 点开始后退的过程中,送纬剑与接纬剑同向运动,AB 区域为交接过程。显然,这种交接方法较 $\Delta\alpha=0°$ 的两剑反向运动进行交接的方法优越,不易失误,交接时纬纱所受的冲击力也小。

送纬剑和接纬剑的最大动程分别为:

$$S_{smax} = a + (w+d)/2$$
$$S_{jmax} = b + (w+d)/2$$

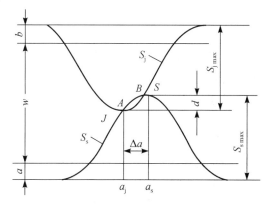

图 6-29　剑杆引纬接力交接原理

A,b—送纬剑与接纬剑的幅外空程；
d—交接冲程；w—上机筘幅；
S_s,S_j—送纬剑和接纬剑的移动曲线；
J,S—送纬剑和接纬剑的进剑终点；
$a_s,a_j,S_{smax},S_{jmax}$—送纬剑和接纬剑的进剑终点
所对应的主轴位置角和最大动程

在实际织造时,除丝织物和金属筛网织物外,一般允许剑头与上层经纱有一定程度的挤压、摩擦,但若引纬工艺参数选择不当,则会引起上层经纱严重断头及布边处三跳织疵。加工一般的棉或棉型织物时,剑头进、出梭口的挤压度分别要小于 25% 和 60%。由于剑头大多具有复杂的截面形状,

因此剑头进、出梭口时的挤压度定义公式和有梭织机有所不同,剑头取最凸出经纱处的高度为参考依据。

2. 剑杆引纬工艺调节

当剑杆织机织制品种发生变化,尤其上机筘幅变化时,必须调节有关引纬工艺,主要内容包括剑杆动程、剑头初始位置、两剑头进出梭口时间、剑头开夹时间等。

(1)剑杆动程的调节。为适应不同织物的上机筘幅 w 的要求,可调节传剑机构中的曲柄或连杆的工作长度(见前述传剑机构的工作原理),从而改变剑杆的最大动程 S_{smax} 和 S_{jmax}。送纬剑与接纬剑的最大动程改变之后,它们的幅外空程 a、b 随之变化,幅外空程的大小影响到剑头进梭口和出梭口时主轴位置角和梭口高度,从而使挤压度改变。如上机筘幅 w 不变,幅外空程增加,则剑头进梭口时间推迟,而出梭口时间提早,进出梭口时挤压度减小,这是有利的一面。但也由此引起不利的一面,即送纬剑和接纬剑的速度和加速度增加,剑头的钳口外残留纬纱较长。因此,送纬剑和接纬剑的幅外空程要选择适当。

剑杆动程应随上机筘幅做相应调整,调整方法因机型而异。调节时,当上机筘幅变化不太大时,只需在接纬侧调整(即非对称织造);当上机筘幅变化较大时,必须在送纬侧和接纬侧同时调整,以实现对称织造。

(2)剑头初始位置的调节。剑头的动程满足布幅要求后,为了使送纬剑、接纬剑的剑头在梭道中央交接,或在指定的某一区域交接,两剑头有一定的交接冲程,剑头初始位置必须调节。

对于用传剑齿轮传动冲孔剑带的剑杆织机,上机时松开传剑齿轮夹紧装置中的螺钉,传剑齿轮便可以自由转动,从而改变剑带与齿轮的初始啮合位置,即改变了剑头初始位置,并可调整两剑头在梭口中央的交接冲程和交接位置,保证它们在筘幅中央交接。

(3)两剑头进出梭口时间的调节。两剑头进出梭口时间直接影响剑头与经纱的挤压程度,与开口时间有密切关系。剑头进梭口时间亦称进剑时间,对于送纬剑,是指其剑尖进至纬纱剪刀刀刃外侧时的主轴位置角;对于接纬剑,则是指剑头进梭口时其剑尖进至右侧假边第一根经纱位置时的主轴位置角。剑头出梭口时间,亦称退剑时间,对于送纬剑,是指剑头出梭口时其剑尖和左侧筘边对齐时的主轴位置角;对于接纬剑,则是指其剑尖和右侧筘边对齐时的主轴位置角。

调节剑头进出梭口时间时,其方法类似于上述剑头初始位置的调节,只需将织机主轴转至工艺规定的角度(一般,进剑时间在 $55°\sim75°$,退剑时间在 $280°\sim300°$),将两剑带分别拉至上述规定位置,再固定传剑齿轮夹紧装置中的螺钉,然后让织机转一转,检查左右两侧剑头是否碰钢筘;如碰钢筘,需再做调整。

(4)剑头开夹时间的调节。接纬剑退出梭口时,夹纱器碰到开夹器即失去夹持力而把纬纱释放掉的瞬间,称作剑头的开夹时间。开夹时间迟,则出梭口纱尾长,反之则短,右侧布边处容易产生缺纬织疵。纱尾长度一般掌握在右边纱尾露出布边 $10\sim15\,mm$。调节开夹时间应以出梭口处纱尾长度合适为依据。

(5)交接纬时间的调节。送纬剑、接纬剑的中央交接时间为 $180°$,送纬剑头距第一片轨道片的距离以 $110\sim115\,mm$ 为宜,两剑头端距离以 $60\sim70\,mm$ 为宜,各齿轮的间隙要小,动程过大很容易损坏剑头。一般剑杆织机在筘座的筘幅中央都有标记,借此标记调整剑头在梭口中央交接纬纱的时间,当分度盘为 $180°$ 时是交接纬纱的时间,送纬剑头应进到筘幅中央标记的某一位置。如 SM93 型剑杆织机的剑头头端应处在标记线上,GTM 型剑杆织机的剑头头端应超过标记线(50 mm±6 mm)。

交接纬时间的检查方法一般是调整传剑机构的往复动程。点动或慢速转动织机,观察剑头伸入梭口的情况是否符合上述要求,若伸入的动程达不到规定位置,则应放大动程;反之,则减小动程。

(6)选纬指调整。选纬指有两个可调参数:一是始动时间,当织机刻度盘在5°时,选纬指始动下降1 mm;二是高低位置,当选纬指下降到最低时(刻度盘45°~55°),纬纱轻轻靠在前后两根搁纱棒上。

(7)剪纬时间调节。剪纬时间是指送纬剑剑头从选纬指上拾取纬纱之后,由凸轮机构控制的剪刀动片切断纬纱的时刻。当送纬剑夹纱器有效地夹住纬纱后,应立即将纬纱剪断;若过早剪断,则纬纱喂入送纬剑夹纱器的深度不够而未能有效夹牢;过迟剪断,会因剑头伸入梭口过多而崩断纬纱。剪纬时间应根据纬纱粗细调整,整个剪纬的作用时间仅占2°~3°。不同机型的剪刀位置不同,剪纬时间也不一样,一般在70°左右。

(8)纬纱张力调节。纬纱必须有一定的张力。纬纱张力过小,废边纱尾长度就会增加,甚至会松弛到纬纱而被带入织口,形成双纬;纬纱张力过大,废边夹不住纬纱而引起缩纬,布边处缺纬。

(二)开口工艺设计

1. 开口时间

开口时间(综平时间)的确定取决于织机车速、开口机构、织机类型以及织物种类和纱线品质等条件。确定原则与有梭织机一致。不同的是,剑杆织机在一个开口循环中,下层经纱要受到剑杆往复的两次摩擦。开口过早,剑头退出梭口时会造成经纱对剑杆的摩擦;同时,由于下层经纱上抬,使剑带与导轨的摩擦加剧,这是剑带磨损的主要根源。开口过迟,剑头进梭口时,梭口尚未完全开清,容易擦断边经纱。由于送纬剑头的截面尺寸较大,边经断头现象特别容易发生在送纬侧;同时,在接纬侧近布边处易造成纬缩,这对阔幅织机更为敏感。权衡两者的利弊,应从综合经济效益出发,采用适当的开口时间。剑杆织机的综平时间较有梭织机迟,一般在300°~335°;纬纱出梭口侧的废边纱的综平时间应比地经提早25°左右,使出口侧可获得良好的绞边。

几种常见剑杆织机的开口时间调整范围见表6-1和表6-2;采用分离筘座引纬机构时,开口时间应迟于非分离筘座引纬机构织机,见表6-3。

表6-1　THEMA11型剑杆织机生产不同类型织物的开口时间

织物种类	开口时间
轻薄型织物、真丝织物	330°~340°
一般棉型织物、粗厚织物	310°~335°
粗厚织物、牛仔布及高密织物	300°~320°

表6-2　几种剑杆织机的开口时间可调范围

机型	GTM-190型	THEMA11-190型	LEONARDO-190型
开口时间范围	300°~320°	300°~340°	295°~335°

表6-3　不同引纬机构的剑杆织机开口时间

织物种类	开口时间	
	非分离式筘座传剑机构	分离式筘座传剑机构
一般棉型织物、粗厚织物	295°～305°	310°～335°
轻薄型织物、真丝织物	310°～320°	300°～335°
粗厚织物、牛仔布及高密织物	295°～300°	310°～320°

2. 梭口高度

在满足梭口开清的前提下,剑杆织机的梭口高度应尽可能小。实际确定梭口高度时,应考虑剑头断面尺寸,剑头断面尺寸小,梭口高度可小些,反之应稍大。为了充分利用梭口高度,挠性剑杆织机的剑头在进出梭口时允许与经纱存在合理、适度的挤压,使剑头获得更合理的运动规律。

钢筘在最后位置(后止点)且梭口满开(上、下层经纱绝对静止)时测得钢筘的上、下层经纱之间的距离,为梭口高度 P(图6-30)。

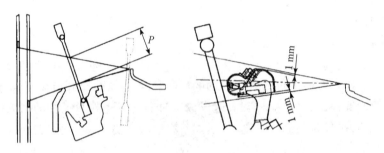

图6-30　剑杆织机梭口高度

当梭口满开时,上、下层经纱与剑头间有合理的距离。当织机停在180°位置,即梭口处于满开状态时,上层经纱应高出剑头顶部1～2 mm,下层经纱应低于剑头底部1～2 mm。例如,SOMET-THEMA 系列织机的梭口高度一般为28 mm。对于高纬密织物,由于打纬阻力大,织口(打纬点)会移向钢筘,从而降低梭口有效高度,所以 P 的值应根据需要适当增大,以防止剑头和经纱之间产生过度的挤压和摩擦。

另外,从减小剑头、剑带磨损的角度出发,应采用不对称梭口,使下层经纱尽可能延长保持时间,以避免闭口时下层经纱过早地将剑头、剑带抬起。因此,选择梭口高度时,以剑头出布边时不碰断经纱为宜。

3. 经位置线

剑杆织机的经位置线应以梭口底线作为调整的基准。图6-31所示为C401型剑杆织机的经位置线。它是在梭口满开时,从托布架的托布点 A 起,经过筘座,穿过下层综眼 C、停经架 D 到后梁 E 所连成的一条经纱位置线。梭口底线的调控首先是调整托布点 A 的高低位置和前后位置,然后调整综眼 C、停经架 D 及后梁 E 的位置。

当后梁及停经架前移时,后部梭口的长度缩短,上、下层经纱的张力都增大;后梁及停经架后移时,则上、下层经纱的张力都减小。当织造经向和纬向紧度较高的织物时,后梁应向前移,以增大经纱张力,使形成的后部梭口较为清晰,减少断头后相邻经纱的纠缠,停经片的跳动也

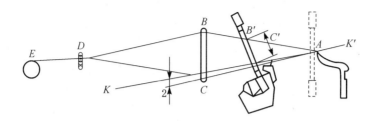

图 6-31　C401 型剑杆织机的经位置线

较为灵活。当织造强力较低的细持、轻薄织物时,后梁及停经架应后移以降低经纱张力,有利于减少经纱断头。停经架位置以综平时纱片与最前一根停经架导杆的表面相切为准。在正常生产时,停经片应能产生一定幅度的上下跳动,但不可剧烈。

由于无梭织机的速度高、张力大、布幅宽,采用等张力梭口时,布面较有梭织机更容易出现筘路和条影,故应使后梁高于托布梁,使上层经纱的张力小、下层经纱的张力大,形成不等张力梭口,以利于布面丰满。

织制一般棉、毛平纹织物和常见的轻型、中厚型织物,其后梁高度应适中;织制丝织物或装饰织物,如巴厘纱、纱罗织物等,应取较低的后梁;织制各类高密重型织物,如牛仔布、帆布、府绸、防羽绒布等,应采用高后梁。

表 6-4 为 SOMET 公司 SM 型剑杆织机的后梁高低与织物品种的关系。

表 6-4　SM 型剑杆织机后梁高低与织物品种的关系

开口机构种类	品种	后梁顶点离地距离(mm)
凸轮或多臂	棉、麻织物	97
	毛或化纤织物	96
提花	装饰织物	95
	丝织物	93

(三)上机张力

剑杆织机织造宽幅织物时宜采用较大的上机张力,因为整片经纱的张力为中央大而两侧小,若过度降低上机张力,两侧经纱必然开口不清。

此外,经纱上机张力应随打纬机构的形式不同而改变。如非分离筘座的连杆打纬机构,若连杆打纬动程大,前方梭口长,因此配置"大梭口、较小张力"工艺;而采用分离筘座的共轭凸轮打纬机构,宜配置"小梭口、大张力"工艺。

剑杆织机的剑头截面尺寸很小,同时为了适应织机高速而形成快开梭口,梭口高度因此减小。而采用小梭口和减少梭口形成时间,往往需要较大的上机张力,以确保梭口清晰。但过大的上机张力会增加经纱断头率,造成织物经向撕裂。

上机张力的选择应综合考虑织物的形成、外观质量及物理性能等因素。织造经纬密较大的织物时,为开清梭口和打紧纬纱,上机张力应适当加大。配置不等张力梭口织造平纹织物时,为了开清上层经纱,上机张力宜大。织造黏纤织物或稀薄织物,上机张力不宜过大。而织制料纹、缎纹类织物时,为了使织纹饱满,经纱张力可小些。但织制牛仔布等厚密的斜纹织物时，上机张力不宜太小，以便打紧纬纱和减少经纱的纠缠、粘连，开清梭口。如果在前道准备工序中，经纱张力较均匀，易于获得平整的布面，则上机张力可小些。

大多数剑杆织机采用弹簧张力系统（如 SM92/93 系列、GTM 型、C401S 型等），有些剑杆织机（如 TP500 型）采用弹簧和重锤复合的张力系统，而少数低档织机采用重锤式张力系统。弹簧张力系统具有调节简便、附加张力较为稳定、适应高速等特点，故而被普遍采用。弹簧张力系统的可调参数主要有弹簧刚度、弹簧初始伸长量和弹簧悬挂位置等。调整上机张力时，必须使织机两侧的弹簧参数一致。不同机型的上机张力调节方法不同。

（四）织机速度选择

随着车速的提高，经纱的动态张力增大，往往会增加经纱断头率，致使织造产量降低，对坯布质量亦有影响。特别是随着车速的提高，机件的磨损消耗加剧，如剑头、剑带、传剑齿轮、导剑钩、导剑轨等，同时伴随着大量的物料消耗。因此，在织前准备质量和织造效率没有得到充分保证的前提下，车速不宜太高。在生产实践中，应充分考虑多方面的因素，合理地选择经济车速。剑杆织机的常用速度为 300～500 r/min。

表 6-5　SOMET 剑杆织机的上机工艺参数实例

项目	上机工艺参数	
织物品种	牛仔布	色织格布
经纬纱线密度（tex）	58.3×58.3	28×28
经纬纱密度（根/cm）	30.5×20	25.5×21.5
原料	棉	棉
织物组织	$\frac{1}{3}$	平纹
坯布幅宽（cm）	160	157
车速（r/min）	312	312
筘号（筘齿/10 cm）	38	62
每筘穿入数（根）	4	2
主轴 180°时的开口高度（mm）	28～30	28～30
开口时间（°）	315±5	315±5
综平时的综框高度（mm）	85～100	85～100
后梁高度（刻度值）	+2±0.5	+2
后梁前后（刻度值）	2孔、3孔	2孔、3孔
停经架高度（cm）	97±2	95±2
停经架前后（cm）	45±2	45±2
上机张力位置（孔位）	3孔	3孔
选色时间（°）	340	340
交接时间（°）	180	180

五、剑杆织造织物质量控制

剑杆织机织造的织物的常见织疵有边缺纬、双纬(百脚)、纬缩、松边、豁边、烂边、跳花、跳纱等,其形成原因和控制方法见表6-6。

表6-6 剑杆织机织造的织物的常见疵点及其形成原因和预防方法

序号	疵点名称	形成原因	预防方法
1	边纬缩	① 接纬剑剑头夹纱弹力不足,或飞花、毛羽积聚在夹持器弹簧片之间,造成接纬剑不能拉直纬纱 ② 接纬剑剑头出梭时间过早,使纬纱失去控制 ③ 开口不清,使纬纱运行受到阻力 ④ 纬纱强力太大,接纬剑在织机右侧释放纬纱后,纬纱头端失去控制	① 检查剑头对纬纱的夹持力,对积聚在夹持器与弹簧片之间的飞花与毛羽进行清洁 ② 适当减小剑带的空动程,以延缓剑头出梭口的时间 ③ 适当加大经纱张力,调整经位置线,使开口清晰 ④ 调整纬纱张力
2	双纬(百脚)	① 送纬剑夹纱力过大,或剑带和传动轮磨损和螺栓松动 ② 选纬装置的纹纸损坏或破裂 ③ 未经定捻的强捻纬纱或回弹性大的纬纱,在织机突然停车时纬纱可能因惯性而退出	① 检查纬停装置、剑头夹纱弹簧的压力及剑带磨损情况 ② 更换选纬纹纸 ③ 强捻或回弹性大的纬纱经过蒸纱或存放一定时间等定捻处理后再使用
3	边缺纬	① 储纬器毛刷及弹簧片压力太大,使纬纱张力过大,纬纱回弹,造成短缺纬 ② 开口时间太迟或接纬剑头释放纬纱的时间过早,纬纱回弹,造成短缺纬 ③ 纬纱质量差,当接纬剑头夹持纬纱接近右侧布边时断头不停车,形成边缺纬	① 调节储纬器张力弹簧的弹力,将假边回丝长度控制在50mm ② 调整开口时间及接纬剑剑头释放纬纱的时间 ③ 注意在前道工序中去除原纱纱疵
4	纬纱尾织入	① 引纬张力过小,使设定长度过长 ② 接纬剑的纬纱夹纱器与右侧张开器接触不足,以致纬纱释放受阻 ③ 右侧张开器安装位置过于偏外,使纬纱释放时间推迟 ④ 剪刀剪切时间过迟或刀刃不锋利,不是正常剪断而是拉断纬纱	① 增加引纬张力 ② 检查接纬剑夹持器与右侧张开器的配合情况,发现磨损严重要及时调整或更换 ③ 将右侧张开器的安装位置向内调整 ④ 调整剪切时间或更换剪刀
5	三跳	① 剑杆织机梭口高度小,在上机张力小的情况下,容易开口不清 ② 边部经纱受绞边综丝挤压,使得经纱黏附,开口不清,在布边附近出现星跳 ③ 织制斜纹或贡缎类多页综框的织物时,若出现全幅有规律的大跳花,一般是多臂机故障引起的	① 适当加大上机张力,或织制密度大的平纹织物时采用小双层梭口 ② 调整两侧绞边纱的位置,或增加绞边与相邻纱线之间的空筘密度,使绞边综丝对布边经纱的挤压尽量减少 ③ 检查机械状态,对磨损部件进行更换,对易出现故障部位进行检修
6	松边、豁边、烂边	① 绞边综丝变形、损坏或脱落,筒子架弹性、张力器弹簧过小等,会引起松边 ② 接纬剑握持纬纱不良或释放过早、开口不清等,会造成绞经纱与纬纱没有交织而形成烂边或豁边 ③ 废边纱张力偏小、废边交织不良,也会导致松边或豁边	① 选择合适的绞边经纱,最好使用强力较大的涤纶低弹丝或股线 ② 调整接纬剑释放纬纱的时间和废边纱的综平时间 ③ 做好设备的定期保养工作

单元二 喷气织机生产与工艺设计

喷气引纬是利用喷射空气对纬纱的摩擦所产生的牵引力,将纬纱带过梭口(图6-32)。喷气引纬的原理早在1914年就由美国人申请了专利,但直到1955的第二届ITMA上才展出样机,其筘幅只有45 cm。喷气织机真正成熟是在20多年之后,其原因是喷气织机的引纬介质是空气,而如何控制容易扩散的气流并有效地将纬纱牵引到适当的位置、符合引纬的要求,是一个极难解决的技术

图6-32 喷气织机概貌

问题。直到一批专利逐步进入实用阶段,它们主要包括美国的BALLOW异形XE筘、捷克的SAVTY空气管道片及荷兰的TESTRAKE辅助喷嘴等。

随着电子技术、微机技术在喷气织机上的广泛应用,其主要机构部分大大简化,工艺性能更为可靠,在织物质量、生产率及品种适应性等方面都有了长足的进步。

一、喷气引纬原理

(一) 圆射流的性质

喷气引纬一般是将空气从圆管中喷出,这种气流称为圆射流。空气从圆管中喷出后,与相邻的静止空气相互掺混而发生扩散作用和卷吸作用(卷吸作用是指周围的静止空气被射流带着向前运动),射流截面不断扩大,流速很快下降。如图6-33所示,圆射流呈圆锥状,开始一段由核心区和混合区组成。核心区亦呈圆锥形(图中斜线部分),区内各处的流速保持喷口的初速度v_0,随着喷出距离x增加,核心区逐渐缩小,至距离A时核心区消失;而混合区随喷出距离x增加而扩大,呈喇叭状,其中心点速度高,并随半径加大而急剧减小。

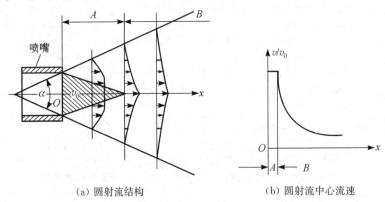

(a) 圆射流结构　　　　　　　　(b) 圆射流中心流速

图6-33 圆射流结构和流速

纬纱从喷嘴喷出后,由于气流速度很高,因此牵引纬纱向前飞行。进入混合区后,气流速度急剧下降,而纬纱因具有一定质量,由于惯性作用,其速度下降较为缓和。这时,气流不仅起不到牵引作用,反而阻碍纬纱前进,这样就出现了喷气引纬的两大困扰:一是纬纱难以顺利到达对侧,在对侧布面出现大量缺纬,从而使可织布幅很窄;二是纬纱前慢后快、前阻后拥,更无张力,布面呈现严重的"纬缩"织疵。此外,纬纱飘动而与梭口内的经纱纠缠,也是喷气引纬须解决的重要问题。

(二) 管道式喷气引纬

为了解决上述问题,可在梭口内加引纬管道,它由许多管道片组成(图 6-34)。

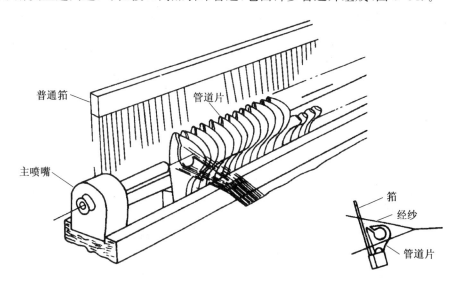

图 6-34　单喷嘴管道式喷气引纬

管道的作用是约束气流、减少扩散,同时给予纬纱正确的通道。由于管道要进出梭口,显然不能将它密封,而由许多管道片组成。各管道片间的间隙小,虽有利于防止气流扩散,但管道片对经纱磨损严重;而间隙大则相反。管道片固装于筘座上,引纬时处于梭口中,打纬时处于布面之下(类似片梭织机的导梭片)。每片管道片的后上方有脱纱槽,纬纱引入管道后,管道片随筘座前摆抽出梭口,而纬纱从脱纱槽中出来留于梭口中。单喷嘴喷气引纬可织布幅较窄,一般不超过 1 m,再增加宽度非常困难,而且使缺纬、纬缩等织疵增加。为解决幅宽问题,可采用多喷嘴接力喷射与管道片结合的方式,在引纬途中加装一些辅助喷嘴,接力式地补充气流,使纬纱保持一定的速度而通过梭口,因此管道式喷气引纬可织宽幅织物。无论是单喷嘴还是多喷嘴管道式喷气引纬,管道对经纱磨损严重,不适用于细特高密和不耐磨的纱线,而且车速低于槽筘式,采用不多。

(三) 槽筘式喷气引纬

槽筘是一种异形筘,将筘片的前侧制成凹形,各筘片整齐排列在一起而形成凹槽,作为气流和纬纱前进的通道(图 6-35)。

槽筘式必须采用多喷嘴接力喷射,才能使纬纱顺利到达对侧,而且可织布幅较宽。辅助喷嘴的个数随幅宽而异,一般分成若干组,每组 3～5 个,喷嘴之间距离为 60～80 mm,但最后一组的间距较小,约 40 mm,以利于伸直纬纱。喷射时间依次分组陆续进行,一般由电子系统或电脑通过电磁阀控制,老机型也有采用凸轮组控制的。槽筘的槽形、尺寸以及辅助喷嘴的孔形,与引纬槽的角度、距离等,都必须严格设计和安装,以达到最佳的引纬条件,降低气耗。槽筘除作为引纬通道外,同时还起打纬和分布经纱的作用。槽筘除异形 XE 筘外还可做成其他形式,如有的制成管道片状、有的脱纱槽在引纬时可以封闭等。

槽筘式喷气引纬,经纱受损少,因而对纱线及品种的适应性优于管道式,而且因引纬允许时间较长,入纬率也高于管道式。但槽筘的制造要求高、价格昂贵,不利于翻改品种。此外,它约束气流不如管道式,而能耗较高。

二、喷气引纬过程

喷气引纬是利用高速流动的空气对纱线表面所产生的摩擦牵引力,将纬纱引过梭口。典型的喷气引纬过程如图 6-36 所示。纬纱从筒子 1 引出,通过导纱眼 2,进入储纬器 3,卷绕在储纬鼓表面。储纬鼓上方有活动磁性插针,用来控制纬纱的储存与释放。从储纬器上退绕下来的纬纱,经过引纬监测器 9、纱夹 4 后,进入主喷嘴 5,由主喷嘴喷出高速气流,引送纬纱进入梭口。梭口是由异形筘 8 构成的风道,在一排辅助喷嘴 7 的接力式牵引力的继续作用下,穿越梭口到达出口侧布边,探纬器 10 检测纬纱头

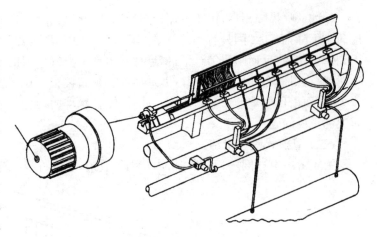

(a)槽筘式喷气引纬概貌

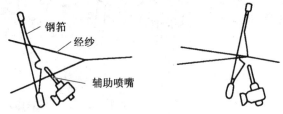

钢筘
经纱
辅助喷嘴

(b)引纬与打纬时槽筘位置

图 6-35 槽筘式喷气引纬

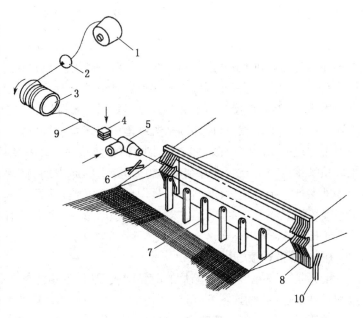

图 6-36 喷气引纬过程示意

1—筒子;2—导纱眼;3—储纬器;4—纱夹;5—主喷嘴;
6—剪刀;7—辅助喷嘴;8—异形筘;9—引纬监测器;10—探纬器

端是否及时到达。打纬时,纬纱剪刀 6 剪断纬纱,完成一次引纬。织物边部留下的纬纱头一般用附加的边经纱绞着固定,形成毛边织物,也可以用钩针将其折入下一梭口,或配置气动布边折入装置将其折入布边,获得整洁而较厚的布边。

三、喷气引纬机构主要装置

(一) 主喷嘴

主喷嘴是用于气流引纬的主要零件,由供气系统提供具有一定压力的压缩空气,经主喷嘴形成具有一定方向和一定速度的射流。纬纱经储纬定长装置后到达主喷嘴,通过进纱孔进入主喷嘴,在主喷嘴射流作用下,被直接喷射到梭口中。一般情况下,在供气压力和车速一定的条件下,主喷嘴的结构尺寸将影响喷射气流的速度。

主喷嘴有多种结构形式,应用极为普遍的一种为组合式喷嘴(图 6-37,图 6-38)。组合式喷嘴由喷嘴壳体 1 和喷嘴芯子 2 组成。压缩空气由进气孔 4 进入环形气室 6,形成强旋流,然后经过喷嘴壳体和喷嘴芯子之间的环状栅形缝隙 7 所构成的整流室 5。整流室截面的收缩比是根据引纬流速要求设计的,整流室的环状栅形缝隙起"切割"旋流的作用,将大尺度的旋流分解成多个小尺度的旋流,使垂直于前进方向的流体的速度分量减弱,而前进方向的速度分量加强,达到整流目的。

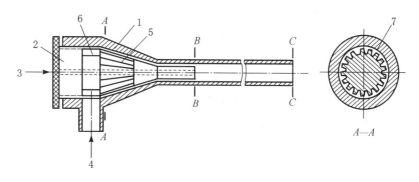

图 6-37 组合式主喷嘴结构

在 B 处汇集的气流,将导纱孔 3 处吸入的纬纱带出喷口 C。BC 段为光滑圆管,称为整流管,对引纬气流进一步整流,当整流段长度与管径之比大于 6~8 时,整流放果较好,从主喷嘴射出的射流扩散角小、集束性好,射程远。喷嘴芯子在喷嘴壳体中的进出位置可以调节,使气流通道的截面积变化,从而改变射流的出流流量。

主喷嘴的固装有两种形式。一种是主喷嘴固定在机架上,不随筘座一起前后摆动,即分离式,最初几乎所有的喷气织机都采用这种方式。为使主喷嘴在引纬时能与筘槽对准,要求筘座在后止点有相当长的相对静止时间,这会使筘座运动的加速度增大,不利于车速提高;加之筘座相对静止期间筘座仍有少量位移,这会造成防气流扩散装置内的气流压力出现驼峰,易造成纬纱头端的卷

图 6-38 组合式主喷嘴实物图

曲飞舞。另一种形式是主喷嘴固装在筘座上,随筘座一起前后摆动。它可以保证喷嘴与筘槽始终对准,允许的引纬时间角延长,加之筘座无需静止时间,打纬运动的加速度小,从而有利于宽幅、高速,同时可降低引纬所需的气压和耗气量。

现代喷气织机为了在高速引纬中实现稳定引纬,通常采用固装在机架上的固定主喷嘴(在有些机型上称为串联喷嘴、预备主喷嘴或辅助主喷嘴)与安装在筘座上的移动主喷嘴串联组合的方式,固定主喷嘴可以使纬纱在低压下加速,从而防止纬纱受损。如图 6-39 所示,A 为安装在机架上的固定主喷嘴,B 为安装在筘座上的移动主喷嘴。

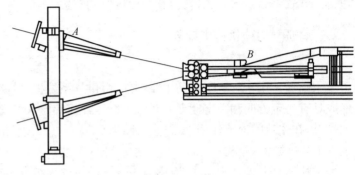

图 6-39　串联式配置双主喷嘴

(二) 辅助喷嘴

为了实现宽幅织造和高速运行,喷气织机必须采用接力引纬方式,依靠辅助喷嘴补充高速气流,保持气流对纬纱的牵引作用。对于采用异形筘的喷气织机,辅助喷嘴单独安装在异形筘筘槽的前方,气流从调节阀输出后,进入电磁阀气室中心,电磁阀开启后气流通过软管进入辅助喷嘴内腔,将气流喷出。

辅助喷嘴的喷孔大致分为单孔型和多孔型(图 6-40),单孔型的圆孔直径在 1.5 mm 左右,而多孔型的孔径为 0.05 mm 左右。较典型的多孔型辅助喷嘴有 19 孔,19 个孔分 5 排,各排的孔数分别为 3、4、5、4、3。多孔型还可设置成放射条状或梅花状。就喷出气流的集束性而言,多孔型比单孔型理想。因为辅助喷嘴的壁厚很薄,当壁厚和孔径之比<1 时,气流的喷射锥角增大,集束性也差。在壁厚一定的情况下,用多个微孔取代单个圆孔有助于增大壁厚与孔径之比值,从而提高气流的集束性。

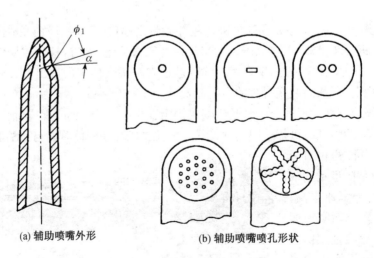

(a) 辅助喷嘴外形　　　　(b) 辅助喷嘴喷孔形状

图 6-40　辅助喷嘴结构

辅助喷嘴的喷孔所在的部位通常是微凹的,可防止喷孔的毛头刺破或刮毛经纱。辅助喷嘴的喷射角度与主射流的夹角应小,约90°,这使得两股射流碰撞后的变化率小,可充分利用合流后的气流速度。辅助喷嘴同装在筘座上(图6-41),其间距取决于主射流的消耗情况,一般是靠近主喷嘴的前、中段较稀而后段较密,这有助于保持纬纱出口侧的气流速度较大,从而减少纬缩疵点。如PAT型喷气织机上,前中段辅助喷嘴的间距为74 mm,而后段密1倍,间距只有37 mm。

图6-41 辅助喷嘴在梭口中的配置

使用辅助喷嘴大大地增加了喷气引纬的耗气量,为节约压缩空气,一般采用如图6-42所示的分组依次供气方式,通常由2~5个辅助喷嘴为一组,各组按纬纱行进方向相继喷气。

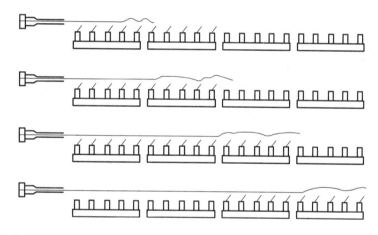

图6-42 辅助喷嘴分组接力喷气引纬示意

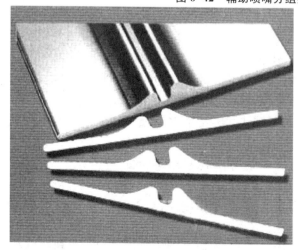

图6-43 异形筘

现代喷气织机上,控制主喷嘴和辅助喷嘴的阀门均为电磁阀,电磁阀对喷射时间调节方便,便于实现自动控制。喷气织机上所采用的电磁阀具有工作频率高、响应快的特性,以适应织机高速。

(三)异形筘

如图6-43所示,异形XE筘筘片的槽口十分光滑,槽口的高度和宽度各为6 mm左右,梭口满开尺寸也很小,钢筘处的梭口高度(即有效梭口高度)只有15 mm左右,钢筘打纬动程也只有35 mm,这些均有利于织机高速。筘齿的密度和间隙与普通筘一样,按上机筘幅和每筘穿入数确定筘号。

(四) 牵伸喷嘴

牵伸喷嘴又称延伸喷嘴、拉伸喷嘴,主要用来确保纬纱在梭口闭合前后始终处于伸直状态,避免高捻纱、氨纶包芯纱、长丝纱等在高速织造时出现松弛、纬缩、露丝等现象。图 6-44、图 6-45 所示为丰田喷气织机所配置的两种牵伸喷嘴,分别用于插筘式和筘前式。图 6-44 中,牵伸喷嘴安装于布幅外第一探纬器右侧,第二探纬器要安装在纬纱排气管 4 的后面,以检测出被吹断的纬纱。牵伸喷嘴的作用时间比纬纱到达时间早 10°~20°,关闭时间应与综平时间相同或略迟,气压为应略高于主喷嘴和辅助喷嘴。

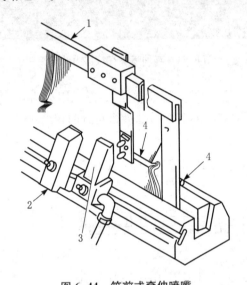

图 6-44　筘前式牵伸喷嘴

1—非切断型钢筘;2—筘前式探纬器;
3—牵伸喷嘴;4—纬纱排气管

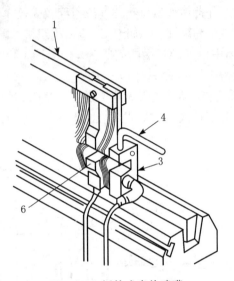

图 6-45　插筘式牵伸喷嘴

1—切断型钢筘;3—牵伸喷嘴;
4—纬纱排气管;6—插筘式探纬器

(五) 喷气织机的空气输送系统

一般在喷气织机车间旁设有独立的空压室,由空气压缩机输出的洁净、干燥的压缩空气通过输气管道分送到织机,织机的净化、调压、供气系统将压缩空气分送到喷射装置或气动装置的各执行器件。图 6-46 所示为 ZA203 型喷气织机的压缩空气输送系统。

压缩空气输送至喷气织机前,先经过滤器,滤除杂质;再经油雾分离器,滤除油、水、烟雾;然后经调压箱分路调压后,输至主喷、辅喷、剪切喷、常喷、延伸喷和纬纱自动处理系统(APR)的上吹、吸收和保持装置。调压箱中,除各种调压阀和气压表外,还有插压口,用来检测各路气流的压强。

喷气织机供气系统中的储气包又称储气罐或储气槽,用来储存压缩空气,起稳压作用。主气包用来储存主喷嘴用压缩空气。在混纬或多色纬时,使用两个或多个主气包。辅气包用来储存辅喷嘴用压缩空气。辅气包容量大,因辅助喷嘴的耗气量占全部耗气量的80% 以上。辅气包可设一个,也可设两个。图 6-47 所示为 JAT600 型喷气织机的双辅气包配置。使用双辅气包可使后一个保持较高压力,而降低前一个的压力,有利于降低空气耗用量。

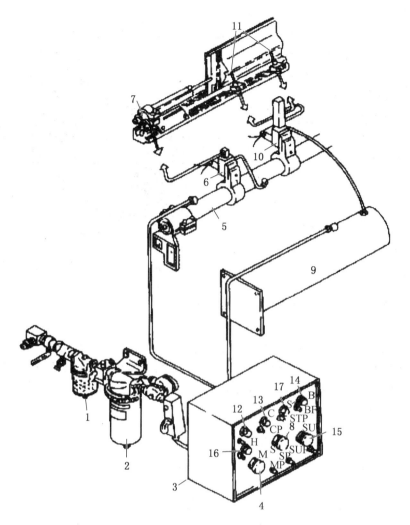

图6-46　ZA203型喷气织机的压缩空气输送系统

1—过滤器；2—油雾分离器；3—调压箱；4—主喷调压阀；5—主气包；6,10—电磁阀；
7—主喷嘴；8—辅喷调压阀；9—辅气包；11—辅助喷嘴；12—常压调压阀；13—剪切调压阀；
14—APR上吹调压阀；15—APR吸收调压阀；16—APR保持调压阀；17—牵伸喷嘴调压阀

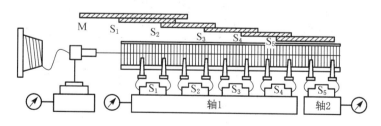

图6-47　JAT600型喷气织机的双辅气包配置

日本津田驹公司的ZAX系列喷气织机的空气输送系统比前期制造的ZA系列型喷织机
更加节能，更适应高速。ZAX-N型喷气织机为了降低空气消耗量，将前梁和辅气包合成一体,直接连接集流腔一体型的新型电磁阀,从而缩短了从电磁阀到喷嘴的距离,提高了高速适应性,降低了空气消耗。图6-48 中的空气储槽为 ZAX-N 型喷气织机的前梁和辅气包设置为一体的装置。

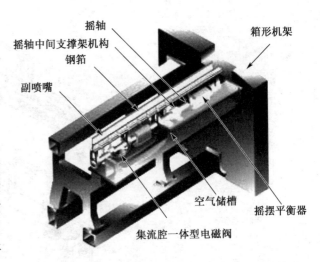

图 6-48　ZAX-N 型喷气织机的前梁和辅气包一体装置

(六)引纬时间的自动控制系统

引纬时间的控制在早期运转的喷气织机上缺乏自动调整功能,常以光电频闪仪表观察纬纱飞行状况,并根据布面质量等进行喷射参数的设定和调整。新型喷气织机则应用计算机自控技术,实现了引纬时间的自动引纬控制。该控制系统将纬纱到达预定时间是否稳定的信息输送给计算机,计算机按预定到达时间的设定值进行比较计算后,向引纬控制执行机构发出调整指令,修正下一纬的引纬时间,使纬纱飞行保持稳定。

图 6-49 所示为日本津田驹公司的 ZA205i 型喷气织机的引纬时间自动控制系统。设定的引纬工艺参数经键盘(i-Board)输入计算机,探纬器则将纬纱到达捕纬侧的时间信息输入计算机,经计算机程序计算,向引纬执行机构中的储纬器挡纱磁针和主辅喷嘴发出指令,使纬纱到达时间稳定在规定范围内。

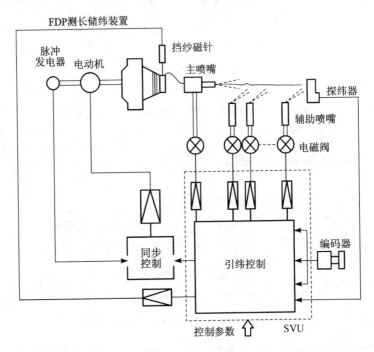

图 6-49　ZA205i 型喷气织机的引纬时间自动控制系统

新型喷气织机的引纬工艺参数,除按工艺要求输入计算机外,织机计算机常自带若干推荐参数,即机器自带一定数量的典型品种的引纬时间参数,只要输入有关品种的规格及织机速度等,织机就能自动调整到该品种的参数而运行。织机计算机还自带时间自动补正功能,当织机转速改变时,其计算机可自动调整开闭时间。当需要更改某些参数时,仍可经键盘进行调整。

日本津田驹公司的 ZAX 系列喷气织机采用 AJC 引纬自动控制装置。该装置由计算机监视纬纱到达探纬器的时间,具有自动修正储纬器的停纬销及主喷嘴、辅助喷嘴的开始角度功能。特别是对从满筒到小筒过程中张力变化大的纬纱,效果明显,实现了稳定的引纬。

比利时毕加诺公司的 OMNIPLUS 型喷气织机采用自适应引纬控制 AIC 系统。由于织机启动时第一次引纬转速未达到正常,容易产生长纬或纱端不直等引纬故障。日本津田驹公司的 ZAX 系列喷气织机采用计算机来控制第一纬的引纬时间,防止启动时的纬纱故障。

德国道尼尔喷气织机借助道尼尔专利的全程引纬控制(PIC)系统,对纬纱实现了全程监测,从带分离纱圈、张力控制的储纬器开始,到主喷嘴和辅助喷嘴的喷气时间和压力控制、牵伸喷嘴对纬纱的握持,再到三纬探纬器对纬纱的监测,使织机对纬纱的整个飞行过程的控制达到了前所未有的精确程度。

(七)纬纱自动处理装置

新型喷气织机装有纬纱自动处理系统,当纬纱在织口内出现故障而造成停车时,织机能自动除去断纬,并自动重新启动。不同型号的喷气织机,其纬纱自动处理装置的工作原理不同。图 6-50 所示为某喷气织机的纬纱自动处理装置,其主要动作如下:

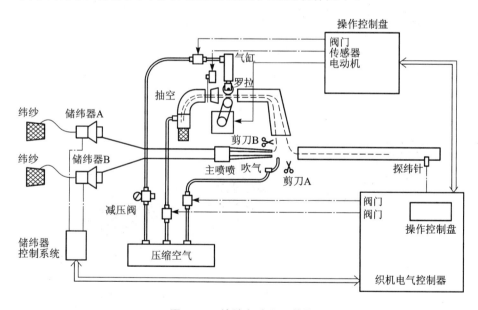

图 6-50　纬纱自动处理装置

当织口内产生纬纱故障时,电磁剪刀 A 不动作,不剪纱,同时储纬器释放一根纬纱,并由吹气喷嘴将纬纱吹入上部的废纱抽空通道,此时织机定位停车在综平位置(300°左右),然后,织机反转到后心位置(180°),控制上、下罗拉夹持纬纱(由传感器探测);同时,电磁剪刀 B 动作,剪断纬纱,并由罗拉拉出断纬。另外,断纬测长机构同步对纬纱进行测长,若断纬被全部拉出,则织机反转至综平位置(300°左右),织机再启动,转入正常运行;若断纬未被全部拉出,则织机再次定位在后心位置(180°),等待挡车工处理。

(八) 喷气织机的多色纬制织

喷气织机制织多色纬织物时,每一种纬纱需要配置一个主喷嘴,以防止纱线之间的缠绕,且要使每一个主喷嘴与防气流扩散装置对准,以达到良好的防扩散效果。喷气织机上可以配备二色、四色、六色甚至八色的选纬机构或混纬机构。在工作原理上,选纬机构和混纬机构是完全相同的。由于异形 XE 筘的筘槽尺寸较小,在多个主喷嘴情况下,难以保证每个主喷嘴喷射的气流都处于筘槽中的最佳位置,故应在纬纱进口端采用一组槽口为前大后小的锥形专用异形 XE 筘。因此,对于多色纬制织,喷气织机不及剑杆织机。喷气织机较为成熟的最大色纬数为四色,还有两色任意引纬(可用来混纬)。

大多数喷气织机以微电脑来控制主喷嘴电磁阀的开闭及定长储纬器挡纱磁针的起落,从而控制主喷嘴的气流喷射时间和定长储纬器释放纬纱时间。喷气织机的四色选纬装置如图6-51所示。四个摆动主喷嘴 2 集中地安装在筘座上,由四个电磁阀分别控制它们的喷射时间。四根喷管 3 共同对准异形 XE 筘 4 的入口。四根纬纱由四个定长储纬器 1,经过四个固定主喷嘴(图中未画出),引入各自对应的摆动主喷嘴 2 中,形成四套相互独立的引纬装置。在织机微电脑或电子电路控制下,按预定的程序,各套引纬装置相继投入工作,引入预定纬纱。图6-52所示为喷气织机的八色选纬装置。

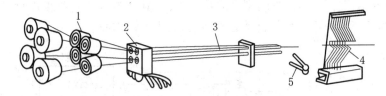

图 6-51 喷气织机的四色选纬装置

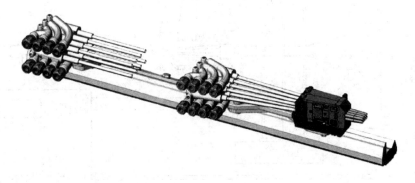

图 6-52 喷气织机的八色选纬装置

四、喷气织机工艺设计

喷气织机的可变工艺参数有经纱上机张力、经位置线、开口时间、引纬工艺参数等,经纱上机张力、经位置线、开口时间等对织造过程和织物质量的影响同有梭织机。

选择和确定织造工艺参数时,应综合考虑织物品种的特点及其工艺要求、原纱和半成品的质量、机械条件等因素,在满足主要要求的同时兼顾其他因素,确定最适宜的织造工艺参数,以保证最佳的工艺过程和优良的产品质量。

(一) 开口工艺

1. 综框高度与梭口高度

喷气织机利用钢筘的导气部位进行打纬,必须调整好综框高度。如果综框高度不正确,会造成打纬点的变化,在打纬时有时会造成织物的开裂。同时,综框高度也影响经位置线的设置,进而影响开口时上下层经纱张力差异。机型不同,综框高度的调整方法也不同。以津田驹公司的喷气织机为例,ZA203型织机是在综平时测量综框导板的顶端到综框架上边的距离,ZA209i与ZAX系列织机是在综框下降到最低位置时测量综框导板的顶端到综框架上边的距离或织机本体框架下面至综眼中心的距离。

梭口高度是指综框运动的最高位置与最低位置之差。因为经纱在开口过程中产生的伸长与梭口高度的平方成正比,故梭口高度与经纱断头的关系密切。设定梭口高度时要注意以下几点:

(1) 梭口高度在满足引纬工艺前提下以小为宜。

(2) 综框数愈多时,前后综经纱的张力差异愈大,以采用半清晰梭口为宜,使综片间梭口高度的递增量减小。

(3) 稀薄织物较厚密织物易开清梭口,故稀薄织物的梭口高度可较厚密织物小一些。

(4) 当设定较大梭口高度时,为减少经纱与综眼的磨损,宜适当减小经纱的上机张力;反之,当设定较小梭口高度时,上机张力可大些,以增加开口的清晰度。

(5) 开口时,经纱随综框升降时因综眼而产生的综平时的瞬间时间差,由于综眼长短不同而有差异。时间差大时,梭口高度应设置得比时间差小的小些。

2. 开口时间

确定喷气织机开口时间的因素,主要是织物品种、半成品质量、织机运转速度等。

喷气织机上,通常把300°～310°时综平称为中开口,小于300°时综平称为早开口,大于310°时综平称为晚开口。

一般中细特织物宜用中开口,以利于提高织机效率。而细特高密织物宜用早开口,打纬时织口跳动少,可减少边撑疵,有利于提高织物质量。

对于条干不匀、杂质多、强力差的品种,开口时间可迟一些,以减少经纱的摩擦长度,减少浆膜和纱线的损伤。浆纱毛羽多和浆液被覆性差时,应选用早开口,以便开清梭口和顺利引纬,减少引纬"阻断"。对于车速高、布幅宽的品种,开口时间可迟一些,以便顺利引纬。

织机型号不同,开口时间也有差异。ZAX型织机采用ZCM-3S(一种凸轮开口机构)开口方式时,开口时间为290°～310°。织物组织不同,具体的开口时间也不同。斜纹织物宜采用迟开口,以便使纹路突出、峰谷分明;但开口过迟,布面不匀整,易出纬缩织疵。

对于经密较大的平纹织物,常采用小双层梭口,以降低综平时的经纱密度、纱线之间的摩擦及毛羽粘连造成的开口不清,减少断经及阻断纬纱现象。两次开口的时间应错开,如第1、2两片综的综平时间是290°,第3、4两片综的综平时间为310°。前、后两次开口的临界点为:早开口不能早于270°,晚开口不能晚于340°。因此,前、后两次开口应在270°～340°之间完成。如ZAX型喷气织机,两次开口时间织造平布时分别为290°、310°,织造高密府绸时为290°、320°。ZA系列喷气织机织造常规织物时的开口时间见表6-7。

表 6-7　ZA 系列喷气织机织造常规织物时的开口时间

织物种类	平纹	府绸	防羽绒布	一般斜纹	细特高密斜纹	高密缎纹
开口时间(°)	310	300/280	300/270	320	290	280
相位差(°)	—	20	30	—	—	—

3. 经位置线

绝大多数喷气织机的织造平面呈水平式,只有少数型号的喷气织机呈倾斜式织造平面。倾斜角度一般大于 30°,个别机型只有 10°以下。如 STROJIMPOR 公司的 PN 型喷气织机倾斜 36°,JETTISL90 型喷气织机倾斜 5°。这样的设计便于人工操作,挡车工可以很容易地将手从机器前方伸到经纱自停装置。

织造平面呈水平式的喷气织机,其经位置线与片梭织机、剑杆织机相同。而织造平面呈倾斜式的喷气织机,其后梁、停经架、综片、综眼、织口等位置逐一降低。但无论是水平式还是倾斜式,后梁(或经纱张力探测辊)位置都是经位置线的主要参数。

(1) 后梁位置的设定。后梁高度与胸梁相等,上、下层经纱张力一致,形成等张力梭口。喷气织机的速度高、张力大、布幅宽,等张力梭口的布面会出现筘路和条影,影响实物质量。

后梁高于胸梁,上层经纱张力小,下层经纱张力大,形成不等张力梭口,布面比较丰满。

后梁低于胸梁,上层经纱张力大,下层经纱张力小,也形成不等张力梭口,适用于斜纹织物,纹路清晰。

新型喷气织机的后梁除可上下移动外,还可以前后移动,以便调整梭口后部经纱长度及经纱对后梁的包围角。织造纱线强力低、弹性小及纬纱较小的织物时,可采用后梁偏后即长经纱长度的上机工艺;织制紧密织物或梭口不易开清时,可采用短经纱长度的上机工艺。织造中线密度纱织物时,后梁应居中;织造细线密度高密织物时,后梁前移,以利于开清梭口;制织粗线密度织物时,后梁后移,以增大经纱对后梁的包围角,保持张力均匀,形成的织物平整、挺括,但后梁向后移动太多,挡车工操作不便。如 ZA 系列喷气织机的后梁高度可在 30～130 mm 范围内调节,后梁前后可在 1～10 格(200 mm)范围内调节,以满足不同品种的需要。

(2) 停经架位置的设定。停经装置不仅是经纱断头自停装置,而且是确定梭口后部位置的部件。停经装置向后移动,梭口后部长度增加,在开口高度不变时,经纱伸长减小,但经纱间的摩擦次数增加,因此,对强力较弱、伸长较小但上浆质量好的经纱是有利的。反之,对于强力高、条干好的经纱,停经装置前移,梭口后部长度愈接近梭口前部长度,经纱愈不容易在升降时受到综眼摩擦,有利于减少断头、提高织机效率。

(3) 织口位置的设定。喷气织机的织口位置受胸梁高低的制约,胸梁前后位置的移动量很小,上下位置用垫铁确定。织口上下位置依异形筘而定。打纬时,织口位于筘槽中心线偏上。织口过高,筘槽上唇会碰布面,使织口跳动,出现边撑疵和轧断纱。织口偏低,会使筘槽下唇碰断织口处纬纱,严重时会使织口损伤和破裂。

(二) 上机张力

喷气织机采用的梭口较小,应设定较大的上机张力,目的是开清梭口。喷气织机大多采用弹簧张力系统,具有调节简便、附加张力较为稳定、适应高速等特点,其可调参数主要有弹簧刚度、弹簧初始伸长量或弹簧悬挂位置等。调整时注意织机两侧相应参数调节应一致。

在弹簧材料、螺旋圈距一定的条件下,弹簧刚度取决于弹簧直径。弹簧直径大,刚度大,上机张力大,梭口易开清;但经纱张力大,较易断头,布幅也容易偏窄而形成狭幅长码布。织造厚重织物时,宜采用较粗直径的张力弹簧,必要时可采用双辊后梁系统。确定弹簧刚度之后,根据织口的游动情况与梭口清晰状态、经纱断头和布幅,调整弹簧悬挂位置,即改变力臂和初始伸长量,以调节上机张力。力臂长,初始伸长量大,上机张力大。各类织机对弹簧刚度、弹簧初始位置或初始伸长量有不同的规定,实际运用时应参照织机操作手册进行。

喷气织机的自动化程度已大大提高。如 ZA 型喷气织机,不同织物的上机张力配置可通过触摸屏输入数据设定,推荐的计算公式为:

$$上机张力(N) = \frac{总经根数 \times K \times 10}{经纱英制支数}$$

式中:K 为系数,一般为 0.8~1.2。

(三) 引纬主要工艺参数设计

1. 基本参数

喷气引纬工艺参数主要包括气源控制参数(如压力)、喷射气流控制参数(如喷气时间)、纬纱控制参数(如夹纱时间、剪纬时间)等。

(1) 始喷角 α_1。始喷角是指喷嘴开始喷气时间所对应的主轴位置角(即喷嘴的启闭时间)。始喷角一般由控制主喷嘴气流开启时间的电磁阀决定。

(2) 始飞角 α_2。始飞角是指纬纱开始飞行时间所对应的主轴位置角。由于喷气引纬速度很快,一般情况下,纬纱开始飞行时间由夹纱装置或储纬测长装置的开启时间决定。

正常情况下,$\alpha_2 > \alpha_1$,即喷气在前、纬纱飞行在后。($\alpha_2 - \alpha_1$) 称为先导角。先导角大,利于伸直纬纱头端、加速纬纱启动,但纬纱易解捻,耗气量增加。一般先导角以 5°~20° 为宜。当纬纱启动慢(如股线)时,应加大先导角;反之,纬纱易解捻断头(如单纱)时,应减小先导角。

在多数喷嘴织机上,辅助喷嘴开始喷气时间应比纬纱头端到达该组辅助喷嘴位置的时间早,以减小纬纱飞行迎面阻力,稳定纬纱飞行速度。

(3) 压纱角 α_3。压纱角是指纬纱飞越梭口后夹纱器或储纬器制动磁销等夹纱装置的夹持纬纱时间所对应的主轴位置角。始飞角一定时,压纱角的大小决定着纬纱实际飞行时间的长短。($\alpha_3 - \alpha_2$) 称为纬纱自由飞行角。纬纱自由飞行角大,有利于降低纬纱飞行速度,降低喷射气流压力,但对开口、打纬的配合不利。

(4) 终喷角 α_4。终喷角是指喷嘴结束喷气的时间所对应的主轴位置角。对多喷嘴接力引纬而言,终喷角是指出梭口侧最后一组辅助喷嘴结束喷气的时间。一般情况下,$\alpha_4 > \alpha_3$,即压纱在前、结束喷纱在后。($\alpha_4 - \alpha_3$) 称为强制飞行角。强制飞行角大,利于控制并伸直纬纱头端,获得良好的布边,防止出梭口侧产生纬缩等疵点,但耗气量较大。在满足引纬需要的前提下,强制飞行角以小为宜。

(5) 纬纱飞行时间(飞行角)。纬纱飞行时间是指从引纬开始到纬纱飞行结束的时间,一般用主轴的回转角度表示,包括纬纱自由飞行时间和强制飞行时间。纬纱飞行时间取决于主喷嘴、辅助喷嘴的启闭时间和供气压力。由于飞行的纬纱质量很轻,惯性小,不能像梭子那样有效地排除轻微的开口不清,若飞行的纬纱受到经纱或钢筘阻碍,纬纱将立即停止飞行而造成引纬故障。因此,喷气织机对梭口清晰度的要求比有梭织机高。允许纬纱在喷气织机梭口中飞行的条件为:经纱已经离开筘槽,为纬纱飞行准备好通道;同时形成的梭口清晰,纬纱不会受到经纱的阻挡。

在静态条件下,确定纬纱进(出)梭口的时间时,可慢速转动织机,使筘座离开前止点向后移动,当向上和向下运动的经纱层离开筘槽并分别运动到筘槽的上唇和下唇时,纬纱飞行通道已准备好,此时织机主轴所对应的角度是纬纱允许的最早进梭口时间;继续转动织机,使钢筘越过后止点向前移动,梭口开始闭合,当上、下层经纱再次分别位于筘槽的上、下唇时,主轴所处的角度就是纬纱允许的最晚出梭口时间,从最早进梭口时间到最晚出梭口时间。是纬纱的最长飞行时间。

在实际运转的织机上,经纱存在动态张力,且纱线表面的毛羽会造成粘连现象,使开口过程中经纱离开筘槽的实际时间延迟。因此,按上述方法确定纬纱最早进梭口时间时,上、下层经纱应分别离开筘槽的上、下唇至少 5 mm(图 6-53)。当经纱在闭合过程中,上层经纱再次运动到距筘槽上唇 3 mm,且下层经纱距辅助喷嘴的喷孔中心 1~2 mm 时,主轴所处的角度是纬纱的最晚出梭口时间。

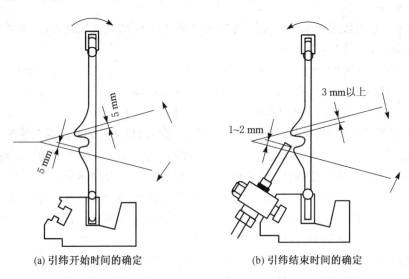

(a) 引纬开始时间的确定   (b) 引纬结束时间的确定

图 6-53 纬纱进出梭口时梭口与异形筘位置的关系

(6)剪纬时间 α_5。剪纬时间是指剪纬装置剪断纬纱的时间所对应的主轴位置角。机械凸轮式剪纬装置可通过改变凸轮安装位置来改变剪纬时间。剪纬时间早,纬纱较短;反之则长。一般剪纬时间应选在综平之后经、纬纱夹紧之时,以便经纱握持纬纱。

2. 主、辅喷嘴供气压力

主、辅喷嘴供气压力影响纬纱的飞行速度,从而决定纬纱出梭口时间。主(辅)喷嘴供气压力增加,纬纱飞行速度提高,纬纱出梭口时间提前。

(1)主喷嘴供气压力。主喷嘴供气压力对纬纱到达时间的影响显著,它决定了纬纱速度,应根据纬纱出梭口时间进行设定。若主喷嘴供气压力太高,气流对纬纱的作用力大,易吹断纬纱;若主喷嘴供气压力太低,则纬纱难以顺利通过梭门,且可能引起纬纱测长不准,产生短纬、松纬、出梭口侧布边松弛等疵病。主喷嘴供气压力一般为 $(3\sim3.5)\times10^5$ Pa。

(2)辅助喷嘴供气压力。辅助喷嘴的气流主要起维持纬纱飞行的作用,其压力略高于主喷压力,以避免飞行的纬纱出现前拥后挤现象,减少纬缩织疵。主、辅助喷嘴的供气压力增大,都使耗气量增加,但辅助喷嘴的供气压力增大将使耗气量显著增加。因此,在保证纬纱正常飞行的前提下,辅喷气压尽量调低,以节约用气。主、辅喷气压的关系为:

$$辅助喷嘴供气压力(Pa)=主喷嘴供气压力+(0.5\sim1.0)\times10^5$$

当织机车速增加时,纬纱飞行时间减少,出梭口时间推迟,应增大主喷嘴供气压力。织物幅宽大,供气压力亦需大一些。设定纬纱总飞行角大,气压可小些。粗线密度纬纱的供气压力应大于细线密度纬纱。电磁阀灵敏、喷射角适当、喷嘴喷射集束性好、喷嘴间距合理、原纱及织轴质量好、经密小、筘槽质量好时,供气压力可小些。调整主喷嘴供气压力时,必须相应调整辅助喷嘴的供气压力,以调整辅助喷嘴的气流速度。一般先调整主喷嘴压力,后调整辅助喷嘴压力。

(3)主喷低压气流。主喷嘴的压缩空气由高压和低压两部分组成。压力较高的压缩空气用于引纬。压力较低的压缩空气持续向主喷嘴供气,即使在高压气流关闭之后,主喷嘴仍然保持较弱的射流。其作用如下:

① 在纬纱从定长储纬器上释放之前,使穿引在主喷嘴内的纬纱头端受到预张力作用,使纬纱保持伸展状态,防止卷缩或脱出。

② 当主喷嘴瞬时产生高压引纬射流时,纬纱受到突然的拉伸冲击力会有所减弱,使纬纱进入风道时头端跳动程度减小,从而避免引纬失误。

③ 用于纬纱断头处理时的穿引工作。

如主喷嘴低压气流的压力太大,纬纱在进梭口前容易断头;压力太小时,纬纱头端不能伸直而回缩扭结。主喷低压气流调节以纬纱容易穿入并在短时间内不产生断纬为原则,一般不大于 5×10^5 Pa。

(4)剪切喷压力。对于部分喷气织机,引纬结束后剪刀在主喷嘴喷口处切断纬纱时,主喷嘴喷射一定压力的气流,以防止纬纱回弹而缩回到主喷嘴内或脱离主喷嘴。剪切喷供气时间在剪断纬纱前后,一般为 350°~40°,剪切喷气压约为 1×10^5 Pa。织造生产中,可使用光电频闪仪来观察纬纱被切断后的松动状态,然后重新设定,增大压力可减小纬纱的松动现象。

(5)延伸喷压力。延伸喷嘴的供气压力应略高于主喷嘴和辅助喷嘴,一般为 $3\times10^5\sim10\times10^5$ Pa。

3. 主、辅喷嘴的启闭时间确定

(1)主喷嘴的启闭时间。主喷嘴的启、闭时间,即始喷角和终喷角,也是主喷嘴的喷气时间,取决于织机的转速、幅宽、供气压力和开口机构类型等因素,一般为 70°~110°。当织机转速高或上机筘幅大时,喷气时间应长,以便纬纱顺利通过梭口;当织机转速低或上机筘幅小时,喷气时间可短些。供气压力大,纬纱飞行速度高,可适当减少喷气时间,使引纬后期主喷嘴闭合后纬纱靠自身惯性完成引纬,有利于减少耗气量。开口机构不同,允许纬纱通过梭口的时间也不同,也会影响喷气时间的设定。

主喷嘴的开启时间与储纬器上磁针的提升时间相同或略微提前。主喷嘴开启时间过早,纬纱容易发生挂经纱、头端故障或弯头等问题。一般主喷嘴的关闭时间在 180°±15°。主喷嘴闭合后仍有辅助喷嘴在喷射气流,有利于减少纬纱前拥后挤的情况,增加纬纱的伸展。另外,提早主喷嘴的闭合时间,可减少纬纱在主喷嘴入口附近的断头。

因织机启动后不能马上达到正常转速,在有些织机上,开车后第一纬主喷嘴的开启时间设定比正常引纬晚约 10°,可避免由于引纬不协调所造成的长纬。另外,对于采用辅助主喷嘴的喷气织机,辅助主喷嘴的开启时间可比主喷嘴的开启时间晚 10°,闭合时间可比主喷嘴的闭合时间早 10°。

(2)辅助喷嘴的启闭时间。辅助喷嘴是成组控制的,一组由 2～6 个辅助喷嘴组成,由一个电磁阀控制。一台喷气织机的辅助喷嘴组数与织机筘幅有关。每组辅助喷嘴的开启与闭合时间与其在织机幅宽方向的位置有关,只有当纬纱飞行到某个辅助喷嘴时,它所喷射的气流才会对纬纱有牵引作用。因此,靠近供纬侧的辅助喷嘴开始喷气的时间早,远离供纬侧的辅助喷嘴开始喷气的时间晚。在实际生产中,为了确保对纬纱的可靠控制,各组辅助喷嘴的开始喷气时间应适当提前。这个先于到达纬纱喷射的角度叫先喷角(先行角),先喷角约为 15°～20°。所以,织机上任意一组辅助喷嘴的启闭时间可按以下公式确定:

开启时间:

纬纱头到达该组第一个捕助喷嘴的时间(°)－先喷角

闭合时间:

该组辅助喷嘴的开启时间(°)＋喷气时间(°)

辅助喷嘴的喷气时间应保证相邻两组辅助喷嘴有一定的喷气重叠时间,使纬纱顺利地从上一组交接到下一组。喷气时间过短,引纬气流对纬纱的控制能力差,容易产生引纬故障。喷气时间过长,会使织机的耗气量明显增加。实验证明,喷气时间在 60°～110° 范围内均能满足正常引纬,如 ZAX 型喷气织机的标准辅助喷嘴喷气时间为 80°。在满足顺利引纬的条件下,辅助喷嘴的喷气时间以短为宜,以减少耗气量。

确定各组喷嘴的启闭时间,关键是确定纬纱飞行到各组第一个辅助喷嘴的时间,具体设定过程如下(图 6-54):

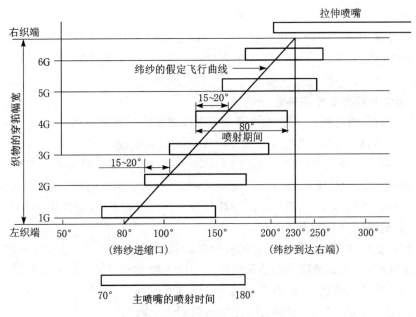

图 6-54 喷气引纬的纬纱飞行曲线

① 观察主喷嘴侧经纱的开口状态，当上、下层经纱分别距离筘槽的上、下唇 5 mm 时，确定开始引纬的时间，如 80°。

② 观察出梭口侧经纱的开口状态，当上层经纱距离筘槽上唇约 3 mm，且辅助喷嘴的喷射口处于下层经纱 1～2 mm 时，设定纬纱到达右端的最迟时间，如 230°。

③ 把纬纱的位移曲线近似看成一条直线，将引纬开始角度（80°）和纬纱到达梭口右端的角度（230°）用直线连接，该直线即为设定的纬纱飞行线。

④ 主喷嘴的开启时间等于引纬飞行开始时间减去 10°，关闭时间为 180°。

⑤ 在各组辅助喷嘴的第一个喷嘴处画一条水平线，它与纬纱飞行线的交点即为纬纱到达该组的时间，再减去先行角（15°～20°），即为该组辅助喷嘴的开始喷射角度（开启时间），关闭时间为开启时间＋喷气时间（如 80°）。

⑥ 第一组辅助喷嘴的开启时间和主喷嘴的开启时间相同或略迟；最后一组的结束时间可推迟为上层经纱进入钢筘的筘槽、下层经纱覆盖辅助喷嘴的喷孔时，以利于加强气流对纬纱的控制，使纬纱处于伸直状态下与经纱交织，减少纬缩疵布的产生。

⑦ 在织机运转状态下，调整主喷嘴和辅助喷嘴的供气压力，使纬纱到达右端的角度为 230°。

⑧ 使用频闪观测仪确认引纬的飞行开始角度。

（四）喷气引纬工艺实例

由于机型及织机状况、筘幅、织物不同等因素，使用气压也不同，表 6-8 所示为三种机型的参考实例。同时，因为气压状况不同，良好的引纬时间配合应根据纬纱飞行状况进行优化选择，表 6-9 所列是几个品种的引纬时间配合设计实例，以供参考。

表 6-8　喷气压力设定的实例

织机型号	ZAX	OMNI	JAT610
筘幅(cm)	190	190	190
织机转速(r/min)	650	550	520
织物品种	低线密度纯棉防羽布	棉/锦弹力府绸	人棉/涤交织绸
主喷供气压力(MPa)	0.25～0.28	0.36～0.39	0.25～0.30
辅喷供气压力(MPa)	0.30～0.35	0.38～0.42	0.35～0.40

表 6-9　喷气引纬时间配合设计实例

织物规格	256 mm 19.5 dtex×19.5 dtex 307 根/10 cm×254 根/10 cm 涤/棉细布	170 mm 9.7 dtex×9.7 dtex 571 根/10 cm×532 根/10 cm 棉防羽布	160 mm 82.5 dtex×82.5 dtex 640 根/10 cm×280 根/10 cm 涤长丝直贡缎
织机型号	DELTA-MP-280	ZA209I-190	JA710
织机转速(r/min)	500	650	700
主喷嘴开闭时间(°)	60～170	80～180	85～195

（续表）

磁针起落时间(°)	65～190	70～190	75～195
辅助喷嘴开闭时间(°)	第一组:60～130 第二组:80～150 第三组:100～170 第四组:120～190 第五组:140～210 第六组:150～220 第七组:160～230 第八组:170～240	第一组:70～160 第二组:100～190 第三组:130～210 第四组:160～240	第一组:80～170 第二组:100～190 第三组:130～220 第四组:160～260 第五组:180～280
纬纱到达角(°)	230	225	240

五、喷气织机生产质量控制

喷气织机属于消极引纬,纬纱在气流牵引下穿越梭口,通过能力较弱,很容易因经纱开口不清而造成纬向停台或纬向疵点,引纬系统发生故障所造成的纬向疵点和布边疵点几乎占喷气织机全部织疵的70%。喷气织机织物的常见疵点及其形成原因和预防方法见表6-10。

表6-10 喷气织机织物的常见疵点及其形成原因和预防方法

序号	疵点名称	形成原因	预防方法
1	纬缩	① 纬纱捻度大,毛羽较多 ② 纬纱回潮率过低或化纤含量过高起圈 ③ 纱线的棉结、杂质含量过高,浆纱质量较差 ④ 引纬太快,辅助喷嘴时间不协调 ⑤ 空压机的气压不稳或质量不好	① 改善经纬纱质量 ② 必要时进行热湿定捻,适当加大喷射压力 ③ 调整边剪的剪纱时间,确保边剪完好 ④ 稳定空压机气压,提高其质量
2	脱纬	① 探纬探测头失灵 ② 主喷嘴气压太高 ③ 综框与织口间有大结头、粗节、毛羽、棉结等,阻挡了引纬的顺利进行 ④ 储纬器纬纱磁针动作时间不准	① 清洗探纬探测头,调整探测头灵敏度 ② 适当降低主喷嘴的压力 ③ 查看经纬纱的质量情况 ④ 校正纬纱磁针的动作时间
3	双纬	① 原纱捻度低、单强低、细节多 ② 断纬发生后,探纬器误判或探不到断纬 ③ 操作工失误,未取出坏纬 ④ 开口不清,导致入纬不良 ⑤ 剪刀失误 ⑥ 气压不合理	① 浆轴上经纱张力要均匀,平整度好 ② 经常检查探纬器功能 ③ 加强操作管理,及时处理坏纬 ④ 降低后梁,适当增加经纱张力 ⑤ 剪刀片要锋利,调节好动片与静片的接触位置 ⑥ 做好辅助喷嘴清洁,保证气路畅通

（续表）

序号	疵点名称	形成原因	预防方法
4	烂边、豁边	① 绞边纱传感器异常，边纱断头不停车，造成烂边 ② 飞花黏附，开口不清，造成烂边 ③ 绞边纱张力大小不适宜，造成烂边、松边 ④ 边剪剪破布边，形成豁边 ⑤ 边经纱、绞边纱等穿筘不当造成松边 ⑥ 织轴的轴幅与筘幅差异过大	① 做好清洁工作，每班至少做四次，清洁时不允许吹打 ② 边组织、绞边纱、废边纱的张力均匀 ③ 整经时将整幅的纱片和经轴的边部对齐 ④ 结经时把纱理顺，先分绞，后上轴，否则边部易顶绞而造成烂边和豁边 ⑤ 上轴工上好轴后要校正综框高度 ⑥ 校正边撑的安装规格，特别是边撑刺毛辊与布面的接触角
5	开车痕	① 开车时，织口位置处理不当 ② 钢筘松动 ③ 挡车工操作不当 ④ 经纱张力不匀	① 调整好织口，调整好经纱张力 ② 整固好钢筘 ③ 加强开关车训练，设备最好增加自动寻纬功能

单元三　片梭、喷水织造生产与工艺设计

一、片梭织机的生产原理与工艺设计

片梭织机的引纬方法是用片状夹纱器夹持纬纱，经投射而将纬纱引入梭口。这个片状夹纱器称为片梭。片梭引纬的专利首先是在 1911 年由美国人 Foster 申报，片梭织机则是在 1924 年由瑞士苏尔寿（SULZER）公司独家研制，到 1953 年首批片梭织机止式投入生产使用，使得片梭织机成为最早实现工业化的无梭织机，如图 6-55 所示。

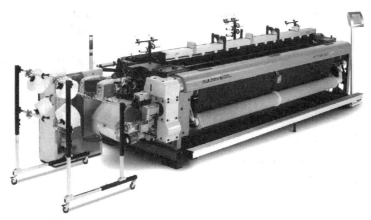

图 6-55　瑞士苏尔寿公司 P7300 型片梭织机概貌

（一）片梭引纬原理

1. 片梭引纬分类

片梭引纬大致可分为两种类型。

（1）单片梭引纬。单片梭引纬在织造过程中始终用一片片梭进行引纬,当片梭由一侧到达另一侧完成一次引纬后要调转180°,进入投梭位置,将纬纱纱端送入片梭尾部的钳口中;然后从另一侧返回到原来的一侧,又引入一纬。如此循环而形成织物。片梭织机类似于有梭织造,属于双侧引纬。由于只用一片片梭,需两侧供纬和投梭,片梭引纬后的调头也限制了织机速度的提高,故单片梭织机不够理想,其数量很少。

（2）多片梭引纬。瑞士苏尔寿公司的片梭织机属于多片梭织机。这种片梭织机在织造过程中,由若干片片梭轮流引纬,仅在织机的一侧设有投梭机构和供纬机构,属于单侧引纬。进行引纬的片梭,在投梭侧夹持纬纱后,由扭轴投梭机构投梭,以高速通过分布于筘座上的导梭片所组成的通道,将纬纱引入梭口;片梭在对侧被制梭装置制停,释放掉纬纱纱端,然后移动到梭口外的空片梭输送链上,返回到投梭侧,再等待进入投梭位置,以进行下一轮引纬。

对于多片梭织机,一台织机配备的片梭数为:

$$配备片梭数 = \frac{上机筘幅（mm）}{254} + 5$$

2. 片梭结构

片梭的结构如图6-56、图6-57所示,它由梭壳1及其内部的梭夹2组成,梭壳与梭夹靠两颗铆钉3铆合在一起。梭壳前端（图中右侧）呈流线形,有利于片梭的飞行。梭夹用耐疲劳的优质弹簧钢制成,梭夹两臂的端部（图中左侧）组成一个钳口5,钳口之间有一定的夹持力,以确保夹持住纬纱。

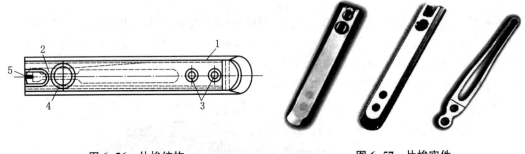

图6-56 片梭结构　　　　　　　　　　　图6-57 片梭实件
1—梭壳；2—梭夹；3—铆钉；4—圆孔；5—钳口

在织造过程中,每引入一根纬纱,梭夹钳口需打开两次:第一次打开是在投梭侧,为了让递纬器将纬纱纱端置于钳口之中;第二次打开是在片梭飞越梭口后,为了把片梭钳口中的纬纱释放掉。钳口的开启是靠梭夹打开器插入片梭尾部的圆孔4中实现的。片梭尾部有一个圆孔与一个缺口,靠前部的圆孔供第一次打开钳口递纬用,能将钳口5打开到4 mm,供递纬器进入钳口内;而靠后部的缺口供引纬结束后打开钳口释放纬纱用,其张开程度比递纬时小得多。

3. 片梭引纬过程

片梭引纬过程可根据片梭及纬纱的状态分为以下十个阶段（图6-58）:

（1）片梭8从输送链向引纬位置运动,递纬器7停留在左侧极限位置,张力补偿器5处于最高位置,制动器4压紧纬纱2。

（2）片梭钳口打开,向夹有纬纱的递纬器靠近,补偿器与制动器同状态（1）位置。

（3）递纬器打开，片梭钳口闭合并夹持递纬器上的纬纱，准备引纬。制动器开始上升，释放纬纱，补偿器开始下降。

（4）击梭动作发生，梭子带着纬纱飞越梭口。击梭时，制动器上升到最高位置，补偿器下降。递纬器开放，并停留在左侧极限位置。

（5）进入右侧制梭箱的梭子被制梭器 12 制动，然后回退一段距离，以保证右侧布边外留有的纱尾长度为 15～20 mm。补偿器上抬，使得因片梭回退而松弛的纬纱张紧。制动器压紧纬纱，并精确地控制纬纱张力（该张力可以调节）。这时，递纬器向左侧布边移动。

（6）递纬器准备夹纱，定中心器 10 将纬纱移到中心位置。同时，两侧织边装置的钳纱器 9 钳住纬纱。制动器和补偿器停留在状态（5）位置。

（7）递纬器夹持纬纱，张开的剪刀 11 上升，准备剪切纬纱，制动器和补偿器位置不变。

（8）左侧剪刀剪断纬纱，右侧片梭钳口开放，释放纬纱。片梭被推出制梭箱，进入输送链，再由输送链送回击梭侧。

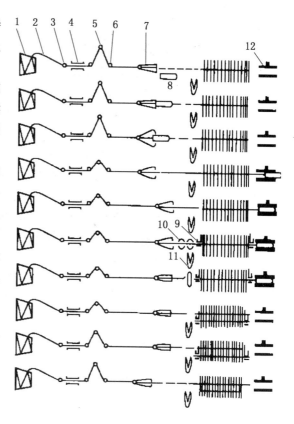

图 6-58　片梭引纬过程示意

1—筒子；2—纬纱；3—导纱眼；4—制动器；
5—张力补偿器；6—导纱孔；7—递纬器；
8—片梭；9—钳纱器；10—定中心器；
11—剪刀；12—制梭器

（9）递纬器向左侧极限位置移动，制动器压紧纬纱。补偿器上抬，拉紧因递纬器左移而松弛的纱线。梭口中的纬纱两端由钳纱器握持，被钢筘推向织口。

（10）递纬器夹持着纬纱退回到左侧极限位置，制动器压紧纬纱，补偿器上升到最高位置。这时，两侧由钳纱器夹持的纬纱头端被钩针钩入新形成的梭口中，形成折入边。

（二）片梭投梭原理及主要装置

片梭织机的引纬机构主要包括筒子架、储纬器、纬纱制动器、张力平衡装置、递纬器、片梭、导梭装置、制梭装置、片梭回退机构、片梭监控机构、片梭输送机构等。这里仅对扭轴投梭机构、导梭装置、制梭装置与片梭选纬机构做简要介绍。

1. 扭轴式投梭机构

片梭织机采用扭轴在投梭之前的扭转变形来储蓄弹性势能，投梭时储蓄的弹性势能迅速释放而驱动片梭。扭轴式投梭机构如图 6-59 所示。

织机主轴通过一对圆锥齿轮直接传动投梭凸轮轴 1 做顺时针方向旋转。固装在投梭凸轮轴上的投梭凸轮 2 推动三臂杆 4 的转子 5，使三臂杆绕三臂杆轴 6 做顺时针方向回转。三臂杆的上端通过连杆 7 推动轴套 8 的短臂，使轴套旋转。轴套套在扭轴 9 外，其外端与扭轴前端及击梭棒 10 固定在一起，因此，扭轴前端及击梭棒做逆时针方向转动。扭轴的后端穿入外套

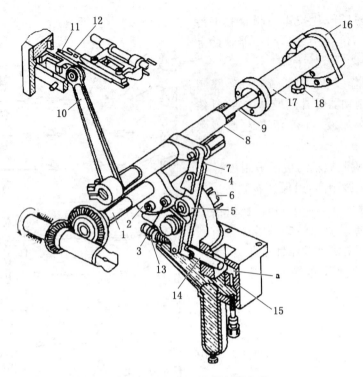

图 6-59　片梭织机扭轴投梭机构

1—投梭凸轮轴；2—投梭凸轮；3—解锁转子；4—三臂杆；5—转子；6—三臂杆轴；
7—连杆；8—轴套；9—扭轴；10—击梭棒；11—击梭块；12—片梭；13—定位螺栓；
14—活塞；15—缓冲油缸；16—扇形套筒板；17—外套筒；18—调节螺栓；a—阻尼腔

筒 17 内,扭轴后端用花键固装一块扇形套筒板 16。外套筒的前端固装在引纬箱的箱体上,扇形套筒板的下部有一弧形槽。外套筒后端的螺杆插入弧形槽内,由螺帽将其紧固在一起。调节螺栓 18 顶紧在扇形套筒板的圆销上。松开扇形套筒板下部弧形槽中螺杆的螺帽,旋转调节螺栓,使扇形套筒板转动一定角度,可改变扭轴的最大扭角,从而达到调节投梭力的目的。外套筒后端的下侧有刻度标尺,扇形套筒板的下部有刻度标记 M,用来指示最大扭角的值。扭轴的前端转动、后端不动,因此,扭轴发生扭转变形而储蓄能量。当三臂杆与连杆上的两个铰链点处于同一直线时,机构达到自锁状态。此时,三臂杆的下臂正好与定位螺栓 13 相碰,并稳定在这一位置;投梭凸轮与转子脱离,储蓄能量达到最大;套在击梭棒 10 上的击梭块 11 移动到最外侧。

当投梭凸轮继续旋转,凸轮上的解锁转子 3 与三臂杆的中臂相碰,使三臂杆沿逆时针方向转过一个微小角度,使其解除自锁状态,扭轴储存的势能迅速释放,由击梭棒带动击梭块撞击片梭射向梭口。

三臂杆的下臂上安装有活塞 14,当活塞进入缓冲油缸 15 的阻尼腔 a 时,对活塞产生一个阻尼作用,吸收击梭后剩余的势能,使扭轴和投梭棒迅速静止,减少扭轴的自由振动和疲劳。

2. 导梭片

片梭在梭道中飞行如图 6-60 左图和图 6-61 所示。梭道由导梭片 2 按一定的间隔均匀排列并安装在筘座上而构成。由于导梭片需插入和退出下层经纱,对经纱有夹持和磨损作用,新型的导梭片由原来的上、下唇相对改为上、下唇左右错开一定距离,如图 6-60 右图所示,使集中的经纱磨损得到分散,有利于高密织物和不耐磨经纱的织造。

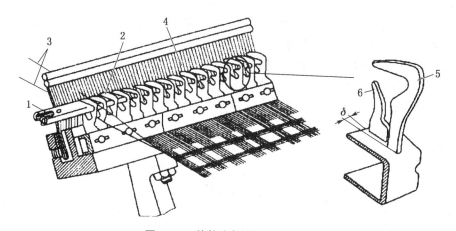

图 6-60 片梭在梭道中飞行示意

1—片梭；2—导梭片；3—经纱；4—钢筘；5—上唇；6—下唇

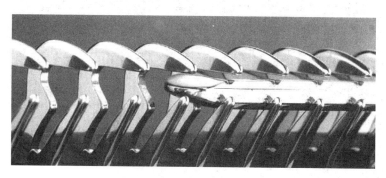

图 6-61 片梭在梭道中飞行实物照片

片梭飞行时受到导梭片的摩擦阻力、纬纱张力和空气阻力等作用,其飞行速度逐渐下降。有资料介绍,片梭出梭口的末速度比进梭口的初速度下降 10%～18%。

3. 制梭器

片梭织机的制梭机构如图 6-62 所示。制梭器有两个滑块,装在接梭箱的滑槽内,制梭器的下滑块 7 与斜面滑块 8 接触,斜面滑块左右运动可调节下滑块的上下位置,达到调节制梭力的目的。伺服电动机 10 上的调节螺杆 9 正转或反转,带动斜面滑块向左或向右运动。安装在下滑块上的制梭脚 3 的下表面上有三个接近开关 a、b、c：b 用于检测梭子到达时间；a 和 c 用于判别制梭力,片梭尾超过 a 则

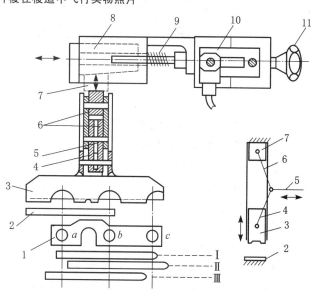

图 6-62 片梭引纬制梭装置

1—接近开关；2—下制梭板；3—制梭脚；4—下铰链板；
5—连杆；6—上铰链板；7—下滑块；8—斜面滑块；
9—调节螺杆；10—伺服电动机；11—手柄

制梭力偏小,片梭头没到达 c 则制梭力偏大。信号送到控制中心处理后驱动伺服电动机 10 转动,自动校正制梭力,直到制梭结束时,片梭处在 a 和 c 的下方。

下滑块 7 通过上铰链板 6、下铰链板 4 铰链在一起。两块铰链板又与连杆 5 由一销轴铰链在一起。连杆由共扼凸轮通过摆臂驱动而做往复运动,下滑块做上下运动。制梭时,下滑块运动到最低位置;片梭回退时,下滑块运动到最高位置。下滑块的下表面装有制梭材料(合成橡胶片、层压胶布等)。

4. 选色机构

如图 6-63 所示,片梭引纬的多色纬织制采用在每个槽内存放一把递纬器,分别夹持不同颜色的纬纱,根据色纬排列顺序,交给片梭,可以进行固定混纬比 1∶1 的混纬和 4~6 色的任意顺序选色。但换纬时选纬机构的动作和惯性较大,在非相邻片梭更换时,这种缺点比较明显。

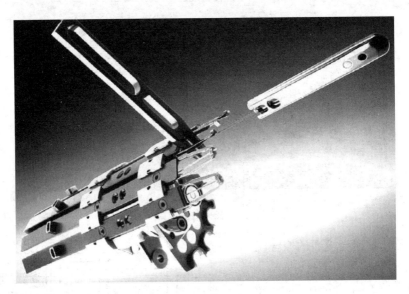

图 6-63 片梭引纬选色装置

混纬的目的是消除同色纬纱色差或纬纱条干不匀给布面质量造成的不良影响,一般采用 1∶1 或 2∶2 交替供纬的方式。

生产中,四色选纬机构使用较多。图 6-64 所示为四色选纬的执行机构,选纬动作由多臂机的最后两页综框连杆驱动,选纬信号装置占用多臂机信号装置的一个部分。所使用的多臂机可以是计算机控制、光电控制或由纹板纸、探针、花筒机械控制。

如图 6-64 所示,在选纬信号控制下,综框连杆做往复运动,通过一系列的杆件推动,连杆 2、2′做上下移动,运动由轴 3 及轴管 3′传递,使杠杆 1、1′前后摆动。杠杆向前摆动时,蓄能器 4、4′中的弹簧压缩变形,积聚能量。蓄能器作为一个运动协调部件,协调着多臂机综框连杆和选纬执行装置的运动。当蓄能器推动双臂杠杆 6、6′绕 O_1 轴做顺时针或逆时针方向摆动时,双臂杠杆 6 的 B 点和 6′的 A 点通过短轴分别带动综合杆 5 的 A、B 两点,双臂杠杆的摆动构成综合杆的四个不同工作位置。连杆 10 的上端与综合杆的 C 点铰接,下端 K 点经杠杆 11、扇形杆 12 上的锥形齿块 15,带动锥形齿轮 14 及与之固为一体的定位器 16、递纬器座 17,使定

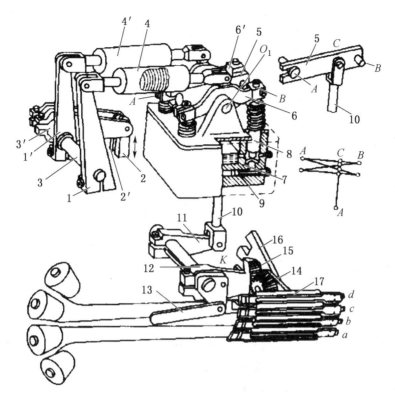

图 6-64　四色选纬执行机构

1,1′—杠杆；2,2′—连杆；3—轴；3′—轴管；4,4′—蓄能器；5—综合杆；
6,6′—双臂杆；7—缸体；8—缓冲活塞；9—油液；10—连杆；11—杠杆；12—扇形杆；
13—控制杆；14—锥形齿轮；15—锥形齿块；16—定位器；17—递纬器座

位器和递纬器座处于四个相应的工作位置。在四个工作位置上,递纬器 a、b、c、d 中的一个与进入击梭引纬状态的片梭对齐,同时向片梭递送相应的纬纱。

(三)片梭引纬工艺

1. 片梭的选用

为适应不同的纬纱种类和不同的箔幅,苏尔寿片梭织机有以下四种类型的片梭:

(1) D_1 型片梭,全钢质,质量约 40 g,梭壳外形尺寸(长×宽×厚)为 89 mm×14.3 mm×6.35 mm,梭夹钳口尺寸为 2.2 mm×3 mm 和 2.2 mm×4 mm 两种,梭壳钳口夹持力为 16.7～21.4 N。适用于箔幅为 390 cm 以下,制织低、中线密度纬纱的片梭织机。

(2) D_2 型片梭,全钢质,质量约 60 g,梭壳外形尺寸(长×宽×厚)为 89 mm×15.8 mm×8.5 mm,梭夹钳口尺寸为 4 mm×5 mm,梭壳钳口夹持力为 29.4 N。出于夹持面及夹持力增大,这种片梭能牢牢地夹持住高线密度纱和结子线,可用于箔幅达 540 cm 的片梭织机。

(3) D_{12} 型片梭,全钢质,梭壳外形尺寸同 D_1 型片梭,梭夹钳口尺寸同 D_2 型片梭,故夹持力大于 D_1 型片梭,而质量小于 D_2 型片梭,常用于织制某些特殊纱线织物。

(4) K_1 型片梭,质量约 22 g,梭壳外形尺寸(长×宽×厚)为 86 mm×15.8 mm×8.5 mm,梭夹钳口尺寸为 2.2 mm×4 mm。因梭壳由 OFK 碳素纤维复合材料制成,织造过程中无需润滑加油,故适应于制织高清洁度的织物。

2. 引纬时间

片梭织机的引纬时间主要通过设定递纬器进出梭口及交接纬纱时间、投梭时间、剪纬时间及梭夹开夹时间等参数实现。

左侧片梭开启钳在 340°~350°与片梭相遇;递纬器在 84°第一次打开,在 105°开足;扭轴机构在 105°开始击梭;制梭器在 30°完成制梭,在 20°开始推梭;递纬器在 303°第二次打开,在 332°开始闭合,夹住纱头;右侧片梭开启钳在 7°打开,在 63°离开片梭。

(1) 递纬器进出梭口及交接纬纱时间。片梭飞入梭口后,递纬器上、下夹闭合。此时,对于单色纬片梭织机,织机主轴刻度盘位于 90°;对于多色纬片梭织机,织机主轴刻度盘处于 70°。

(2) 剪纬时间。片梭织机在引纬侧靠近布边处装有剪刀与定中心片。定中心片的作用是使引入梭口的纬纱相对于递纱夹的钳口正确定位。在剪刀切断纬纱之前,必须先由定中心片将纬纱向织机前方推送到递纬夹的中部,使纬纱正确定位,使递纱夹与边纱钳可以准确无误地夹住纬纱。当递纬夹与边纱钳分别在剪刀的左右两侧将纬纱夹持以后,剪刀才剪断纬纱。这样,左侧的纬纱头由递纬夹移送到织机外侧的纬纱交接位置,进行下一次引纬;而右侧的纬纱头(露出边的长度为 1.2~1.5 cm)由边纱钳与钩针钩入布边。一般来说,如剪刀的垂直位置已调节好,则纬纱必须在(358±2°)之间被切断。调换剪刀时,必须复查剪纱时间。

(3) 投梭时间。投梭时间即扭轴的自锁解除时间。当投梭凸轮上的解锁转子推动三臂杆的中端时,使原来的自锁平衡破坏,扭轴迅速释放势能。所以,调节投梭时间可通过改变凸轮在轴上的相位角来实现。投梭时间设定是固定不变的,不同筘幅的织机配置不同的投梭时间(表 6-11)。

表 6-11 P7100 型片梭织机的投梭时间

公称筘幅(cm)	采用 D_1 型或 D_{12} 型片梭的投梭时间(°)	采用 D_2 型片梭的投梭时间(°)
190	150	—
220	150	120
280	135	120
330	120	120
360	110	—
390	110	110
430	110	110
460	—	110
540	—	110

(4) 梭夹开夹时间。片梭被推回到靠近右侧布边外以后,由梭夹打开机构打开片梭的梭夹,以释放纬纱头。要注意,只有在右侧钩边机构的边纱钳夹住纬纱以后,才可打开片梭的梭夹,使纬纱头从片梭梭夹中释放出来。如不按以上程序动作,将造成右侧布边处缺纬及纬缩。开夹时间为主轴 25°,此时梭夹的钳口被打开 1~1.5 mm。

3. 投梭力与制梭力

投梭力由片梭投梭机构的扭轴直径和扭轴扭转角确定,扭转角与织机速度无关。首先,根据片梭引纬速度选用相应直径的扭轴,然后在正常范围内调节扭轴扭转角。当扭转角达到最大值时,片梭若未及时进入制梭装置,应降低织机车速;当扭转角达到最小值时,若片梭速度仍然太高,则应选用较小直径的扭轴。

制梭力由制梭角的高低位置控制,制梭通道间隙越小,制梭力越大。目前,片梭引纬织机能够自动调整制梭力,其具体控制过程可参照相关书目。

4. 引纬工艺优化

(1) 投梭力的调节。投梭力即扭轴的弹性势能储存量的大小,由片梭质量、织机速度、织机幅宽决定。投梭力的调节方法为:改变扭轴的最大扭角和更换扭轴的直径。旋转调节螺栓,使扇形套筒板转动一定角度,以改变扭轴的最大扭角,从而达到调节投梭力的目的。外套筒后端的下侧有刻度标尺,扇形套筒的下部有刻度标记 M,用来指示最大扭角的值。扭轴扭转过度或不足,均会造成其他部件的损坏。因此,扭轴直径应根据所需引纬速度进行选用。扭轴直径、扭角与片梭初速度的关系如图 6-65 所示。扭轴的加扭范围见表 6-12。

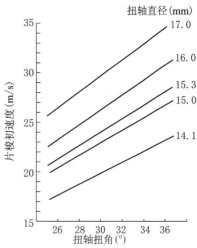

图 6-65　扭轴直径、扭角与片梭初速度的关系

表 6-12　扭轴的加扭范围

标准幅宽(cm)	扭轴直径(mm)	扭转范围(°)	标准幅宽(cm)	扭轴直径(mm)	扭转范围(°)
280~540	19	12~27	190~220	17.2	18~32
190~220	19	15~25	190~220	15.8	18~35

(2) 引纬张力的调节。纬纱张力的调节着重于制动器的压力及张力平衡杆升降的配合。在 354° 时,接梭侧片梭回到靠近布边处,引纬侧的纬纱张力杆应继续把梭口中的纬纱拉直,以免产生边纬缩。在 220°~310° 的标准时间内,利用纬纱张力杆在 310° 以后继续提升的动作,使纬纱在压电陶瓷传感器内继续有位移和压力,继续可以发出信号,防止断纬不关车造成"百脚"织疵。

(四) 片梭织机的品种适应性

片梭引纬属于积极引纬方式,对纬纱有良好的控制能力,片梭对纬纱的夹持和释放是在两侧梭箱中静态条件下进行的,因此引纬故障少、质量好。纬纱在引入梭口后,它的张力受到一次精确调节。这些性能都十分有利于高档产品的加工。

由于片梭对纬纱的良好夹持能力,因此适应加工的纱线范围很广,包括各种天然纤维和化学纤维的纯纺或混纺短纤纱、天然纤维长丝、化纤长丝、玻璃纤维长丝、金属丝及各种花式纱线。但片梭起动时加速度很大,达到 $1200×9.8 \ m/s^2$。因此,弱捻纱、强度很低的纱线做纬纱时,容易断裂,不适宜片梭引纬织造。

片梭引纬可以进行 1∶1 混纬和 4~6 色多色纬织造,换纬时,选色机构动作和惯性较大,在非相邻片梭更换时,这种缺点较明显。

片梭织机幅宽可达 540 cm,能织制单幅或同时织制多幅不同幅宽的织物。单幅织造时,移动制梭箱位置,可方便地调整织物幅宽。多幅织造时,最窄上机筘幅为 33 cm,几乎能满足所有织物加工的幅宽要求。加工特宽织物和筛网织物,则是片梭引纬的特色。

片梭引纬能配合多臂或提花开口机构,用于加工高附加值的装饰织物和高档毛织物,如床上用品、窗幔、高级家具织物、提花毛巾被、提花毛毯、精纺呢绒等。

片梭引纬通常采用折入边,在各类无梭织机布边中,经纬纱回丝最少;在加工毛织物时,如加装边字提花装置,还可织制织物边字。

二、喷水织机生产与工艺设计

喷水引纬是在喷气引纬的基础上发展起来的,两者的原理极为相似,只是引纬介质不同,即以水代替气流而进行引纬。因为引纬介质不同,使喷水引纬具有有别于喷气引纬的一些特点:水射流的集束性远高于气流,对纬纱的摩擦牵引力大;能增加纱线的导电性能;车速高,可织幅宽大,噪音低,动力消耗少,特别适合于合成纤维等疏水性纤维纱线的织造。对于亲水性纤维纱线织物,因机上脱水效果欠佳,下机烘布能耗高、效率低,一般不采用喷水织机进行织造。喷水织机概貌如图 6-66 所示。

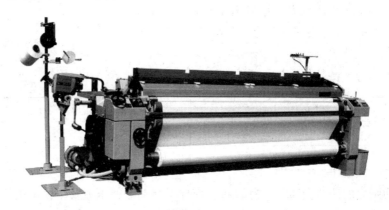

图 6-66 喷水织机概貌

(一)喷水引纬原理

喷水引纬的织造原理如图 6-67 所示。纬纱从纬纱筒子 1 上退绕,并绕在储纬器 2 上,同时纬纱前端进入环状喷嘴 5 的中心导纬管待喷。喷射水泵 3 在引纬凸轮的大半径作用下,通过连杆 7,从稳压水箱 8 中吸入水流,在引纬凸轮转至小半径的瞬间,靠柱塞泵体内压缩弹簧的弹性释放力的作用,对缸套内的水流进行加压,使具有一定压力的水流(即射流)经管道从径向进入环状喷嘴 5,再经内腔整流后由喷嘴口喷出。此时,储纬器放出预定长度的纬纱。在喷嘴处,纬纱和水合流,以 30~50 m/s 的速度向梭口喷射,水射流携带着纬纱通过梭口后,打纬机构把纬纱打向织口,使经纬纱交织成织物。打纬时,左侧电热割刀 6 把纬纱割断,左、右侧边经纱分别受其绳状绞边装置 4、10 与假边装置 9、12 的共同作用,形成良好的锁边组织。探纬器 11 的作用是探测每纬的纬纱到达出口边的状态,一旦发生断纬或纬缩等现象,就会发出停车信号。经纬纱交织成的织物经左、右两侧电热割刀 6 的作用,从织物边上割去假边组织,并经导丝轮送入假边收集器中。织物经吸水胸梁 13 的狭缝吸去其中含有的大部分水分,然后被送入卷取辊。

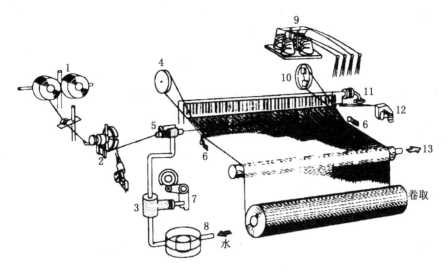

图 6-67　喷水引纬的织造原理示意

1—纬纱筒子;2—储纬器;3—喷射水泵;4,10—绳状绞边装置;5—环状喷嘴;
6—电热割刀;7—连杆;8—稳压水箱;9—假边纱;11—探纬器;12—假捻装置;13—吸水胸梁

(二)喷水引纬机构主要装置

1. 喷嘴

由于水射流的集束性远远优于气流,因而喷水织机的喷嘴长度比喷气织机短,但结构更复杂、更精密。图 6-68 所示为典型的喷嘴结构,由导纬管 1、喷嘴体 2、喷嘴座 3 和衬管 4 等组成。压力水流进入喷嘴后,通过环状通道 d 和 6 个沿圆周方向均布的小孔 b、环状缝隙 c,以自由沉没射流的形式射出喷嘴。环状缝隙由导纬管和衬管构成,移动导纬管在喷嘴体中的进出位置,可以改变环状缝隙的宽度,调节射流的水量。6 个小孔 b 对涡旋的水流进行切割,减小其旋度,提高射流的集束性。

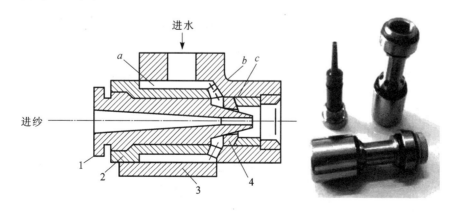

图 6-68　喷水织机喷嘴结构

1—导纬管(喷针);2—喷嘴体;3—喷嘴座;4—衬管

2. 喷射水泵

喷射水泵是喷水引纬机构的主要部件,它在织机的每一回转中提供可引入一纬的高压水流。喷射水泵按活塞在工作时的状态分为立式和卧式。图 6-69 所示为卧式喷射水泵,主要由引纬水泵、进水阀、出水阀、稳压水箱和辅助引纬等装置组成。

如图 6-69 所示,凸轮 3 做顺时针转动,由小半径转向大半径时,通过角形杠杆 1 和连杆 14,拖动活塞 8 向左移动,则弹簧内座 6 连同弹簧 5 一起向左移动,弹簧被压缩,同时水流被吸入泵体。当凸轮转至最大半径后,随凸轮继续转动,角形杠杆和凸轮脱离而被释放,活塞在弹簧的作用下向右移动,缸套 7 内的水被加压,增大的水压使出水阀 9 打开,射流从出水阀经喷嘴射出,牵引纬纱进入梭口飞行。进水阀 10 与出水阀都为单向球阀,其作用原理相同。

当活塞在凸轮作用下向左运动时,缸套内为负压状态,出水阀的钢球与阀座下方密接,出水阀被密封;进水阀的钢球被顶起,水流被吸入缸套内。当活塞向右移动对水流进行加压时,进水阀关闭,出水阀打开。图 6-70 所示为双喷嘴用双压力水泵。

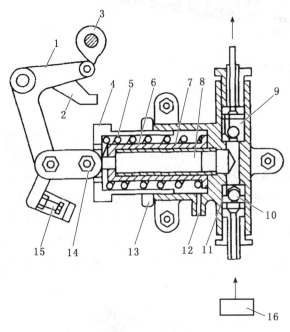

图 6-69　喷射水泵　　　　　　　　图 6-70　双喷嘴用双压力水泵

1—角形杆;2—辅助杆;3—凸轮;4—弹簧座;5—弹簧;
6—弹簧内座;7—缸套;8—活塞;9—出水阀;
10—进水阀;11—泵体;12—排污口;13—调节螺母;
14—连杆;15—限位螺栓;16—稳压水箱

3. 稳压水箱

稳压水箱的作用是为水束提供水源以及稳定水位、消除水中的气体和进行最后过滤。稳压水箱的内部结构如图 6-71 所示。水流通过车间的分配管路从进水阀门 4 流入稳压水箱。浮球 3 的作用是控制水箱中的液面高度,当水位达到规定液面时,浮球使进水阀门关闭;反之,则开启进水阀门。滤网 2 的作用是防止杂物进入泵体,水箱的出水口与泵体的进水阀通过管道连接。

4. 夹持器与张力器

如图 6-72 所示,夹持器的主要作用是控制纬纱的飞行时间,即在纬纱不需要飞行时将纬纱夹住,而在纬纱需要从梭口的一侧飞向另一侧时开启,使纬纱顺利飞过梭口,完成引纬。

如图 6-72 所示,门栅式张力器对通过的纬纱有刹车的功能。如遇不易形成先行水的纬纱(主要是亲水性纤维,即回潮率较高的纤维),或者将先行角放大时因喷射水压而使纬纱尖端容易断裂的纱线,进行投纬时,需要对纬纱进行刹车,降低纬纱飞行速度,使其产生先行水而防止纬丝尖端摆动。刹车强度以装配四根针或三根针而加以调整。

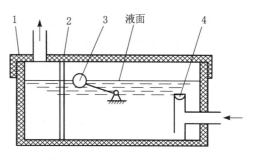

图 6-71　稳压水箱结构图

1—箱盖;2—滤网;3—浮球;4—进水阀门

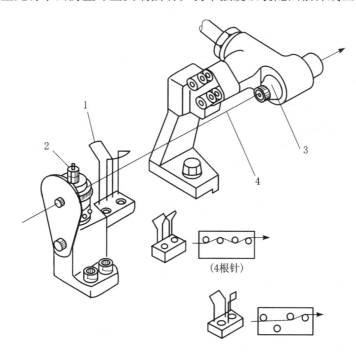

图 6-72　夹持器与张力器

1—张力器;2—夹持器;3—喷嘴;4—纬纱

(三) 喷水引纬工艺调整

喷水织机引纬工艺调整主要包括喷射水泵、喷嘴和夹持器的调整。

1. 喷射水泵调整

喷射水泵工艺包括喷水时间、水量和水压。

(1) 喷水时间的设定与调整。

① 喷水时间的设定:喷水时间是指水泵凸轮最高点与转子接触的时间,以角度表示。一般品种的喷水时间为 85°～90°。喷水时间过早,会使水束打在钢筘上,造成水束飞散,影响纬纱正常飞行;喷水时间过迟,会造成先行水量不足,纬纱头端容易弯曲、抖动,造成空停。

② 喷水时间的调整:首先将设定的喷水时间 85°对准定位指针;然后如图 6-73 所示,将水

泵凸轮1的顶端、凸轮轴3的中心及转子2的中心这三点调在一条直线上,锁紧凸轮固定螺钉。如果要改变喷水时间,只需将新设的喷水时间(手轮刻度盘上的角度)重新对准定位指针,后续调节方法与设定时相同。

（2）水量的设定与调整。喷水织机水量是指一次喷射时水泵经喷嘴喷射的水量。水量不足,容易引起纬丝飞行不良;水量过大,会造成探纬失误空停。

① 水量的设定:喷水织机的水量由水泵缸体的直径和柱塞的行程设定。柱塞的行程,涤纶长丝为8~12 mm,涤纶加弹丝因吸水量较大取10~12 mm。喷水织机的水泵有不同的型号,而且缸体有不同的直径规格,应依据织物幅宽、纬纱的种类和性能、织机转速等具体情况分别选用。喷水量一般为2.41~6.36 mL/纬。

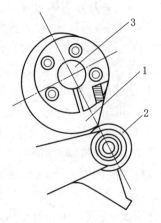

图 6-73　喷水时间调整
1—凸轮;2—转子;3—凸轮轴

② 水量的调整:如图6-74所示,水泵凸轮1的圆周上的标记8、10、12是设定水量用的。标记值愈大,水量愈高;反之,水量愈小。水泵行程与柱塞直径无关,可在8~12 mm范围内调整。若取水泵行程为10 mm,则应调节定程螺栓2的长度,使得从右面开始的第三个标记与凸轮滚盘3的中心位量相吻合,进行水量调整。调整时,可用同步仪观测残水量,也可用水泵凸轮柄4往复与定程螺栓刚刚接触时的织机曲柄角度(水量终了角)来观测水量。水量终了角愈大表示水量愈大,反之则水量愈小。一般情况下,如ZW302型织机的水量终了角为205°~220°,具体设定应根据品种规格及原料性能、线密度选用。

（3）水压的调整。水压是由水泵缸体直径、泵内弹簧种类及控制初期负荷的紧固螺母与弹簧帽的间距来确定的。它的调整如图6-75所示。

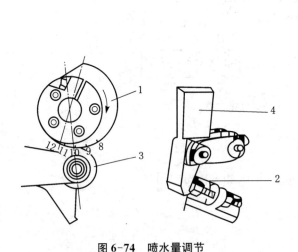

图 6-74　喷水量调节
1—水泵凸轮;2—定程螺栓;3—凸轮滚盘;4—水泵凸轮柄

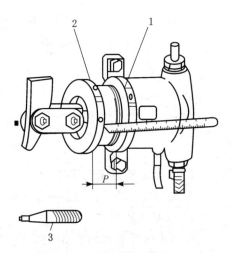

图 6-75　水压调整
1—紧固螺母;2—弹簧帽;3—水泵转子

① 调整方法:松开紧固螺母1,用专用工具转动弹簧帽2,以取得适当的间隔尺寸,根据此尺寸 P 值即可确定压力的大小,然后将紧固螺母上紧即可。

② 调整范围：不同型号的水泵，调节范围不同，S 型泵为 4～25 mm，L 型泵为 12～37 mm，H 型泵为 15～40 mm。

P 值大，水压低；P 值小，水压高。水压太低，使引纬拘束飞行角延后，容易使纬丝缠绕在储纬盘上，压断纬纱；水压太高，会使引纬拘束飞行角提前，残留水量不足，容易空停。如加工薄型织物时，水压一般为 0.9～1.0 MPa。

2. 喷嘴调整

喷嘴调整主要根据织物品种及水压、水量的具体情况调整喷嘴的喷射角与喷嘴开度。

(1) 喷射角。喷射角是指喷嘴轴线与水平线之间的夹角，用 θ 表示，$\theta=0°$ 时为水平喷射，$\theta>0°$ 时为仰角喷射（图 6-76）。织造筘幅在 160 cm 以下的品种，一般采用水平喷射。调整时，使开口装置处于闭口状态，轻轻地踩踏水泵踏板，调整调节螺栓，使喷射水流能到达经纱的中心即可。织造筘幅 160 cm 以上的品种时，因纬纱由一侧向另一侧运动，飞行的纬纱有下落的趋势，因此采用仰角喷射。应使喷嘴中心位于经位置线以下 1～2 mm，进行略带倾角的喷射，以便纬纱在织机的中心部位呈弧状飞行。

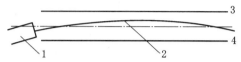

图 6-76 喷嘴的喷射角

1—喷嘴；2—纬纱；3—上层经纱；4—下层经纱

(2) 喷嘴开度。环形喷嘴体与喷针（导纬管）的间隙称为喷嘴的开度。喷射水流的形状由喷嘴的开度决定：开度小，喷射水柱细而长；开度大，喷射水柱粗而短。

由于纬纱种类、线密度、筘幅、织机车速及水泵行程、P 值等条件的不同，所需要的喷嘴开度也不相同。一般粗纬纱的喷嘴开度比细纬纱大。喷嘴开度的调节通过转动喷嘴顶针而进行（图 6-77）。当喷针 2 完全旋进喷嘴体 1 时称为 0 开度，将喷针反转一周称为 1 开度。当喷嘴开度小时，喷射水流束比较长和细，开度大时则相反。一般喷嘴开度调整为 0～2。

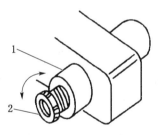

图 6-77 喷嘴开度调节

1—喷嘴体；2—喷针

3. 喷水引纬时间与夹持器调节

控制喷水时间的参数包括始喷角、始飞角、先行角等，应根据机型、织物品种、开口时间、织机车速选择。一般来说，常见的 ZW 型、LW 型织机的喷水时间为 85°～95°。

(1) 始喷角。始喷角指水泵凸轮的工作点从大半径转至小半径的瞬间喷水织机主轴所在的角度，即水射流从喷嘴喷出的时间点。其调节与设定见前述喷射水泵的喷水时间调节部分。

(2) 先行角。在引纬开始前，为了使弯曲向下的纬纱头端伸直，需设定比纬纱引纬先行的水柱，将纬纱伸直并稳定引纬，此水称为先行水，一般设定在 85°～90°喷水。而喷水时间与夹持器开放角度的差称为先行角。如喷水时间为 90°，夹持器开放角度为 105°，则先行角等于 15°。实际上，先行水的设定是通过先行角的设定来完成的。先行角的设定与调整根据织物纬纱的种类、线密度的不同而变化（表 6-12）。先行水量设定、调节是否得当，可用同步仪观测。纬纱在自由飞行中，先行水束应比纬纱超前 50～100 mm。当先行水不容易超前时，可在喷嘴和夹持器之间用张力钢丝将纬纱制动，降低其速度，使先行水柱领先纬纱。

表 6-12 喷水织机不同纬纱设定的先行角

纬纱种类	先行角	纬纱种类	先行角
锦纶、涤纶长丝	15°	低弹丝 111 dtex(100 旦)以下	20°～25°
涤纶加捻丝	15°～20°	低弹丝 167 dtex(150 旦)以上	25°～30°

（3）夹持器开闭时间和引纬角度。夹持器的作用是通过两片夹纱片的开闭来控制引纬的开始和停止。其调节方法是调节夹持器凸轮连杆，使夹纱器开放时两片夹纱片的间隙为0.5～1 mm。通过调整夹持器内外两个凸轮的位置，控制夹持器在 100°～120° 开放，在 260°～275° 闭合。夹持器从开放到闭合的这段角度称为飞行角，它包括自由飞行角和拘束飞行角。

喷水引纬工作圆图如图 6-78 所示，图中 4 为先行角，1 为纬纱飞行角，它包括自由飞行角2 和拘束飞行角 3。自由飞行是指夹纬器开放后纬纱从储纬器上退绕的飞行；拘束飞行是指储纬器上的纬纱退绕完后继续飞行的纬纱受定长盘表面线速度影响的飞行。拘束飞行对伸展纬纱、防止纬缩有利，但会使飞行角增加。调整时应使自由飞行终了位置在距织物右边 0～50 mm 的范围内。有的定长储纬器不设拘束飞行，对降低纬纱飞行角有利，但不适应强捻丝的引纬。通过增大喷射压力和喷水量，可以缩小自由飞行角，从而使总飞行角减小。

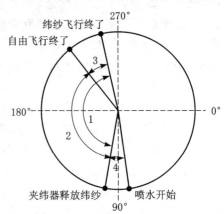

图 6-78 喷水引纬工作圆图

1—纬纱飞行角；2—自由飞行角；
3—拘束飞行角；4—先行角

引纬时纬纱的飞行分为两个阶段：第一阶段是将储纬器上绕的纬纱进行引纬，称为自由飞行；第二阶段为纬纱一边测长一边飞行，称为拘束飞行。自由飞行角是指从夹持器开放到储纬器上绕的纬纱全部退绕完的这一段角度。拘束飞行角是指从储纬器上绕的纬纱退绕完到夹纱器闭合的这一段角度。自由飞行角的结束时间也就是拘束飞行角的开始时间。拘束飞行角对纬纱引纬十分重要。拘束飞行太早会造成飞行结束时水量不足、纬纱抖动，引起探纬器空停；太迟则会造成储纬器上绕纱。拘束飞行角的设定范围一般为夹纱器闭合角度提前 20°～30°，调整时需用同步仪边观察边调整水泵压力。

（四）喷水引纬品种适应性

喷水织机比较适用于大批量、高速度、低成本织物的加工。喷水引纬通常用于疏水性纤维的织物加工，加工后的织物要经烘燥处理。由于市场的需要和世界合纤仿真丝绸技术的发展及喷水织机的技术进步，使品种和原料的突破成为可能。喷水织机适用的原料和织造品种已从单一常规的涤纶、锦纶向差别化纤维及仿真丝绸、仿毛织物发展。过去主要使用 75 dtex（68 den）、77 dtex(70 den)、110 dtex(100 den)、165 dtex(150 den)等常规涤纶丝、锦纶丝进行织造。现在不但能进行常规丝的织造，还能进行低弹丝、强捻丝、异收缩丝的织造；不但能进行普通丝的织造，而且能进行细旦丝、超细旦丝、分裂型超细丝的织造；不但能进行单一纤维的织造，而且能进行复合丝、包缠丝的织造，因而桃皮绒、弹力织物大量出现。原料是品种开发的基础，织造技术的进步使织造的原料、品种有较大的突破，从而使喷水织机织造的品种局限性大大下降，从仅能生产薄型织物发展至薄、中、厚织物，并且斜纹、缎纹和提花织物都能生产。

喷水织机采用双喷、三喷,可以织造双色纬、三色纬,还能织造强捻丝。日本津田驹公司生产的喷水织机在织造强捻丝时,用机械方法将喷嘴露出的纬丝前端向后拉直,避免了下一次喷纬时纬丝扭结,提高了投纬的准确性。丰田公司生产的喷水织机采用气体吸丝装置,可防止纬丝间相互缠绕,引纬更加稳定。上述两家公司生产的喷水织机都有弹力丝专用引纬装置。津田驹公司、沈阳宏大公司、青岛允春公司生产的喷水织机采用双泵,实现了细度和特性相差很大的两种纬丝的稳定投纬,使喷水织机品种的开发有了更大的可能。一些喷水织机在织制双色纬时可采用摆动式喷嘴进行切换,使各喷嘴处于最佳位置进行引纬,提高了引纬的稳定性。

喷水引纬为消极引纬方式,梭口是否清晰是影响引纬质量的重要因索。喷水引纬耗用水量较大,生产废水会污染环境,要进行污水净化处理。

三、无梭织机主要辅助装置

(一) 传动系统

织机的传动机构包括启制动装置及主轴上的附件,如主轴位置信号发生器、手轮等,由于各类织机的传动机构存在一定差异,故仅选择具有代表性的织机做重点介绍。

随着织机转速的不断提高,主传动的启制动性能必须相应提高,以达到迅速启动和及时制动的目的。织机的传动有间接和直接两种形式。

1. 间接传动

间接传动,就是在电动机到织机主轴的传动链中有专门的离合与制动装置。启制动的执行装置是电磁离合器、电动机和电磁制动器等。电磁离合器和电磁制动器有多种结构形式,图 6-79 所示为一种常见结构。

织机启制动信号输入驱动电路,使电磁离合器线圈 1 或电磁制动器线圈 3 通电。当织机启动时,电磁离合器线圈通电,电磁制制动器线圈断电,安装在皮带轮 6 上的转盘 5 与固装在传动轴 7 上的摩擦盘 4 快速吸合,电动机通过皮带轮带动织机回转。当织机制动时,电磁制动线圈通电,电磁离合器线圈断电,传动轴上的摩擦盘迅速与转盘脱离,与固定不动的制动盘 2 吸合,实施强迫制动。制动后,织机在慢速电动机的带动下回转到特定的主轴位置(一般为 300°)而停机。织机停机时,电动机仍带动皮带轮旋转,皮带

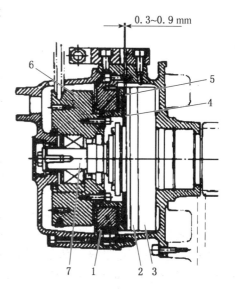

图 6-79　常见电磁离合器和
电磁制动器结构

1—电磁离合器线圈;2—制动盘;
3—电磁制动器线圈;4—摩擦盘;
5—转盘;6—皮带轮;7—传动轴

轮具有较大的质量,起到飞轮作用,可以存储一定能量。在织机启动第一转过程中,皮带轮释放能量,使织机速度迅速达到正常数值。为了保证电磁离合器和电磁制动器正常工作,摩擦盘和转盘之间的间隙应控制在 0.3~0.9 mm。

图 6-80 所示为 SOMET 公司的 SM93 型剑杆织机传动系统,它是典型的间接式主传动系统。

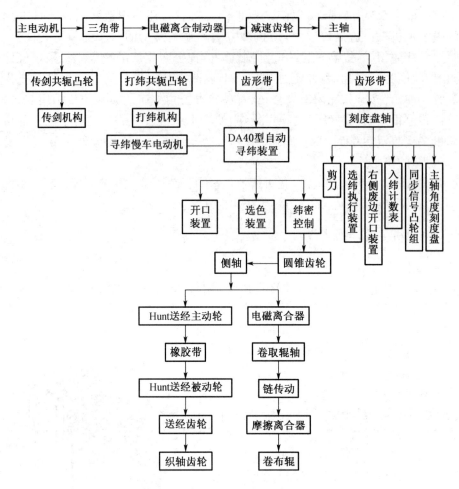

图 6-80 SM93 型剑杆织机传动系统

如上图所示,主电动机通电运转后,织机主轴并不转动。要使主轴转动,还需按开车按钮或点动按钮,使电磁制动器线圈失电,同时电磁离合器线圈得电。织机主轴转动后,通过主轴上的两对共轭凸轮分别传动传剑机构和打纬机构,并通过齿形带传动开口、送经、卷取机构以及织边、独立废边、选色、边剪等机构。除主传动之外,该织机还配备有辅助传动机构(D40 型自动寻纬装置),即由一台功率较小的寻纬慢速电动机驱动,使织机以较慢的速度正转或反转,以便于工人操作。另外,当经停或纬停发生时,慢速电动机将按预定方式驱动织机的有关机构,进行找纬或对织口等操作。

侧轴上的电磁离合器使织机能实现暂停卷取,即具有控制密纬功能,它是用选色控制器中冲轧纹纸的第八个孔拉控制的。

新型高性能的无梭织机普遍采用单独电动机分别传动送经和卷取机构,已实现电子送经和电子卷取功能。

2. 直接传动

采用直接传动形式的织机,其电机通过皮带直接将动力传递给主轴,因此在电机与主轴之间的传动链上不存在离合器,机构较简单,而且当织机以任何方式停机时,电机均随之停止转动,避免了电机的空转。但是为了缩短启制动时间,必须配备性能更加优异、可控的大功率电机,以提供足够的启制动力矩,使织机启动开车打第一纬时,其转速不低于额定值,因此避免了产生织造横档问题,消除了对织物质量产生不利的影响。有些先进的无梭织机应用新的直接驱动技术,取消了电磁离合器、电磁制动器和慢速寻纬机构,直接由数字化程序控制多台电动机直接驱动,简化了机械结构,有利于提高织机速度和运转效率,减少了能耗和机物料消耗。

如必佳乐公司的 GAMMAX 型、GAMMA 型等剑杆织机和 OMNIPLUS800 型喷气织机,采用该公司首创的 SU-MO 超级电动机为主传动。该电动机是一种开关磁阻电动机,具有变速范围广、特性曲线硬、响应速度快和节能等优点,用于织机主传动可以不用传动皮带、刹车盘、离合器,使机械结构大大简化。该电动机在织造过程中可以不断变速,优越性十分突出。另外,瑞士苏尔寿公司的 G6300 型剑杆织机的主传动采用独立交流变频调速,不需要用更换皮带盘的方式来改变主机速度,在织造过程中可以不断变速。

日本津田驹公司的 ZAX-N、ZAX9100 型喷气织机也采用超启动电动机直接启动织机,使织机启动时就产生高输出转矩,以提高第一梭的打纬力量,防止停车档的产生。

(二) 储纬器

无梭织机的入纬率很高,但仍是间歇性工作,用于引纬的时间仅占织机运转时间的 $1/3 \sim 1/2$,若直接从筒子上退绕而引出纬纱,则退绕速度为入纬率的 $2 \sim 3$ 倍,极易出现断头和脱圈。而且,由于筒子的退绕半径、退绕位置的变化以及筒子卷绕质量的影响,张力波动很大,更易造成断头和各种引纬疵点。因此无梭织机都配备了储纬器,即先把纬纱从筒子上退下,绕到储纬器上暂存,再由片梭、剑头或流体带入梭口。由于储纬过程接近连续,从而将纬纱从筒子上退绕的速度降低到近于入纬率。此外,储纬过程中纬纱张力低,而且储纬器的特殊结构使引出的纬纱张力小而匀,显著降低了纬纱断头和引纬疵点。

另外,采用喷射引纬方式是以流体作为载体,每次的引纬长度不像片梭、剑杆引纬那样易于控制,容易造成布面缺纬或回丝太多。因此,要求每次引纬长度一定。这时,储纬器还要起定长作用。

储纬器有多种形式,如气流式、黏附式、动鼓式及定鼓式等。气流式用于喷射织机,纬纱先经定长轮输送一定圈数(即长度),利用气流储存于匣形储纬槽中,再进行供纬。这种方法简单,但纬纱易发生扭结,工人操作亦不方便,已较少采用。黏附式是用导纱器将纬纱摆放于运动着的循环绒布上而储存,张力不够均匀,不利于高速,也较少采用。

动鼓式是将纬纱绕于略带(或一端略带)锥度的储纬鼓轮上(图 6-81)。纱线从固定的导纱器上引出,卷于转动的鼓轮上,纱线因鼓轮的锥度向小直径端滑动,从而依次排列。当鼓轮表面的光源或反射镜 7 被纱线遮盖,接收器 3 收不到信号时,说明储纬量已足够,令小电机和鼓轮停转。引纬时光源或反射镜因纬纱退下而露出,接收器收到信号,使小电机及鼓轮转动而储纬。鼓轮的转速可以调节,使其停转时间很短而近于连续转动。纱线引出时经过环形毛刷 5,用以控制纬纱从鼓轮上退绕,防止气圈太大、退出太多或纱线扭结。纱罩 6 用来防止气圈过大(有的储纬器不设)。动鼓式结构简单,但鼓轮较大,对频繁起动、制动不利,所以也逐渐少用。

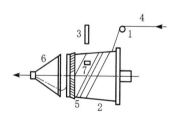

图 6-81　动鼓式储纬器

1—导辊；2—鼓轮；
3—光电接收器；4—纬纱；
5—环形毛刷；
6—纱罩；7—光源

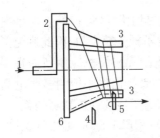

图 6-82　定鼓式定长储纬器

1—纬纱；2—导纱器；3—鼓轮；

4,5—插针；6—底板

定鼓式如图 6-82 所示。由小电机带动导纱器 2 转动,将纬纱绕于不动的鼓轮 3 上。纱线的排列可利用鼓轮的锥度自动进行,称为消极式排纱;也可利用专门的排纱装置来完成,称为积极式排纱。后者的排纱效果更好(动鼓式也可采用)。用于剑杆、片梭的储纬器时,不要求每次定长准确,用前述光电方法控制储纬量即可;而用于喷射引纬的储纬器须准确定长,图 6-82 所示即为定鼓式定长储纬器,每一纬的长度由插针 4 和 5 的进出距离确定,而插针的运动由电磁作用或机械方法控制。插针 5 插入鼓轮,作为定长的起点,到所需圈数后,插针 4 插入,作为定长的终点。新绕的纬纱被挡在插针 4 的左侧,两根插针之间的纱长即为每次引纬长度。引纬时,拔出插针 5,该段纬纱被引入梭口,插针 4 左侧的纬纱因被阻挡而不能引出。引纬结束,插针 5 插入,插针 4 拔出,其左侧纬纱圈依次滑下,被插针 5 阻挡而做下次定长储纬。每次引纬长度由圈数和每圈长度确定。这种鼓轮是由若干筋板或钢丝组成的多边形,调节其直径,就调节了每圈纱长。

图 6-83 所示为新型的定鼓式定长储纬器,只设一根插针,由电脑通过电子线路控制电磁作用而使插针运动。该储纬器上设多个传感器,储纬时插针插入,导纱器转动而储纬,并由积极式排纱装置排纱。当储纬量足够时,由储纬传感器送出信号,通过电脑指令使小电机及导纱器停转。引纬时插针拔出,纬纱由喷嘴喷出,到达规定长度(即圈数)后,由退绕传感器送出信号,通过电脑指令使插针插入,握持纱线,不再继续退绕。

图 6-83　现代无梭织机用储纬器

定鼓式储纬器的转动件小而轻,配以先进技术,适应高速引纬,所以新机大多采用,但其结构较复杂,价格昂贵。

(三) 布边

无梭织机的纬纱由梭口之外的筒子供应,除个别情况外,基本每一纬都要剪断,使边部经纬纱不能相互"锁住",在打纬和染整加工的拉幅作用下,边经纱会向外侧运动而造成边部经纬脱散。因此,对无梭织机的布边必须做特殊处理,采用特殊的布边结构。这些布边结构除满足一般要求外,还须做到:经纬纱结合坚牢,能承受打纬和染整加工的拉幅作用;布边和布身的厚度应一致,以免染整时造成色差和因横向轧压而受力不匀,也便于服装剪裁;织边方法简便,回丝少。

为达到上述要求,无梭织机采用以下几种布边结构:

1. 折入边

如图 6-84 所示,将引入梭口的纬纱两端的伸出部分折入下次梭口中。其外观光洁,颇似自然边,也较坚牢。片梭织机常用这种布边,采用专门的织边装置,由钩边针将纬纱头钩入下次梭口。若片梭织机进行多幅织造,织机中间也要安置织边装置,使每幅织物两侧都形成折入边。钩针式织边装置较复杂,运动配合要求也较严格,但形成的布边良好,边幅约 15 mm,而且可与专门的开口装置配合织出边字。喷气织机在初期也使用折入边,由梭口两侧的边喷嘴于下次开口时将纬纱头回喷而折入。图 6-85 所示为无梭织机折入边装置。

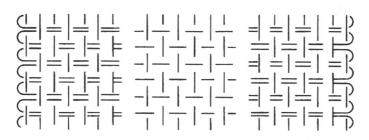

图 6-84　折入边

图 6-85　无梭织机折入边装置

　　折入边虽然光洁坚牢,但布边纬密为布身的 2 倍,造成布边厚而硬,影响染整效果,而且不便多层剪裁。若为高纬密或高纬向紧度织物,织造也有困难(边经易断)。为此,可采用 t_j(一个完全组织交错次数)/R_w(一个完全组织纬纱循环数)值较小的边组织,如布身为平纹,则布边可用 $\frac{2}{2}$ 经重平;还可将布边经密减小,采用细而强度高的边经纱等。

2. 纱罗边

　　如图 6-86 所示,边组织采用纱罗组织,利用边经纱中的一些经纱(绞经)的绞转,并与纬纱交织,从而将纬纱锁牢。这种布边并不光洁,而是呈毛边状,但能承受打纬和染整加工的拉幅作用,其厚度略大于布身。剑

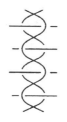

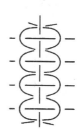

(a)二经纱罗组织　(b)三经纱罗组织　(c)四经纱罗组织

图 6-86　纱罗边

杆织机常用这种布边,其形成方法有多种,如采用特殊的钢片综,开口时绞经在地经左右运动而绞转,织边装置的结构也不复杂。

纱罗绞边是通过专门的纱罗开口装置来实现的,种类较多。图6-87所示为瑞士格罗公司(GROB)的 MIBOBOR 型纱罗绞边综片装置。这种开口装置需借助两页平纹综框的一上一下运动,即使织制其他组织织物,这两页平纹综框也是必备的。

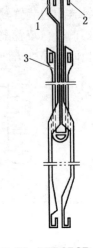

纱罗绞边装置的综片结构如图 6-87 所示。绞边综 1 和 2 通过其上部的综耳,挂在一对做平纹运动的综框上。U 形综 3 的两臂分别穿过绞边综的导孔内,其上部的综耳固定在可做升降运动的吊综挂板(图中未画出)上。吊综挂板的上端与一回综弹簧连接。吊综挂板始终保持着将 U 形综上提。

地经纱 A 穿在 U 形综的综眼内,绞经纱 B 则穿在两片绞综之间,通过平纹综框的传动,纱罗绞边装置按下列四个步骤形成纱罗绞边(图 6-88):

图 6-87 MIBOBOR 型纱罗绞边综片装置

1,2—绞边综;3—U 形综

第一,绞边综 1 上升,绞边综 2 下降,到达综平位置。U 形综 3 随上升的绞边综 1 也上升到综平位置,如图 6-88(a)所示。

第二,绞边综 1 继续上升,绞边综 2 继续下降,分别到达各自的最高、最低位置。U 形综跟随绞边综 2 下降,地经纱 A 成为下层经纱,绞经纱 B 滑到 U 形综的左侧。借助导纱杆 4 的上抬运动,绞经纱 B 沿 U 形综与绞边综 1 之间的间隙上升,成为上层经纱,如图 6-88(b)所示。

第三,由引纬装置引入一纬后,绞边综 1 下降,绞边综 2 上升,到达综平位置。U 形综随上升的绞边综 2 也上升到综平位置,如图 6-88(c)所示。

第四,绞边综 1 继续下降.绞边综 2 继续上升,分别到达各自的最低、最高位置。U 形综跟随绞边综 1 下降,地经纱 A 成为下层经纱,绞经纱 B 滑到 U 形综的右侧。借助导纱杆 4 的上抬运动,绞经纱 B 沿 U 形综与绞边综 2 之间的间隙上升,成为上层经纱,如图 6-88(d)所示。

如此反复,形成二经纱罗绞边组织。

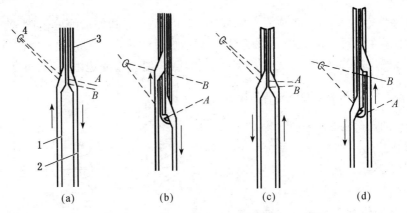

图 6-88 纱罗绞边装置的成边过程

1,2—绞边综;3—U 形综;A—地经纱;B—绞经纱

纱罗绞边要求绞经纱和地经纱有较高的强度、弹性和耐磨性,一般采用细而牢的 16.5 tex 锦纶线或 11.5 tex 的双股纯棉股线等。绞经纱的细度应小于布身经纱的细度,可弥补纱罗绞边较厚的缺点,对于纬密小的织物,可以采用二纬或三纬一绞。

3. 绳状边

如图 6-89 所示,绳状边由两根经纱搓绳似地相互缠绕,并与纬纱交织而形成布边。其牢度比纱罗边高,厚度与布身很接近,形成过程中经纱受的磨损较小。这种布边能适应高速织造,所以喷气、喷水织机广泛采用。其形成方法有的简单,有的稍复杂,还可以对边经纱起加捻作用,有利于布边坚牢。这种布边与纱罗边类似,都是不光洁的毛边。

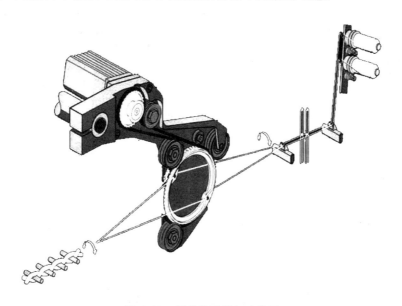

图 6-89　绳状边及其织边装置

4. 热熔边

热熔边如图 6-90(a)所示。生产合成纤维织物时,可利用合纤的热熔性,在织机上或下机后将边部经纬纱热熔黏合而形成光滑坚牢的热熔边。这种布边较硬,染整效果与布身有差异。喷水织机多制织合纤等疏水性纤维织物,多采用这种布边。

5. 针织边

针织边如图 6-90(b)所示。若织造时为双纬引入,在纬纱出口端呈圈状,可利用一根针织舌针做前后运动,将纱圈逐个串联而形成针织边。这种布边

(a) 热熔边

(b) 针织边

图 6-90　热熔边与针织边

光洁、较坚牢,但布边很厚,而且织物两侧的布边不同(纬纱入口侧形成自然光边),只适用于叉入式剑杆双纬引入的特殊情况。

形成纱罗、绳状等边结构时,还需在这些布边的外侧设假边(又叫赘边、废边),即:另用若干根边经纱与纬纱交织,再沿纵向剪开,由假边牵引轮引入假边箱中作为回丝处理。采用假边的目的:一是在形成纱罗边、绳状边时张紧纬纱,以便边经纱绞转或缠绕;

二是纬纱出梭口时其头端呈自由状态,此时由假边经纱握持纬纱头端,可防止纬纱头端回缩而形成织疵。为此,出口侧假边经纱的平综时间应比布身早些。由于假边的存在,造成回丝增多,而采用宽幅织造则有利于降低回丝率,假边经纱亦宜采用高强而价廉的纱线。

(四)探纬装置

探纬装置的作用是当纬纱断头或纬纱用完而未能补充时,使织机停止运转,以防止因缺纬而造成织物纬密不足或织物组织破坏所形成的稀纬、双纬和百脚等织疵,又称为断纬自停装置,简称纬停装置。

纬停装置有多种类型,其基本原理都是定时探测引纬通道中纬纱的有无,若没有纬纱或纬纱张力太小,就立即发动停车。探测元件可为叉状或针状的机械件,也可利用电气原理进行探测。

1. 压电纬停装置

这是利用压电效应原理的一种纬停装置,如图 6-91 和图 6-92 所示。

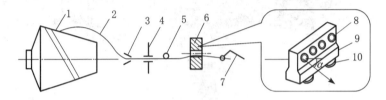

图 6-91 压电式纬停装置

1—纬纱筒子;2—纬纱;3—导纱器;4—张力装置;5—压纱器;
6—压纱陶瓷传感器;7—选纬杆;8—压电陶瓷;9—检测座;10—防振垫

图 6-92 剑杆织机上的压电式纬停装置

具有一定张力和速度的纬纱 2,在引纱通路中经过压纱陶瓷传感器 6、8 的小孔,并接触小孔的下沿,由于纬纱张力和运动,压电效应使陶瓷传感器发出信号,织机正常运转。若纬纱断头或张力不足,则无压电现象,不发生信号,使织机停车。

这种纬停装置灵敏、结构简单,在片梭和剑杆织机上运用很广泛。

2. 喷射引纬织机的纬停装置

喷射引纬属于消极式引纬,纬纱张力很小而波动大,不能采用压电陶瓷等形式的纬停装置。

(1)光电式纬停装置(图6-93)。用于喷气织机,其原理是在梭口出口处设1~2个光电探头,纱线反光由光敏元件吸收而转换为电信号,经有关电路处理,决定是否停车。双探头之一设于边经纱与假边之间,第二探头设于假边之外一定距离。若探头1探有纬纱,而探头2无纬纱,这是正常引纬,不停车。若两个探头都探不到纬纱,说明断纬或引纬不到头(喷射引纬易出现的引纬故障),即发动停车。若两个探头都探到纬纱,说明纬纱过长,亦是不正常引纬,发动停车,以待处理。

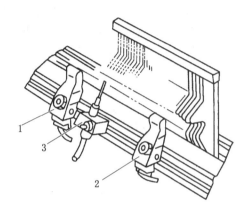
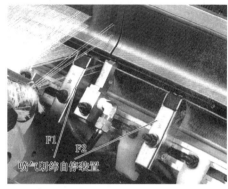

图6-93　喷气织机的光电式纬停装置

1,2—探头;3—延伸喷嘴

若为多色供纬,因不同色纱的反射光线强度不同,会引起纬停失误,所以应有增益自控功能,根据纬纱颜色自动调节。另外,这种纬停装置还起着纬纱飞行监测的作用。

(2)电阻式纬停装置(图6-94)。用于喷水织机,利用湿润的纬纱具有一定导电性的原理,探测纬纱是否断头或到达,从而决定织机停车与否。

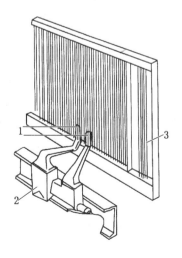
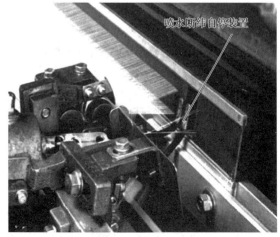

图6-94　喷水织机的电阻式纬停装置

1—电极;2—电阻传感器;3—钢箅

在梭口出口处的边纱与假边之间设电阻传感器,主要是两个绝缘电极,它们正对钢筘的空档处(这一段钢筘无筘片)。纬纱正常引过,梭口闭合,这段纬纱被边经纱和假边夹持而具有一定张力,打纬时钢筘将这段纬纱向前推至两个电极,将电路导通,不停车。而断纬或引纬不到头时,会因此处无纬纱,两个电极不导通而停车。

(五) 断经自停装置

织机在运转中任何一根经纱断头都应立即停车,否则织物会由于缺经而造成织疵。若断纱在梭口中与邻纱纠缠而使开口不清晰,还将造成跳花等织疵,甚至引起引纬失败。因此,一般织机上都有断经自停装置,简称停经装置。

停经装置分机械式和电气式两类,它们都用停经片作为探测元件,每根经纱穿一片,由经纱张力支持其位置(图6-95)。若经纱断头,该停经片因自重而下落,阻碍某机件运动或接通电路而诱发停车。丝织机因经丝脆弱、不耐摩擦,采用停经片易使经丝起毛或断头,所以使用停经装置的并不多。至于无停经片的停经装置,经长期研究虽有一定进展,但尚未推广采用。

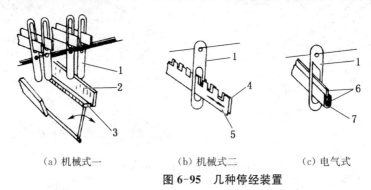

(a) 机械式一　　　　(b) 机械式二　　　　(c) 电气式

图6-95　几种停经装置

1—停经片;2—刻齿捧;3—摆动齿杆;4—固定齿杆;5—滑动齿杆;6—电气触头;7—绝缘物

1. 机械式停经装置

按其结构,一般可分为两类。一类是如图6-95(a)所示的齿杆摆动式,当经纱断头时,停经片1下落,阻碍做前后摆动的摆动齿杆3运动而发动停车。GA615系列织机即采用这种装置。齿杆摆动式机械停经装置不够灵敏,因为摆动齿杆对某停经片的作用是织机主轴每两转发生一次,而且在宽幅织机上,当织机一侧(远离摆动齿杆传动的一侧)的经纱断头时,齿杆虽受停经片阻挡,但可能因齿杆太长而产生扭曲变形,不能将受阻的信号发出而停车。这种停经装置有四列停经片,织制高经密织物时,由于每列停经片太多、太密,导致断经时停经片不能及时下落,所以有的改用两根摆动齿杆、六列停经片。另一类是如图6-95(b)所示的齿杆滑动式,当经纱断头时,停经片下落,阻碍做左右往复运动的滑动齿杆5而发动停车。这种停经装置的停经片在织机主轴每一转中都进行工作,加上有六列停经片,因而灵敏性高,而且便于发现断头位置,宽幅织机采用效果也较好,但对齿杆的材料和加工要求较高。H212型毛织机即采用齿杆滑动式停经装置。

机械式停经装置受温湿度等因素的干扰较小,但易轧坏停经片。

2. 电气式停经装置

这种停经装置的工作原理是当某根经纱断头时,停经片1下落,接通两个电气触头6而发动织机停车,如图6-95(c)所示。这种装置的停车方法简单,基本没有运动件,灵敏性与织机宽度无关,但在湿度大、容易堆积飞花、落浆的工作条件下,灵敏性和准确性有所下降。这种装置在无梭织机上采用较多,为了使电气接触良好,其停经片长槽的上方制成斜口形。

停经架上安放着 4 列或 6 列停经片,后者用于高密或宽幅织物。为方便断经找头操作,有的停经架上装有找头手柄,摇动手柄可判断断经而下落的停经片位置。现代无梭织机上已配备断经分区指示信号灯(图 6-96),可方便地找出断经所在位置。若没有配找头手柄,则可用手顺着停经杆平抚停经片,碰到落下被摆动齿杆轧住的停经片,就是断经所在位置。

图 6-96　无梭织机上的断头自停装置

无论是机械式还是电气式停经装置,停车位置最好在综平位置,这时经纱张力小,便于工人处理断经。

无梭织机技术发展

随着我国纺织工业水平的提高和产品出口的增长,无梭织机的需求量与日俱增,这为我国纺织企业的技术升级和改造奠定了基础。从国外无梭织机的技术发展看,在机电一体化、计算机与网络技术、模块化设计、品种选择等方面,都发生了巨大变化。以下对四种无梭织机的发展做简要论述。

一、剑杆织机

(一)国内外剑杆织机提高车速的技术进步持续进行

国内外剑杆织机的技术水平高且发展成熟,为了进一步提高实际生产速度,国外企业在产品技术上做了相应改进,推出了一些产品。必佳乐的 GTMAX-I 剑杆织机,改进了引纬传动和织机驱动机构,最高生产速度提高到 570 r/min 左右。意达织造的 R9500 型剑杆织机,采用织机控制系统和加强型打纬机构,改进了螺杆引纬系统,采用轻质剑头、窄剑带,最高生产速度可以达到 600 r/min 左右。意大利奔特公司的 Maxi 剑杆织机,改进了螺旋桨引纬机构,采用轻质剑头、窄剑带引纬技术,提高了织机运行速度。广东丰凯公司的百事得剑杆织机采用大功率永磁同步电机直接驱动,两侧打纬机构设置于织机中部,提高了打纬机构的刚性,展示速度高达 700 r/min 且运转稳定。

(二)国外剑杆织机技术向精细化发展

为适应差异较大的不同纬纱的织造要求,意达织造为 R9500 型开发了伺服电机驱动的纬纱剪刀机构,可以根据不同纬纱精确设定剪断时间。必佳乐在 OPTIMAX 上采用了电子控制的接纬剑开夹释放装置,根据不同纬纱设定不同的剑头释放时间,能够控制好边纱长度。必佳乐还在 OPTIMAX 上的送纬剑清洁装置和旋转纬纱剪刀清洁装置中,同时设计了吹风除尘和吸尘结构,利用强力吹气,更好地清除了送纬剑夹纱片处和旋转剪刀片处积攒的灰羽杂质,同时吸走被吹离的灰羽杂质,不让灰羽杂质被吹入梭口内。这种设计在织造某些易落灰羽杂质的脏纬纱时可进一步保证织造质量。

(三) 大幅宽工业织物织造设备取得进步

比利时必佳乐公司的 OPTIMAX 剑杆织机可织造幅宽达 540 cm 的涤纶长丝涂层织物。该织机在墙板两侧和机架中间共设置了四组打纬共轭凸轮,大大提高了打纬机构的刚性,有利于大幅宽织物的织造。该织机上采用 DWC 直接经纱控制后梁,后梁运动惯量小,能够检测并维持较小的经纱张力变化,提高了织物的质量。根据织造需要,可以选配积极式剑头交接系统。

意大利奔特公司的 HERCULES 大幅宽剑杆织机,筘幅达 550 cm,可织造加强型大幅宽土工布,速度为 170 r/min,由于采用了双纬引入,因此实际速度相当于 340 r/min。意大利奔特公司最早研发出挠性剑杆引纬条件下的积极式剑头交接系统。消极式剑头适用于普通纬纱,能提高织机速度;积极式剑头用于织造特殊纬纱,能一次引入多根纬纱。采用钢板焊接组成的箱式后梁承力结构,后梁承受的经纱张力通过多个中间支撑传递到箱式后梁。这种结构能够承受的经纱张力(最高 1 000 kg/m²)远大于普通结构的后梁,更适合大张力工业织物的织造要求。采用杠杆式多点压持方式的压布机构,能适应大张力光滑织物的卷取要求。

(四) 模块化设计进一步发展

由于市场多变、订单交货期缩短、大量个性化定制、降低成本等方面的需求,剑杆织机的模块化设计理念得到了充分的推广和应用。从目前国内外剑杆织机的灵活性、方便性及不同配置和对市场的快速反应来看,这一切正是对模块化设计理念的最好诠释。

德国多尼尔公司的剑杆织机和喷气织机以模块结构设计的机架电器部分、操作部分等均相同,两种机型的多数零配件可互换,仅改装引纬机构就能使两种机型互换,操作简单,大大降低了零配件的库存量,并减少了运行成本。

比利时必佳乐的 OPTIMAX 型、GT-MAX 型两种剑杆织机,很多模块单元通用,如 SUMO 主马达带 OPTIS-PEED 变速功能、新型 BLF 后梁、QUICKSTEP 选纬器、PSO 储纬器切换功能。

斯密特的 GS940 型与 GS920 型剑杆织机,采用"SMART"共用平台,除了派生出 GS920-F 型毛圈织机、GS920-T 型工业用布织机外,可与该公司的 JS900 型喷气织机共用"SMART"平台,采用相同的模块结构和单元系统,在同一种织机类型中,能经济而快捷地更换不同的模块,给用户带来新的功能。

国内广东丰凯超越型、泰坦 TT-828、日发 RFRL30 等剑杆织机应用模块化理念,成熟的技术和完美的组合满足了不同用户、不同品种的织造需求。功能模块化设计理念,不但方便地提供了产品的多样化配置、节约了生产成本、缩短了交货期,并提供了性价比高、产品可靠性高、性能优良的设备,满足了不同用户织造不同品种的需求,而且为产品的不断创新奠定了良好的基础。

(五) 国内剑杆织机整体水平不断提高

国产剑杆织机技术进步从未停顿。广东丰凯的百事得剑杆织机,达到了国产剑杆织机的高水平。聊城由甲的百超和百特剑杆织机,显示出该企业的产品进入高档产品行列。类似的还有绍兴纺机等企业,已经有越来越多的国产剑杆织机成为设计速度达到 550 r/min 以上的高档产品。国产剑杆织机更多地采用主传动直接驱动系统,体现出这种技术已趋于成熟。国内已经有伺服电机、永磁同步电机、开关磁阻电机、可变磁阻电机、变频控制三相异步电动机等多种直接驱动主电动机的技术方案,采用开关磁阻电机的产品略多些。预计直接驱动主电动机的技术方案将经受实用化的考验,一旦某种技术方案在技术成熟度、可靠性、能耗、成本等方面体现出综合优势,将得到快速普及。

(六)国产特种剑杆织机的发展

剑杆织机技术向产业用纺织品生产领域延伸,今后可能出现加速发展的势头。国内产业用纺织品的市场需求较大,生产设备的发展潜力也很大,国产剑杆织机开始向产业用纺织品织造领域延伸。浙江万利展示了 WL680-L 剑杆织机,幅宽达到 540 cm,用于织造灯箱广告布。该织机在引纬传动、后梁、卷取、纬纱剪刀、机外卷装等方面做了大量改进以适应大幅宽工业织物的织造要求。广东丰凯公司的万利剑杆织机已用于工业过滤布、广告布的织造。中纺机的CG6500 系列剑杆织机已进入汽车内饰、全成型汽车安全气囊、阳光面料等织物的生产领域。预计有更多的国产剑杆织机进入产业用纺织品织造领域。考虑到产业用纺织品的种类繁多、织造工艺差别大,特种织造设备的技术难度也更高。有别于国外现有的专门用途的特种工业织机,国产特种剑杆织机可能主要通过对部分机构进行改进,从而使现有产品用途延伸到产业用纺织品织造领域。

二、喷气织机

(一)高速织造、高效率生产、简化操作、减少用工

高速织造、高效率生产、简化操作、减少用工一直是喷气织机技术进步的方向。国外喷气织机速度已普遍超过 1 000 r/min(190 cm 筘幅),一些国外设备的实际生产速度达到了 800～1 000 r/min,实际生产速度普遍在 750～800 r/min。越来越多的国产喷气织机的最高速度超过了 1 000 r/min,实际生产速度普遍在 550～650 r/min,个别设备达到 700 r/min 左右。在织造某些产品时,喷气织机的看台数有所增加,用工数量在减少。为提高织造速度,需要对一些机构改进优化。如对机架重新设计,增厚箱型结构的墙板、增加纵向支撑、尽量降低机架高度、增加机架的刚性和稳定机架结构是提高速度的基础。增加打纬平衡机构,主要是在摇轴上安装平衡块,以平衡筘座、钢筘等零件摆动所产生的惯性力矩,由此减少震动。经测试和实际使用,效果明显。日本津田驹公司在 ZAX9100 型喷气织机上采用偏心摇轴机构是合理的,在达到平衡惯性力矩的同时,机构自重也达到最小。采用共轭凸轮打纬机构的欧洲机型,对共轭凸轮曲线进行优化,降低曲线的加速度峰值,有利于减少打纬震动。在窄幅织机上采用适应高速的共轭凸轮曲线,可减少震动;在宽幅织机上采用停顿时间更长的共轭凸轮曲线,有利于宽幅引纬。

为提高生产效率、减少挡车工作量,国外喷气织机上应用了自动断纬处理机构,部分纬停由织机自动处理,不需要人工操作。在织造粗支纬纱时采用储纬器自动切换功能,通常是两个储纬器对应一个主喷嘴,当断纬发生在纬纱筒子与主喷嘴之间时或者一个纬纱筒子将用完时,织机自动切换到另一个对应的储纬器参与引纬,不必停车等待挡车工处理,从而提高了织造效率。为便于调整,意达织造在 L5500 型织机上将边撑、纬纱剪刀、废边剪刀安装成同一组零件,这样调整门幅时相关零部件同时移动,操作非常方便。

（二）采取多种措施减少能源消耗，环保生产

喷气织机的能源消耗很大，其中绝大部分能耗是压缩空气的，少部分是电动机、运动部件的能耗。国外喷气织机采用多种方式来降低能耗并已成熟地应用，国产喷气织机也开始采取一些节能措施。对引纬过程进行动态精确控制，能够提高织造效率、适应异种异支纬纱引纬，也能在一定程度上降低气耗。动态精确控制引纬的方式有多种，已经成熟应用于实际生产，由控制系统根据探纬器探测到的纬纱飞行到达角度与设定角度之间的误差来进行控制。

（1）自动调节电磁销、主喷嘴或辅助喷嘴电磁阀的动作时间，尽可能在正常织造的前提下减少辅喷电磁阀的开启时间。

（2）通过伺服控制阀自动调节主喷嘴压力或流量。

（3）自动调节织机运转速度。

意达织造的 L5500 型喷气织机在引纬控制技术方面取得进展，突出表现在快速检测、高速处理、高速响应。L5500 型喷气织机在纬纱进入梭口之前就开始检测纬纱的飞行速度并计算出纬纱飞行到达的位置，织机控制系统在当前引纬过程中自动实时调整主喷嘴、串联主喷嘴和辅助喷嘴的喷射时间，不需要在下一纬进行调节，因此能有效地降低气耗；同时，纬纱受力小，适应不同种类的纬纱的织造要求。

此外，国外喷气织机大多使用高推进力的主喷嘴，在同等的压力、流量情况下，通过改进主喷嘴内部形状，有效提高了出口流速，获得了更高的纬纱推进力；使用多孔辅助喷嘴，气流集束性好，对纬纱的牵引作用柔和；采用一个电磁阀控制四个甚至两个辅助喷嘴的方式，采取缩短气路、减小电磁阀容积的措施，也能获得降低耗气量的效果。

必佳乐、意达织造都采用了开关磁阻电子或交流伺服电机直接传动织机，国内广东丰凯、青岛华信也开始尝试利用交流伺服电机直接传动织机，广东丰凯还利用单独的伺服电机传动开口装置，这种传动方式较传统的三相异步电动机的能耗更低。一些织机采用塑料综丝来代替钢片综，大大减轻了质量，使开口机构的能耗降低。必佳乐 OMNIplus 800、津田驹 ZAX9100 采用无废边筒子的设计，吸风管将纬纱尾部吸住，由废边剪刀剪断纱尾，剪断的纱尾被吸入废纱箱，无需废边筒子，可节省纱线消耗。

（三）拓展品种适应范围、提高织物品质，扩大喷气织机应用领域

拓展品种适应范围、提高织物品质始终是喷气织机技术进步的动力，喷气织造领域的外延不断扩展。喷气织机配置提花开口装置，提花机最大针数达到 6 900 多针，可以织造宽幅装饰画。除了家纺装饰织物外，可织品种还有凹凸织物（汽车座椅面料）、花式窗帘织物（纬纱为绳绒线、细旦长丝等）、毛圈织物、牛仔布（竹节纱、弹力纱）等。

国内外为适应多种织物的织造都有针对性地采取了一些措施。应用程控纬纱张力器，能够降低纬纱引纬过程中的张力峰值而适用于纤弱纬纱引纬，也能防止弹力纬纱回弹而适用弹力纬纱引纬；使用主喷嘴纬纱夹，用较小压力的气流垂直夹持住纬纱，不引纬时防止弹力纬纱脱出主喷嘴，或者防止主喷微风吹散包芯纱；使用伺服电机驱动的电子纬纱剪刀，能够针对每一路纬纱单独设定剪切时间，适合异种异支纬纱剪纬；采用双重辅喷压力，针对不同纬纱自动切换辅喷压力，适合异种异支纬纱引纬；使用新型拉伸喷嘴，拉伸喷嘴紧靠在纬纱尾端，喷嘴的管道嵌入筘槽中，对纬纱尾端的拉伸效果比传统的拉伸喷嘴好，适合弹力纬纱引纬。国内一些企业将主喷嘴、辅助主喷嘴的气路上置，能够实现对称所见门幅，在并列双经轴织机上织造时，左右两片经纱张力均匀，有利于提高织物质量。

（四）应用信息化技术提高设备的使用效率和管理效率

喷气织机的控制系统是信息化技术与机电一体化技术高度集成的系统,数据采集、运算处理、反馈控制、人机界面等是控制系统的主要功能,发展至今已经比较成熟与完善。最突出的进步是信息化技术的应用使喷气织机的操作、维护更加便捷,使用效率和管理效率明显提高。主要表现在:只要输入较少的织造条件,系统自动计算出必要的织造参数,顺利完成织造过程,减少人为因素对织造生产的负面影响,提高了使用效率;系统自动对织造过程进行控制和调整,提高了生产效率;系统自动提示设备维护要求、自动进行故障诊断;系统自动分类、汇总、分析生产管理所需要的各种数据,车间的织机之间联网控制、集中管理,提高了管理效率;可以通过互联网对织机进行远程诊断,及时解决部分故障。

三、喷水织机

（一）适应高速运转要求

采用高刚性机架结构、短动程连杆打纬机构、打纬平衡设计,减少震动。

（二）精确控制引纬,提高运转效率

如单独调节喷嘴的喷射压力、根据纬纱飞行状态自动调节电磁销和纬纱制动器的动作时间等。

（三）提高织物品质的措施

如防止开车档措施(主电动机超启动方式、织口紧随、可选择停车或启动角度、启动时自动调节送经量)、电子送经和电子卷取机构、纬纱制动器、应用喷气织机储纬器等。

国产喷水织机有较大进步,主要表现在喷水织造范围进一步拓展。已出现四喷嘴引纬喷水织机、幅宽达到 360 cm 的宽幅喷水织机,还有配置上下双经轴(双电子送经)、电子多臂、大提花装置的喷水织机。生产的织物有衬里布、服装面料、装饰织物、羽绒布、遮光布、金属丝织物等。喷水织机具有速度高、能耗低、设备投资小等特点,特别适合疏水性织物织造。随着喷水织造范围的拓展,喷水织机被广泛应用于疏水性织物的生产,但随之带来的水污染问题也愈加严重。一般而言,喷水织造的织物附加值较低,难以承受污染治理的成本,即便织物附加值较高,也未必所有的喷水织造企业够自觉进行污水处理。因此,喷水织机在我国蓬勃发展,不知是应该感到欣喜还是担忧。

四、片梭织机

片梭织机是适用范围最广的无梭织机。无论是窄幅或宽幅、轻薄型或厚重型、短纤或长丝、单色或多色、平纹或复杂图案的织物,片梭织机均能满足织造要求。但因其价格较贵,只有特殊织造需要时才采用,如宽幅(最大 655 cm)工业用纺织品、最精细的滤布到气球用高密度高强特种织物及超厚涂层织物等。

无梭织机技术水平已经发展到一定的高度,织造品种各式各样。品种的多样化需求,引导无梭织机技术不断创新和发展,织机厂商也不断适应市场需求,在织机品种、幅宽、配置等方面做积极改进和创新。由国家扶植的织造机械重点项目已取得初步成效,国产机电一体化高速剑杆织机性能稳定,新型喷气织机的品种适应性进一步加强,喷水织机市场需求强劲。未来主流产品的发展趋势是高效和低成本,同时一部分会向个性化的特种织机发展,以满足工业用纺织品的生产需求。

主要参考文献

1. 朱苏康,高卫东. 机织学[M]. 2 版. 北京:中国纺织出版社,2014.

2. 吕百熙,梁平. 机织概论[M]. 3 版. 北京:中国纺织出版社,2011.

3. 范雪荣,荣瑞萍,纪惠军. 纺织浆料检测技术[M]. 北京:中国纺织出版社,2007.

4. 刘森. 机织技术[M]. 北京:中国纺织出版社,2006.

5. 江南大学,无锡市纺织工程学会,《棉织手册》编委会. 棉织手册[M]. 3 版. 北京:中国纺织出版社,2006.

6. 毛新华. 纺织工艺与设备(下册)[M]. 北京:中国纺织出版社,2004.

7. 周永元. 纺织浆料学[M]. 北京:中国纺织出版社,2004.

8. 萧汉斌. 新型浆纱设备与工艺[M]. 北京:中国纺织出版社,2006.

9. 荆妙蕾. 织物结构与设计[M]. 5 版. 北京:中国纺织出版社,2014.

10. 洪海沧. 近期国产无梭织机的技术进步与展望[J]. 棉纺织技术,2014,42(2):26-31.

11. 张梅琳,朱世根,丁浩,等. 络纱槽筒的特点及其发展[J]. 纺织学报,2006,27(5):97-100.

12. 李兆旗. 自动络筒机的最新发展[J]. 纺织导报,2009(1):61-62.

13. 舒冰. 整经机各类张力装置的技术分析[J]. 山东纺织科技,2005(5):54-56.

14. 蔡永东. 新型机织设备与工艺[M]. 2 版. 上海:东华大学出版社,2008.

15. 汤其伟. GA308 型浆纱机的原理及使用[M]. 北京:中国纺织出版社,2005.

16. 萧汉滨. S632 型浆纱机的结构与性能[J]. 棉纺织技术,2010,38(5):65-68.

17. 纺织工业科学技术发展中心. 中国纺织标准汇编·棉纺织卷[M]. 2 版. 色织棉布. 北京:中国标准出版社,2011.

18. 秦贞俊. 喷气织机的新发展[J]. 纺织器材,2009,36(S1):73-75.

19. 马顺彬,瞿建新. 喷气织机常见织疵成因分析及解决措施[J]. 上海纺织科技,2009,39(6):46-49.

20. 郑海荣. 片梭织机开车痕疵布的产生原因及解决措施[J]. 棉纺织技术,2007,35(9):59-61.

21. 王藩. 片梭织机织疵形成原因及防治措施[J]. 纺织科技进展,2013(6):42-44.

22. 胡玉才. 国内外新型自动络筒机发展综述[J]. 现代纺织技术,2014(3):52-56.

23. 郭圈勇. 整经张力控制要点[J]. 棉纺织技术,2012,40(11):50-52.

24. 邢欣,周玉洁. 花式纱线的综述[J]. 天津纺织科技,2012(3):1-4.

25. 刘晓宁,梁富敬.浅析片梭织机上几种常见的织疵[J].上海纺织科技,2001,29(3):36-37.

26. 卢雨正,张建祥,刘建立,等.泡沫上浆与经纱预湿协同工艺的浆纱效果[J].纺织学报,2014,35(12):47-51.

27. 萧汉滨.浆纱机的技术进步与展望[J].纺织导报,2013(2):54-56.

28. 黄故.棉织设备[M].北京:中国纺织出版社,1995.

29. 周惠煜.花式纱线开发与应用[M].2版.北京:中国纺织出版社,2009.

30. 肖丰.新型纺纱与花式纱线[M].北京:中国纺织出版社,2008.

31. 崔鸿钧.现代机织技术[M].上海:东华大学出版社,2010.

32. 黄柏龄,于新安.机织生产技术700问[M].北京:中国纺织出版社,2007

33. 崔鸿钧.机织工艺[M].上海:东华大学出版社,2014.

34. 蔡永东.现代机织技术[M].上海:东华大学出版社,2014.

35. 郭兴峰.现代织造技术[M].北京:中国纺织出版社,2004.

36. 高卫东.机织工程(上、下册)[M].北京:中国纺织出版社,2014.

37. 佟昀.机织试验与设备实训[M].北京:中国纺织出版社,2008.

38. 严鹤群,戴继光.喷气织机原理与使用[M].2版.北京:中国纺织出版社,2006.

39. 张平国.喷气织机引纬原理与工艺[M].北京:中国纺织出版社,2005.

40. 萧汉滨.祖克浆纱机原理及使用[M].北京:中国纺织出版社,1999.

41. 陈元甫,洪海沧.剑杆织机原理与使用[M].2版.北京:中国纺织出版社,2005.

42. 裘愉发,吕波.喷水织机原理与使用[M].北京:中国纺织出版社,2008.

43. 中国纺织工程学会.2012—2013纺织科学技术学科发展报告[M].北京:中国科学技术出版社,2014.